# 计算机应用基础

（Windows 10 + MS Office 2016）

（活页式）

主　编◎范仲勇　王姝毅

副主编◎杨彩霞

西南交通大学出版社

·成 都·

## 内容简介

本书以 Windows 10 操作系统和 MS Office 2016 办公软件为平台，遵循全国计算机等级考试要求，以现代化企业办公中涉及的文件资料管理、文字处理、电子表格制作、演示文稿制作及网络应用等为重点，精心组织内容，从而培养学生的信息素养和计算机应用能力。本书包括计算机基础知识、Windows 10 操作系统、Word 2016 文字处理软件、Excel 2016 电子表格处理软件、PowerPoint 2016 演示文稿制作软件、网络基础与 Internet 应用。

本书适合作为高等职业教育“计算机应用基础”课程专业教材，也可作为计算机初学者自主学习的参考书。

**图书在版编目（CIP）数据**

计算机应用基础：Windows 10 + MS Office 2016：活页式 / 范仲勇，王姝毅主编. —成都：西南交通大学出版社，2023.6（2024.1 重印）
ISBN 978-7-5643-9302-1

Ⅰ. ①计… Ⅱ. ①范… ②王… Ⅲ. ①Windows 操作系统 - 高等职业教育 - 教材②办公自动化 - 应用软件 - 高等职业教育 - 教材 Ⅳ. ①TP31

中国国家版本馆 CIP 数据核字（2023）第 092041 号

Jisuanji Yingyong Jichu（Windows 10＋MS Office 2016）（Huoye Shi）

**计算机应用基础**（Windows 10 + MS Office 2016）**（活页式）**

主　编 / 范仲勇　王姝毅
责任编辑 / 李　伟
封面设计 / 吴　兵

西南交通大学出版社出版发行
（四川省成都市金牛区二环路北一段 111 号西南交通大学创新大厦 21 楼　610031）
发行部电话：028-87600564　028-87600533
网址：http://www.xnjdcbs.com
印刷：四川玖艺呈现印刷有限公司

成品尺寸　185 mm × 260 mm
印张　21.5　　字数　495 千
版次　2023 年 6 月第 1 版　　印次　2024 年 1 月第 2 次

书号　ISBN 978-7-5643-9302-1
定价　58.00 元

课件咨询电话：028-81435775

# 前言
PREFACE

近年来，随着信息技术的高速发展，计算机已经深入人们的生活、工作、学习等各个领域。使用计算机进行信息处理已成为大学生必备的基本能力。因此，当前高校不仅要开展计算机基础课程的教学工作，而且在计算机基础教学方面需要紧跟时代的发展，与时俱进。通过本书的学习，学生不仅能掌握计算机基础知识，还可以初步具备利用计算机分析和解决问题的能力，为今后能够更好地在各自专业领域中使用计算机和运用计算思维解决问题奠定良好的基础。

本书以 Windows 10 操作系统和 MS Office 2016 办公软件为操作平台，融入云计算、物联网、大数据、人工智能等新一代信息技术，同时结合《全国计算机等级考试一级计算机基础及 MS Office 应用考试大纲》的要求整理知识点。本书内容循序渐进，语言通俗易懂，引入多个典型案例，同时还提供大量的章节练习题，不仅帮助学生掌握计算机基础知识，而且还为学生考取计算机等级证书和学习后续计算机相关课程打下基础。

本书具有如下特色：

（1）紧密结合计算机等级考试大纲要求。本书在知识点选取上充分参考《全国计算机等级考试一级计算机基础及 MS Office 应用考试大纲》（2022 年版）的要求，内容全面，讲解透彻。

（2）理论和实践结合紧密。本书每个章节增加任务清单，更符合高职教材的课程需求。在内容选择方面，按照计算机基础相关知识和学生自主学习的要求进行知识点的编写，并精心设计了丰富的工单，实现理论教学与实践教学融通合一，有助于学生学以致用。

（3）加入“思政课堂”内容。本书紧密结合我国现阶段职业教育教学发展情况，以多种形式帮助学生树立正确的人生观、价值观，培养学生的爱国主义情怀，提高民族自信心和自豪感，以便于学生未来更好地服务于社会，为祖国的强盛贡献力量。

本书由范仲勇、王姝毅任主编，由杨彩霞任副主编。其中，本书第 1 章到第 4 章、第 11 章由范仲勇编写，第 6 章到第 10 章由王姝毅编写，第 5 章、附录由杨彩霞编写。

限于编者的水平，书中不妥之处在所难免，敬请广大读者批评指正。

编 者

2022 年 11 月

# 目录
CONTENTS

# 第 1 章 计算机与信息技术基础

世界上第一台计算机自 1946 年诞生以来，经过了 70 多年的发展历程。在这短暂的 70 多年中，计算机技术突飞猛进，其应用领域从最初的军事应用扩展到社会的各个领域，有力地推动了信息化社会的发展。计算机已渗透到国民经济的各个领域，极大地改变了人们的工作、学习、生活方式，成为信息时代的主要标志。因此，越来越多的人认识到，掌握计算机技术是有效学习和工作的基本技能。

**学习目标**

（1）计算机的发展、特点、类型及其应用领域。
（2）计算机中信息的表示、存储与处理。
（3）衡量计算机性能的主要技术指标。

**技能掌握**

（1）掌握不同进制数之间的相互转换。
（2）掌握中英文输入基本指法规范，能快速正确地输入所需文字。

**思政育人目标**

（1）培养学生全面、系统、辩证地分析和解决问题的能力。
（2）弘扬爱国主义精神，激发学生的爱国主义情怀。

## 1.1 计算机概述

### 1.1.1 计算机发展简史

在人类社会发展历史的长河中，计算工具经历了从简单到复杂、从低级到高级的发展过程，如算筹、算盘、计算尺、手摇机械计算机、电动机械计算机等。它们在不同的历史时期发挥了各自的作用，而且也孕育了现代电子计算机的设计思想和雏形。

1946 年 2 月 15 日，世界上第一台电子计算机在美国宾夕法尼亚大学诞生了，名叫 ENIAC（电子数字积分计算机，见图 1-1）。它是为计算弹道和射击表而设计的，主要元件是电子管，它使用了 1 500 个继电器，1.88 万个电子管，占地约 170 $m^2$，重达 30 多吨，功率为 140 kW，耗资 40 万美元。它每秒钟能完成 5 000 次加法，400 次乘法运算，比当时最快的计算工具快 300 倍。ENIAC 的问世标志着电子计算机时代的到来，它的出现具有划时代的伟大意义。

图 1-1　第一台计算机 ENIAC

在计算机的发展过程中，现代计算机的奠基人是英国科学家艾兰·图灵和美籍匈牙利数学家冯·诺依曼。图灵主要有两个贡献：一是建立了图灵机模型，发展了可计算性理论；二是提出图灵测试，阐述了机器智能的概念。

在 ENIAC 的研制过程中，冯·诺依曼提出了两点改进意见：其一是计算机内部直接采用二进制数进行运算；其二是将指令和数据都存储起来，采用“存储程序”控制让计算机自动执行。

从第一台电子计算机诞生到现在短短的 70 多年中，计算机技术以前所未有的速度迅猛发展，经历了大型机阶段、微型机阶段和网络阶段。根据计算机所采用的电子元件，人们一般把计算机的发展分为四代。

1. 第一代（1946—1958 年）：电子管阶段

第一代计算机的基本特征是采用电子管作为计算机的基本元件，因此，称之为电子管计算机。由于受当时电子技术的限制，计算机的运算速度为每秒几千次到几万次，内存储器容量也非常小。其数据表示主要是定点数，计算机程序设计语言还处于最低阶段，用一串 0 和 1 表示的机器语言或汇编语言进行编程。

第一代计算机体积庞大、造价昂贵、速度低、存储容量小、可靠性差、不易掌握，主要应用于军事和科学研究领域。

2. 第二代（1959—1964 年）：晶体管阶段

第二代计算机的基本特征是采用晶体管作为计算机的基本元件，因此，称之为晶体管计算机。晶体管作为一种开关电器，其体积小、质量轻、开关速度快、工作温度低。晶体管计算机的运算速度从原来的每秒几万次提高到几十万次，内存储器容量扩大到几十万字节。与此同时，计算机软件也有了较大的发展，出现了 BASIC、FORTRAN 和 COBOL 等高级程序设计语言，使编写程序的工作变得更为方便并实现了程序兼容。这样，使得计算机工作的效率大大提高。

与第一代计算机相比较，晶体管计算机体积小、成本低、质量轻、功耗小、速度快、功能强和可靠性高。其使用范围也由单一的科学计算扩展到数据处理和事务管理等领域。

3. 第三代（1965—1970 年）：中小规模集成电路

第三代计算机的基本特征是采用中小规模集成电路作为计算机的基本元件，因此，称之为集成电路计算机。所谓集成电路，是指用特殊的工艺将完整的电子线路做在一个硅片上。与晶体管电路相比，集成电路计算机的体积、质量、功耗都进一步减小，其运算速度每秒可达几十万次到几百万次，逻辑运算功能和可靠性都进一步提高。此外，软件在这个时期形成了产业，提出了结构化、模块化的程序设计思想，出现了结构化的程序设计语言 PASCAL。

这一时期的计算机同时向标准化、通用化、多样化、机种系列化方向发展。

4. 第四代（1971 年至今）：大规模/超大规模集成电路

第四代计算机的基本特征是采用大规模集成电路和超大规模集成电路作为计算机的基本元件，因此，称之为大规模集成电路计算机。20 世纪 70 年代以来，出现了可容纳数千个至数万个以上晶体管的大规模集成电路，外部设备种类和质量都有很大提高，计算机的速度可达每秒几百万次至上亿次，体积、质量和耗电量进一步减少。操作系统向虚拟操作系统发展，数据库管理系统不断完善和提高，程序语言进一步发展和改进，软件行业发展成为新兴的高科技产业。计算机的应用领域不断向社会各个方面渗透。

1971 年 11 月，美国 Intel 公司制造了世界上第一片微处理器 Intel4004，揭开了微型计算机发展的帷幕，引发了电子计算机的第二次革命。微型计算机体积小、功耗低、成本低，其性能价格比优于其他类型的计算机，因而得以迅猛的气势渗透到工业、教育、生活等许多领域之中，成为大众化的信息处理工具。

5. 计算机的发展趋势

电子计算机自诞生之后，发展速度十分迅猛。但是随着其结构日趋复杂化和高度集成化，出现了一系列难以克服的问题：一是高度密集的元器件会彼此产生干扰，工作时也会产生大量的热量；二是电信号的传输速度大大限制了运算速度；三是复杂的集成元器件需要更大的空间。未来计算机的发展需要攻克以下三个难题。

（1）芯片级节能技术。芯片级节能技术主要包括 CPU（中央处理器）功耗控制、CPU 频率调整和专用低功耗部件。

（2）基础架构级节能技术。基础架构级节能技术主要包括液冷、存储制冷、高效能电源、高效能散热冷却技术等诸多技术。

（3）系统级节能技术。在解决功耗方面，除采用 CPU 功耗控制、CPU 工作频率调整、液体冷却、低功耗专用芯片、芯片级冷却等技术外，学术界和企业界也在研究系统级节能技术和产品，包括：基于负载情况动态调整系统状态、实施部分节点或部件的休眠；根据各进程能耗的不同对 CPU 任务队列进行调整，如将一些产生较多热量的任务从温度较高的 CPU 上迁移到温度较低的 CPU 上，从而实现能耗的均衡。例如，国家高性能计算机工程技术研究中心开发的自适应功耗管理系统，可实现基于能效的作业调度策略；IBM Power Executive 允许用户计量任何单一物理系统或一组物理系统的实际电力使用数据和趋势数据，同时可对实际用电量进行监视，同时在系统、机箱或机架层次上对数据中心中的电耗和热耗进行有效分配。

### 1.1.2 计算机的特点

1. 处理速度快

运算速度是衡量计算机性能的一个重要指标，通常以每秒钟完成基本加法指令的数目表示计算机的运算速度。计算机的运算速度一般都能达到每秒钟数百万次，快的则达到每秒钟几十亿次浮点运算。现在，一台每秒钟运算数百万次的微型计算机，在一分钟内完成的工作量，相当于人工计算几年甚至几十年的工作量。计算机的应用极大地提高了人们的工作效率。

2. 计算精度高

由于计算机采用二进制数字进行运算，因此计算精度主要由表示数据的字长决定，只要配备相关的硬件电路就可以增加字长，从而提高计算精度，可以满足各类复杂计算对计算精度的要求。目前，微型计算机的计算机精度已达到 32 位以上有效数字。如用计算机计算圆周率 $\pi$，目前已经可达到小数点后几百万位了。

3. 存储容量大

计算机具有“记忆”（存储）大量数据和信息的能力。随着微电子技术的发展，计算机内存储器的容量越来越大。目前，一般的微机内存容量已达 8 GB 甚至更高。加上大容量的磁盘、光盘等外部存储器，实际上存储容量已达到了“海量”。这就为计算机收集、存储和加工大量的信息提供了足够的空间。

4. 工作全自动且支持人机交互

人们把需要计算机处理的问题编成程序，存入计算机中，当发出运行指令后，计算机在人们预先编制好的程序控制下，自动工作，不需要人工干预，工作完全自动化。但在人工干预时，又能及时响应，实现人机交互。

5. 通用性强

由于计算机是靠存储程序控制进行工作的。一般来说，无论是数值的还是非数值的数据，都可以表示成二进制数的编码；无论是复杂的还是简单的问题，都可以分解成基本的算术运算和逻辑运算，并可用程序描述解决问题的步骤，这就使计算机具有极强的通用性。所以，不同的应用领域中，只要编制和运行不同的应用软件，计算机就能在此领域中很好地服务。

### 1.1.3 计算机的分类

随着计算机技术的不断发展和更新，计算机的类型越来越多样化，可以从不同的角度对其进行分类。

1. 按其处理数据的形态分类

按处理数据的形态分类，计算机可以分为数字计算机、模拟计算机和混合计算机。数字计算机所处理的数据都是以“0”和“1”表示的二进制数字，是不连续的数字量，如职工人数、工资数据等；处理结果以数字形式输出。其优点是精度高、存储量大、通用性强。模拟计算机所处理的数据是连续的模拟量。模拟量以电信号的幅值来模拟数值或某物理量的大小，如电压、电流、温度等都是模拟量。所接收的模拟数据，经过处理后，仍以连续的数据输出，这种计算机称为模拟计算机。一般说来，模拟计算机解题速度快，但不如数字计算机精确，且通用性差。混合计算机是集数字计算机和模拟计算机的优点于一身的计算机，它既可以处理数字量，也可以处理模拟量。

2. 按其使用范围分类

按使用范围分类，计算机可以分为通用计算机和专用计算机。通用计算机能适用于一般科学运算、学术研究、工程设计和数据处理等广泛用途的计算。通用计算机的特点是通用性强，具有很强的综合处理能力，能够解决各种类型的问题。通常所说的计算机均指通用计算机。专用计算机是为适应某种特殊应用而设计的计算机，其运行程序不变，效率较高，速度较快，精度较好，可以可靠地解决特定的问题，一般不宜作它用。

3. 按其本身性能分类

按照计算机的主要性能指标，如字长、存储容量、运算速度、外围设备的配置以及指令系统的功能和系统软件的配置情况等，可将计算机分为巨型计算机、大型计算机、小型计算机、微型计算机和工作站五类。

1）巨型计算机

巨型计算机又称超级计算机，其主要性能指标位于各类计算机之首，是目前功能最强、速度最快、价格最贵的计算机。它对尖端科学、战略武器、气象、能源等领域的复杂计算具有极大的意义，可供几百个用户同时使用，号称国家级资源。巨型机的研制开发是一个国家综合国力和国防实力的体现。

2）大型计算机

这种机器也有很高的运算速度和很大的存储容量，可靠性高，有丰富的系统软件和应用软件，并允许相当多的用户同时使用。其主要用于大型企业、商业管理或大型数据库管理系统中，承担主服务器的作用，在信息系统中起着核心作用。

3）小型计算机

小型计算机又称为迷你电脑，其规模比大型机要小，但仍能支持十几个用户同时使用。这类机器价格便宜，适合于中小型企事业单位使用。

4）微型计算机

微型计算机也叫个人计算机（Personal Computer），通常简称为微机。其最主要的特点是体积小、质量轻、可靠性高、结构灵活、适用性强和应用面广等，不过通常一次只能供一个用户使用。

微型计算机还可按字长分为 8 位机、16 位机、32 位机和 64 位机；按结构分为单片机、单板机、多芯片机和多板机；按 CPU 芯片分为 286 机、386 机、486 机、Pentium 机、PⅡ机、PⅢ机、PⅣ机和酷睿机等。

5）工作站

工作站是一种介于小型机和微机之间的高档微型计算机。通常，它比微型机有较大的存储容量和较快的运算速度，而且配备大屏幕显示器，主要用于图像处理和计算机辅助设计等领域。

## 1.1.4 计算机的应用

计算机具有存储容量大、处理速度快、可靠性高，同时又具有一定的逻辑推理和判断能力等特点，所以已被广泛应用于各种学科领域，并渗透到人类社会的方方面面，正在改变着传统的工作、学习和生活方式，推动着社会发展。概括起来，计算机应用领域可分为以下几个方面：

1. 科学计算

这是计算机从诞生起就进行的工作。科学计算所解决的大都是从科学研究和工程技术中所提出的一些复杂的数学问题，计算量大，而且精度要求高，只有具有高速运算和存储量大的计算机系统才能完成。例如，在高能物理方面的分子、原子结构分析，可控热核反应的研究，反应堆的研究和控制，水利设施的设计计算，宇宙飞船的研制和制导等。另外，计算模拟也成为一种新的研究方法，如模拟经济运行模型、模拟核爆炸、模拟长期天气预报等。

2. 信息处理

信息处理是指用计算机对各种形式的信息（如文字、图像、声音等）进行收集、存储、加工、分析和传送的过程。计算机用于信息处理，对办公自动化、管理自动化乃至社会信息化都有积极的促进作用。信息处理是目前计算机应用最广泛的领域之一。

3. 过程控制

过程控制是指通过计算机对工业生产或其他过程中的各种参数进行连续的、实时的控制，并按照一定的算法经过处理，然后反馈到执行机构去控制相应过程。它是生产自动化的重要技术和手段，可以节约人力、物力，减轻劳动强度，降低能源消耗，提高生产效率。

4. 辅助工程

计算机辅助工程包括计算机辅助设计（Computer Aided Design，CAD）、计算机辅助制造（Computer Aided Manufacturing，CAM）、计算机辅助工程（Computer Aided Education，CAE）、计算机辅助教学（Computer Aided Instruction，CAI）、计算机辅助测试（Computer Automated Tester，CAT）等。这些辅助软件的出现，完全改变了传统设计、制造的面貌，大大缩短了设计、制造周期，提高了设计、制造水平，节约了人力和时间。

5. 人工智能

人工智能又称智能模拟，是利用计算机模拟人类的某些智能行为，在应用中开发出专家系统、模拟识别、问题求解、机器翻译、自然语言理解等技术。例如，用智能机器人代替人们进行繁重的、危险的劳动；模拟医生给病人诊断的医疗诊断专家系统；用计算机模拟人脑的部分功能进行学习、推理、联想和决策等。

6. 家庭生活

越来越多的人已经认识到计算机是一个多才多艺的助手。对于家庭，计算机通过各种各样的软件可以从不同方面为家庭生活和事务提供服务。

### 1.1.5 计算机的性能指标

计算机的性能指标就是衡量一台计算机能力强弱的指标，通常有以下 5 个指标。

1. 字　长

在计算机中，作为一个整体被传送和运算的一串二进制数码称为字（Word）。字所包含的二进制位称为字长。字长是指计算机运算部件一次能同时处理的二进制数据的位数。字长越长，如果作为存储数据，则计算机的运算精度就越高；如果作为存储指令，则计算机的处理能力就越强。字长一般与运算器中的二进制位数相等，通常字长总是 8 的整倍数，如 8 位、16 位、32 位、64 位等。

2. 主　频

主频是指 CPU 的时钟频率，指的是 CPU 在单位时间（秒）内的平均“动作”次数。它的高低在一定程度上决定了计算机速度的高低。主频以 MHz（兆赫兹）或 GHz（吉赫兹）为单位来衡量，一般说，主频越高，速度越快。由于微处理器发展迅速，微机的主频也在不断提高，如 Pentium 4 的主频已达到 3 GHz。

3. 运算速度

计算机的运算速度通常是指每秒钟所能执行加法指令的数目，常用每秒百万次（Million Instructions Per Second，MIPS）来表示。这个指标更能直观地反映机器的速度。

4. 存储容量

存储容量包括内存容量和外存容量，这里主要指内存储器的容量。内存容量是指计算机系统所配置的内存总字节数，这部分存储空间 CPU 可直接访问。显然，内存容量越大，机器所能运行的程序就越大，处理能力就越强。尤其是当前多媒体微机应用多涉及图像信息处理，要求存储容量越来越大，甚至没有足够大的内存容量就无法运行某些软件。目前，微机的内存容量一般为 8～16 GB。

5. 存取周期

内存储器的存取周期也是影响整个计算机系统性能的主要指标之一。存取周期是指连续两次独立的存储器操作之间的最小时间间隔。

此外，还有计算机的可靠性、可维护性、平均无故障时间、微机系统的软件配置、系统允许配置外部设备的最大数目、计算机系统的字处理能力和性能价格比也都是计算机的技术指标。总之对微机系统性能的评价是一个综合性能的评价，是一项比较复杂和细致的工作。

## 1.2 计算机中的信息表示

计算机所表示和使用的数据可分为两大类：数值数据和非数值数据。数值数据用以表示量的大小、正负，如整数、小数等。字符数据是非数值数据的一种，用以表示一些符号、标记，如英文字母 A～Z、a～z，数字 0～9，各种专用字符 +、-、*、/、[、]、(、) 及标点符号等。汉字、图形和声音数据也属非数值数据。相应的计算机对数据的处理也可分为数值数据处理和非数值数据处理。

由于各种数据在计算机内部都是用二进制编码形式表示的，所以本节先介绍数制基本概念，再介绍二进制、十六进制以及它们之间的转换和字符数据的表示等。

### 1.2.1 数制的基本概念

1. 十进制数

人们在生产实践和日常生活中，创造了多种表示数的方法，这些数的表示规则和计算方法称为数制。

从最常用和最熟悉的十进制数可以看到，十进制有如下特点：

（1）任意一个十进制数值可用 0，1，2，3，4，5，6，7，8，9 共 10 个数字符中的数字符串来表示，数字符又叫数码，而数码的个数叫作基数。对于十进制数来说，其基数是 10。

（2）其加法规则是“逢十进一”。

（3）数码处于不同的位置（数位）代表不同的数值。例如 526.25 这个数中，第一个 5 处于百位数，代表五百，第二个数 2 处于十位数，代表二十，第三个数 6 处于个位数，代表六，第四个数 2 处于十分位，代表十分之二，而第五个 5 处于百分位，代表百分之五。因此，十进制数 526.25 可以写成：

$$526.25 = 5 \times 10^{2} + 2 \times 10^{1} + 6 \times 10^{0} + 2 \times 10^{-1} + 5 \times 10^{-2}$$

上式称为十进制数值的按权展开式，其中 $10^{i}$ 称为十进制数的权，也叫位值，10 为基数。

### 2. 二进制数

二进制数跟十进制数一样也有三个特点:

(1)基数为 2，由 0、1 两个数码表示所有的二进制数。

(2)加法规则是“逢二进一”，即 $0+0=0$，$0+1=1$，$1+0=1$，$1+1=10$（逢二进一）。

(3)按权展开。

二进制数的基数是 2，它用 0、1 两个数码表示所有的数据。同十进制一样，0 或 1 处于二进制数中不同的位置，代表的实际值也是不一样的。例如二进制数 101.01 所表示数的大小为

$$(101.01)_2=1\times2^2+0\times2^1+1\times2^0+0\times2^{-1}+1\times2^{-2}$$

上式称为二进制数值的按权展开式，其中 $2^i$ 称为二进制数的权，也叫位值，2 为基数。

二进制是计算机中采用的数制，这是因为二进制具有如下特点:

(1)简单可行，容易实现。因为二进制仅有两个数码 0 和 1，可以用来表示两种不同的稳定状态（如开关的开和关、有磁和无磁、高电位与低电位等）。计算机的各组成部分都由仅有两个稳定状态的电子元件组成，它不仅容易实现，而且稳定可靠。

(2)运算规则简单。二进制的运算规则非常简单。

(3)适合逻辑运算。二进制中的 0 和 1 正好分别表示逻辑代数中的假值（False）和真值（True）。二进制数代表逻辑值容易实现逻辑运算。

但是，二进制也有明显的缺点:数字冗长、书写繁复且容易出错、不便阅读。所以，在计算机技术文献的书写中，常用八进制或十六进制数表示。

### 3. 八进制数

八进制数也有如下三个特点:

(1)基数为 8，由 0、1、2、3、4、5、6、7 共 8 个数码来表示所有的八进制数。

(2)加法规则是“逢八进一”。

(3)按权展开。

一般将一个八进制数按权展开为

$$(326.47)_8=3\times8^2+2\times8^1+6\times8^0+4\times8^{-1}+7\times8^{-2}$$

上式称为八进制数值的按权展开式，其中 $8^i$ 称为八进制数的权，也叫位值，8 为基数。

### 4. 十六进制数

十六进制数也有如下三个特点:

(1)基数为 16，由 0、1、2、3、4、5、6、7、8、9、A、B、C、D、E、F 共 16 个数码表示所有的十六进制数。

(2)加法规则是“逢十六进一”。

(3)按权展开。

在十六进制数中 A 表示十进制数中的 10，B 表示十进制数中的 11，C 表示十进制数中的 12，D 表示十进制数中的 13，E 表示十进制数中的 14，F 表示十进制数中的 15。

一般地，一个十六进制数按权展开为

$$(\mathrm{A2B.7})_{16} = 10 \times 16^2 + 2 \times 16^1 + 11 \times 16^0 + 7 \times 16^{-1}$$

为区分不同数制的数，约定对于任一 $R$ 进制的数 $N$，记作 $(N)_R$。如 $(526)_{10}$、$(1010)_2$、$(703)_8$、$(\mathrm{AE05})_{16}$，分别表示十进制数 526、二进制数 1010、八进制数 703 和十六进制数 AE05。不用括号及下标的数，默认为十进制数。另外，人们也习惯在一个数的后面加上字母 D（十进制）、B（二进制）、Q（八进制）、H（十六进制）来表示其前面的数用的是什么进位制。如 1010B 表示二进制数 1010；AE05H 表示十六进制数 AE05。

对于任意一个具有 $n$ 位整数和 $m$ 位小数的 $R$ 进制数 $N$ 的按权展开为

$$(N)_R = a_{n-1} \times R^{n-1} + a_{n-2} \times R^{n-2} + \cdots + a_2 \times R^2 + a_1 \times R^l + a_0 \times R^0 + a_{-1} \times R^{-1} + \cdots + a_{-m} \times R^{-m}$$

其中，$a$ 为 $R$ 进制的数码。

表 1-1 为数制对照表。

表 1-1　数制对照表

| 十进制 | 二进制 | 八进制 | 十六进制 |
|---|---|---|---|
| 0 | 0000 | 0 | 0 |
| 1 | 0001 | 1 | 1 |
| 2 | 0010 | 2 | 2 |
| 3 | 0011 | 3 | 3 |
| 4 | 0100 | 4 | 4 |
| 5 | 0101 | 5 | 5 |
| 6 | 0110 | 6 | 6 |
| 7 | 0111 | 7 | 7 |
| 8 | 1000 | 10 | 8 |
| 9 | 1001 | 11 | 9 |
| 10 | 1010 | 12 | A |
| 11 | 1011 | 13 | B |
| 12 | 1100 | 14 | C |
| 13 | 1101 | 15 | D |
| 14 | 1110 | 16 | E |
| 15 | 1111 | 17 | F |

### 1.2.2　数制之间的转换

对于各种数制间的转换，重点要求掌握二进制整数与十进制整数之间的转换。

1. 十进制数转换成二进制数

由于计算机内部使用的是二进制数，而人们习惯用十进制数，一个十进制数要在计算机中参加运算，必须把它转换成二进制数。把一个十进制数转换成二进制数，要分成整数部分和小数部分分别对其进行转换。

1）十进制整数转换成二进制整数

把十进制整数转换成二进制整数的方法："除二取余"法。具体步骤是：把十进制整数除以 2 得到一个商和一个余数；再将所得的商除以 2，又得到一个新的商和余数；这样不断地用 2 去除所得的商，直到商等于 0 为止。每次相除所得的余数便是对应的二进制整数的各位数字。把第一次得到的余数放在最低有效位，最后一次得到的余数放在最高有效位，即可得到这个十进制整数对应的二进制整数。

例如，将十进制整数（89）$_{10}$转换成二进制整数的方法如下：

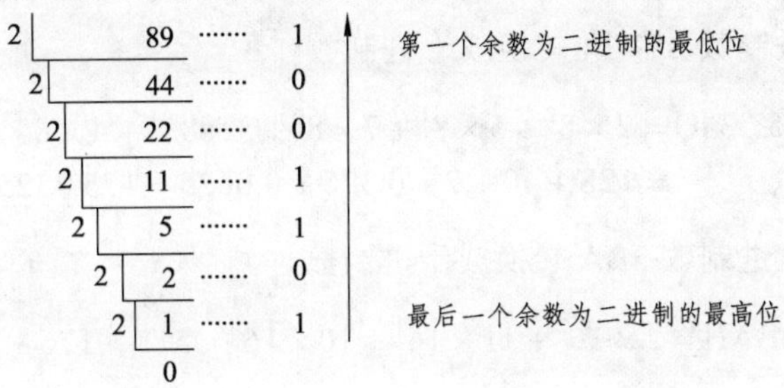


于是，（89）$_{10}$ =（1011001）$_{2}$。

了解了十进制整数转换成二进制整数的方法以后，那么十进制整数转换成八进制整数或十六进制整数就很容易了。十进制整数转换成八进制整数的方法是"除 8 取余"法，十进制整数转换成十六进制整数的方法是"除 16 取余"法。

2）十进制小数转换成二进制小数

把十进制小数转换成二进制小数的方法："乘二取整"法。具体步骤是：用 2 乘十进制小数，可以得到积，将积的整数部分取出，再用 2 乘余下的小数部分，又得到一个积，再将积的整数部分取出，如此进行，直到积中的小数部分为零，或者达到所要求的精度为止。然后把第一次得到的整数放在最高有效位，最后一次得到的整数放在最低有效位，即可得到这个十进制小数对应的二进制小数。

例如，将十进制小数（0.6875）$_{10}$转换成二进制小数的方法如下：

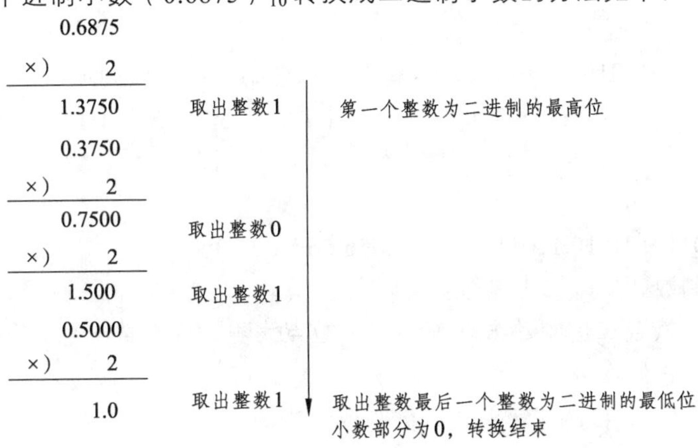

于是，$(0.6875)_{10}=(0.1011)_2$。

了解了十进制小数转换成二进制小数的方法以后，那么十进制小数转换成八进制小数或十六进制小数就很容易了。十进制小数转换成八进制小数的方法是“乘 8 取整法”，十进制小数转换成十六进制小数的方法是“乘 16 取整法”。

2. 二、八、十六进制数转换为十进制数

转换方法：按权展开，各项相加。利用这种方法可以把任意数制的一个数转换成一个十进制数。

**例 1-1：**将二进制数 1010.101 转换成十进制数。

$$\begin{aligned}1010.101\text{B} &= 1\times 2^3+0\times 2^2+1\times 2^1+0\times 2^0+1\times 2^{-1}+0\times 2^{-2}+1\times 2^{-3}\\ &= 8+2+0.5+0.125=10.625\text{D}\end{aligned}$$

**例 1-2：**将八进制数 257.34 转换成十进制数。

$$\begin{aligned}257.34\text{Q} &= 2\times 8^2+5\times 8^1+7\times 8^0+3\times 8^{-1}+4\times 8^{-2}\\ &= 128+40+7+0.375+0.0625=175.4325\text{D}\end{aligned}$$

**例 1-3：**将十六进制数 2BA 转换成十进制数。

$$2\text{BAH}=2\times 16^2+11\times 16^1+10\times 16^0=512+176+10=698\text{D}$$

由上述例子可见，只要掌握了数制的概念，那么将任意一个非十进制数转换成十进制数的方法都是一样的。

3. 二进制数与八、十六进制数之间的相互转换

1）二进制数与八进制数之间的相互转换

二进制数与八进制数之间的转换十分简捷方便，它们之间的对应关系是，八进制数的每一位对应二进制数的三位。

（1）二进制数转换成八进制数。

由于二进制数和八进制数之间存在特殊关系，即 $8^1=2^3$，因此转换方法比较容易，具体转换方法是，将二进制数从小数点开始，整数部分从右向左 3 位一组，小数部分从左向右 3 位一组，不足三位用 0 补足，每组对应一位八进制数，即可得到八进制数。

例如，将 $(10110101110.11011)_2$ 转换为八进制数的方法如下：

| 010 | 110 | 101 | 110 | . | 110 | 110 |
|---|---|---|---|---|---|---|
| ↓ | ↓ | ↓ | ↓ | | ↓ | ↓ |
| 2 | 6 | 5 | 6 | . | 6 | 6 |

于是，$(10110101110.11011)_2=(2656.66)_8$。

（2）八进制数转换成二进制数。

八进制数转换成二进制数方法为，以小数点为界，向左或向右，每一位八进制数用相应的三位二进制数取代，然后将其连在一起即可。

例如，将 $(6237.431)_8$ 转换为二进制数的方法如下：

6 2 3 7 . 4 3 1

↓ ↓ ↓ ↓ ↓ ↓ ↓

110 010 011 111 . 100 011 001

于是，$(6237.431)_8=(110010011111.100011001)_2$。

2）二进制数与十六进制数之间的相互转换

二进制数与十六进制数之间的转换也十分简捷方便，它们之间的对应关系是，十六进制数的每一位可以用 4 位二进制数表示。

（1）二进制数转换成十六进制数。

二进制数的每四位，刚好对应于十六进制数的一位（$16^1=2^4$），其转换方法是，将二进制数从小数点开始，整数部分从右向左 4 位一组，小数部分从左向右 4 位一组，不足四位用 0 补足，每组对应一位十六进制数，即可得到十六进制数。

例如，将二进制数 $(101001010111.110110101)_2$ 转换为十六进制数。

1010 0101 0111 . 1101 1010 1000

↓ ↓ ↓ ↓ ↓ ↓

A 5 7 . D A 8

于是，$(101001010111.110110101)_2=(A57.DA8)_{16}$。

例如，将二进制数 $(100101101011111)_2$ 转换为十六进制数。

0100 1011 0101 1111

↓ ↓ ↓ ↓

4 B 5 F

于是，$(100101101011111)_2=(4B5F)_{16}$。

（2）十六进制数转换成二进制数。

方法是：以小数点为界，向左或向右，每一位十六进制数用相应的 4 位二进制数取代，然后将其连在一起即可。

**例 1-4：**将 $(3AB.11)_{16}$ 转换成二进制数。

3 A B . 1 1

↓ ↓ ↓ ↓ ↓

0011 1010 1011 . 0001 0001

于是，$(3AB.11)_{16}=(1110101011.00010001)_2$。

### 1.2.3 计算机中常用的编码

计算机除了用于数值计算之外，还要进行对非数值数据的处理，也就是对除了数值数据之外的各种字符、文字等信息进行处理。根据用途的不同，计算机中有各种各样的编码方案，常用的有 ASCII 码、BCD 码、汉字编码等。

1. ASCII 码

ASCII（American Standard Code for Information Interchange）码是美国信息交换标准代码的简称，被国际标准化组织指定为国际标准。ASCII 用于给西文字符编码，包括英文字母的大小写、数字、专用字符和控制字符等。

标准的 ASCII 码由 7 位二进制数表示一个字符的编码，其编码范围从 0000000B ~ 1111111B，共有 $2^7=128$ 个不同的编码值，相应可以表示 128 个不同字符的编码。7 位 ASCII 码表如表 1-2 所示，表中对大小写英文字母、阿拉伯数字、标点符号及控制符等特殊符号规定了编码，共 128 个字符。

表 1-2　7 位 ASCII 码编码表

| $b_3b_2b_1b_0$ | $b_6b_5b_4$ | | | | | | | |
|---|---|---|---|---|---|---|---|---|
| | 000 | 001 | 010 | 011 | 100 | 101 | 110 | 111 |
| 0000 | NUL | DLE | SP | 0 | @ | P | · | p |
| 0001 | SOH | DC1 | ! | 1 | A | Q | a | q |
| 0010 | STX | DC2 | " | 2 | B | R | b | r |
| 0011 | ETX | DC3 | # | 3 | C | S | c | s |
| 0100 | EOT | DC4 | $ | 4 | D | T | d | t |
| 0101 | ENQ | NAK | % | 5 | E | U | e | u |
| 0110 | ACK | SYN | & | 6 | F | V | f | v |
| 0111 | BEL | ETB | ‘ | 7 | G | W | g | w |
| 1000 | BS | CAN | ( | 8 | H | X | h | x |
| 1001 | HT | EM | ) | 9 | I | Y | i | y |
| 1010 | LF | SUB | * | : | J | Z | j | z |
| 1011 | VT | ESC | + | ; | K | [ | k | { |
| 1100 | FF | PS | , | < | L | \ | l | \| |
| 1101 | CR | GS | - | = | M | ] | m | } |
| 1110 | SD | RS | . | > | N | ^ | n | ~ |
| 1111 | SI | US | / | ? | O | _ | o | DEL |

表 1-2 中每个字符都对应一个数值，称为该字符的 ASCII 码值。如数字“0”的 ASCII 码值为 48D（30H），字母“A”的码值为 65D（41H），“a”的码值为 97D（61H）等。从表中可以看到，128 个编码中有 34 个是控制符的编码（00H ~ 20H 和 7FH）和 94 个字符编码（21H ~ 7EH）。

ASCII 码是 7 位的二进制编码，而计算机内部用一个字节（8 位二进制位）存放一个 ASCII 码，因此，ASCII 码的机内码要在最高位补一个 0。

2. BCD 码（二-十进制编码）

BCD（Binary Coded Decimal）码又称为“二-十进制编码”，专门解决用二进制数表示十进数的问题。

“二-十进制编码”最常用的是 8421 编码，其方法是用 4 位二进制数表示 1 位十进制数，自左至右每一位对应的权是 8、4、2、1。由于 4 位二进制数有 0000 ~ 1111 共 16 种状态，而十进制数 0 ~ 9 只取 0000 ~ 1001 的 10 种状态，其余 6 种不用。

这种编码方法比较直观、简要，对于多位数，只需将它的每一位数字按表 1-3 中所列的对应关系用 8421 码直接列出即可。例如，十进制数转换成 BCD 码如下：

$$(1209.56)_{10}=(0001\ 0010\ 0000\ 1001.0101\ 0110)_{BCD}$$

8421 码与二进制之间的转换不是直接的，要先将 8421 码表示的数转换成十进制数，再将十进制数转换成二进制数。例如：

$$(1001\ 0010\ 0011.0101)_{BCD}=(923.5)_{10}=(1110011011.1)_2$$

表 1-3　十进制数与 BCD 码的对照表

| 十进制数 | 8421 码 | 十进制数 | 8421 码 |
|---|---|---|---|
| 0 | 0000 | 10 | 0001　0000 |
| 1 | 0001 | 11 | 0001　0001 |
| 2 | 0010 | 12 | 0001　0010 |
| 3 | 0011 | 13 | 0001　0011 |
| 4 | 0100 | 14 | 0001　0100 |
| 5 | 0101 | 15 | 0001　0101 |
| 6 | 0110 | 16 | 0001　0110 |
| 7 | 0111 | 17 | 0001　0111 |
| 8 | 1000 | 18 | 0001　1000 |
| 9 | 1001 | 19 | 0001　1001 |

3. 汉字的编码

汉字也是字符，与西文字符比较，汉字数量大，字形复杂，同音字多，这就给汉字在计算机内部的存储、传输、交换、输入、输出等带来了一系列问题。为了能直接使用西文标准键盘输入汉字，必须为汉字设计相应的编码，以适应计算机处理汉字的需要。

1）国标码

1981 年，我国颁布了《信息交换用汉字编码字符集——基本集》，标准号为“GB 2312—80”，是国家规定的用于汉字信息处理系统之间或者与通信系统之间进行信息交换的代码依据，这种编码称为国标码。国标码中规定了进行一般汉字信息处理时所用的 7 445 个字符编码。其中 682 个非汉字图形字符和 6 763 个汉字代码。汉字代码中又有一级常用字 3 755 个，二级次常用字 3 008 个。一级常用汉字按汉语拼音字母顺序排列，二级次常用字按偏旁部首排列，部首顺序依笔画多少排序。

国标 GB 2312—80 规定，所有的国标汉字与符号组成一个 94×94 的矩阵，在此方阵中，每一行称为一个“区”（区号为 01～94），每一列称为一个“位”（位号为 01～94），该方阵实际组成了一个 94 个区，每个区内有 94 个位的汉字字符集，每一个汉字或符号在码表中都有一个唯一的位置编码，叫该字符的区位码。由于一个字节只能表示 256 种编码，显然一个字节不可能表示汉字的国标码，所以一个国标码在计算机中必须用两个字节来表示。

区位码和其国标码之间的转换很简单。具体方法：将一个汉字的十进制区号和十进制位号分别转换成十六进制数；然后再分别加上 20H，就成为此汉字的国标码。

2）汉字输入码

汉字输入码，也叫外码，是一种用计算机标准键盘的按键的不同组合将汉字输入计算机的编码。汉字输入码是根据汉字的发音或字形结构等多种属性和汉语有关规则编制的。目前流行的汉字输入码的编码方案有许多，如数字编码、字音编码、字形编码、音形编码等。

3）汉字机内码

汉字机内码是在计算机内部对汉字进行存储、处理、传输统一使用的代码，又称为汉字内码。当一个汉字输入计算机后就转换为内码，然后才能在机器内存取、处理。汉字内码的形式也有多种多样。在计算机内汉字字符必须与英文字符区别开，以免造成混乱。英文字符的机内码是用一个字节来存放 ASCII 码，一个 ASCII 码占一个字节的低 7 位，最高位为“0”，为了区分，汉字机内码中两个字节的最高位均置“1”。汉字的机内码与国标码的关系是，机内码 = 国标码 + 8080H。例如，汉字“中”的国标码为 5650H（$0101011001010000$）$_2$，机内码为 D6D0H（$1101011011010000$）$_2$。

4）汉字字形码

每一个汉字的字形都必须预先存放在计算机内，例如 GB 2312 国标汉字字符集的所有字符的形状描述信息集合在一起，称为字形信息库，简称字库。汉字是方块字，将方块等分成 *n* 行 *n* 列的格子，简称它为点阵。凡笔画所到的格子点为黑点，用二进制数“1”表示；否则为白点，用二进制数“0”表示，如图 1-2 所示。这样，一个汉字的字形就可用一串二进制数表示了。

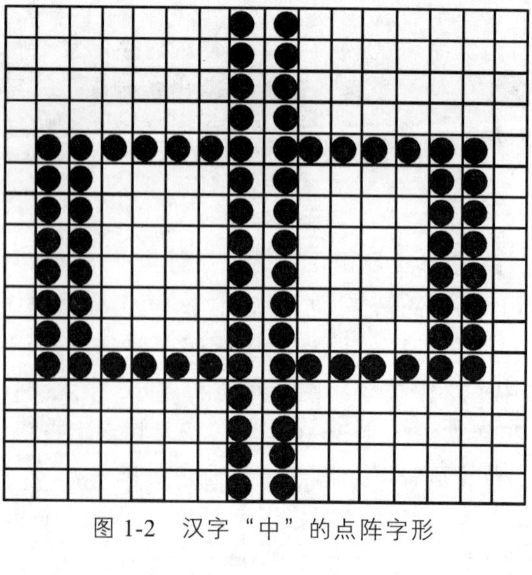

图 1-2 汉字“中”的点阵字形

目前，汉字字形的产生方式大多是用点阵方式形成汉字，即用点阵表示的汉字字形代码。根据汉字输出精度的要求，有不同密度点阵。汉字字形点阵有 16×16 点阵、24×24 点阵、32×32 点阵等。字形点阵的信息量很大，所占存储空间也很大，例如 16

×16 点阵，每个汉字就要占 32 个字节（$16\times16\div8=32$）；24×24 点阵的字形码需要用 72 个字节（$24\times24\div8=72$），32×32 点阵的字形码需要用 128 个字节（$32\times32\div8=128$），因此字形点阵只能用来构成“字库”，而不能用来替代机内码用于机内存储。字库中存储了每个汉字的字形点阵代码，不同的字体（如宋体、仿宋、楷体、黑体等）对应着不同的字库。在输出汉字时，计算机要先到字库中去找到它的字形描述信息，然后再把字形送去输出。

## 1.3 科学思维

科学思维也叫科学逻辑，就是在科学活动中，对感性认识材料进行加工处理的方式与途径的理论体系，是对各种思维方法的有机整合，是人类实践活动的产物。

科学思维有 3 个基本原则。

- 逻辑性原则：在逻辑上要求严密，达到归纳和演绎的统一。
- 方法论原则：在方法上要求严谨，达到分析和综合的统一。
- 历史性原则：在体系上要求一致，到达历史与现实的统一。

科学思维有 3 种思维方式：实证思维、逻辑思维和计算思维。

### 1.3.1 实证思维

实证思维就是运用观察、测量等一系列实验手段来揭示事物本质与规律的认识过程。实证思维起源于物理学研究，代表人物有开普勒、伽利略、牛顿等。开普勒是现代科学中第一个有意识地将自然观察总结成规律，并表述出来的人。伽利略建立了现代实证的科学体系，强调通过观察和实验获取自然规律的法则。牛顿把观察、归纳、演绎与验证完美地结合起来，形成了现代科学大厦的框架。

实证思维有以下 3 个特征。

- 自洽性：思维结论在逻辑上不能自相矛盾。
- 合理性：思维结论既能合理解释以往发生的现象，又能合理解释未来发生的现象。
- 检验性：思维结论能经得起不同人的重复检验。

### 1.3.2 逻辑思维

逻辑思维就是运用概念、判断、推理等思维方式揭示事物本质与规律的认识过程。逻辑思维起源于古希腊时期，集大成者是苏格拉底、柏拉图、亚里士多德。他们基本构建了逻辑学的体系。逻辑思维又经过众多数学家的贡献，如莱布尼茨、布尔、希尔伯特、哥德尔等，形成了现代逻辑学的体系。逻辑思维有以下 3 个特征。

- 同一律：在同一个思维过程中，一个对象必须始终保持同一个含义，不能随便改变。

● 矛盾律：在同一个思维过程中，一个结论必须始终保持一致，不能自相矛盾。

● 排中律：在同一个思维过程中，两个相互矛盾的结论只能一真一假，不能同时为真，同时为假。

### 1.3.3 计算思维

计算思维是与人类思维活动同步发展的思维模式，但是计算思维的明确和建立，经历了较长的发展时期。计算思维是一直存在的科学思维方式，计算机的出现和应用促进了计算思维的发展和应用。

计算思维的发展和以下几位人物有关。

● 笛卡儿：笛卡儿发明了解析几何，他曾设想把现实问题转化为数学问题，把数学问题转化为代数问题，把代数问题转化为代数方程求解问题，这些都体现了计算思维的思想。

● 莱布尼茨：莱布尼茨提出了数理逻辑的思想，希望构造一种逻辑演算，使得逻辑判断能够用计算来解决。这也体现了计算思维的思想。

● 希尔伯特：著名数学家希尔伯特在《几何基础》一书中，提出了从公理化走向机械化的思想。希尔伯特计划将数学知识纳入严格的公理体系，并着力在公理化基础上，寻找机械化判断命题是否成立的方法。

● 戴克斯特拉：戴克斯特拉是荷兰著名计算机科学家，曾获得 1972 年的图灵奖。他曾提出："我们所使用的工具影响着我们的思维方式和思维习惯，从而也将深刻地影响我们的思维能力。"

● 周以真：周以真是美国卡内基梅隆大学的教授，2006 年周以真发表了《计算思维》一文，给出了计算思维的定义，论述了计算思维的特性，确立了计算思维的概念。

计算思维具有抽象和自动化的特征。抽象就是对要解决的问题，分离问题所涉及的其他特性，提取出其量的关系、空间形式和内部逻辑，并用简明的数学语言描述出来。自动化就是对要解决的问题，在抽象的基础上，找到一个可行的算法，使得计算机能够运行相应的程序，解决该问题。

实证思维、逻辑思维和计算思维之间有以下 3 个关系。

● 目标一致：实证思维、逻辑思维和计算思维的共同目标都是揭示事物的本质与规律。

● 手段不同：实证思维注重的是验证，逻辑思维注重的是推理，计算思维注重的是自动求解。

● 互补结合：在现今的科学体系中，仅仅使用一种思维方式根本无法完成科学研究，需相互配合。

## 1.4 任务清单

### 1.4.1 任务清单-1

| 姓名 | | 学号 | |
| --- | --- | --- | --- |
| 班级 | | 打分 | |
| 任务工单 | 计算机理论基础知识点练习一 | | |

(1)计算机根据运算速度、存储能力、功能强弱、配套设备等因素可划分为(　　)。

A. 台式计算机、便携式计算机、膝上型计算机

B. 电子管计算机、晶体管计算机、集成电路计算机

C. 巨型机、大型机、小型机、微型机和工作站

D. 8 位机、16 位机、32 位机、64 位机

(2)计算机按其性能可以分为五大类,即巨型机、大型机、小型机、微型机和(　　)。

A. 工作站　　B. 超小型机

C. 网络机　　D. 以上都不是

(3)第 3 代电子计算机使用的电子元件是(　　)。

A. 晶体管　　B. 电子管

C. 中、小规模集成电路　　D. 大规模和超大规模集成电路

(4)早期计算机的主要应用是(　　)。

A. 科学计算　　B. 信息处理

C. 实时控制　　D. 辅助设计

(5)目前计算机的发展方向是微型化和(　　)。

A. 巨型化　　B. 智能化

C. 稳定化　　D. 低成本化

(6)以下哪一个技术与可能引发下一次的计算机技术革命无关?(　　)

A. 生物技术　　B. 纳米技术

C. 通信技术　　D. 量子技术

| 教师评语 | |
| --- | --- |

电子版作业请从电子教室传输端提交

### 1.4.2 任务清单-2

| 姓名 | | 学号 | |
| --- | --- | --- | --- |
| 班级 | | 打分 | |
| 任务工单 | 计算机理论基础知识点练习二 | | |

（1）下列几个不同数制的整数中，最大的一个是（　　）。

A. $(1001001)_2$　　B. $(77)_8$　　C. $(70)_{10}$　　D. $(5A)_{16}$

（2）在下列字符中，其 ASCII 码值最大的一个是（　　）。

A. Z　　B. 9　　C. 空格字符　　D. a

（3）要存放 10 个 24×24 点阵的汉字字模，需要（　　）的存储空间。

A. 72 B　　B. 320 B　　C. 720 B　　D. 72 KB

（4）十进制数 75 用二进制数表示是（　　）。

A. 1100001　　B. 1101001　　C. 0011001　　D. 1001011

（5）十进制数 221 用二进制数表示是（　　）。

A. 1100001　　B. 11011101　　C. 0011001　　D. 1001011

（6）ASCII 码表中，按照 ASCII 码值从小到大排列顺序是（　　）。

A. 数字、英文大写字母、英文小写字母

B. 数字、英文小写字母、英文大写字母

C. 英文大写字母、英文小写字母、数字

D. 英文小写字母、英文大写字母、数字

（7）6 位无符号的二进制数能表示的最大十进制数是（　　）。

A. 64　　B. 63　　C. 32　　D. 31

（8）计算机内部用于处理数据和指令的编码是（　　）。

A. 十进制码　　B. 二进制码　　C. ASCII 码　　D. 汉字编码

（9）下列各项中，不是微型计算机的主要性能指标的是（　　）。

A. 字长　　B. 内存容量　　C. 主频　　D. 硬盘容量

（10）一台计算机的字长是 4 个字节，这意味着它（　　）。

A. 能处理的字符串最多由 4 个英文字母组成

B. 在 CPU 中作为一个整体加以传送处理的二进制数码为 32 位

C. 能处理的数值最大为 4 位十进制数

D. 在 CPU 中运算的结果最大为 232

（11）在计算机中，信息的最小单位是（　　）。

A. 字节　　B. 位　　C. 字　　D. KB

（12）计算机内存容量为 128 MB，其中的 128 MB 是指（　　）。

A. 128×1 024×1 024 个字节　　B. 128×1 000×1 000 个字节

C. 128×1 024×1 024×8 个字节　　D. 128×1 000×1 000×8 个字节

| 教师评语 | |
| --- | --- |

电子版作业请从电子教室传输端提交

# 第 2 章 计算机的系统构成

计算机系统由硬件系统和软件系统组成。硬件系统是计算机赖以工作的实体，相当于人的躯体；软件系统是计算机的精髓，相当于人的思想和灵魂，它们共同协作运行应用程序并处理各种实际问题。本章将介绍计算机的硬件系统和软件系统以及操作系统的相关知识。

**学习目标**

（1）计算机软、硬件系统的组成。
（2）微型计算机的硬件系统。
（3）操作系统的基本概念、功能、组成及分类。
（4）多媒体技术的概念与应用。

**技能掌握**

（1）了解微型计算机的基本配置及各硬件的基本功能。
（2）掌握指法练习软件“金山打字通”的使用方法。

**思政育人目标**

（1）引导学生树立法律维权意识，塑造公民人格。
（2）引导学生遵守职业道德，形成良好的职业素养，弘扬工匠精神。

## 2.1 计算机系统的结构

### 2.1.1 概　述

计算机系统的组成如图 2-1 所示。一个完整的计算机系统由硬件（Hardware）系统和软件（Software）系统两大部分组成。

所谓硬件，是指构成计算机的物理设备，即由机械、电子器件构成的具有输入、存储、计算、控制和输出功能的实体部件。通常所看到的计算机，是一个机箱，机箱里面是各式各样的电子器件，还有键盘、鼠标、显示器和打印机等，这些都是组成计算机的硬件，它们是计算机工作的物质基础。

软件就是程序、运行程序所需的数据和有关文档的总称。程序就是根据具体的解题步骤编制的指令序列。当程序在计算机的内存中运行时，其中的每条指令依次指挥机器完成一个简单的操作，通过这一系列简单操作的组合，最终完成指定的任务。执行程序的结果通常是按照某种格式产生输出。

- 计算机系统
  - 硬件系统
    - 主机
      - 中央处理器（CPU）
        - 运算器（ALU）
        - 控制器（CU）
      - 内存储器
        - ROM
        - RAM
    - 外部设备
      - 外部存储器——硬盘、软盘、光盘、磁带、U盘
      - 输入设备——键盘、鼠标、扫描仪
      - 输出设备——显示器、打印机、绘图仪
      - 其他设备——调制解调器
  - 软件系统
    - 系统软件
      - 操作系统
      - 程序语言处理系统
      - 数据库管理系统
      - 服务程序——检查、诊断、排错程序
    - 应用软件
      - 通用应用软件——如Office办公软件包
      - 专用应用软件——用户程序

图 2-1 计算机系统的基本组成

计算机系统是一个整体，它既包括硬件系统，也包含软件系统，两者是不可分割的。我们平时讲到的“计算机”一词，都是指含有硬件和软件的计算机系统。

## 2.1.2 计算机硬件系统的组成

计算机由运算器、控制器、存储器、输入设备和输出设备五个基本部分组成，也称计算机的五大部件，其结构如图 2-2 所示。

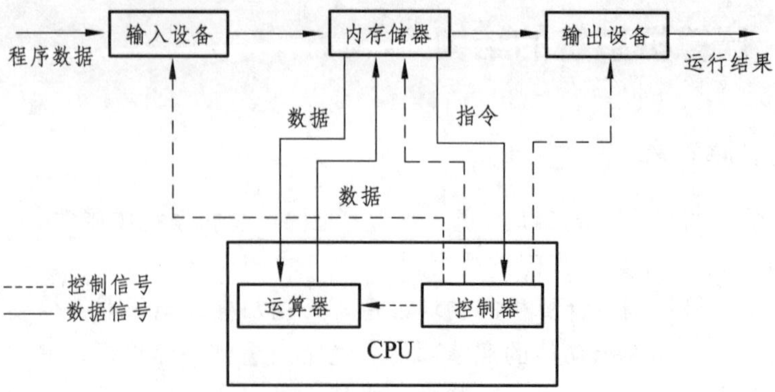


图 2-2 计算机基本结构

1. 运算器

运算器又称算术逻辑单元（Arithmetic Logic Unit，ALU），是计算机对数据进行加工处理的部件，它的主要功能是对二进制数码进行加、减、乘、除等算术运算和与、或、非等基本逻辑运算，实现逻辑判断。由于在计算机内部，各种运算均可归结为相

加和移位这两个基本操作，所以运算器的核心是加法器（adder）。为了能将操作数暂时存放，能将每次运算的中间结果暂时保留，运算器还需要若干个寄存数据的寄存器（register）。若一个寄存器既保存本次运算的结果，又参与下次的运算，它的内容就是多次累加的和，这种寄存器又叫作累加器。运算器主要由一个加法器、若干个寄存器和一些控制线路组成。

2. 控制器

控制器主要由指令寄存器、译码器、程序计数器和操作控制器等组成，用来控制计算机各部件协调工作，并使整个处理过程有条不紊地进行。它的基本功能就是从内存中取指令和执行指令，即控制器按程序计数器指出的指令地址从内存中取出该指令进行译码，然后根据该指令功能向有关部件发出控制命令，执行该指令。另外，控制器在工作过程中，还要接收各部件反馈回来的信息。

3. 存储器

存储器是计算机的记忆装置，它的功能是存放信息（数据和程序）。其中，将信息存入存储器称为“写”，从存储器中取出信息称为“读”。读写操作统称为对存储器的访问。存储器分为内存储器和外存储器两类。内存储器直接与运算器、控制器联系，交换数据，并安装在主机内，通常称之为内存。外存储器不直接与运算器、控制器交换数据，也不是按单个数据进行存取，而是以成批数据与内存储器交换数据。目前，外存储器主要有磁盘（软盘和硬盘）、磁带、光盘和 U 盘。

4. 输入设备

输入设备用于计算机的各种信息输入，是计算机信息的入口。要让计算机执行指定的任务，就必须向计算机提供相应的数据和信息，不同的输入设备将不同的信息表现形式转换成计算机中唯一的信息表示形式（二进制编码）输入计算机。计算机的输入设备种类很多，如键盘、鼠标、扫描仪、光笔、触摸屏、数码相机、摄像头、语音录入装置等，最常用的输入设备是键盘和鼠标。

5. 输出设备

输出设备的功能是把运算处理结果按照人们所要求的形式输出，它是计算机信息的出口。输出设备将计算机中的二进制编码信息转换成人们需要的信息形式（如图形、声音等）表现出来，使人们得以利用。计算机的输出设备种类也很多，如显示器、打印机、绘图仪、音响装置等，最常用的输出设备是显示器和打印机。

### 2.1.3 计算机软件系统的组成

所谓软件，是指为方便使用计算机和提高使用效率而编制的程序以及用于开发、使用和维护的有关文档。软件是计算机系统必不可少的组成部分。微型计算机系统的软件分为系统软件和应用软件两类。系统软件包括操作系统和各种系统实用程序，如语言系统、编译连接程序、装配程序、调试维护程序等。应用软件是指计算机用户为某一特定应用而开发的软件，如文字处理软件、表格处理软件、绘图软件、财务软件、过程控制软件等。

1. 系统软件

系统软件是指控制和协调计算机及其外部设备，支持应用软件的开发和运行的软件。其主要功能是进行调度、监控和维护系统等。系统软件是用户和裸机的接口。系统软件一般包括操作系统、语言编译程序、数据库管理系统和服务程序等。

1）操作系统（Operating System）

（1）操作系统的功能和组成。

操作系统是对计算机系统的硬件、软件资源进行控制和管理，方便用户、提高系统资源利用率的程序系统，它是计算机系统中极为重要的系统软件，由一系列具有不同控制和管理功能的程序组成。它是直接运行在“裸机”上的最基本的系统软件，是系统软件的核心。操作系统是计算机发展中的产物，它的主要目的有两个：一是方便用户使用计算机，是用户和计算机的接口；二是统一管理计算机系统的全部资源，合理组织计算机工作流程，以便充分、合理地发挥计算机的效率。

现代操作系统的功能十分丰富，但一个操作系统应包括下列五大功能模块：

① 处理器管理。处理器是计算机中的关键资源，处理器管理包括进程管理和处理器调度。进程作为资源分配和调度的独立单位，进程控制是指由操作系统对进程进行控制和调度。处理器调度是指按照某种调度算法将处理器分配给进程，不同类型的操作系统所采用的调度策略是不相同的。

② 作业管理。作业是用户在一次上机活动中要求计算机完成的一个独立任务的程序及其所需的数据。作业管理的任务主要是为用户提供一个使用计算机的界面，使其方便地运行自己的作业，并对所有进入系统的作业进行调度和控制，尽可能高效地利用整个系统的资源。

③ 存储器管理。存储器管理的主要任务是对内存资源进行管理。根据用户程序的实际要求给程序及其使用的数据分配存储空间；当程序执行完后收回存储空间提供给其他程序使用。另外，保护用户存放在内存中的程序和数据不被破坏，防止用户之间的程序和数据相互干扰。

④ 设备管理。设备管理主要负责管理各类外围设备，对设备资源进行统一管理和控制。根据用户提出使用设备的请求进行设备分配，同时还能随时接受设备的请求（称为中断），如要求输入信息等。

⑤ 文件管理。文件是具有符号名的一组相关信息的集合。文件管理的主要任务是负责文件的存储、检索、共享和保护，为用户提供文件操作的方便。

（2）操作系统的分类。

操作系统的种类繁多，依其功能和特性分为批处理操作系统、分时操作系统和实时操作系统等；依其同时管理用户数的多少分为单用户操作系统、多用户操作系统和适合管理计算机网络环境的网络操作系统等。

针对信息管理和信息处理技术的发展，以下从操作系统工作的角度，简要介绍几种主要操作系统的类型：

① 单用户操作系统。

单用户操作系统面对单一用户，所有资源均提供给单一用户使用，用户对系统有绝对的控制权。单用户操作系统是从早期的系统监控程序发展起来的，进而成为系统管理程序，再进一步发展为独立的操作系统。它是针对一台机器、一个用户的操作系统。

单用户操作系统在作业运行前，用户必须初始化所有硬件条件和环境（如寄存器状态、设备分配与状态等），设置必要的输入/输出设备，并将操作系统的一个核心部分常驻留在系统的主存储器中。然后，初始化后的系统装入并开始运行应用程序，运行完毕，系统又回到初始状态，以便下一个用户能够工作。单用户操作系统是为独立用户服务的，多个用户只能分别操作，分别独占所有系统资源。

微型计算机的 DOS、Windows 操作系统属于这一类。

② 批处理操作系统。

批处理操作系统是 20 世纪 70 年代运行于大、中型计算机上的操作系统。批处理系统一般分为两种，即单道批处理系统和多道批处理系统。它们都是成批处理或者顺序共享式系统，它允许多个用户以高速、非人工干预的方式进行成组作业工作和程序执行。批处理系统将作业成组（成批）提交给系统，由计算机顺序自动完成后再给出结果，从而减少了用户作业建立和打断的时间。当时由于单用户单任务操作系统的 CPU 使用效率低，I/O 设备资源未充分利用，因而产生了多道批处理系统，它主要运行在大中型机上。多道是指多个程序或多个作业同时存在和运行，故也称为多任务操作系统。

批处理系统的主要优点是系统的吞吐量大，资源利用率高，操作系统的开销较小。其缺点在于作业处理的平均周转时间较长，用户交互能力较弱等。在现代操作系统中，已经没有单一的批处理系统了，而是将批处理的概念和批处理的技术融合在现代操作系统中，成为一种不可缺少的功能服务模块。而且，现今的批处理也已经与传统的批处理有了较大的不同，已经从传统的单一的作业顺序执行、用户不能干预，发展到批处理系统可控的顺序执行和有限的用户干预，甚至具有了高级逻辑编程和控制的功能。IBM 的 DOS/VSE 就是这类系统。

③ 分时操作系统。

分时操作系统是一种具有如下特征的操作系统：在一台计算机周围挂上若干台近程或远程终端，每个用户可以在各自的终端上以交互的方式控制作业运行。每一个用户通过自己操作的终端，把用户作业送入主计算机，主计算机也通过终端向各用户反馈其作业运行的情况。主计算机采用时间分片的方式轮流地为各个终端上的用户服务，及时地对用户的服务请求予以响应。虽然物理上只有一台计算机，但是每一个用户都可以得到及时的服务响应，每一个用户都感觉到是一台计算机在专门为他服务，这就是分时系统。分时系统的优点是：第一，经济实惠，可充分利用计算机资源；第二，由于采用交互会话方式控制作业，用户可以坐在终端前边思考、边调整、边修改，从而大大缩短了解题周期；第三，分时系统的多个用户间可以通过文件系统彼此交流数据和共享各种文件，在各自的终端上协同完成共同任务。分时操作系统是多用户多任务操作系统。UNIX 是国际上最流行的分时操作系统。

④ 实时操作系统。

实时系统是另一类特殊的多道程序系统，它主要应用于需要对外部事件进行及时响应并处理的领域。实时含有立即、及时的意思。所以，对时间的响应是实时系统最关键的因素。实时系统是指系统对输入的及时响应，对输出的按需提供，并无延迟地处理。换句话说，计算机能及时响应外部事件的请求，在规定的时间内完成事件的处理，并能控制所有实时设备和实时任务协调运行。例如，在自动驾驶仪控制下飞行的飞机、导弹的自动控制系统中，计算机必须对测量系统测得的数据及时、快速地进行处理和反应，以便达到控制的目的，否则就会失去战机。这种有响应时间要求的快速处理过程叫作实时处理过程。

实时系统可以分为实时控制系统和实时信息系统，两者的主要区别：一是服务对象，二是对响应时间的要求。

实时控制系统通常是以计算机为中心的过程控制系统，也称为计算机控制系统。它既用于生产过程中的自动控制，包括自动数据采集、生产过程监测、执行机构的自动控制等，也可以用于监测制导性控制，如武器装备的制导、交通控制、自动驾驶与跟踪、导弹火箭与航空航天器的发射等。这种控制系统根据控制的对象的不同，还可以分为开环控制和闭环控制。

实时信息系统通常指实时信息处理系统，它可以是主机型多终端的联机系统，也可以是远程在线式的信息服务系统，还可以是网络互联式的信息系统。作为信息处理的计算机接收终端用户或者远程终端用户发来的服务请求，系统分门别类地进行数据与信息的检索、查找和处理，并及时反馈给用户。实时信息系统的开发都是与具体的应用领域分不开的，如航空订票系统、情报检索系统、信息查询系统等。

⑤ 网络操作系统。

计算机网络是通过通信线路将地理上分散且独立的计算机联结起来的一种网络，有了计算机网络之后，用户可以突破地理条件的限制，方便地使用远地的计算机资源。提供网络通信和网络资源共享功能的操作系统称为网络操作系统。它是建立在单机操作系统之上的一个开放式的软件系统，它面对的是各种不同的计算机系统的互联操作，面对不同的单机操作系统之间的资源共享、用户操作协调和与单机操作系统的交互，从而解决多个网络用户（甚至是全球远程的网络用户）之间争用共享资源的分配与管理。

⑥ 分布式操作系统。

大量的计算机通过网络被连接在一起，可以获得极高的运算能力及广泛的数据共享。这种系统被称作分布式系统。分布式操作系统是资源共享的一个统一的操作系统。处于分布式系统的多个主机都处于平等地位，在物理上独立。

分布式系统的优点是它的分布式。分布式系统可以以较低的成本获得较高的运算性能。分布式系统的另一个优点是它的可靠性。由于有多个独立的 CPU 系统，因此当一个 CPU 系统发生故障时，整个系统仍旧能够工作。对于高可靠的环境，如核电站等，分布式系统是有其用武之地的。

2）语言处理系统

计算机只能直接识别和执行机器语言，那么要在计算机上运行高级语言程序，就必须配备程序语言翻译程序（以下简称翻译程序）。翻译程序本身是一组程序，不同的高级语言都有相应的翻译程序。

对于高级语言来说，翻译的方法有两种：

一种称为“解释”，早期的 BASIC 源程序的执行都采用这种方式。它调用机器配备的 BASIC“解释程序”，在运行 BASIC 源程序时，逐条把 BASIC 的源程序语句进行解释和执行，它不保留目标程序代码，即不产生可执行文件。这种方式速度较慢，每次运行都要经过“解释”，边解释边执行。

另一种称为“编译”，它调用相应语言的编译程序，把源程序变成目标程序（以 obj 为扩展名），然后再用连接程序，把目标程序与库文件相连接形成可执行文件。尽管编译的过程复杂一些，但它形成的可执行文件（以 exe 为扩展名）可以反复执行，速度较快。运行程序时只要键入可执行程序的文件名，按 Enter 键即可。

对源程序进行解释和编译任务的程序，分别叫作编译程序和解释程序。如 FORTRAN、COBOL、Pascal 和 C 等高级语言，使用时需有相应的编译程序；BASIC、LISP 等高级语言，使用时需用相应的解释程序。

总的来说，上述编译程序和解释程序都属于语言处理系统或简称翻译程序。

3）服务程序

服务程序能够提供一些常用的服务性功能，它们为用户开发程序和使用计算机提供了方便。像微机上经常使用的诊断程序、调试程序和编辑程序均属此类。

4）数据库管理系统

在信息社会里，人们的社会和生产活动产生更多的信息，以至于人工管理难以应对，希望借助计算机对信息进行搜集、存储、处理和使用。数据库系统（Data Base System，DBS）就是在这种需求背景下产生和发展的。

数据库是指按照一定联系存储的数据集合，可为多种应用共享。如工厂中职工的信息、医院的病历、人事部门的档案等都可分别组成数据库。数据库管理系统（Data Base Management System，DBMS）则是能够对数据库进行加工、管理的系统软件。其主要功能是建立、删除、维护数据库及对库中数据进行各种操作。目前，微机系统常用的单机数据库管理系统有 DBASE、FoxBase、Visual FoxPro 等；适合于网络环境的大型数据库管理系统有 Sybase、Oracle、DB2、SQL Server 等，从某种意义上讲它们也是编程语言。数据库系统主要由数据库、数据库管理系统以及相应的应用程序组成。比如，某机关的工资管理系统就是一个具体的数据库系统。数据库系统不但能够存放大量的数据，更重要的是能迅速地、自动地对数据进行检索、修改、统计、排序、合并等操作，以得到所需的信息。这一点是传统的文件柜无法做到的。

数据库技术是计算机技术中发展最快、应用最广的一个分支。可以说，在今后的计算机应用开发中大都离不开数据库。因此，了解数据库技术尤其是微机环境下的数据库应用是非常必要的。当今数据库管理系统主要用于档案管理、财务管理、图书资料管理、仓库管理、人事管理等数据处理。

### 2. 应用软件

为解决各类实际问题而设计的程序系统称为应用软件。从其服务对象的角度看，又可分为通用软件和专用软件两类。

1）通用软件

这类软件通常是为解决某一类问题而设计的，而这类问题是很多人都要遇到和解决的，比如：

（1）文字处理软件。用计算机撰写文章、书信、公文并进行编辑、修改和排版的过程称为文字处理。曾经流行一时的UCDOS下的WPS和目前广泛流行的Windows下的Word等，都是典型的文字处理软件。关于文字处理软件Word的使用将在后续章节详细介绍。

（2）电子表格软件。电子表格可用来记账、进行财政预算等。像文字处理软件一样，它也有许多比传统账簿和计算工具先进的功能，如快速计算、自动统计、自动造表、自动排列等。Windows下的Excel软件就属此类。

（3）专家系统（Expert System）。专家系统通常由一组规则组成，这些规则是专家系统的基础。例如，可以用它们表示汽车维修方面的知识，一旦规则库开发完毕，系统就可以接受用户的咨询。即使是这方面的一个新手，也可以通过该专家系统学得定义这些规则的那个专家的专业特长。

（4）实时控制。用于生产过程自动控制的计算机一般都是实时控制的。它对计算机的速度要求不高但可靠性要求很高。用于控制的计算机，其输入信息往往是电压、温度、压力、流量等模拟量，将模拟量转换成数字量后计算机才能进行处理或计算。这类软件一般统称为SCADA（Supervisory Control And Data Acquisition，监察控制和数据采集）软件。目前，微机上流行的SCADA软件有FIX、INTOUCH、LOOKOUT等。

此外，应该注意到，市场和社会上出现的一种软件形式——软件包。所谓软件包（Package），是针对不同专业用户的需要所编制的大量的应用程序，进而把它们逐步实现标准化、模块化所形成的解决各种典型问题的应用程序的组合，如图形软件包、会计软件包、仿真软件包、文字处理软件包等。软件包是由计算机厂商和专业用户提供的商品，其他用户需要时可购置，将其存放在磁盘上，只要操作系统支持就可方便地使用。

2）专用软件

上述通用软件或软件包，在市场上可以买到。但有些具有特殊需求的软件是无法买到的。比如某个用户希望有一个程序能自动控制厂里的车床，同时也能将各种事务性工作集成起来统一管理。因为它对于一般用户是太特殊了，所以只能组织人力开发。当然开发出的这种软件也只是专用于这种情况，属于典型的专用软件。

综上所述，计算机系统由硬件系统和软件系统组成，两者缺一不可。而软件系统又由系统软件和应用软件组成，操作系统是系统软件的核心，是每个计算机系统中必不可少的。其他的系统软件，如语言处理系统，可根据不同用户的需要配置不同程序语言编译系统。根据各用户的应用领域不同，可以配置不同的应用软件。

## 2.2 微型计算机的硬件系统

### 2.2.1 微型计算机的基本结构

微型计算机是计算机的一种。在微型计算机结构中，通过系统总线把CPU、存储器、输入设备和输出设备连接起来，实现信息的交换，如图 2-3 所示。通过总线连接微型计算机各部件使微型计算机系统结构简洁、灵活、规范、可扩充性好。

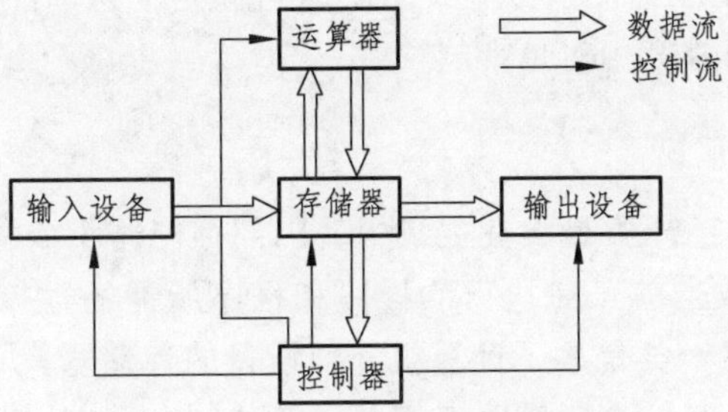


图 2-3　微型计算机系统结构示意图

## 2.2.2　微型计算机的硬件资源

微型计算机系统的硬件资源是指计算机系统中可以看得见摸得着的物理装置，即机械器件、电子线路等设备。从微型计算机外观上看，主要有主机、显示器、鼠标和键盘等。主机背面有许多插孔和接口，用于接通电源和连接外部设备，而主机箱内主要包括 CPU、主板、内存、硬盘和光驱等硬件。

1. 中央处理器

微型计算机的中央处理器（Central Processing Unit，CPU）习惯上称为微处理器（Microprocessor），是微型计算机的核心，由运算器和控制器两部分组成，如图 2-4 所示。运算器（也称执行单元）是微机的运算部件；控制器是微机的指挥控制中心。

图 2-4　CPU

目前，市场上销售的 CPU 产品主要有 Intel 和 AMD 两大类。奔腾双核、赛扬双核和闪龙系列（单核、双核）属于比较低端的处理器，仅能满足上网、办公、看电影等需求。酷睿 i3、i5 和速龙系列（双核、四核）属于中端的处理器，不仅能上网、办公、看电影等，还能承载大型网络游戏的运行。酷睿 i7 和羿龙系列（四核、六核）属于高端处理器，常用的网络应用都能实现，还能以最高效果运行大型游戏。

中央处理器（CPU）的性能指标直接决定了由它构成的微型计算机系统性能指标。CPU 的性能指标主要包括字长和时钟主频。字长表示 CPU 每次处理数据的能力，计算机处理数据时，一次可以运算的数据长度称为一个“字”（Word）。字的长度称为字长。

一个字可以是一个字节，也可以是多个字节。常用的字长有 8 位、16 位、32 位、64 位等。如某一类计算机的字由 4 个字节组成，则字的长度为 32 位，相应的计算机称为 32 位机；时钟主频以 MHz（兆赫兹）或 GHz（吉赫兹）为单位来度量。通常，时钟主频越高，其处理数据的速度相对也就越快。

2. 存储器

存储器分为两大类：一类是设在主机中的内部存储器（简称内存，见图 2-5），也叫主存储器，用于存放当前正在执行的程序和程序所需的数据，属于临时存储器；另一类是属于计算机外部设备的存储器，叫外部存储器，简称外存，也叫辅助存储器（简称辅存）。外部存储器，用来存放计算机暂时不执行的程序和数据，属于永久性存储器。当计算机需要外存中的某一程序或数据时，首先要调入内存，然后再运行。

图 2-5　内存条

对于存储器来说，存储器可容纳的二进制信息量称为存储容量。一个二进制位（bit）是构成存储器的最小单位。实际上，存储器是由许许多多个二进制位的线性排列构成的。为了存取到指定位置的数据，通常将每 8 位二进制位组成一个存储单元，称为字节（Byte），并给每个字节编上一个号码，称为地址（Address）。

字节（Byte）是存储器度量存储容量的基本单位。此外，常用的存储容量单位还有：KB（千字节）、MB（兆字节）和 GB（千兆字节）。它们之间的关系如下：

1 字节（Byte）= 8 个二进制位（bit）

1 KB = 1 024 B = $2^{10}$ B

1 MB = 1 024 KB = $2^{20}$ B

1 GB = 1 024 MB = $2^{30}$ B

1 TB = 1 024 GB = $2^{40}$ B

1）主存储器

主存储器分为随机存储器（Random Access Memory，RAM）和只读存储器（Read Only Memory，ROM）两类。

（1）随机存储器（RAM）。

随机存储器也叫读写存储器。RAM 中存储当前使用的程序、数据、中间结果和与外存交换的数据，CPU 根据需要可以直接读、写 RAM 中的内容。RAM 的特点：可以读出，也可以改写。读取时不损坏原有存储的内容，只有写入时才修改原来所存储的内容。断电后，存储的内容立即消失。由于 RAM 的这一特点，所以也称它为临时存储器。目前，微机内存一般有 1 GB、2 GB、4 GB，甚至更多。

（2）只读存储器（ROM）。

顾名思义，只读存储器只能作读出操作而不能作写入操作。ROM 中的信息是在制造时用专门设备一次写入的。只读存储器常用来存放固定不变重复执行的程序，如存放汉字库、各种专用设备的控制程序等。ROM 中存储的内容是永久性的，即使关机或掉电也不会消失。随着半导体技术的发展，已经出现了多种形式的只读存储器，如可编程只读存储器（PROM）、可擦除的可编程只读存储器（EPROM）以及掩膜型只读存储器（MROM）等。它们需要用特殊的手段改变其中的内容。

2）外部存储器

外部存储器（简称外存）又称辅助存储器。外部存储器主要由磁表面存储器和光盘存储器等设备组成。磁表面存储器可分为磁盘、磁带两大类。目前，最常用的外部存储器有磁盘、磁带、光盘和 U 盘等。

与内存相比，这类存储器的特点是存储量大、价格较低，而且在断电的情况下也可以长期保存信息，所以又称为永久性存储器。下面简单介绍磁盘和光盘存储器。

（1）硬盘。

硬盘是计算机系统中的重要部件，它不仅要存储用户的数据，还要存储操作系统及其运行数据，并担负系统缓存的任务，是极其重要的设备，如图 2-6 所示。

图 2-6　硬盘

按生产厂商分类，机械硬盘比较常见的品牌有希捷、西部数据等；固态硬盘的常见品牌有金士顿（Kingston）、三星（SAMSUNG）等。按照不同的接口类型，可以将硬盘的接口分为 IDE、SATA、MSATA、SAS、SCSI 及 PCI-E 几类。其中，IDE 接口的硬盘目前已被淘汰；SCSI 接口的硬盘多用于工作站或服务器中；SAS 采用新一代的 SCSI 技术；MSATA 是超极本使用的固态硬盘接口；PCI-E 接口的固态硬盘可以在任何有这种接口的硬盘上使用；SATA 接口是目前硬盘最常用的接口，又分为 SATA 3.0、SATA 2.0、SATA 1.0 几种，版本越高的接口性能也就越高。目前，主流的硬盘容量从 500 GB 到 4 TB 不等。

（2）光盘。

光盘（Optical Disk）存储器是一种利用激光技术存储信息的装置。光盘是一种新型的大容量辅助存储器，需要有光盘驱动器配合使用，如图 2-7 所示。

图 2-7　光盘和光驱

根据性能和用途的不同，光盘存储器主要可分成以下几种类型：

① 只读型光盘（Compact Disk-Read Only Memory，CD-ROM）是一种小型光盘只

读存储器。它的特点是只能写一次，而且是在制造时由厂家用冲压设备把信息写入的。写好后信息将永久保存在光盘上，用户只能读取，不能修改和写入。CD-ROM 最大的特点是存储容量大，一张 CD-ROM 光盘，其容量为 650 MB 左右，主要用于视频盘和数字化唱盘以及各种多媒体出版物。在计算机领域里，主要用于软件的存放、检索文献数据库或其他数据库，也可用于计算机辅助教学等。计算机上用的 CD-ROM 有一个数据传输速率的指标，称为倍速。一倍速的数据传输速率是 150 KB/s，24 倍速 CD-ROM 的数据传输速率是 24 × 150 KB/s = 3.6 MB/s。

② 一次写入型光盘，可由用户写入数据，但只能写一次，写入后不能擦除修改。一次写入多次读出的 CD-R 适用于用户存储不允许随意更改的文档。一次性可写入光盘，必须在专用的光盘刻录机中进行。通常光盘刻录机既可以作刻录机用，也可读普通的 CD-ROM 光盘。读盘速度为 6 倍速或 8 倍速，而刻录时为 2 倍速或 4 倍速。光盘刻录机有内置和外置两种，内置采用 IDE 或 SCSI 接口，外置采用 SCSI 接口。CD-R 光盘的容量为 650 MB。

③ 可擦除性光盘（CD-RW），是能够重写的光盘，它的操作完全和硬盘相同，故称磁光盘。CD-RW 可反复使用一万次，可保存 50 年以上。CD-RW 磁光盘具有可换性、高容量和随机存取等优点，但速度较慢，一次投资较高。

④ DVD-ROM 是 CD-ROM 的后继产品，DVD-ROM 光盘的尺寸与 CD-ROM 光盘完全一致。不同之处是采用较短的激光波长，为 650 nm。DVD-ROM 标准向下兼容，能读目前的音频 CD 和 CD-ROM。DVD-ROM 光盘单面单层的容量为 4.7 GB、单面双层的容量为 7.5 GB、双面双层的容量为 17 GB。DVD 的一倍速的数据传输速率为 1.3 MB/s。

光盘作为一种辅助存储器，与磁盘比较，有它鲜明的特点。光盘的特点：一是存储容量大，价格低。目前，微机上广泛使用的直径为 4.72 英寸（1 英寸≈2.54 厘米）的 DVD 光盘其存储容量达到 4.7 GB。二是光盘不怕磁性干扰，所以光盘比磁盘的记录密度更高，也更可靠。三是光盘的存取速度高。

（3）移动存储设备。

随着计算机在家庭中的普及，也产生了越来越多的文件交流，这时候怎样让计算机里面的数据“移动”起来呢？很简单，只要有个移动的存储器，那样数据就可以跟着你到处跑了。目前，市面上有两种移动存储器，一种称为 U 盘的电子存储器，采用闪存制作而成；另一种是移动硬盘，内装一个 3.5 或 2.5 英寸硬盘，如图 2-8 所示。

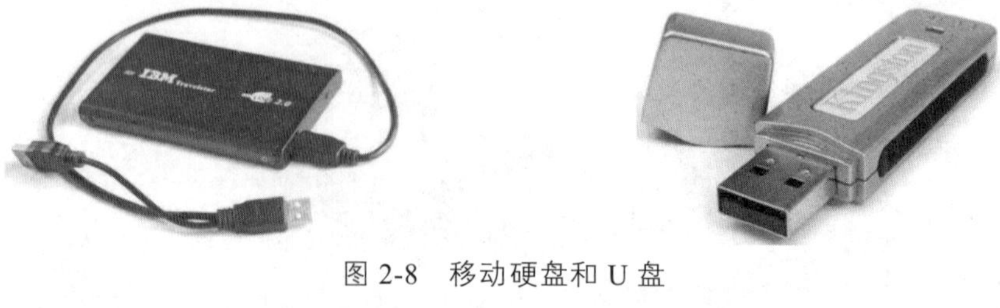

图 2-8　移动硬盘和 U 盘

① 移动硬盘。

移动硬盘采用计算机外设标准接口（USB/IEE1394），一般使用笔记本硬盘加上带有 USB/IEE1394 控制芯片级外围电路板的配套硬盘盒构成。

② U 盘。

由于 U 盘在便携性、容量、速度、安全性、美观时尚等方面有着近乎完美的表现，因此已经基本上一统大局，成为时下最流行的小容量移动存储设备。

3. 输入设备

输入是指利用某种设备将数据转换成计算机可以接收的编码的过程，所使用的设备称为输入设备。现在输入设备已有很多种类，这里仅介绍目前最常用的几种输入设备。

（1）键盘。

键盘（Keyboard）是用户与计算机进行交流的主要工具，是计算机最重要的输入设备，也是微型计算机必不可少的外部设备。键盘实际上是组装在一起的一组按键矩阵。当按下一键时就产生与该键对应的二进制代码，并通过接口送入计算机，同时将按键字符显示在屏幕上。键盘通常包括数字键、字母键、符号键、功能键和控制键等，并分放在一定的区内。目前，微机上流行的 101 键的标准键盘如图 2-9 所示。

图 2-9　键盘

盘面上共分 5 个区域：英文键盘区、功能键盘区、数字键盘区、方向键盘区和指示区。英文键盘区，又称为主键盘区，具有标准英文打字机键盘的格式和一些特殊的字符，如 Ctrl（控制）键、Shift（上下挡切换）键、Tab（制表）键、CapsLock（大小写锁定）键、Backspace（退格）键和 Enter（回车）键。回车键主要作为输入数据和命令的确认。功能键盘区，位于英文键盘区的上方，由 F1 ~ F12 共 12 个功能键组成。数字键盘区位于键盘的右侧，称为小键盘区，主要是一些数字键及一些运算操作键。方向键盘区，位置在英文键盘区和数字键盘区的中间，主要由上、下、左、右、Home、End、PageUp、PageDown 等功能键组成。指示区在键盘的右上方，有 3 个指示灯，它们分别是小键盘数字键锁定指示灯 Num Lock、大写字母锁定指示灯 Caps Lock 和滚动锁定指示灯 Scroll Lock。灯亮时表示锁定相应的功能，灯灭时功能解除。

（2）鼠标。

鼠标（Mouse）又称为鼠标器，也是微机上的一种常用的输入设备，是控制显示屏上光标移动位置的一种指点式设备，如图 2-10 所示。在软件支持下，通过鼠标器上的按钮，向计算机发出输入命令，或完成某种特殊的操作。它不单可用于光标定位，还可用来选择菜单、命令和文件，故能减少击键次数，简化操作过程。鼠标器在 Windows 环境下的应用软件中是最常用的。

图 2-10　鼠标

目前，常用的鼠标器有：机械式和光电式两类。机械式鼠标底部有一滚动的橡胶球，可在普通桌面上使用，滚动球通过平面上的滚动把位置的移动变换成计算机可以理解的信号，传给计算机处理后，即可完成光标的同步移动。光电式鼠标有一光电探测器，要在专门的反光板上移动才能使用。平板上有精细的网格作为坐标。鼠标的外壳底部装着一个光电检测器，当鼠标滑过时，光电检测根据移动的网格数转换成相应的电信号，传给计算机来完成光标的同步移动。

鼠标器最常用的接口有 3 种：串行接口（RS-232-C 标准接口）、专用鼠标器端口（PS/2）和 USB 接口。

（3）其他输入设备。

键盘和鼠标器是微机中最常用的输入设备，此外，还有图形扫描仪、条形码阅读器、光学字符阅读器（OCR）、手写笔、触摸屏、声音输入设备（麦克风）和图像输入设备（数码相机）等。

4. 输出设备

输出设备的任务是将计算机处理的中间结果或最终结果转换成人们能够识别的数字、字符、表格、图形和图像等媒体形式，传送到中央处理器之外的介质上保存起来，以便以后使用。计算机中最常见的输出设备是显示器和打印机。

1）显示器

显示器也叫监视器，是微机中最重要的输出设备之一，也是人机交互必不可少的设备，如图 2-11 所示。显示器用于微机或终端，可显示多种不同的信息。

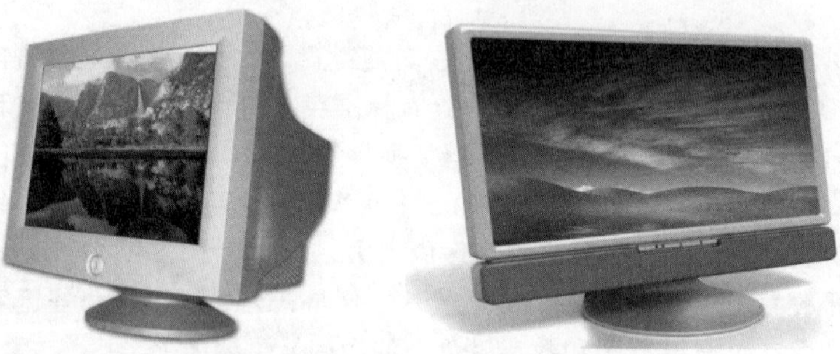

图 2-11　显示器

（1）显示器的分类。

可用于计算机的显示器有许多种，常用的有阴极射线管显示器（CRT）、液晶显示器（LCD）和等离子显示器。CRT 多用于普通微机或终端，液晶和等离子显示器为平板式，体积小、质量轻、功耗少，主要用于笔记本式计算机。

显示器还可以根据不同的方法分类。

根据可以显示的内容可分为字符显示器和图形显示器，字符显示器只能显示字符，而图形显示器既能显示字符又能显示图形。

根据显示的颜色可分为黑白显示器和彩色显示器，黑白显示器只能显示黑色、白色或琥珀色，而彩色显示器可以显示多种颜色。

根据显示器的尺寸大小分类。显示器的尺寸是以显示屏的对角线长度来衡量的，常见的有 14、15、17、19、21 英寸等。

（2）显示器的主要性能。

在选择和使用显示器时，应该了解显示器的主要特性。

点距（或条纹间距）是显示器的一个非常重要的硬件指标。所谓点距，是指一种给定颜色的一个发光点与离它最近的相邻同色发光点之间的距离，这种距离不能用软件来更改，这一点与分辨率是不同的。在任何相同分辨率下，点距越小，显示图像越清晰细腻，分辨率和图像质量也就越高。

分辨率：屏幕上图像的分辨率或清晰度取决于能在屏幕上独立显示的点的直径，这种独立显示的点称作像素（Pixel）。分辨率就是指构成图像的像素和，即屏幕包含的像素多少。它一般表示为水平分辨率（一个扫描行中像素的数目）和垂直分辨率（扫描行的数目）的乘积。比如 1 024×768，表示水平方向最多可以包含 1 024 个像素，垂直方向是 768 像素，屏幕总像素的个数是它们的乘积。分辨率越高，画面包含的像素数就越多，图像越细腻清晰。常见的显示器分辨率有 640×480、800×600、1 024×768 和 1 280×1 024 等几种。

灰度：即光点亮度的深浅变化层次，可以用颜色表示。灰度和分辨率决定了显示图像的质量。

尺寸：显示器尺寸有 14、15、17、19 和 21 英寸等。

（3）显示卡。

显示器是通过“显示器接口”（简称显示卡）与主机连接的，所以显示器必须与显示卡匹配。显示卡主要由显示控制器、显示存储器和接口电路组成。显示卡有 MDA、CGA、EGA、VGA、SVGA、AVGA 等，目前常用的是增强型 VGA 卡。

2）打印机

打印机是微机的重要输出设备之一，它的作用是将计算机的信息打印到纸张上供阅读和保存。打印机类型很多，按打印工作方式分，打印机可以分为串行打印机和行式打印机。串行打印机是逐字打印成行的。行式打印机则是一次输出一行，因此它比串行打印机要快。按打印原理分，打印机可分为击打式打印机和非击打式打印机。击打式打印机中有如字符式打印机和针式打印机（点阵打印机），目前，普遍使用的是针式打印机。非击打式打印机种类很多，有静电打印机、喷墨打印机、激光打印机等。目前，常用的是喷墨打印机和激光打印机。

由于击打式打印机依靠机械动作实现打印，因此打印速度慢，噪声大，打印质量差。而非击打式打印机打印过程中无机械击打动作，速度快，噪声小，打印质量好。

目前，使用最多的是针式打印机、喷墨打印机和激光打印机。

（1）针式打印机。

针式打印机属于击打式打印机。其字符是以点阵的形式构成的，由数根钢针打印出来。针数越多，点阵越大，打印字符就愈清晰、美观。打印英文、数字用 7～9 针即可，打印汉字通常需要 16～24 针。针式打印机的消耗材料便宜，性能价格比较合理，缺点是速度慢、噪声大。

（2）喷墨打印机。

喷墨打印机类似于针式打印机，但它用很细的墨水喷头代替打印针，将墨水喷在纸上印出字符或图形。喷墨打印机体积小、质量轻、设备价格便宜，还能彩色打印，无噪声，但纸张和消耗材料成本较高。

（3）激光打印机。

激光打印机也属非击打式打印机，工作原理比较复杂，它综合了复印机、计算机和激光技术。激光打印机速度快、打印质量高、无噪声，常用来打印正式公文及图表，但价格较高、耗材贵，打印成本最高。

5. 总　线

上面介绍了微型计算机的几种硬件的基本功能，这些部件只有有机地连接在一起才能协调地工作。

总线技术是目前微型计算机中广泛使用的连接技术。所谓总线（Bus），就是系统部件之间传送信息的公共通道，各部件由总线连接并通过它传递数据和控制信号。计算机中的五大组成部件需要通过总线连接在一起才能构成一个完整的硬件系统。

根据所连接部件的不同，总线可分为内部总线和系统总线。

（1）内部总线，也叫片总线，是同一部件内部的连接总线。

（2）系统总线，是同一台计算机的各部件之间相互连接的总线。系统总线又分为数据总线、地址总线和控制总线，分别传递数据、地址和控制信号。三者在物理上做在一起，工作时各司其职。总线既可以单向传送数据，也可以双向传送数据，并能在多个设备之间选择出唯一的源地址和目的地址。不能把总线只看作是多股导线，因为它还包括相应的控制和驱动电路。总线在发展过程中形成了许多标准，如 ISA、EISA、PCI 和 AGP 总线等。

总线体现在硬件上就是计算机的主板，它也是配置计算机的主要硬件之一。主板上配有基本 I/O 接口、中断控制器、DMA 控制器和连接其他部件的总线，以及安装在上面的微处理器模块（CPU）和内存模块。它配有插 CPU、内存条、显示卡、声卡、网卡、键盘和鼠标等设备的各类扩展槽和接口。而软盘驱动器、硬盘驱动器和光盘驱动器则通过数据线与主板连接。主板的主要指标包括所用的芯片组工作的稳定性和速度，提供插槽的种类和数量等。

## 2.3　多媒体计算机技术

计算机领域中近几年发展最快的一个方面就是多媒体技术，它已在教育、宣传、训练、仿真等方面得到了广泛的应用。专家们普遍认为，多媒体技术是微型计算机的一场革命。

### 2.3.1　多媒体的含义

所谓媒体（media），就是信息的表示和传输的载体，通常指广播、电视、电影和出版物等。从广义上讲，媒体每时每地都存在，而且每个人随时都在使用媒体，同时也在被当作媒体使用，即通过媒体获得信息或把信息保存起来。但是，这些媒体传播的信息大都是非数字的，而且是相互独立的。在计算机领域，我们用来表示信息的文本、图形、声音、图像、动画等都可以称为媒体。其中包括感觉媒体、表示媒体、显示媒体、存储媒体和传输媒体。

随着计算机技术的发展，计算机已从早期计算、管理的工具转化为能集多种媒介处理为一体的现代化信息处理工具。多种媒介处理是指对文本、图形、图像、声音等媒介进行“数字化”，并结合起来构成一种全新的媒介——多媒体。为实现这种处理而开发的一系列硬件、软件技术称为多媒体技术，实际上多媒体是将自然形式存在的各种媒介“数字化”后，用计算机对它们进行信息加工，再以一种最直观、最友好的方式提供给使用者使用。这里指的“使用”不仅仅是被动地接受，还包括主动参与。多媒体的实质是将以不同形式存在的各种媒体信息数字化，然后用计算机对它们进行组织、加工，并以友好的形式提供给用户使用。

与传统媒体相比，多媒体有几个突出的特点：

（1）数字化。

多媒体数字化是指文字、数字、图形、图像、动画、音频、视频等多种媒体都是以数字的形式进行存储和传播的。它依赖于计算机进行存储和传播，而且便于修改和保存。而传统媒体信息基本上是模拟信号，而多媒体处理的信息都是数字化信息，这正是多媒体信息能够集成的基础。

（2）集成性。

集成性是指将多种媒体信息有机地组织在一起，共同表达一个完整的多媒体信息，使文字、图形、声音、图像一体化。如果只是将不同的媒体存储在计算机中，而没有建立媒体间的联系，比如只能实现对单一媒体的查询和显示，则不是媒体的集成，只能称为图形系统或图像系统。集成性是以计算机为中心综合处理多种信息媒体，包括信息媒体的集成和处理这些媒体的硬件、软件的集成。早期的信息只能以单一的形式进行存取和处理。多媒体信息强调存取、组织和表现等应成为一体，并且应该更加看重多种媒体之间的联系。多媒体硬件、软件的集成是指在计算机系统中将能够处理各种媒体的设备及多媒体操作系统、多媒体应用软件等集成在一起，使其具有多媒体的处理和表现能力。

（3）交互性。

传统媒体只能让人们被动接受，而多媒体的交互性是指用户可以与计算机的多媒体信息进行交互操作，用户可以有效控制和使用信息。与传统信息处理手段相比，可以允许用户主动地获取和控制各种信息。比如，电视观众无法改变节目播放顺序，而多媒体用户却可以随意挑选光盘上的内容播放。

（4）实时性。

实时性是指当多种媒体集成时，其中的音频信息和视频信息是与时间密切相关的，甚至是实时的。在加工、存储和播放它们时，需要考虑时间特性，存取数据的速度、解压缩的速度以及最后播放速度的实时处理。

（5）多样化。

多样化是指计算机所能处理的信息媒体的多样化。早期的计算机只能处理数值、文字和简单的图形等，形式比较单一。而具有多媒体功能的计算机可以综合地处理图形、图像、动画、声音、视频信号等多种媒体信息，大大扩展了计算机所能处理信息的范围。

在多媒体的众多特性中，集成性和交互性是其最重要的特性，可以说它们是多媒体的精髓。综合来看，多媒体技术是音像技术、计算机技术和通信技术三大信息处理技术紧密结合的产物。多媒体技术将赋予传统计算机以崭新含义。

### 2.3.2 多媒体计算机系统

多媒体计算机是指能对多媒体信息进行获取、编辑、存取、处理、加工和输出的一种交互性的计算机系统。多媒体计算机系统一般由多媒体计算机硬件系统和多媒体计算机软件系统组成。

多媒体计算机硬件系统是由计算机的基本部件和多媒体设备组成。计算机的基本部件与前面介绍的计算机系统一样，只是多媒体计算机对这些硬件的性能提出了更高的要求。多媒体计算机硬件系统包括多媒体计算机（如个人机、工作站等）、多媒体输入输出设备（如打印机、绘图仪、音响、电视机、录像机、录音机、喇叭、高分辨率屏幕等）、多媒体存储设备（如硬盘、光盘、声像磁带等）、多媒体功能卡（视频卡、声音卡、压缩卡、加电控制卡、通信卡）、操纵控制设备（如鼠标器、键盘、操纵杆、触摸屏等）等装置。

多媒体计算机软件系统有多媒体操作系统、多媒体的编辑创作软件和多媒体应用软件。多媒体操作系统软件与传统的操作系统软件相比，增加了对多媒体信息处理的控制和管理（如 Windows 7、Windows 10、Windows XP 等），并为进一步的开发和应用提供了支持。多媒体的编辑创作软件为多媒体创作人员提供了制作的工具，如图像处理软件、录音和编辑软件、视频采集和编辑软件、动画制作软件等。多媒体应用软件是开发出来的面向最终用户使用的多媒体软件产品，如一套多媒体的教学光盘、一部多媒体百科全书、一个互动的多媒体游戏等。

### 2.3.3 多媒体的应用

多媒体技术的应用领域十分广泛，多媒体技术的最终产品是存放在 CD-ROM 上的多媒体软件。下面简单介绍几种应用。

1. 教育和培训

利用多媒体的集成性和交互性的特点，编制出的计算机辅助教学课件，能给学生创造出图文并茂、有声有色、生动逼真的教学环境，激发学生的学习积极性和主动性，提高学习兴趣和效率。多媒体在教育上的应用，实质上是多媒体系统阅读电子书刊、演放教育类的多媒体节目。多媒体技术使传统计算机辅助教学软件的表现手段，从文字、图形和动画扩展成声音、动态图像，并具有极为强大的交互能力，便于学生自己调整进度，达到因材施教的效果。多媒体课件能集丰富教学经验于一体，提高了教学效果。这类软件为学员提供了不依赖教室、训练指导人员和严格的教学计划的自主学习的独立性。

2. 商业和服务行业

现在，模拟复杂动作和仿真的虚拟现实技术已经可在高档 PC 机（个人计算机）上实现了。所以，多媒体技术越来越广泛地应用到商业和服务行业中，如产品的广告、商品的查询和展示系统、各种查询服务系统、旅游产品的促销演示等。多媒体系统声像图文并茂，在宣传广告效果上有特殊的优势。另外，在服务行业如旅游、邮电、交通、商业、金融、证券、宾馆咨询等，也利用多媒体系统提供高质量的无人咨询服务。

3. 多媒体办公系统

这是办公自动化的一个发展方向。多媒体办公系统是综合性的视听一体化的办公信息管理、处理和通信系统。它主要有以下功能：办公信息的管理，将各种信息包括文件、档案、报表、数据、图形、音像资料等，进行加工、整理、存储，形成可以共享的信息资源；召开可视电话会议；多种办公设备与多媒体系统的集成，真正实现办公自动化。

4. 家庭应用

家用多媒体系统将电视、电话、录像、音响等家用电器与计算机相结合，成为集文化、娱乐、学习、工作为一体的综合性多媒体系统，并且与社会信息系统联网，最终实现全球信息化和社会信息化。

5. 影视制作

影视制作是另一种多媒体技术的应用，它要用到视频捕获、图像压缩与解压缩、图像编辑和转换等特殊技术，还有音频同步、添加字幕和图形重叠等功能。

6. 电子出版业

多媒体技术和计算机的普及大大促进了电子出版业的发展。以 CD-ROM 形式发行的电子图书具有容量大、体积小、质量轻、成本低等优点，而且集文字、图画、图像、声音、动画和视频于一身，这是普通书籍所无法比拟的。利用 CD-ROM 的大容量存储介质，代替各种传统出版物，特别是各种手册、百科全书、年鉴、音像、辞典等电子出版物。

7. Internet 上的应用

多媒体技术在 Internet 上的应用，是其最成功的表现之一。不难想象，如果 Internet 只能传送字符，就不会受到这么多人的青睐了。

多媒体技术集声音、图像、文字于一体，集电视录像、光盘存储、电子印刷和计算机通信技术之大成，把人类引入更加直观、更加自然、更加广阔的信息领域。

## 2.4 任务清单

### 2.4.1 任务清单-1

| 姓名 | | 学号 | |
|---|---|---|---|
| 班级 | | 打分 | |
| 任务工单 | 计算机软硬件基础知识一 | | |

（1）计算机软件系统包括（　　）。

A. 系统软件和应用软件　　B. 编辑软件和应用软件

C. 数据库软件和工具软件　　D. 程序和数据

（2）静态 RAM 的特点是（　　）。

A. 在不断电的条件下，信息在静态 RAM 中保持不变，故而不必定期刷新就能永久保存信息

B. 在不断电的条件下，信息在静态 RAM 中不能永久无条件保持，必须定期刷新才不致丢失信息

C. 在静态 RAM 中的信息只能读不能写

D. 在静态 RAM 中的信息断电后也不会丢失

（3）CPU 的主要组成：运算器和（　　）。

A. 控制器　　B. 存储器　　C. 寄存器　　D. 编辑器

（4）下列关于计算机的叙述中，不正确的一条是（　　）。

A. “裸机”就是没有机箱的计算机

B. 所有计算机都是由硬件和软件组成的

C. 计算机的存储容量越大，处理能力就越强

D. 各种高级语言的翻译程序都属于系统软件

（5）下列叙述中，正确的说法是（　　）。

A. 编译程序、解释程序和汇编程序不是系统软件

B. 故障诊断程序、排错程序、人事管理系统属于应用软件

C. 操作系统、财务管理程序、系统服务程序都不是应用软件

D. 操作系统和各种程序设计语言的处理程序都是系统软件

（6）下列有关计算机性能的描述中，不正确的是（　　）。

A. 一般而言，主频越高，速度越快

B. 内存容量越大，处理能力就越强

C. 计算机的性能好不好，主要看主频是不是高

D. 内存的存取周期也是计算机性能的一个指标

（7）下列叙述中，错误的是（　　）。

A. 内存储器一般由 ROM、RAM 和高速缓存（Cache）组成

B. RAM 中存储的数据一旦断电就全部丢失

C. CPU 不可以直接存取硬盘中的数据

D. 存储在 ROM 中的数据断电后也不会丢失

（8）计算机的操作系统是（　　）。

A. 计算机中使用最广泛的应用软件　　B. 计算机系统软件的核心

C. 微机的专用软件　　D. 微机的通用软件

| 教师评语 | |
|---|---|

电子版作业请从电子教室传输端提交

### 2.4.2 任务清单-2

| 姓名 | | 学号 | |
|---|---|---|---|
| 班级 | | 打分 | |
| 任务工单 | 计算机软硬件基础知识二 | | |

（1）以下哪一个是点阵打印机？（ ）

A. 激光打印机 B. 喷墨打印机

C. 静电打印机 D. 针式打印机

（2）在计算机中，既可作为输入设备又可作为输出设备的是（ ）。

A. 显示器 B. 磁盘驱动器

C. 键盘 D. 打印机

（3）下面关于 USB 的叙述中，错误的是（ ）。

A. USB 的中文名为"通用串行总线"

B. USB2.0 的数据传输率高于 USB1.0

C. USB 具有热插拔与即插即用的功能

D. USB 接口连接的外部设备（如移动硬盘、U 盘等）必须另外供应电源

（4）在微机中，VGA 代表（ ）。

A. 微机的型号 B. 键盘的型号

C. 显示标准 D. 显示器型号

（5）计算机应用于过程控制时，控制单元必须使用的重要部件是（ ）。

A. 键盘 B. CRT

C. 打印机 D. 数/模与模/数转换器

（6）鼠标通常连接在（ ）。

A. 并行接口上 B. 串行接口上

C. 显示器接口上 D. 打印机接口上

（7）在计算机中，（ ）既属于输入设备，又属于输出设备。

A. 白板一体机 B. 麦克风

C. 音响 D. 打印机

| 教师评语 | |
|---|---|

电子版作业请从电子教室传输端提交

# 第3章 信息安全与计算机病毒

伴随计算机技术的飞速发展，尤其是计算机网络技术的迅速普及和 Internet 的广泛应用，信息安全问题越来越受到重视。本章主要介绍信息安全的基础知识、计算机安全和网络安全、计算机病毒以及计算机网络道德的有关知识。

**学习目标**

（1）信息安全的基本知识。
（2）计算机安全和网络安全。
（3）计算机病毒的概念、特征、分类和病毒的防治。
（4）计算机网络道德规范。

**技能掌握**

（1）掌握使用 Windows 防火墙防止病毒入侵。
（2）熟练使用杀毒软件查杀病毒。

**思政育人目标**

（1）引导学生树立法律维权意识，塑造公民人格。
（2）引导学生增强计算机职业道德规范，提高学生的网络安全意识。

## 3.1 信息安全

### 3.1.1 信息安全概述

信息是从调查、研究和教育获得的知识，是情报、新闻、事实、数据、文字、事物、现象，是代表数据的信号或字符，是代表物质或精神的经验消息、经验数据、图片等。信息是描述客观事物运动状态及运动方式的数据，以一定目的组织起来的，具有一定结构的数据集合。

信息安全就是通过各种计算机、网络和密钥技术，保证在各种系统和网络中传输、交换和存储的信息的机密性、完整性、可用性和不可否认性。信息安全不单纯是技术问题，它涉及技术、管理、制度、法律、历史、文化、道德等诸多方面。

我国从法律上将信息安全界定为“保障计算机及其相关的和配套的设备、设施（网络）的安全，运行环境的安全，保障信息安全，保障计算机功能的正常发挥，以维护计算机信息系统的安全”。因此可以看出，信息安全不单是一个技术问题，涉及面广，包括实体安全[保护计算机设备、设施（含网络）以及其他媒体免遭自然和人为破坏的措施、过程]、信息安全、运行安全和人的安全（主要是指计算机使用人员的安全意识、法律意识、安全技能等）。

1. 网络信息系统不安全的因素

网络信息系统常见的不安全因素包括物理因素、网络因素、系统因素、应用因素和管理因素。

（1）物理因素：信息系统中物理设备的自然损坏、人为破坏或灾难破坏带来的安全上的威胁。

（2）网络因素：首先，网络自身存在安全缺陷。网络协议和服务所设计的交互机制存在漏洞，如网络协议本身会泄露口令、密码保密措施不强等。其次，网络本身的开放性带来安全隐患。各种应用基于公开的协议，远程访问使得各种攻击无须到现场就能得手。再次，黑客的攻击。黑客基于兴趣或利益非法入侵网络系统。

（3）系统因素：由于软件程序的复杂性、编程的多样性和人的能力的局限性，在信息系统的软件中不可避免地存在安全漏洞。

（4）应用因素：在信息系统使用过程中，不正确的操作和蓄意破坏等带来的安全上的威胁。

（5）管理因素：由于对信息系统管理不当带来的安全上的威胁。

2. 信息安全需求

一般来讲，信息安全需求包括以下几个方面：

（1）保密性：保证信息为授权者享用，而不泄露给未经授权者。

（2）完整性：保证信息从真实的发信者传送到真实的收信者手中，传送过程中没有被他人添加、删除、修改和替换。

（3）可用性：保证信息和信息系统随时为授权者提供服务，而不出现非授权者滥用却对授权者拒绝服务的情况。

（4）可控性：保证管理者对信息和信息系统实施安全监控和管理，防止非法利用信息和信息系统。

（5）不可否认性：信息的行为人要为自己的信息行为负责，提供保证社会依法管理需要的公证、仲裁信息证据。不可否认性在一些商业活动中显得尤为重要。

3. 信息安全服务

为了维护信息自身的安全，就要抵抗对信息的安全威胁。这里主要讲述用以对抗攻击的 4 种基本安全服务：机密性服务、完整性服务、可用性服务和可审性服务。

1）机密性服务

机密性服务提供信息的保密。正确地使用该服务，就可以防止非授权用户访问信息。

具体又可分为：

（1）文件机密性。文件的存在形式不同，文件的机密性服务的方式也相应不同。对纸面文件，主要是存放这类文件的物理位置必须是可控的。计算机文件的访问控制主要靠合适的身份标识和身份鉴别以及正确的系统配置实现。

（2）信息传输机密性。信息有可能在传输过程中受到攻击，因此必须同时保护在传输中的信息机密性，可通过加密来实现。

（3）通信流机密性。通信流的机密性并不关心正在传输或存储信息本身的内容。它主要关心两个端点之间所发生的通信形式。这些信息形式通过通信分析可识别组织之间的通信状况。在大量通信流的两个端点之间加入遮掩信息流可提供通信流机密性服务。

2）完整性服务

完整性服务提供信息的正确性。正确地使用完整性服务，就可以使用户确信信息是正确的，未经非授权修改。

具体又可以分为：

（1）文件完整性。保护电子信息完整性最基本的方法是采用文件访问控制。

（2）信息传输完整性。信息在传输中也可能被修改，完整性服务可以成功地阻止篡改攻击和否认攻击。

3）可用性服务

可用性服务是用来对付拒绝服务攻击的系统恢复。可用性并不能阻止拒绝服务攻击，但可以用来减少这类攻击的影响，并使系统得以在线恢复，正常运行。

具体又可分为：

（1）后备。后备是最简单的可用性服务，是指对重要信息复制一份，并将其存储在安全的地方。通常后备提供信息可用性，但并不需要提供即时的后备。

（2）在线恢复。在线恢复提供信息和能力的重构。带有在线恢复配置的系统能检测出故障，并重建诸如处理、信息访问、通信等能力。通常认为，在线恢复是一种立即的重构，且无须进行配置。

（3）灾难恢复。灾难恢复是针对大的灾难来保护系统、信息和能力。灾难恢复是当整个系统或重要的设备不可用时采取的重构一个组织的进程。

4）可审性服务

可审性服务本身并不能针对攻击提供保护，因此容易被人们疏忽。可审性服务必须和其他安全服务结合，从而使这些服务更加有效。可审性服务会增加系统的复杂性，降低系统的使用能力。然而如果没有可审性服务，机密性服务与完整性服务也会失效。

具体的可审性服务包括：

（1）身份标识与身份鉴别。身份标识与身份鉴别有两个目的：一是对试图执行一项功能的每个人的身份进行标识；二是验证这些人声称的身份。身份鉴别可使以下任何一种或其组合的方法实现：知识因子——你知道什么，如口令或 PIN（个人身份标识号）；拥有因子——你有什么，如智能卡或标记；生物因子——你是什么，如指纹、视网膜。

（2）网络环境下的身份鉴别。网络环境下的身份鉴别是验证某个通信参与方的身份是否与他所声称的身份一致的过程。一般通过复杂的身份认证协议实现。身份认证协议是一种特殊的通信协议，它定义了参与认证服务的所有通信方在身份认证过程中需要交换的所有消息的格式、消息的发送次序及消息的语义，通常采用密码学机制，保证消息的完整性、机密性。身份认证是建立安全通信的前提条件，只有通信双方相互确认对方身份后才能通过加密等手段建立安全通信，同时它也是授权访问（基于身份的访问控制）和审计记录等服务的基础，因此身份认证在网络安全中占据十分重要的位置。

（3）审计功能。审计提供历史事件的记录。审计记录将每个人及其在计算机系统中或在物理世界中的行动联系起来。如果没有正确的身份标识与身份鉴别，审计记录也是没用的，因为无法保证这些记录事件确实是谁执行的。

4. 信息安全标准

安全标准包括安全体系结构的标准、密码技术标准、安全认证标准、安全产品标准、安全评估标准等。下面主要介绍研究最多、影响最广泛的安全评估标准。

1）TCSEC（Trusted Computer System Evaluation Criteria）

TCSEC 标准是计算机系统安全评估的第一个正式标准，具有划时代的意义。该准则于 1970 年由美国国防科学委员会提出，并于 1985 年 12 月由美国国防部公布。TCSEC 最初只是军用标准，后来延至民用领域。TCSEC 的第一版发布于 1983 年。TCSEC 将计算机安全从低到高顺序分为四等八级：最低保护等级（D）、自主保护等级（C1、C2）、强制保护等级（Bl、B2、B3）和验证保护等级（A1、超 A1），为信息安全产品的测评提供准则和方法，指导信息安全产品的制造和应用。TCSEC 是针对孤立计算机系统提出的，特别是小型机和主机系统，该标准适合军队和政府，不适合企业，是一个静态模型。

2）CC（Common Criteria for Security Evaluation）

20 世纪 90 年代中期，美国与欧洲各国共同改进 TCSEC，宣布了制定通用安全评价准则（CC）的计划。CC 作为国际标准，对信息系统的安全功能、安全保障给出了分类描述，并综合考虑信息系统的资产价值、威胁等因素后，对被评估对象提出了安全需求及安全实现等方面的评估。CC 主要考虑人为的信息威胁，也可用于非人为因素导致的威胁。

我国是国际标准化组织的成员国，信息安全标准化工作在各方面的努力下，正在积极开展之中。截至目前，我国已颁布的信息技术安全标准有 155 项，涉及信息技术设备的安全、信息处理系统、开放系统互联安全体系结构、数据加密、数字签名、实体鉴别、抗抵赖和防火墙安全技术等。我国颁布的国家标准 GB/T 18336 等同采用国际标准 ISO/IEC 15408。此外，在一些对信息安全要求高的行业和对信息安全管理负有责任的部门，也制定了一些信息安全的行业标准和部门标准，如金融、公安等行业和部门。

### 3.1.2 计算机安全和网络安全

1. 计算机安全

国际标准化委员会对计算机安全的定义是“为数据处理系统建立采取的技术的和管理的安全保护，保护计算机硬件，软件，数据不因偶然的或恶意的原因而遭受破坏、更改、泄露。”计算机安全所涉及的方面非常广泛，对于单用户计算机来说，计算机的工作环境、物理安全、安全操作以及病毒的预防都是保证计算机安全的重要因素。

（1）工作环境。

计算机的使用环境是指计算机对其工作的物理环境方面的要求。一般的微型计算机对工作环境没有特殊的要求，通常在办公室条件下就能使用。下面是计算机工作环境的一些基本要求：计算机在室温 15～35 °C 之间一般都能正常工作；计算机房的相对湿度最高不能超过 80%，相对湿度不能低于 20%；洁净要求，灰尘太多容易引起静电；计算机对电源有两个基本要求：一是电压要稳；二是在机器工作时电源不能间断。为防止突然断电对计算机工作的影响，最好配备不间断供电电源（UPS）；在计算机的附近应避免磁场干扰。

（2）物理安全。

计算机的物理安全是指阻止入侵者进入计算机设备所在的场所，并保护计算机设备不受水灾、火灾和其他自然灾害及人为的破坏，它主要包括计算机设备安装场地的安全、计算机设备使用的物理防护措施、对自然灾害的防护措施等。

计算机物理安全的防护方法主要有以下几种：访问授权和控制，对需要使用系统资源的用户按“最小权限原则”进行授权；灾害防护，主要指对地震、风暴、水灾和火灾的防护；磁性备份介质与计算机设备分开保存，磁性介质的报废处理要彻底；防止电磁辐射泄漏等。

（3）计算机的安全操作。

为了保证计算机安全、可靠地工作，在使用时应注意以下事项：开机前应先查看稳压器输出电压是否正常（220 V），电压正常后，先打开显示器开关，再打开主机电源开关；计算机加电后，不要随便搬动机器；软盘和硬盘中的重要数据文件要及时备份；计算机工作完成后，短时间内不再用机器时，应及时关机；关机时应先关主机，再关外部设备。

（4）病毒的预防。

在所有的计算机安全威胁中，计算机病毒无疑是破坏力最大、影响最为广泛的一种。一般来说，计算机病毒的预防分为两种：管理方法上的预防和技术上的预防，这两种方法相辅相成，共同使用。

### 2. 网络安全

网络规模越大，通信链路越长，网络用户数量越多，则网络的脆弱性和安全问题也随之增加。一般来说，网络安全是指保障网络服务的可用性和网络信息的完整性，也就是使计算机网络系统免受损毁、替换、盗窃和丢失。

1）网络安全涉及的方面

网络环境下的信息安全不仅涉及加密、防黑客、防病毒等专业技术问题，而且涉及法律政策问题和管理问题。其中，技术问题是最直接的保障信息安全的手段，法律法规和管理是信息安全的基础和保障。

（1）政策法规。

网络安全运营，信息安全传递，要依靠法律来强化网络安全。法律是网络安全的第一道防线，如果没有法律的建设和实施，网络将不成为网络，信息安全将得不到保障。

（2）组织管理。

管理问题包括三个层次的内容：组织建设、制度建设和人员意识。

① 组织建设。组织建设问题是指有关信息安全管理机构的建设。

② 制度建设。明确了各级机构的职责之后，还要建立相应的制度，以保证信息安全。

③ 人员意识。有了组织机构和相应的制度，还要领导的高度重视和群防意识。

（3）安全技术。

影响计算机网络环境中信息安全的技术问题包括通信安全技术和计算机安全技术，二者共同维护信息安全。

通信安全涉及的技术包括：

① 信息加密技术。信息加密技术是保障信息安全的最基本、最核心的技术措施和理论基础。

② 信息确认技术。信息确认技术通过限定信息的共享来防止信息被非法伪造、篡改和假冒。

③ 网络控制技术。防火墙技术，它是一种允许接入外部网络，但同时又能够识别抵抗非授权访问的网络安全技术。审计技术，它使信息系统自动记录下网络中机器的使用时间、敏感操作和违纪操作。访问控制技术，它允许用户对其常用的信息库进行适当权利的访问，限制他人随意删除、修改和复制文件。入侵检测技术，在不影响网络性能的情况下，对网络进行监控，从而提供对内部攻击、外部攻击和误操作的实时保护。安全协议，整个网络系统的安全强度实际上取决于所使用的安全协议的安全性。

计算机安全涉及的计算机技术包括：

① 容错计算机技术。容错计算机的基本特点：稳定可靠的数据、预知故障、保证数据的完整性和数据恢复等。

② 安全操作系统。操作系统是计算机工作的平台，一般的操作系统都在一定程度上具有访问控制、安全内核和系统设计等安全功能。

③ 计算机反病毒技术。计算机病毒实际上是一种在计算机系统运行过程中能够实现传染和侵害功能的程序，是影响计算机安全的不容忽视的重要因素。

（4）其他因素。

影响网络环境下的信息安全有一个很重要的因素，即信息安全产业发展的问题，另一个问题是信息安全产品和技术的标准及标准化。

2）网络安全概述

计算机网络安全是指网络系统中用户共享的软、硬件等各种资源的安全，防止各种资源受到有意或无意的破坏，使这些资源能够不被非法侵用。

（1）数据保密性。

① 数据保密性就是防止静态信息被非授权访问和动态信息被截取解密的特性，保密性是在可靠性和可用性的基础之上，保障网络信息安全的重要手段。

② 数据保密性的基本类型。数据保密性主要包括静态数据保密性和动态数据保密性两种。静态数据保密性表现在数据存储保密性，动态数据保密性表现在网络传输保密性。

③ 常用的保密技术。常用的保密技术包括防侦收（使对手收不到有用的信息）、防辐射（防止有用信息以各种途径辐射出去）、信息加密（在密钥的控制下，用加密算法对信息进行加密处理，即使对手得到了加密后的信息也会因没有密钥而无法读懂有用信息）、物理保密（利用各种物理方法，如限制、隔离、掩蔽、控制等各种措施，保护信息不被泄露）。

（2）数据完整性和可靠性。

① 完整性概念。

完整性是网络上信息未经授权不能进行改变的特性，以及网络信息在存储或传输过程中保持不被偶然或蓄意删除、修改、伪造、乱序、插入等破坏和丢失的特性。完整性是一种面向信息的安全性，它要求保持信息的原样，即信息的正确生成、存储和传输。

② 保证完整性的主要技术和方法。

- 协议。通过各种安全协议可以有效地检测出被复制的信息、被删除的字段、失效的字段和被修改的字段。
- 纠错编码方法。由此完成检错和纠错功能。最简单和最常用的纠错编码是奇偶校验法。
- 密码校验法。它是抗篡改和传输失败的重要手段。
- 数字签名。保障信息的真实性。
- 公证。请求网络管理或中介机构证明信息的真实性和可靠性。

③ 可靠性。

可靠性是指网络信息能够在规定的时间内完成规定的功能的特性。可靠性是系统安全最基本的要求之一，是所有网络信息系统的建设和运行目标。

网络信息系统的可靠性测度主要有三种：抗毁性、生存期和有效性。抗毁性是指系统在遇到人为破坏时的可靠性，增强抗毁性可以有效地避免因各种灾害造成的大面积瘫痪事件。生存期是指在遇到随机破坏时系统的可靠性。生存期主要反映随机性破坏和网络拓扑结构对系统可靠性的影响。随机性破坏是指系统部件因为自然老化等造成的自然失败。有效性是一种基于业务性能的可靠性，有效性主要反映在网络信息系统的部件失效情况下，满足业务性能要求的程度。

可靠性主要表现在硬件可靠性、软件可靠性、人员可靠性、环境可靠性等方面。

（3）数据可用性。

可用性一般是指存放在主机中静态信息的可用性和可操作性。可用性是网络信息可被授权实体访问并按需求使用的特性。

可用性应该满足以下要求：身份识别与确认、访问控制（对用户的权限进行控制，使其只能访问相应的资源，防止或限制经隐蔽通道的非法访问，包括自主访问控制和强制访问控制）、业务流量控制（利用均分负荷方法，防止业务流量过度集中而引起网络阻塞）、路由选择控制（选择那些稳定可靠的子网、中继线或链路等）、审计跟踪（把网络信息系统中发生的所有安全事件存储在安全审计踪迹之中，以分析原因，分清责任，及时采取相应的措施。审计跟踪的信息主要包括事件类型、被管客体、事件时间、事件信息、事件回答以及事件统计等多方面的信息）。

3）网络的安全问题

自从有了计算机网络，网络的安全问题就成为网络使用者不得不面对的问题，而随着 Internet 的日益普及，更使这一问题变得尤为突出而亟待解决。

（1）常见的网络安全问题。

网络存在的安全问题有以下几类：

① 病毒。病毒与计算机相伴而生，是计算机系统最直接的威胁，而 Internet 更是病毒滋生和传播的温床。

② 内部威胁和无意破坏。大多数威胁来自企业内部等所有能进入系统的人。此外，一些无意的行为，如丢失口令、疏忽大意、非法操作等都可对网络造成极大的破坏。

③ 系统的漏洞和“后门”。操作系统和网络软件不可能百分之百地无缺陷和无漏洞，而这些漏洞和缺陷恰恰是黑客进行攻击的首选目标。另外，软件的“后门”通常是编程人员为了自己方便而设置的，一般不为外人所知，但一旦“后门”打开，造成的后果将不堪设想。

④ 网上的蓄意破坏。例如，在未经他人许可的情况下篡改他人网页，犯案动机多半是因为政治原因或仅仅是为了炫耀。

⑤ 侵犯隐私或机密资料。当您从事网络购物或信息搜索时，对方往往会要求您提供信用卡资料作为注册的必要条件之一，并添加一大段文字确保此类个人资料的安全。事实上，黑客并不需要多么先进的技术便可获得此类资料，然后利用这些资料上网获取用户的个人信息。

⑥ 拒绝服务。组织或机构因为有意或无意的外界因素或疏漏，导致无法完成应有的网络服务项目（如电子邮件系统或联机功能），称为“拒绝服务”问题。

（2）网络安全策略。

为保证网络的安全，可采取以下策略：

① 物理安全策略。物理安全策略的目的是保护计算机系统、网络服务器、打印机等硬件实体和通信链路免受自然灾害、人为破坏和搭线攻击。主要策略有：验证用户的身份和使用权限，防止用户越权操作；确保计算机系统有一个良好的电磁兼容工作环境；建立完备的安全管理制度，防止非法进入计算机控制室和各种偷窃、破坏活动的发生。抑制和防止电磁泄漏是物理安全策略的一个主要问题。

② 访问控制策略。访问控制是网络安全防范和保护的主要策略，它的主要任务是保证网络资源不被非法使用和非法访问。访问控制可以说是保证网络安全最重要的核心策略之一。它包括入网访问控制、网络的权限控制及客户端安全防护策略。

③ 安全的信息传输。网络上的任何信息都是经重重中介分段传送至目的地的。由于网络信息的传输并无固定路径，而是取决于网络的流量状况，且通过哪些中介亦难以查证，因此任何中介站点均可能拦截、读取，甚至破坏和篡改信息。所以应该利用加密技术确保信息传输的安全。

④ 网络服务器安全策略。网络服务器的设立与状态的设置相当复杂，而一台配置错误的服务器将对网络安全造成极大的威胁。

⑤ 操作系统及网络软件安全策略。可以通过“防火墙”技术来保护操作系统及网络软件的安全。

⑥ 网络安全管理。加强网络的安全管理，制定有关规章制度，对确保网络的安全、可靠运行，将起到十分有效的作用。网络安全管理包括确定安全管理等级和安全管理范围、制定有关网络操作使用规程和人员出入机房管理制度、制定网络系统维护制度及应急措施等。

4）网络安全处理的过程

网络安全处理过程是一个周而复始的连续过程，包含 5 个关键的阶段：

（1）评估阶段。

网络安全处理过程始于评估阶段。评估阶段要回答以下几个基本问题：组织的信息资产的价值；对资产的威胁及网络系统的漏洞；风险对该组织的重要性；如何将风险降低到可接受的水平。

（2）策略制定阶段。

在评估基础上要确定策略及其过程，此阶段要确定该组织期望的安全状态以及实施期间要做的工作。

（3）实施阶段。

安全策略的实施包括技术工具、物理控制以及安全职员招聘的鉴别和实施。在实施阶段需要改变系统的配置，因此安全程序的实施也需介入系统和网络管理中。

（4）培训阶段。

为了保护一个组织的敏感信息，需要该组织内全体员工介入。而培训为员工提供了必需的安全信息和知识。

（5）审计阶段。

审计是安全过程的最后阶段，该阶段是要保证安全策略规定的所有安全控制是否得到正确的配置。

## 3.2 计算机病毒及其防治

### 3.2.1 计算机病毒的实质和症状

1. 计算机病毒

当前，计算机安全的最大威胁是计算机病毒（Computer Virus）。计算机病毒实质上是一个特殊的计算机程序，这种程序具有自我复制能力，可非法入侵且隐藏在存储媒体中的引导部分、可执行程序或数据文件的可执行代码中。当病毒被激活时，源病毒把自身复制到其他程序中，影响和破坏程序的正常执行和数据的正确性。有些恶性病毒对计算机系统具有极大的破坏性。计算机一旦感染病毒，病毒就可能迅速扩散，这种现象和生物病毒侵入生物体，并在生物体内传播一样，“病毒”一词就是借用生物病毒的概念。现在一般认为，计算机病毒是“能够侵入计算机系统的，并给计算机系统带来故障的一种具有自我繁殖能力的特殊程序”。

在《中华人民共和国计算机信息系统安全保护条例》中计算机病毒被明确定义为：“指编制或者在计算机程序中插入的破坏计算机功能或者破坏数据，影响计算机使用并且能够自我复制的一组计算机指令或者程序代码。”

计算机病毒一般具有如下特点：

（1）寄生性。计算机病毒是一种特殊的寄生程序，它不是一个通常意义下的完整的计算机程序，而是寄生在其他程序中，因此，它能享有被寄生程序所能得到的一切权利。

（2）破坏性。破坏是广义的，不仅仅是指破坏系统，删除或修改数据，甚至格式化整个磁盘，而且还包括占用系统资源，降低计算机运行效率等。

（3）传染性。计算机病毒能够主动地将自身的复制品或变种传染到其他未染毒的程序上。

（4）潜伏性。病毒程序通常短小精悍，寄生在别的程序上使得其难以被发现。在外界激发条件出现之前，病毒可以在计算机内的程序中潜伏、传播。

（5）隐蔽性。当运行受感染的程序时，病毒程序能首先获得计算机系统的监控权，进而能监视计算机的运行，并传染其他程序，但不到发作时机，整个计算机系统看上去一切如常。其隐蔽性表现在两个方面：一是传染过程极快，在传播时多数没有外部表现；二是病毒程序隐蔽在正常程序中。当病毒发作时，实际病毒已经扩散，系统已经遭到不同程度的破坏。计算机病毒的隐蔽性常常使计算机用户对病毒失去应有的警惕性。

计算机病毒是计算机科学发展过程中出现的“污染”，是一种新的高科技类型犯罪。计算机病毒大多出于计算机软件开发人员之手，有的为了“恶作剧”，并带有犯罪性质；有的为了“露一手”，表现自己；有的为了保护自己的知识产权，在所开发的软件中加入病毒，以惩罚非法复制者。由此看出，计算机病毒是人为制造的程序，其产生的动机多种多样，它的运行属于非授权入侵。它可以造成重大的政治、经济危害，例如，“CIH病毒”，当时每年4月26日发作，曾经在一天之内使成千上万台计算机瘫痪。因此，舆论谴责计算机病毒是“射向文明的黑色子弹”。

### 2. 感染病毒计算机的常见症状

计算机病毒虽然很难检测，但是留心计算机的运行情况，还是可以发现计算机感染病毒的一些异常症状的。例如：

（1）文件或文件夹无故消失；

（2）系统的内存空间明显变小；

（3）文件的日期或时间值被修改成新近的日期或时间（用户自己并没有修改）；

（4）运行应用程序无反应；

（5）正常情况下可以运行的程序却突然因内存不足而不能装入；

（6）程序加载时间比平时明显变长；

（7）计算机经常出现死机现象或不能正常启动；

（8）显示器屏幕上经常出现一些莫名其妙的信息或异常现象；

（9）程序执行时间明显变长；

（10）平时运行正常的计算机突然经常性无缘无故地死机；

（11）自动链接到一些陌生的网站；

（12）Windows桌面图标发生变化。

### 3. 计算机病毒的分类

计算机病毒的种类很多，其数量多达成千上万种。目前，常见的计算机病毒按其感染的方式，可分为如下五类。

（1）引导型病毒。

引导型病毒感染磁盘的引导区，通过磁盘感染硬盘的主引导记录，当硬盘主引导记录感染病毒后，病毒就企图感染每个插入计算机进行读写的磁盘片的引导区。这类病毒出现在系统引导阶段，即系统启动时，病毒用自身代替原磁盘的引导记录，使得系统首先运行病毒程序，然后才执行原来的引导记录。每次启动后病毒隐藏下来，伺机发作。引导型病毒总是先于系统文件装入内存储器，获得控制权并进行传染和破坏。

（2）文件型病毒。

文件型病毒主要感染扩展名为 COM、EXE、DRV、BIN、OVL、SYS 等可执行文件。它通常寄生在文件的首部或尾部，并修改程序的第一条指令。每执行一次染毒文件，病毒便主动传染另一个未染毒的可执行文件。这类病毒数量最大，它们又可细分为外壳型、源码型和嵌入型等。

（3）混合型病毒。

这类病毒既可以传染磁盘的引导区，也传染可执行文件，兼有上述两类病毒的特点。

（4）宏病毒。

宏病毒与上述其他病毒不同，它不感染程序，只感染 Microsoft Word 文档文件（DOC）和模板文件（DOT），影响这些文档的打开、存储、关闭或清除等操作。宏病毒与操作系统没有特别的关联，它除了借助磁盘传染病毒之外，还能通过电子邮件、Web 下载、文件传输等网络操作进行传播。

（5）Internet 病毒（网络病毒）。

Internet 病毒大多通过 E-mail 传播，破坏特定扩展名的文件，并使邮件系统变慢，甚至导致网络系统崩溃。“蠕虫”病毒就是典型的代表，它不占有除内存以外的其他任何资源，不修改磁盘文件，而是利用网络功能搜索网络地址，将自身向下一地址传播。

另外，计算机病毒还可以按破坏的后果分为良性病毒和恶性病毒，按病毒的发作条件分定时发作型、定数发作型和随机发作型等。

### 4. 计算机病毒的清除

如果发现系统感染了病毒，就应及时清除，以免造成损失。首先用检测和诊断病毒软件确定病毒的类型和种类，以及所在的文件和磁盘，然后进一步消除病毒。就目前已发现的各种病毒来看，病毒感染分为两种情况：一是感染磁盘引导扇区；二是感染可执行文件。具体检测和消除计算机病毒有两种方法。

（1）人工检测和清除。

这种方法是通过使用 DEBUG 和 PCTOOLS 等工具软件，在掌握病毒原理的基础上，对带病毒磁盘或软件进行检测和消毒，适合于病毒侵入范围较小的情况下。

（2）利用反病毒软件检测和清除。

这种方法是采用现成的反病毒软件自动检测计算机病毒并清除病毒，适合于病毒传播范围较大的情况。目前，国内流行的反病毒软件有卡巴斯基、诺顿、360 杀毒、金山毒霸、瑞星等。它们可以对多种计算机病毒进行诊断和清除。

人工检测和清除病毒，操作难度大、技术复杂，要求操作人员有一定的软件分析能力，并对操作系统有较深入的了解。而利用反病毒软件检测和清除病毒，操作简单、使用方便，适合于普通的计算机用户。由于计算机病毒的种类繁多，新的变种不断出现，因此利用反病毒软件检测和清除病毒是有时间性的，所以利用软件清除病毒的方法不可能消除所有的病毒。

### 3.2.2 计算机病毒的预防

计算机感染病毒以后，用反病毒软件检测和清除病毒是被迫的处理措施，因为相当多的病毒在感染之后会永久性地破坏被感染程序，如果没有备份，程序或数据将会无法恢复。

计算机病毒主要通过移动存储设备和计算机网络两大途径进行传播。因此，像“讲究卫生，预防疾病”一样，对计算机病毒采取“预防为主”的方针是合理、有效的。预防计算机病毒应从切断其传播途径入手。

人们从工作实践中总结出一些预防计算机病毒的简单可行的措施，这些措施实际上是要求用户养成良好的使用计算机的习惯。

（1）专机专用。制定科学的管理制度，对重要任务部门应采用专机专用，禁止与任务无关的人员接触该系统，防止潜在的病毒罪犯。

（2）慎用网上下载的软件。Internet 是病毒传播的一大途径，对网上下载的软件最好检测后再用。

（3）分类管理数据。对各类数据、文档和程序应分类备份保存。

（4）建立备份。对每个购置的软件应拷贝副本，定期备份重要的数据文件，以免遭受病毒危害后无法恢复。

（5）采用防病毒卡或病毒预警软件。在计算机上安装防病毒卡或个人防火墙等预警软件。

（6）定期检查。定期用防病毒软件对计算机系统进行检测，发现病毒及时清除。

（7）严禁在重要的计算机上玩电子游戏。严禁在保存有重要数据、文档和程序的计算机上玩电子游戏，防止病毒的入侵和破坏。

（8）不随意接受、打开陌生人发来的电子邮件或通过 QQ 传递的文件、网址。

（9）使用移动存储器前，最好要先查杀病毒，然后再使用。

计算机病毒的防治宏观上讲是一个系统工程，除了技术手段之外还涉及诸多因素，如法律、教育、管理制度等。尤其是教育，是防止计算机病毒的重要策略。通过教育，使广大用户认识到病毒的严重危害，了解病毒的防治常识，提高尊重知识产权的意识，增强法律、法规意识，不随便复制他人的软件，最大限度地减少病毒的产生与传播。

## 3.3 网络道德及相关法律

### 3.3.1 道德及相关规范

随着网络在人们生活中的普及，诞生了一批新人类，他们在网上进行交流、贸易，甚至生存，但是有一些社会问题也随着这一新事物的发展日益暴露出来，如网上谩骂、造谣传播、刺探隐私、盗取信息、制造传播有害内容、制造传播恶意程序、剽窃、盗版、诈骗等一系列不道德行为，要解决这些行为，可以使用法律来约束人们的行为，但法律有明显的滞后性，因此，目前网络秩序的管理很大程度上要依靠道德来约束人们的行为。

1. 道德及相关概念

道德是社会意识的总和，是在一定条件下调整人与人之间以及人与社会之间关系的行为规范的总和，它通过各种形式的教育及社会力量，使人们逐渐形成一个良好的信念和习惯。

职业道德是从事一定职业的人在其特定的工作或劳动中的行为规范的总和，它是一般社会道德或阶级道德在职业生活中的特殊要求，带有具体职业或行业的特征。职业道德规范是在一种职业出现以后较晚才明确的，它是一种基本的需要，表明其对社会服务的道德义务，计算机职业道德规范是用来约束计算机从业人员的言行，指导他们思想的一整套道德规范。

增强计算机职业道德规范是法律行为规范的补充，是非增强性的自律要求，其目的在于使计算机事业得以健康发展，保障计算机信息系统的安全，预防及尽可能避免计算机犯罪，从而降低计算机犯罪给人类社会带来的破坏和损失。

2. 可借鉴的规范

目前，国外一些计算机和网络组织制定了一系列相应的规则，在这些规则中，比较著名的是美国计算机伦理协会为计算机伦理学所制定的 10 条戒律，主要内容有：不应该用计算机去伤害别人；不应干扰别人的计算机工作；不应窥探别人的文件；不应用计算机进行偷窃；不应用计算机做伪证；不应使用或拷贝你没有付钱的软件；不应未经许可而使用别人的计算机资源；不应盗用别人的智力成果；应该考虑你所编的程序的社会后果；你应该以深思熟虑和慎重的方式来使用计算机。

国外有些机构还明确规定了被禁止的网络违规行为，如加利福尼亚大学网络伦理协会指出了 6 种网络不道德行为类型：有意地造成网络交通混乱或擅自闯入网络及其相联的系统；商业性或欺骗性地利用大学计算机资源；偷窃资料、设备或智力成果；未经许可而接收他人的文件；在公共用户场合做出引起混乱或造成破坏的行动；伪造电子邮件信息。

3. 网络道德的特点

（1）自主性，即与现实社会的道德相比，网络社会的伦理道德呈现出更少强制性和依赖性、更多自主性和自觉性的特点与趋势。

（2）开放性，即与开放性、超时空性的网络相联系，人们的网络道德意识、观念和行为也是超时空性、“公共性”的。

（3）多元性，即与传统社会的道德相比，网络社会的道德呈现出一种多元化、多层次化的特点与发展趋势。

### 3.3.2 知识产权

随着高新技术的发展，知识产权在国民经济中的作用日益受到各方面的重视。其中，软件盗版是一个全球性的大问题，打击盗版对保护我国民族软件产业的健康成长，意义尤其重大。

1. 知识产权的概念

知识产权包括著作权和工业产权两个主要部分。著作权是文学、艺术、科学技术作品的原创作者，依法对其作品所享有的一种民事权利；工业产权是指人们在生产活动中对其取得的创造性的脑力劳动成果依法取得的权利。工业产权除专利权外，还包括商标、服务标记、厂商名称、货源标记或者原产地等产权。

（1）著作权。

著作权的定义：著作权也称版权，是公民、法人或非法人单位按照法律享有的对自己文学、艺术、自然科学、工程技术等作品的专有权。

著作权的主体：即著作权人，包括作者、继承著作权的人、法人或非法人单位、国家。

著作权的客体：即著作权受保护的各种作品。可以享受著作权的作品，涉及文学、著作和科学作品，它是由作者创作并以某种形式固定下来能够复制的智力成果。

著作权的权利：人身权和财产权。人身权包括发表权、署名权、修改权、保护作品完整权。财产权包括使用权、获取报酬权。

（2）专利权。

专利权的定义：专利权是依法授予发明创造者或单位对发明创造成果独占、使用、处分的权利。

专利权的主体：有权提出专利申请和专利权，并承担相应的义务的人，包括自然人和法人。

专利权的客体：发明、实用新型、外观设计。

专利权人的权利：独占实施权、转让权、放弃权、标记权。

专利权的义务：实施专利的义务，交纳年费的义务。

（3）商标权。

商标权的定义：商标，是为了帮助人们区别不同的商品而专门由人设计、有意识地置于商品表面或其包装物上的一种标记。商标权是人们依法对所使用的商标享有的专有权利。

商标权的主体：申请并获得商标权的法人或自然人。

商标权的客体：经过国家商标局核准注册受商标法保护的商标，即注册商标，包括商品商标和服务商标。

商标权人的权利：使用权、禁止权、转让权、许可使用权。

商标权人的义务：保证使用商标的商品质量、负有缴纳规定的各项费用的义务。

（4）法律法规

我国已出台的有关知识产权保护的法律法规主要有：

- 《中华人民共和国专利法》；
- 《中华人民共和国商标法》；
- 《中华人民共和国著作权法》；
- 《中华人民共和国知识产权海关保护条例》；
- 《计算机软件保护条例》；
- 《中华人民共和国民法典》。

2. 软件知识产权

保护计算机知识产权，是为了鼓励软件开发和交流，能够促进计算机应用的健康发展。所以，对软件的保护越来越引起人们和社会的重视，并且在法律上做出了规定。1991 年 5 月 24 日国务院的 83 次常务会议上通过了《计算机软件保护条例》，并从 1991 年 10 月 1 日起实施。《计算机软件保护条例》规定，中国公民和单位对其开发的软件，不论是否发表，不论在何地发表，均享有著作权。计算机软件是指计算机程序及其有关文档。凡有侵权行为的，应当根据情况，承担停止侵害、消除影响、公开赔礼道歉、赔偿损失等民事责任，并可由国家软件著作权行政管理部门给予没收非法所得、罚款等行政处罚。条例发布以后发表的软件，可向软件登记管理机构提出申请，获准之后，由软件登记管理机构发放登记证明文件，并向社会公告。

3. 软件盗版

软件盗版是指未经授权对软件进行复制、仿制、使用或生产。盗版是侵犯受相关知识产权法保护的软件著作权人的财产权的行为。计算机软件的性质决定了软件的易复制性，每一个最终用户，哪怕是初学者都可以准确无误地将软件从一台计算机复制并安装到另一台计算机上，这个过程非常简单，但不一定合法。

软件盗版的主要形式有：

（1）最终用户盗版；

（2）购买硬件预装软件；

（3）客户机—服务器连接导致的软件滥用；

（4）盗版软件光盘；

（5）Internet 在线软件盗版。

### 3.3.3 隐私和公民自由

1. 隐私权和网络隐私权

隐私权就是法律赋予公民享有的对其个人与公共利益无关的私人活动、私人信息和私人事务进行决定，不被他人非法侵扰的权利。隐私的基本内容应包括以下三个方面的内容：个人生活安宁不受侵扰；私人信息保密不被公开；个人私事决定自由不受阻碍。

网络隐私权是隐私权在网络环境下的延伸。广义上讲应该是保护网络隐私不受侵害、不被公开、不被利用的权利。其内涵包括：第一是网络隐私有不被他人了解的权利；第二是自己的信息由自己控制；第三是个人数据如有错误，拥有修改的权利。

网络隐私权包括的范围如下：

（1）网络个人信息的保护。

① 非法收集、持有个人资料的行为。不通过合法的程序收集、持有的个人资料，构成侵权。如个人的身份情况和个人的信息和财产状况。

② 非法使用个人资料的行为。服务商或网站不经用户同意或者超出承诺的范围，公开或利用自己掌握的网络用户个人资料牟利，损害网络用户的合法利益。

（2）网络个人生活的保护。在网络上，网民有自己生活和好恶的权利。

（3）网络个人领域的保护。个人计算机内部所有的资料应当保证安全，不能因为网络上非法入侵行为而泄露。

2. 网上隐私权的侵犯

在电子信息时代，网络对个人隐私造成了极大的威胁。人们在网络活动中留下大量的痕迹和信息，而这些信息很容易被收集和利用，从而导致网络隐私权保护问题的出现。

个人隐私权的侵犯具体可分为以下几种情形：

（1）在网络通信过程中，个人的通信极有可能被雇主、ISP 公司（互联网服务提供商）和黑客截取，以致造成个人隐私权被侵害；

（2）未经他人同意搜集和使用他人电子邮件，甚至将收集到的电子邮件转卖给他人的行为构成了对他人隐私权的侵害；

（3）设备供应商的侵权行为；

（4）网站服务的同时侵害个人的隐私权；

（5）电子邮件、网络中的个人隐私行为；

（6）网上有害信息，如色情淫秽信息和其他不利于人们精神健康的信息，会给网络用户的家庭成员尤其是未成年人带来负面影响，同时也构成对家庭安宁生活的破坏。

3. 隐私保护的法律基础

我国的一些隐私权保护的法律法规条款有：

《宪法》第三十八条：中华人民共和国公民的人格尊严不受侵害。禁止用任何方法对公民进行侮辱、诈骗和诬告陷害。

《民法通则》第一百零一条：公民、法人享有名誉权，公民的人格受到法律保护，禁止用侮辱、诽谤等方式损害公民、法人的名誉。

《计算机信息网络国际联盟安全保护管理办法》第七条：用户的通信自由和通信秘密受法律保护。任何单位及个人不得违反法律规定，利用国际联网侵犯用户的通信自由和通信秘密。

《计算机信息网络国际联网管理暂行规定实施办法》第十八条：用户应当服从接入单位的管理，遵守用户守则，不得冒用他人的名义发出信息，侵犯他人隐私；不得从事传播计算机病毒及其他侵犯网络和他人合法权益的活动。

4. 隐私保护策略

（1）加强自我保护意识；
（2）加强网络隐私权利立法保护；
（3）加强行业自律；
（4）加强网络道德教育。

### 3.3.4 计算机犯罪

1. 计算机犯罪的定义

所谓计算机犯罪，是指利用各种计算机程序及其装置进行犯罪或者将计算机信息作为直接侵害目标的总称。

计算机犯罪具有两个显著的特征：计算机犯罪是利用计算机进行的犯罪；计算机犯罪是危害计算机信息的犯罪，那种仅仅以计算机作为侵害对象的犯罪，不是纯粹的计算机犯罪。

2. 计算机犯罪的基本类型

利用现代信息和电子通信技术从事计算机犯罪的活动涉及政治、军事、经济、科技、文化、社会等各个方面，最为常见的有以下几种：
（1）非法截取信息、窃取各种情报；
（2）复制与传播计算机病毒、黄色影像制品和其他非法活动；
（3）借助计算机技术伪造篡改信息、进行诈骗及其他非法活动；
（4）借助现代通信技术进行内外勾结、遥控走私、贩毒、恐怖及其他非法活动。

3. 计算机犯罪的主要特点

与传统犯罪相比，计算机犯罪有以下几个特点：
（1）犯罪行为人的社会形象有一定的欺骗性；
（2）犯罪行为隐蔽而且风险小，便于实施，难以发现；
（3）社会危害性巨大；
（4）监控管理和惩治等法律手段滞后。

4. 计算机犯罪相应的法律法规

早在 1981 年，我国政府就对计算机信息系统安全给予了极大的关注，并于 1983 年 7 月，公安部成立了计算机管理监察局，主管全国的计算机安全工作。为了提高和加强全社会的计算机安全意识观念。截至目前我国已经颁布了许多与计算机有关的法律法规。

## 3.4 任务清单

### 3.4.1 任务清单-1

| 姓名 | | 学号 | |
|---|---|---|---|
| 班级 | | 打分 | |
| 任务工单 | 计算机病毒及防治基础知识练习 | | |

（1）计算机病毒主要破坏数据的（　　）。

A. 可审性　B. 可靠性　C. 完整性　D. 可用性

（2）计算机病毒是（　　）。

A. 一种程序　B. 传染病毒病

C. 一种计算机硬件　D. 计算机系统软件

（3）关于预防计算机病毒说法正确的是（　　）。

A. 仅通过技术手段预防病毒

B. 仅通过管理手段预防病毒

C. 管理手段与技术手段相结合预防病毒

D. 仅通过杀毒软件预防病毒

（4）下列关于计算机病毒说法错误的是（　　）。

A. 有些病毒仅能攻击某一种操作系统，如 Windows 系统

B. 病毒一般附着在其他应用程序之后

C. 每种病毒都会给用户造成严重后果

D. 有些病毒能损坏计算机硬件

（5）计算机病毒是计算机系统中一类隐藏在（　　）上蓄意进行破坏的捣乱程序。

A. 内存　B. 软盘　C. 存储介质　D. 网络

（6）计算机病毒（　　）。

A. 是生产计算机硬件时不注意产生的

B. 是人为制造的

C. 都必须清除，计算机才能使用

D. 都是人们无意中制造的

（7）病毒程序按其侵害对象不同分为（　　）。

A. 外壳型、入侵型、原码型和复合型　B. 原码型、外壳型、复合型和网络病毒

C. 引导型、文件型、复合型和网络病毒　D. 良性型、恶性型、原码型和外壳型

| 教师评语 | |
|---|---|

电子版作业请从电子教室传输端提交

### 3.4.2 任务清单-2

| 姓名 | | 学号 | |
|---|---|---|---|
| 班级 | | 打分 | |
| 任务工单 | 计算机网络安全基础知识练习 | | |

（1）下面说法正确的是（　　）。

A. 信息的泄露在信息的传输和存储过程中发生

B. 信息的泄露只在信息的存储过程中发生

C. 信息的泄露只在信息的传输过程中发生

D. 以上都不对

（2）下列计算机操作不正确的是（　　）。

A. 开机前查看稳压器输出电压是否正常（220 V）

B. 硬盘中的重要数据文件要及时备份

C. 计算机加电后，可以随便搬动机器

D. 关机时应先关主机，再关外部设备

（3）网络隐私权的内涵包括（　　）。

A. 网络隐私有不被他人了解的权利　　B. 自己的信息由自己控制

C. 个人数据如有错误，拥有修改的权利　　D. 以上皆是

（4）属于计算机犯罪的是（　　）。

A. 非法截取信息、窃取各种情报

B. 复制与传播计算机病毒、黄色影像制品和其他非法活动

C. 借助计算机技术伪造篡改信息、进行诈骗及其他非法活动

D. 以上皆是

（5）加强网络安全性最重要的基本措施是（　　）。

A. 设计有效的网络安全策略　　B. 选择更安全的操作系统

C. 安装杀毒软件　　D. 加强安全教育

（6）为确保学校局域网的信息安全，防止来自 Internet 的黑客入侵，采用（　　）可以实现一定防范作用。

A. 网管软件　　B. 邮件列表

C. 防火墙软件　　D. 杀毒软件

（7）信息安全服务包括（　　）。

A. 机密性服务　　B. 完整性服务

C. 可用性服务和可审性服务　　D. 以上皆是

| 教师评语 | |
|---|---|

电子版作业请从电子教室传输端提交

# 第 4 章 计算机网络与 Internet

人类正在进入信息社会，人们对信息传播与交流日益增长的需求促进了信息技术（Information Technology，IT）的高速发展。计算机网络是信息技术的主要领域之一，它是计算机技术与通信技术相互渗透，不断发展的产物，尤其是因特网的出现和迅速发展，已经成为目前人们获得信息最快的手段。

**学习目标**

（1）计算机网络的概念、分类和组成。

（2）计算机通信的简单概念：信道、调制和解调、误码率等。

（3）计算机网络的拓扑结构。

（4）因特网的基础知识，主要包括网络硬件和软件、TCP/IP 协议、IP 地址和域名、DNS 服务以及网络常见的接入方式。

（5）因特网（Internet）的概念及其简单应用：浏览器 IE 的使用、电子邮件的使用和操作。

**技能掌握**

（1）启动 IE 浏览器并进行浏览器的设置。

（2）熟练利用 IE 浏览器进行网页的搜索、网页的保存以及文件的上传和下载。

（3）熟练使用 Outlook 2016 软件进行邮件的编写、发送、接收和阅读。

**思政育人目标**

（1）引导学生树立法律意识，文明上网、抵制不良风气。

（2）建立文化自信、公民人格、人文精神、科学精神、职业素养。

## 4.1 计算机网络基础

### 4.1.1 计算机网络

1. 计算机网络的概念

计算机网络就是用通信线路和通信设备将分布在不同地理位置的具有独立功能的多个计算机系统互相连接起来，在网络软件的支持下实现数据传输和资源共享的系统。从技术上讲，计算机网络是计算机技术和通信技术相结合的产物，通过计算机来处理各种数据，再通过各种通信线路实现数据的传输。从组成结构来讲，计算机网络是通过外围设备和连线，将分布在相同或不同地域的多台计算机连接在一起所形成的集合。从应用的角度讲，只要将具有独立功能的多台计算机连接在一起，能够实现各计算机间信息的互相交换，并形成可共享计算机资源的系统便可称为网络。

计算机网络不存在地域的限制，只需要根据距离的远近采取不同的连接方式，即可实现不同计算机之间的互联，并进行计算机之间的资源共享和通信。一个完整的计算机网络包括以下三个组成部分：

（1）计算机：根据在网络中所提供的服务的不同，可分为服务器和工作站。

（2）外围设施：包括连接设备和传输介质两部分，其中主要的连接设备有网卡、交换机（早期也使用集线器）、路由器、防火墙等，传输介质主要有同轴电缆、双绞线、光纤、微波和红外线等。

（3）通信协议：计算机之间在通信时必须遵守的规则，是通信双方使用的通信语言。

2. 计算机网络的功能

计算机网络的使用扩大了计算机的应用范围，打破了空间和时间的限制，解决了大量信息和数据的传输、转接存储与高速处理的问题，使计算机的能力大大加强，提高了计算机的可靠性和可用性，使软、硬件资源由于可以共享而得到充分利用。

计算机网络的功能，主要有以下几点：

（1）资源共享。

充分利用计算机资源是组建计算机网络的重要目的之一。资源共享除共享硬件资源外，还包括共享数据和软件资源，这是计算机网络最基本的功能之一。

（2）数据通信。

利用计算机网络可实现各计算机之间快速可靠地互相传送数据，进行信息处理，如传真、电子邮件（E-mail）、电子数据交换（EDI）、电子公告牌（BBS）、远程登录（Telnet）与信息浏览等通信服务。数据通信能力是计算机网络最基本的功能。

（3）分布式处理。

一方面，对于一些大型任务，可以通过网络分散到多个计算机上进行分布式处理，也可能使各地的计算机通过网络资源共同协作，进行联合开发、研究等；另一方面，计算机网络促进了分布式数据处理和分布式数据库的发展。

（4）均衡负载互相协作。

在计算机网络中某一台机器的处理负担过重时，可以将其作业转移到其他空闲的机器上去执行，这样，就可以减少用户信息在系统中的处理时间，均衡了网络中各个机器的负担，提高了系统的利用率，增加了整个系统的可用性。通过网络可以缓解用户资源缺乏的矛盾，使各种资源得到合理调整。

（5）提高计算机的可靠性。

计算机网络系统能实现对差错信息的重发，网络中各计算机还可以通过网络成为彼此的后备机，从而增强了系统的可靠性。

### 4.1.2 计算机通信技术

广义上的通信，指的是人与人之间交流思想和感情的方式，它可以表现为书面形式和口头形式。计算机中的通信也属这一范畴，但它用计算机作为媒介，使传输的数据量大大加强并且传输时间大大减少。

当我们用计算机进行通信时，就正在共享信息。这种共享可以是本地的也可以是远程的。在个体之间，本地通信常常通过面对面的方式进行（如局域网内部的通信），而远距离通信却要跨越距离进行（如通过 Internet 进行通信）。

数据通信是计算机网络的基础，没有数据通信技术的发展，就没有计算机网络的今天。

数据通信系统的技术指标主要从数据传输的质量和数量来体现。质量指信息传输的可靠性，一般用误码率来衡量。而数量指标包括两方面：一是信道的传输能力，用信道容量来衡量；另一方面指信道上传输信息的速度，相应的指标是数据传输速率。

下面简单介绍有关通信的几个常见术语。

#### 1. 信　道

信道是传输信息的通道。在计算机网络中，信道分为物理信道和逻辑信道。物理信道是指用来传输数据和信号的物理通道，由传输介质和相关的通信设备组成。计算机网络使用的通信介质包括同轴电缆、光纤、双绞线、无线电波和卫星等。相应的就有有线（同轴电缆、光纤、双绞线）信道、无线信道和卫星信道。逻辑信道也是网络的一种通路，它是指在发送点和接收点之间的物理信道的基础上，通过节点内部的连接来实现的，称为“连接”。信道按传输介质，可分为有线信道或无线信道；按传输信号类型，可分为模拟信道和数字信道；按使用权限，可分为专用信道和公用信道等。

#### 2. 数字信号和模拟信号

信号即电信号，是数据的电子或电磁编码，是数据的具体表现形式。电信号又分为模拟信号和数字信号。模拟信号是一种连续变化的信号，信息通过模拟信道传送，主要用在广域网。而数字信号是一种离散的脉冲序列，一个脉冲表示一位二进制数，信息通过数字信道传送，主要用在局域网。现在，计算机内部处理的信号都是数字信号。

#### 3. 调制和解调

发送方将计算机发出的数字信号转换成模拟信号的过程，称为调制。接收方将接收到的模拟信号转换成数字信号的过程，称为解调。承担调制和解调的设备称为调制解调器。

#### 4. 带宽与数据传输速率

在模拟信道中，以带宽表示信道的传输能力，用传输信号的高频率与低频率的差来表示，以 Hz、kHz、MHz 或 GHz 为单位。计算机网络分宽带网、基带网等，如 10 Base 表示 10 MHz 基带，100 Broad 表示 100 MHz 宽带等。

表示数据传输有效性的指标是数据传输速率。在数字信道中，以传输速率表示信道的传输能力。数据传输速率是通信系统的主要技术指标，包括数据信号速率和调制速率。数据信号速率指每秒钟能传输的二进制信息位数，单位是位/秒，即 bit/s，因此又称为比特率。

5. 误码率

误码率又称为出错率，指二进制数据位传输时出错的概率，是衡量数据通信系统在正常工作情况下的传输可靠性的指标。一般要求误码率低于 $10^{-6}$。

误码率 = 误传的码元总数/传送的码元总数

在计算机通信网络中，若误码率达不到这个指标，可通过差错控制方法进行检验和纠错。

6. 并行通信与串行通信

在数据通信中，按每次传送的数据位数，通信方式可分为并行通信和串行通信。

并行通信是一次同时传送 8 位二进制数据，从发送端到接收端需要 8 根传输线。并行方式主要用于近距离通信，如在计算机内部的数据通信通常以并行方式进行。这种方式的优点是传输速度快，处理简单。

串行通信一次只传送一位二进制的数据，从发送端到接收端只需要一根传输线。串行方式虽然传输率低，但适合于远距离传输，在网络中（如公用电话系统）普遍采用串行通信方式。

### 4.1.3 计算机网络的组成

从系统功能的角度看，计算机网络主要由资源子网和通信子网两部分组成。

资源子网主要是收集、存储和处理信息，提供网络服务和资源共享等功能。硬件主要包括网络服务器、工作站、外部设备等。软件主要包括网络操作系统、网络通信协议和网络应用软件等。资源子网是计算机网络中面向用户的部分，负责数据处理工作。它包括网络中独立工作的计算机及其外围设备、软件资源和整个网络共享数据。

通信子网，即网络互联系统，主要连接网上的各种计算机，完成数据的传输、交换和通信处理。硬件主要包括通信线路（通信介质）、网络连接设备（网卡、解制解调器、路由器）。软件主要包括网络通信协议和通信控制软件等。

若只是访问本地计算机，则只在资源子网内部进行，无须通过通信子网。若要访问异地计算机资源，则必须通过通信子网。为了使网络内各计算机之间的通信可靠、有效，通信各方必须共同遵守统一的通信规则，即通信协议。通过它可以使各计算机之间相互理解会话、协调工作，如 OSI 参考模型和 TCP/IP 协议等。

### 4.1.4 计算机网络的分类

计算机网络的分类标准很多。例如：按计算机网络的拓扑结构分类、按网络的交换方式分类、按网络协议分类、按数据的传输方式分类等。但是，各种分类标准只能从某一方面反映网络的特征。目前，最普遍的分类方法是按网络覆盖的地理范围（距离）进行分类，可把计算机网络分为三类：局域网（LAN）、广域网（WAN）和城域网（MAN）。

1. 局域网（LAN）

局域网（Local Area Network，LAN）是一种在小区域内使用的通信网络，其传送距离一般在几千米之内，最大距离不超过 10 km，适合于一个部门或一个单位内部组建的网络，例如在一间办公室，一栋办公楼或校园内组建。局域网的传输速率较高，一般为 10 ~ 1 000 Mb/s。局域网具有误码率低、可靠性高、成本低、容易组网、易管理、易维护、使用灵活方便等特点，深受广大用户的欢迎。

2. 广域网（WAN）

广域网（Wide Area Network，WAN）也叫远程网络，覆盖地理范围比局域网要大得多，其作用范围在几十到几千甚至几万千米之间的通信网络。广域网可以覆盖一个地区、国家或横跨几个洲，包含很多个局域网和城域网，可以使用电话线、微波、卫星或者它们的组合信道进行通信。广域网的传输速率较低，一般为 96 Kb/s ~ 45 Mb/s。Internet 是世界范围的典型的广域网。

3. 城域网（MAN）

城域网（MAN，Metropolitan Area Network）也叫都市网，是一种介于局域网和广域网之间的高速网络。覆盖范围也介于局域网和广域网之间，一般为几千米到几十千米，传输速率一般在 50 Mb/s 左右。城域网用户多为需要在市内进行高速通信的较大单位或公司等。

### 4.1.5 网络的拓扑结构

拓扑是以数学分支，它是研究与大小、形状无关的点、线和面构成的图形特征的方法。通常，把计算机网络上的服务器及其连接的计算机统称为网络工作站或网络节点，而把网络节点的位置及其互联的几何布局称为计算机网络的拓扑结构。网络的拓扑结构主要有星形、环形和总线型等几种。

1. 星形结构

星形结构是最早的通用网络拓扑结构形式，其中每个站点都通过连线与主控机相连，相邻站点之间的通信都通过主控机进行。星形结构的特点是结构简单、建网容易，便于控制和管理。其缺点是中央节点负担较重，容易形成系统的“瓶颈”，线路的利用率也不高。一旦主控机出现故障，会引起整个系统的瘫痪，可靠性较差。星形结构如图 4-1（a）所示。

2. 环形结构

环形结构由计算机网络中各节点首尾相连形成一个闭合环形线路。环形网络中的信息传送是单向的，即沿一个方向从一个节点传到另一个节点；每个节点需安装中继器，以接收、放大、发送信号。这种结构的特点是结构简单、建网容易、成本低、便于管理。其缺点是当节点过多时，将影响传输效率，不利于扩充。环形线路中任意一点的故障都会引起网络瘫痪，可靠性差。环形结构如图 4-1（b）所示。

3. 总线结构

总线结构由一条高速公用主干电缆即总线连接若干个节点构成网络。网络中所有的节点通过总线进行信息的传输，信息可沿两个不同方向传输。这种结构的特点是结构简单灵活，站点的接入和剥离非常方便，网环中某一站点出现故障，不会影响其他站点的通信，可靠性高，结构简单，成本低，建网容易，使用方便，性能好。其缺点是主干总线对网络起决定性作用，总线故障将影响整个网络。总线型结构是使用最普遍的一种网络。总线结构如图 4-1（c）所示。

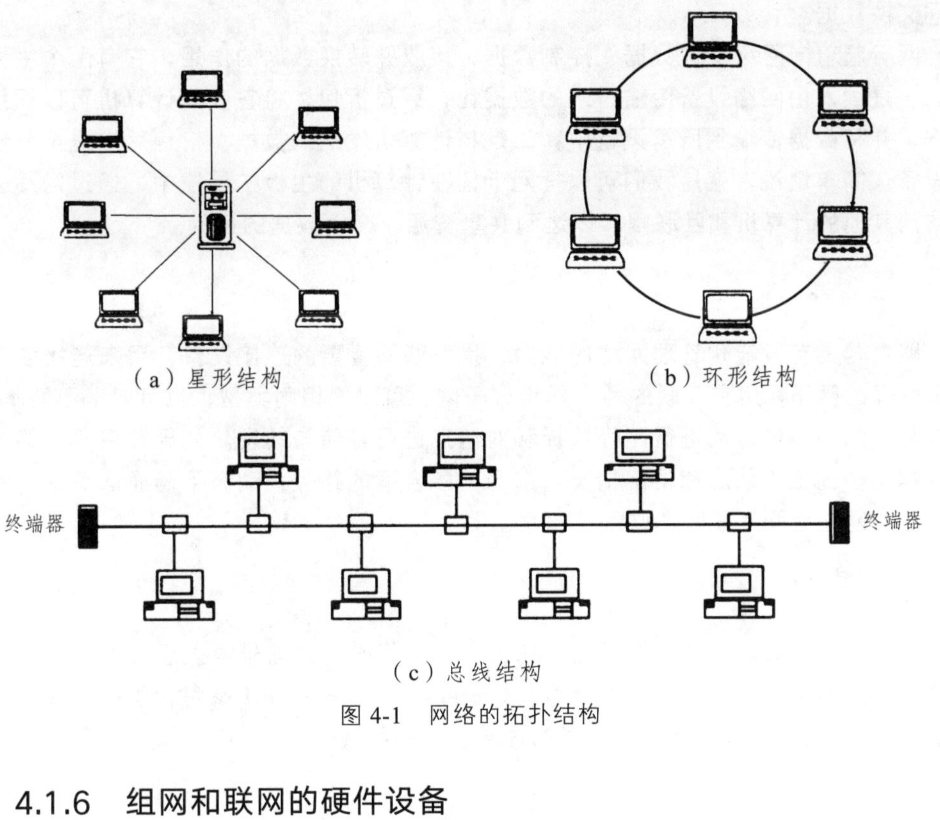


图 4-1　网络的拓扑结构

### 4.1.6　组网和联网的硬件设备

与计算机系统类似，计算机网络系统也由网络软件和硬件设备两部分组成。网络操作系统对网络进行控制和管理。下面主要介绍常见的网络硬件设备。

1. 传输介质

网络传输介质是网络中发送方与接收方之间的物理通路，它对网络的数据通信具有一定的影响。常用的传输介质有：双绞线、同轴电缆、光纤、无线传输媒介等。

2. 调制解调器

调制解调器（Modem）的功能是实现模拟信号与数字信号的转换，是一种信号转换装置，用于将计算机通过电话线路连接上网，并实现数字信号和模拟信号之间的转换。调制用于将计算机的数字数据转换成模拟信号输送出去，解调则将接收到的模拟信号还原成数字数据交计算机存储或处理。

调制解调器分外置式和内置式两种，外置式通过电话线与计算机的一个串行口相连，内置式插接在主板上，不占用串行口。个人计算机经普通电话线连入 Internet，调制解调器是必需的设备。

3. 网络接口卡

网络接口卡俗称网卡，它是连接计算机与网络的硬件设备，是局域网最基本的组成部分之一。网卡的主要功能是处理网络传输介质上的信号，并在网络媒介和计算机之间交换数据。

网卡起着向网络发送数据、控制数据、接收并转换数据的作用，它有两个主要功能：一是读入由网络设备传输过来的数据包，经过拆包，将它变为计算机可以识别的数据，并将数据传输到所需设备中；二是将计算机发送的数据，打包后输送至其他网络设备。简单地说，就是我们可以把网卡插在计算机的主板扩展槽中，通过网线去高速访问其他的计算机和互联网，以达到共享资源、交换数据的目的。

4. 路由器

路由器具有智能化管理网络的能力，是互联网重要的连接设备，用来连接多个逻辑上分开的网络，用它互联的两个网络或子网，可以是相同类型，也可以是不同类型，能在复杂的网络中自动进行路径选择和对信息进行存储与转发。如果存在多条路径，则根据路径的工作状态和忙闲情况，选择一条合适的路径，动态平衡通信负载。两个以上同类网络之间互联时，必须使用路由器。

5. 中继器

中继器是互联网中的连接设备，它的作用是将收到的信号放大后输出，既实现了计算机之间的连接，又扩充了媒介的有效长度。它工作在 OSI 参考模型的最底层（物理层），因此只能用来连接具有相同物理层协议的局域网。

## 4.2 因特网

因特网是一个建立在网络互联基础上的网际网，是一个全球性的巨大的信息资源库。因特网的存在缩短了人们的生活距离，把世界变得更小了。利用电子邮件可以在极短的时间内与世界各地的朋友进行联络。接入因特网可以漫游世界各地，获取各种有用的信息。因特网的应用和普及正在改变着人们的工作和生活方式。

### 4.2.1 因特网概述

1. Internet 的形成和发展

Internet 起源于美国，中文名称为“因特网”，意译是“国际互联网”，它是一个世界范围内的网际网。因特网通过各种通信线路和软件把全球范围内的计算机网络连接成一个整体，而不管这些网络的类型是否相同、规模是否一样以及距离的远近。因特网含有极为丰富的信息资源，是人类巨大的信息宝库，这些资源大得超过任何一个人的想象力。我们可以把它看作一个全球性的博物馆，一个无比神奇的游艺宫，一个发表自己见解的论坛，一个结交朋友的场所。在因特网上可以实现资源共享、相互通信、远程教学等。如通过因特网就可以在自己家中的计算机上查阅学校图书馆的书目或北京图书馆的资料；可以到中央电视台的网站上去查阅节目预告甚至收看电视节目；可以在几秒钟内把书信、照片、音乐等传给远在国外的朋友；可以去网上购物；可以到网上学校去获取你所想要学习的知识；也可以为相隔万里的学生答疑等。

早在 1968 年，美国高级研究计划署 ARPA（Advanced Research Projects Agency）为了帮助美国军方实现计算机远程交换信息，设立 ARPAnet 计算机实验网络项目的研究。该项目当时的设想是，当网络的某一部分在战争等特殊情况下受到攻击而损坏时，不影响网络中其他部分的正常工作。因此，ARPA 网采用分布式控制与处理，较好地满足了这方面的要求，网络上的计算机处于平等地位，没有哪一个部分是特别重要、不可缺少的。1969 年 9 月 2 日 ARPAnet 正式开通，但当时的网络成员只有四个（斯坦福研究所、加州大学的圣大巴巴拉分校、洛杉矶分校、犹他大学）。ARPAnet 是世界上最早投入运行的计算机网络。1972 年，ARPAnet 在首届计算机后台通信国际会议上首次与公众见面，并验证了分组交换技术的可行性，由此，ARPAnet 成为现代计算机网络诞生的标志。

20 世纪 70 年代他们设计了新的在不同的计算机网络之间实现通信的协议（TCP/IP 协议组），并公开了所有的 TCP/IP 协议网络规范和有关的技术成果，这种公开，使得 TCP/IP 协议得到了广泛的支持和迅速的推广。TCP/IP 应用于 ARPA 网标志着真正意义上的 Internet 出现了，从 1983 年开始因特网的规模基本以逐年翻一番的速度增长，从开始只有约 200 台连接的计算机发展到目前全球已有亿万台计算机与因特网相连，并从美国走向世界，逐步形成了一个真正覆盖全球的大网络。

因特网在中国的发展也非常迅速，目前我国已拥有中国公用计算机互联网（CHINANET，163）、中国教育和科研计算机网（CERNET）、中国金桥信息网（CHINAGBN）、中国公众多媒体通信网（CNINFO，169）、中国科技网（CSTNET）等骨干网。

2. Internet 提供的服务

Internet 是一个涵盖极广的信息库，它存储的信息上至天文，下至地理，无所不包，以商业、科技和娱乐信息为主。除此之外，Internet 还是一个覆盖全球的枢纽中心，通过它，用户可以了解来自世界各地的信息；收发电子邮件；和朋友聊天；进行网上购物；观看影片片段；阅读网上杂志；还可以聆听音乐会。

（1）信息传播。

您或他人都可以把各种信息任意输入网络中，进行交流传播。Internet 上传播的信息形式多种多样，世界各地用它传播信息的机构和个人越来越多，网上的信息资料内容也越来越广泛和复杂。目前，Internet 已成为世界上最大的广告系统、信息网络和新闻媒体。现在，Internet 除商用外，许多国家的政府、团体用它进行宣传。

（2）通信联络。

Internet 有电子函件通信系统，您和他人之间可以利用电子函件取代邮政信件和传真进行联络。甚至您可以在网上通电话，乃至召开电话会议。

（3）专题讨论。

Internet 中设有专题论坛组，一些相同专业、行业或兴趣相投的人可以在网上提出专题展开讨论，论文可长期存储在网上，供人调阅或补充。

（4）资料检索。

由于有很多人不停地向网上输入各种资料，特别是许多国家的著名数据库和信息系统纷纷上网，Internet 已成为目前世界上资料最多、门类最全、规模最大的资料库，用户可以自由在网上检索所需资料。

目前，Internet 已成为世界许多研究和情报机构的重要信息来源。

Internet 创造的计算机空间正在以爆炸性的势头迅速发展。您只要坐在微机前，不管对方在世界什么地方，都可以互相交换信息、购买物品、签订巨大项目合同，也可以结算国际贷款。企业领导可以通过 Internet 洞察商海风云，从而得以确保企业的发展；科研人员可以通过 Internet 检索众多国家的图书馆和数据库；医疗人员可以通过 Internet 同世界范围内的同行们共同探讨医学难题；工程人员可以通过 Internet 了解同行业发展的最新动态；商界人员可以通过 Internet 实时了解最新的股票行情、期货动态，使自己能够及时地抓住每一次商机；学生也可以通过 Internet 开阔眼界，并且学习到更多的有益知识。

总之，Internet 能使我们现有的生活、学习、工作以及思维模式发生根本性的变化。无论来自何方，Internet 都能把我们和世界连在一起。Internet 使我们可以坐在家中就能够和世界交流，有了 Internet，世界真的小了，Internet 改变了我们的生活。

那么，Internet 是怎样完成上述功能的呢？那就是它所提供的服务了。它提供的服务包括 WWW 服务、电子邮件（E-mail）、文件传输（FTP）、远程登录（Telnet）、新闻论坛（Usenet）、新闻组（News Group）、电子布告栏（BBS）、Gopher 搜索、文件搜寻（Archie）等，全球用户可以通过 Internet 提供的这些服务，获取 Internet 上提供的信息和功能。这里我们简单地介绍以下最常用的服务：

（1）电子邮件（E-mail）。

电子邮件（E-mail）服务是 Internet 所有信息服务中用户最多和接触面最广泛的一类服务，也是 Internet 的一项基本服务。电子邮件不仅可以到达那些直接与 Internet 连接的用户以及通过电话拨号可以进入 Internet 节点的用户，还可以用来同一些商业网以及世界范围的其他计算机网络上的用户通信联系。电子邮件的工作原理和普通信件的收发过程是非常相似的。电子邮件和普通信件的不同在于它传送的不是具体的实物，而是电子信号，因此它不仅可以传送文字、图形，甚至连动画或程序都可以寄送。电子邮件当然也可以传送订单或书信。由于不需要印刷费及邮费，所以大大节省了成本。通过电子邮件，如同杂志般贴有许多照片厚厚的样本都可以简单地传送出去。同时，您在世界上只要可以上网的地方，都可以收到别人寄给您的邮件，而不像平常的邮件，必须回到收信的地址才能拿到信件。Internet 为用户提供了完善的电子邮件传递与管理服务。

（2）远程登录服务（Telnet）。

远程登录是 Internet 提供的最基本的信息服务之一。远程登录是指允许一个地点的用户与另一个地点的计算机上运行的应用程序进行交互对话。Internet 用户的远程登录是在网络通信 Telnet 的支持下使自己的计算机暂时成为远程计算机仿真终端的过程。要在远程计算机上登录，首先应给出远程计算机的域名或 IP 地址。另外，事先应该成为该远程计算机系统的合法用户并拥有相应的账号和口令。目前国内 Telnet 最广泛的应用就是 BBS（电子公告牌），通过 BBS 用户可以进行各种信息交流、讨论。

（3）文件传输（FTP）。

FTP 是文件传输的最主要工具。它可以传输任何格式的数据。用 FTP 可以访问 Internet 的各种 FTP 服务器。访问 FTP 服务器有两种方式：一种访问是注册用户登录到服务器系统，另一种访问是用“匿名”进入服务器。

Internet 网上有许多公用的免费软件，允许用户无偿转让、复制、使用和修改。这些公用的免费软件种类繁多，从多媒体文件到普通的文本文件，从大型的 Internet 软件包到小型的应用软件和游戏软件，应有尽有。充分利用这些软件资源，能大大节省我们的软件编制时间，提高效率。用户要获取 Internet 上的免费软件，可以利用文件传输服务（FTP）这个工具。FTP 是一种实时的联机服务功能，它支持将一台计算机上的文件传到另一台计算机上。工作时用户必须先登录到 FTP 服务器上。使用 FTP 几乎可以传送任何类型的文件，如文本文件、可执行文件、图形文件、图像文件、声音文件、数据压缩文件等。由于现在越来越多的政府机构、公司、大学、科研机构将大量的信息以公开的文件形式存放在 Internet 中，因此，FTP 使用几乎可以获取任何领域的信息。

（4）万维网（WWW）交互式信息浏览。

WWW（World Wide Web，环球信息网）是当前 Internet 上最受欢迎、最为流行、最新的信息检索服务系统。它把 Internet 上现有资源统统连接起来，使用户能在 Internet 上已经建立了 WWW 服务器的所有站点提供超文本媒体资源文档。这是因为，WWW 能把各种类型的信息（静止图像、文本声音和音像）无缝地集成起来。WWW 不仅提供了图形界面的快速信息查找，还可以通过同样的图形界面与 Internet 的其他服务器对接。

由于 WWW 为全世界的人们提供查找和共享信息的手段，所以也可以把它看作是世界上各种组织机构、科研机关、大学、公司、厂商热衷于研究开发的信息集合。它基于 Internet 的查询、信息分布和管理系统，是人们进行交互的多媒体通信动态格式。它的正式提法是：“一种广域超媒体信息检索原始规约，目的是访问巨量的文档”。WWW 已经实现的部分是，给计算机网络上的用户提供一种兼容的手段，以简单的方式去访问各种媒体。它是第一个真正的全球性超媒体网络，改变了人们观察和创建信息的方法。因而，整个世界迅速掀起了研究开发使用 WWW 的巨大热潮。

### 4.2.2 TCP/IP 协议

网络协议是计算机网络中通信各方事先约定的通信规则的集合。例如通信双方以什么样的控制信号联络，发送方怎样保证数据的完整性和正确性，接收方如何应答等。在同一网络中，可以有多种协议同时运行。Internet 是通过路由器将不同类型的物理网互联在一起的虚拟网络。Internet 使用的通信协议是“传输控制协议/网络互联协议”，简称 TCP/IP 协议。它采用 TCP/IP 协议控制各网络之间的数据传输，采用分组交换技术传输数据。

TCP/IP 协议是 Internet 信息交换、规则、规范的集合，是 Internet 的标准通信协议，主要解决不同类型计算机网络的通信问题，使网络在互联时把技术细节隐藏起来，为用户提供一种通用的、一致的通信服务。

其中，TCP 是传输控制协议，规定了传输信息怎样分层、分组和在线路上传输；IP 是网际协议，它定义了 Internet 上计算机之间的路由选择，把各种不同网络的物理地址转换为统一的 Internet 地址。

TCP/IP 协议是 Internet 的基础和核心，是 Internet 使用的通用协议。其中，传输控制协议 TCP 对应于 OSI 参考模型的传输层协议，它规定一种可靠的数据信息传递服务。IP 协议又称为互联网协议，对应于 OSI 参考模型的网络层，是支持网间互联的数据包协议。TCP/IP 协议与低层的数据链路层和物理层无关，这是 TCP/IP 的重要特点，正因为如此，它能广泛地支持由低层、物理层两层协议构成的物理网络结构。

TCP/IP 协议使用分组交换技术，使不同的网络能够分享一条公共传输媒体。TCP 协议负责把数据分组，并给每个分组加上一个分组头。IP 协议给每个分组再加上接收端主机地址及其他一些网间交换信息。IP 协议保证数据的基本传输，TCP 协议保证数据传输的质量。如果在传输过程中出现数据丢失、数据失真有误时，TCP 协议会自动要求重新组包、重新传输。

TCP/IP 有如下特点：

（1）开放的协议标准，可以免费使用，并且独立于特定的计算机硬件与操作系统。

（2）独立于特定的网络硬件，可以运行在局域网、广域网，更适用于互联网中。

（3）统一的网络地址分配方案，使得整个 TCP/IP 设备在网中都具有唯一的地址。

（4）标准化的高层协议，可以提供多种可靠的用户服务。

与 OSI 参考模型相比，TCP/IP 参考模型更为简单，只有 4 层，即网络接口层、互联网层、传输层和应用层。TCP/IP 与 OSI 层次结构的对照关系如图 4-2 所示。各层的功能如下：

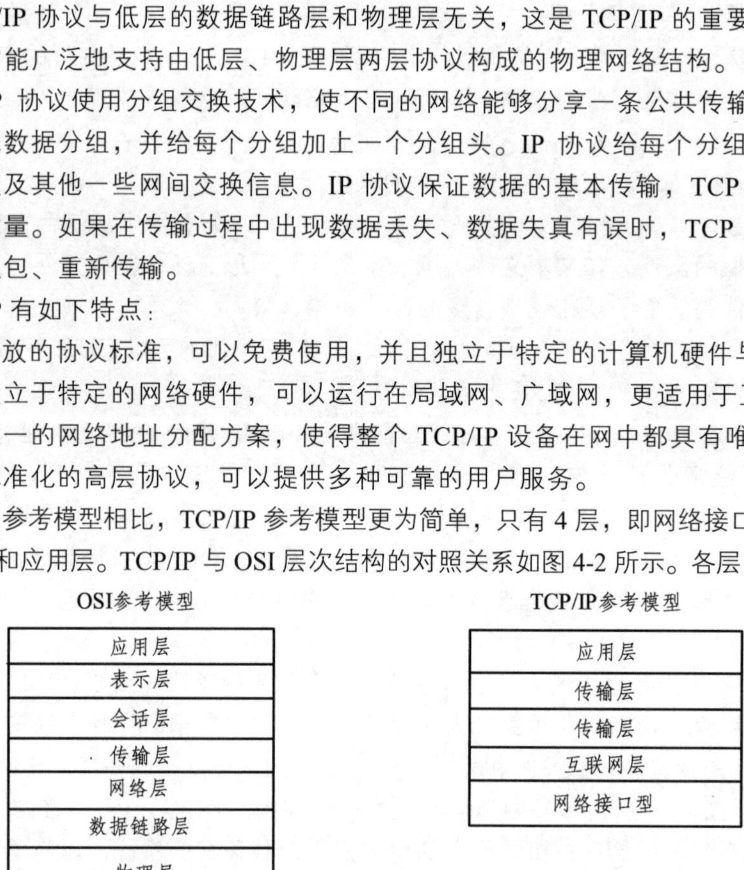


图 4-2　TCP/IP 与 OSI 层次结构模型的对照

1. 网络接口层

网络接口层位于 TCP/IP 协议的最底层，它包括所有使得主机与网络可以通信的协议。TCP/IP 参考模型没有为这一层定义具体的接入协议，以适应各种网络类型。它的主要功能是为通信提供了物理连接，屏蔽了物理传输介质的差异，在发送方将来自互联网层的分组透明地转换成了在物理传输介质上传送的比特流，在接收方将来自物理传送介质的比特流透明地转换成分组。

2. 互联网层

互联网层所执行的主要功能是处理来自传输层的分组，将分组形成数据包（IP 数据包），并对数据包进行路径选择，最终将数据包从源主机发送到目的主机。在此层中，最常用的协议是网际协议 IP，其他一些协议用来协助 IP 的操作。

3. 传输层

传输层的主要任务是提供应用程序的通信，提供了可靠的传输服务，传输层定义了两个主要的协议 TCP 和用户数据包协议 UDP。TCP 协议被用来在一个不可靠的网络中为应用程序提供可靠的端点间的字节流服务。UDP 协议是一种简单的面向数据包的传输协议，它提供的是无连接的、不可靠的数据包服务。

4. 应用层

应用层是 TCP/IP 协议的最高层，该层定义了大量的应用协议，常用的有提供远程登录的 TELNET 协议、超文本传输的 HTTP 协议、提供域名服务的 DNS 协议、提供邮件传输的 SMTP 协议等。

## 4.2.3 IP 地址和域名

1. IP 地址

众所周知，Internet 是由上亿台主机互相连接而成的。要确认网络上的每台主机，靠的就是能唯一标识该主机的网络地址，这个地址被称为 IP 地址。也就是说，IP 地址用来唯一地标识 Internet 上的网络实体。

1）IP 地址的组成

从逻辑上讲，每一个 IP 地址是由网络地址和主机地址两部分组成。位于同一物理子网上的所有主机和网络设备（如工作站、服务器、路由器等）的网络地址是相同的，该网络地址在 Internet 中也是唯一的。主机地址是用来区别同一物理子网中不同主机和网络设备的。因此，Internet 中每台主机和网络设备的 IP 地址是唯一的。

IP 地址是一种 32 位的二进制地址。为了便于记忆，将它们分为 4 组，每组 8 位（相当于一个字节），每组的取值范围为 0～255，组与组之间用小数点分开。下面是一个 IP 地址分别以二进制形式和十进制形式表示的例子。

二进制形式：11000000.10101000.00001110.00110110

十进制形式：192.168.14.54

2）IP 地址的分类

Internet 是一个互联网，它是由大大小小的各种网络组成的，每个网络中的主机数目是不同的。为了充分利用 IP 地址以适应主机数目不同的各种网络，对 IP 地址也进行了分类。IP 地址通常可分为 A、B、C、D、E 五类。

（1）A 类地址。

| 第 1 字节 | 第 2 字节 | 第 3 字节 | 第 4 字节 |
|---|---|---|---|
| 0 ~ 127 | 0 ~ 255 | 0 ~ 255 | 0 ~ 255 |

A 类 IP 地址的最高位为 0，第 1 字节即前 8 位表示网络地址，申请时由管理机构设定，后 24 位即其余字节为主机地址，可以由网络管理员分配给本机构子网的各主机。第 1 字节最高位规定为 0，全 0 表示本地网络，全 1（127）保留为系统诊断用，最多可容纳 16 777 214 台主机，一般分配给具有大量主机的大规模网络使用。用 A 类地址组建的网络称为 A 类网络。

（2）B 类地址。

| 第 1 字节 | 第 2 字节 | 第 3 字节 | 第 4 字节 |
|---|---|---|---|
| 128 ~ 191 | 0 ~ 255 | 0 ~ 255 | 0 ~ 255 |

B 类 IP 地址的前两字节即前 16 位为网络地址，后两字节的 16 位为主机地址，第 1 字节高二位规定为 10，最多容纳 65 534 台主机，一般分配给中等规模网络使用。

（3）C 类地址。

| 第 1 字节 | 第 2 字节 | 第 3 字节 | 第 4 字节 |
|---|---|---|---|
| 192 ~ 223 | 0 ~ 255 | 0 ~ 255 | 0 ~ 255 |

C 类 IP 地址前三个字节 24 位表示网络地址，最后一个字节的 8 位表示该网络中主机地址，第 1 字节高三位规定为 110，最多容纳 254 台主机，一般分配给小规模网络使用。

（4）D 类地址。

| 第 1 字节 | 第 2 字节 | 第 3 字节 | 第 4 字节 |
|---|---|---|---|
| 224 ~ 239 | 0 ~ 255 | 0 ~ 255 | 0 ~ 255 |

D 类地址为多址广播地址。D 类 IP 地址与上面的三种类型地址不相同，这类地址并不用于特定的局域网子网，也不用于某一台具体工作站，它主要是用来多点广播的。

（5）E 类地址。

| 第 1 字节 | 第 2 字节 | 第 3 字节 | 第 4 字节 |
|---|---|---|---|
| 240 ~ 255 | 0 ~ 255 | 0 ~ 255 | 0 ~ 255 |

E 类地址为试验性地址。E 类 IP 地址其实也是一种比较特殊的网络地址，它既不表示特定的局域网子网，也不用于具体的工作站，这类网络地址中每个字节通常都为 255 或 0，简单地说 E 类 IP 地址其实就是“0.0.0.0”或“255.255.255.255”两个地址，而“255.255.255.255”地址一般是用来表示当前网络广播地址的。

IP 地址是由各级因特网管理组织分配给网上计算机的。

2. 域　名

IP 地址的定义严格且易于划分子网，因此非常有用，但记忆起来十分不便。因此，每台接入 Internet 的主机又可以取一个便于记忆的名字，这就是域名。简单地说，域名是 IP 地址人为化的代称。

在 Internet 上，使用的域名地址必须经域名服务器（简称 DNS）将域名翻译成 IP 地址，才能被网络识别。

一个域名地址由多个子域名组成，各子域名之间用圆点“.”分隔，每部分表示一定的含义，且从右至左各部分之间大致上是上层与下层的包含关系，域名的级数通常不超过 5，从右至左依次为第一级域名，第二级域名，直至主机名，即可表示为

主机名.……. 第三级域名. 第二级域名. 第一级域名

在国际上，第一级域名采用通用的标准代码，它分组织机构和地理模式两类。

（1）组织性顶级域名的标准：

| | | |
|---|---|---|
| com 商业机构 | mil 军事机构 | edu 教育机构 |
| net 网络机构 | gov 政府机构 | ogr 非盈利组织 |

国际顶级域名只有一个，即 int，要求在其下注册的二级域名应当是真正具有国际性的实体。

（2）地理性顶级域名的标准（部分）：

| | | |
|---|---|---|
| cn 中国 | jp 日本 | fr 法国 |
| us 美国 | uk 英国 | hk 香港 |

根据《中国互联网络域名注册暂行管理办法》规定，我国的第一级域名是 cn，次级域名分类别域名和地区域名，共计 40 个。类别域名有：ac 表示科研院及科技管理部门，gov 表示国家政府部门，org 表示各社会团体及民间非盈利组织，net 表示互联网络、接入网络的信息和运行中心，com 表示工、商和金融等企业，edu 表示教育单位 6 个。地区域名有 34 个“行政区域名”，如 bj（北京市）、sh（上海市）、tj（天津市）、ah（安徽省）、gs（甘肃省）等。

例如：pku.edu.cn 是北京大学的一个域名，其中 pku 是该大学的英文缩写，edu 表示是教育机构，cn 表示中国。www.microsoft.com 表示是美国微软公司的 WWW 服务器，美国的主机名可以省略国别代码。

### 4.2.4　接入 Internet 的方式

目前，国内有以下几种接入 Internet 的方式可供选择。

1. ISDN

ISDN（Integrated Service Digital Network），窄带综合数字业务数字网，俗称“一线通”，也是早期的一种接入 Internet 的方式，现在国内很少有这种业务。两个信道 128 Kb/s 的速率，快速地连接以及比较可靠的线路，可以满足中小型企业浏览以及收发电子邮件的需求。

2. ADSL

ADSL 技术即非对称数字用户环路技术。是一种充分利用现有的电话铜质双绞线（即普通电话线）来开发宽带业务的非对称性的因特网接入技术，为用户提供上、下行非对称的传输速率（带宽）。非对称主要体现在上行速率（最高 640 Kb/s）和下行速率（最高 8 Mb/s）的非对称性上。上行（从用户到网络）为低速的传输，可达 640 Kb/s；下行（从网络到用户）为高速传输，可达 8 Mb/s。这种接入方式的特点是：上网与打电话互不干扰；电话线虽然同时传递语音和数据，但其数据并不通过电话交换机，因此用户不用拨号一直在线，不需交纳拨号上网的电话费用；能为用户提供上、下行不对称的宽带传输。ADSL 接入方式是当前普通家庭用户接入的主流方式。但该方式有一个致命的弱点：用户距离电信的交换机房的线路距离不能超过 4 ~ 6 km，限制了它的应用范围。

3. DDN 专线

DDN（Digital Data Network，数字数据网）是利用光纤、数字微波、卫星等数字信道，以传输数据信号为主的数字通信网络，它是利用数字信道提供永久性连接电路，可以提供 2 M 及 2 M 以内的全透明的数据专线，并承载语音、传真、视频等多种业务。它的特点是传输速率高，在 DDN 网内的数字交叉连接复用设备能提供 2 Mb/s 或 $N\times$ 64 Kb/s（≤2 M）速率的数字传输信道；传输质量较高，数字中继大量采用光纤传输系统，用户之间专有固定连接，网络时延小；协议简单，采用交叉连接技术和时分复用技术，由智能化程度较高的用户端设备来完成协议；灵活的连接方式，可以支持数据、语音、图像传输等多种业务，它不仅可以和用户终端设备进行连接，也可以和用户网络连接，为用户提供灵活的组网环境。

这种线路优点很多：有固定的 IP 地址，可靠的线路运行，永久的连接等。但是性能价格比太低，除非用户资金充足，否则不推荐使用这种方法。

4. 局域网（LAN）方式接入

如果本地的微机较多而且有很多人同时需要使用 Internet，可以考虑把这些微机连成一个以太网（如常用的 Novell 网），再把网络服务器连接到主机上。以太网技术是当前具有以太网布线的小区、小型企业、校园中用户实现因特网接入的首选技术。LAN 接入技术目前已比较成熟，这种方式是一种比较经济的多用户系统，而且局域网上的多个用户可以共享一个 IP 地址。

5. 光纤接入

在一些城市开始兴建高速城域网，主干网速率可达几十 Gb/s，并且推广宽带接入。光纤可以铺设到用户的路边或者大楼，可以以 100 Mb/s 以上的速率接入，适合大型企业。

6. 无线接入

由于铺设光纤的费用很高，对于需要宽带接入的用户，一些城市提供无线接入。用户通过高频天线和 ISP 连接，距离在 10 km 左右，带宽为 2 ~ 11 Mb/s，费用低廉，但是受地形和距离的限制，适合城市里距离 ISP 不远的用户，性能价格比很高。

以上几种国内可以得到的接入方式，各有优点和缺点，有自己的适用范围。

Internet 上的用户，无论是拨号用户还是专线用户，无论是单机用户还是网络用户，要享受 Internet 提供的各种服务，必须通过已经与 Internet 相连接的机构接入 Internet，这些提供 Internet 服务的机构，称为 Internet 服务商，简称 ISP。

## 4.3 因特网的应用

### 4.3.1 WWW 概述

万维网 WWW 是 World Wide Web 的缩写，它是一种建立在因特网上的全球性的、交互的、动态的、多平台的、分布式的超文本超媒体信息查询系统。它使 Internet 摆脱了基于文字的模式，引入了丰富多彩的信息类型，极大地扩展了 Internet 应用范围。下面介绍与 WWW 有关的基本术语。

1. 超文本和超链接

超文本中不仅含有文本信息，而且还可以包含图形、图像、声音和视频等多媒体信息，最主要的是超文本中还包含着指向其他网页的链接，这种链接称为超链接。在一个超文本文件中可以含有多个超链接，它们把分布在本地或远地服务器的各种形式的超文本链接在一起，形成一个纵横交错的链接网。用户可以打破顺序阅读的老规矩，从一个网页跳转到另一个网页进行阅读。在浏览网页的过程中，当鼠标指针移到有超链接的文字时，指针会变成一手形指针，文字也会改变颜色或加一下划线，表明此处有一链接，直接单击它就可以转动另一相关的 Web 页。这对浏览来说就非常方便了，可以说超文本是实现浏览的基础。

2. 超文本传输协议（http）

超文本传输协议（http）是互联网上应用最为广泛的一种网络传输协议。所有的 WWW 文件都必须遵守这个标准。超文本传输协议主要用于从 WWW 服务器传输超文本到本地浏览器，这就是为什么在浏览器中看到的网页地址都是以 http：//开头的原因。它是为实现浏览器和因特网之间的信息发送，对传输过程所进行的一些约定的集合。比如，现在谁是数据发送方？谁是数据接收方？到达的信息表示什么含义？信息以什么样的格式进行传输等。

3. 统一资源定位器（URL）

在 Internet 上查找信息时，采用的一种准确定位机制，称为统一资源定位器（URL）。通过统一资源定位器（URL），可以访问 Internet 上任何一台主机或者主机上的文件夹和文件。

URL 是一个简单的格式化字符串，它包含有被访问资源的类型、服务器的地址以及文件的位置等，又称之为“网址”。

统一资源定位器（URL）由四部分组成，它的一般格式为

协议://IP 地址或域名/路径/文件名

其中，协议指数据的传输方式，通常称为传输协议，如超文本传输协议 http；IP 地址或域名指存放该资源的主机的 IP 地址或域名地址；路径指信息资源在 Web 服务器上的目录；文件名指要访问的文件名。

例如，http://www.gsjtxy.edu.cn/newswz/161528798924976386.html，就是一个 Web 页的 URL。它告诉系统：使用超文本传输协议 http；资源在 gsjtxy.edu.cn 的主机上；路径为 newswz/下的一个 HTML 语言文件 161528798924976386.html。

4. Web 站点与 Web 页

在 Internet 中 Web 服务器的地址称为 Web 站点，而 Web 页是某个 Web 站点中存放的特定 Web 信息。

5. 主页（Homepage）

主页是一种有特殊用途的统一资源定位器，是指在访问 Web 站点时，第一个进入的 Web 页面的 URL 地址。如 www.cctv.com 是央视国际网站的主页。可以说，主页是访问因特网上资源的初始界面。

### 4.3.2 Microsoft Edge 浏览器介绍

浏览器是用于浏览 WWW 的工具，安装在用户的机器上，是一种客户端软件。它能够把用超文本标记语言描述的信息转换成便于理解的形式。此外，它还是用户与 WWW 之间的桥梁，把用户对信息的请求转换成网络上计算机能够识别的命令。2015 年，微软正式发布 Microsoft Edge 浏览器，用于替代使用了 20 年的 IE 浏览器。Microsoft Edge 是款全新、轻量级的浏览器，采用新引擎、新界面且性能优秀。下面以 Microsoft Edge 为例，介绍浏览器的常用功能及操作方法。

1. Microsoft Edge 的启动

Microsoft Edge 的启动，通常可以通过以下几种方式：

（1）双击 Windows 桌面上的 Microsoft Edge 图标。

（2）单击操作系统任务栏中的“开始”按钮，将鼠标移至“开始”菜单中的“所有程序”选项，然后单击出现在下一级菜单中的“Microsoft Edge”项。

（3）单击 Windows 操作系统快速启动工具栏中“启动 Microsoft Edge 浏览器”的快捷按钮。

Microsoft Edge 浏览器启动后的窗口如图 4-3 所示。

2. Microsoft Edge 浏览器窗口

当启动 Microsoft Edge 后，都会呈现一个页面。页面不同，内容不同，但是其格式是相同的，称这种格式为 IE 的界面，其窗口组成跟其他 Windows 应用程序的窗口类似。

图 4-3　Microsoft Edge 浏览器窗口

3. Microsoft Edge 基本操作

1）输入网址

打开如图 4-3 所示的窗口后，直接在地址栏中输入浏览网页（网站）的地址，然后按回车键，即可开始 Edge 之旅。

在地址栏中键入地址时，如果以前访问过这个地址，Microsoft Edge 的“自动完成”功能将在还未完全输入时给出一个最佳匹配网址的建议。例如：若以前访问过“www.microsoft.com.cn”，那么，在地址栏中输入“www.m”时，该网址被将自动补齐为“www.microsoft.com.cn”，其中“icrosoft.com.cn”是反相显示的。

如果还有其他的匹配网址，如以前还浏览过“www.maya.com”，那么，移动鼠标，所匹配的网址将逐个反相显示，找到所需网址后，单击即可。为了减少匹配个数，可以继续多输入几个字符。

2）保存网页或网页内容

如果浏览到有价值的网页，或是包含漂亮的插图、背景、动画的网页，可以及时将这些内容保存到自己计算机的硬盘上。

（1）保存当前网页。

① 选择如图 4-4 所示的命令，打开“将页面另存为”对话框。

图 4-4　打开将页面另存为命令

② 选择准备用于保存网页的文件夹，在“文件名”文本框中键入要保存内容的文件名。

③ 在“保存类型”下拉列表中有 4 种选择，如图 4-5 所示。

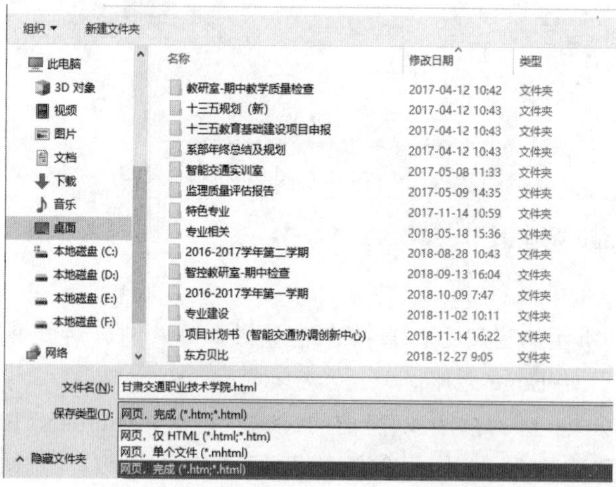

图 4-5　在 Microsoft Edge 中保存网页

“网页，单个文件”：把显示该 Web 页所需的全部信息保存在一个 mhtml 格式的文件中。该选项将保存当前 Web 页的所有信息，存为一个 mhtml 文件。

“网页，仅 HTML”：只保存网页的文字内容，存为一个 HTML 文件。

“网页，完成”：保存网页的 HTML 文件和网页中的图像文件、背景文件以及其他嵌入网页的内容。

④ 根据实际需要，选择一种保存类型，然后单击“保存”按钮。

（2）保存网页中的图像、动画。

如果需要将图像或动画保存到硬盘中，可按下列步骤操作：

① 右键单击网页中的图像或动画。

② 在弹出的快捷菜单中选择“将图像另存为”命令，打开“另存为”窗口，如图 4-6 所示。

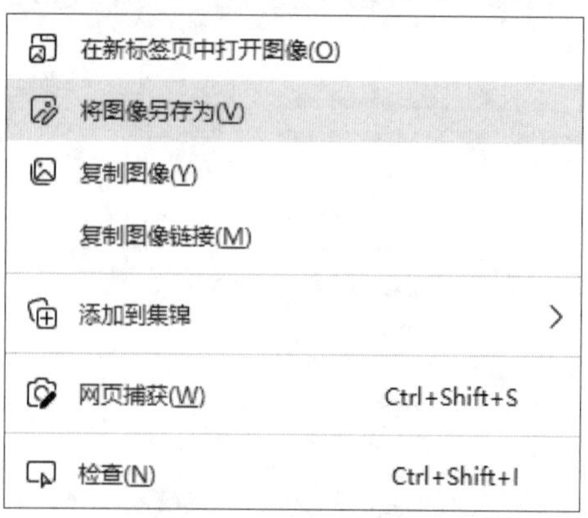

图 4-6　将图像另存为

③ 选择合适的文件夹，并在“文件名”框中输入文件名称，然后单击“保存”按钮，如图 4-7 所示。

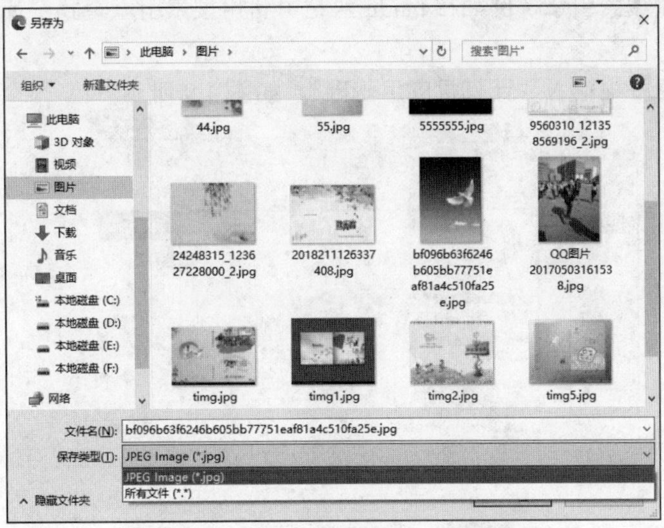


图 4-7　在 Microsoft Edge 中保存图片

3）使用收藏夹

在 Microsoft Edge 中，可以把经常浏览的网址存储起来，这种操作称为“收藏”。网址被加入收藏夹后，将会出现在浏览器的“收藏”菜单中，要访问这些网址，可以通过“收藏夹”快速选择。将网址添加到收藏夹的步骤如下：

（1）进入需要收藏的网页或网站，单击地址栏后面的“☆”按钮，打开如图 4-8 所示的编辑收藏夹对话框。

（2）在“名称”文本框中填入名称，单击“添加”按钮即可将当前网页保存到收藏夹中。以后如果想浏览此网页，只需启动 Microsoft Edge，单击“收藏夹”按钮，打开“收藏夹”菜单，然后单击相应的名称即可。

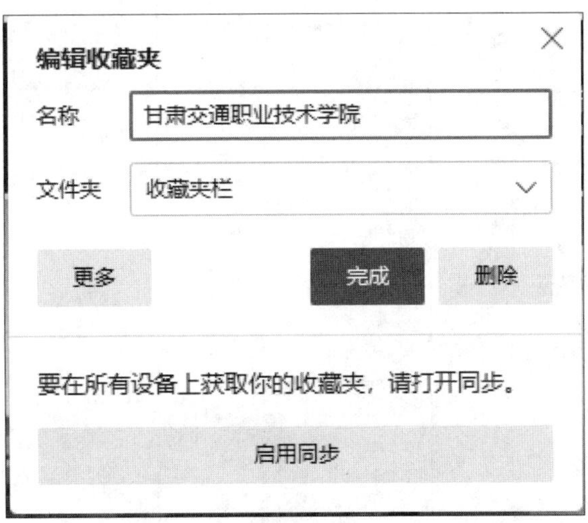


图 4-8　“编辑收藏夹”对话框

4）使用搜索功能

使用 Microsoft Edge 的搜索功能，可以方便地在 Internet 上查找需要的资源。现在许多网站都提供搜索引擎，例如在 baidu 网站中利用搜索引擎查找“计算机应用基础”的过程如下：

（1）在编辑栏中输入“计算机应用基础”，如图 4-9 所示。

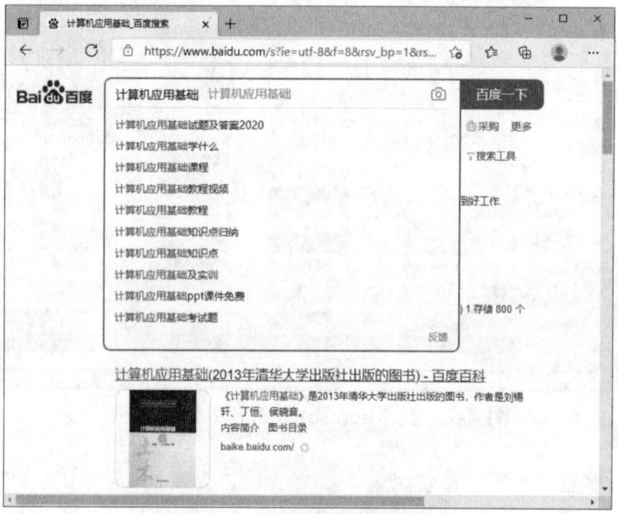


图 4-9　搜索引擎的使用

（2）点击“百度一下”按钮，相关的结果便出现在页面显示区。

5）Microsoft Edge 选项设置

首先打开 Microsoft Edge，使用地址栏最右边的“设置及其他”按钮，打开其菜单，如图 4-10 所示。然后单击设置命令，打开设置页面进行设置，如图 4-11 所示。

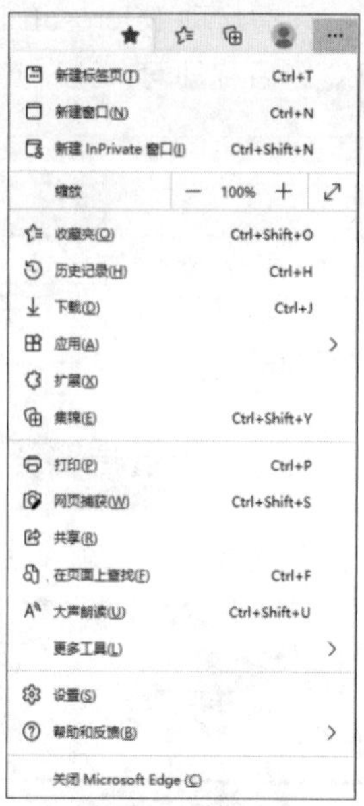


图 4-10　Microsoft Edge 设置及其他菜单

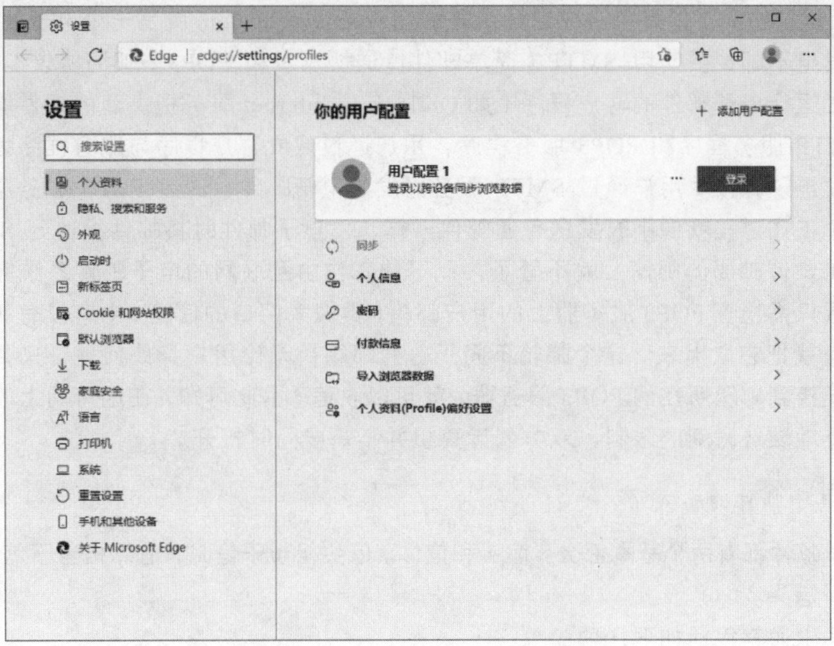


图 4-11　Microsoft Edge 设置页面

# 4.4　电子邮件

## 4.4.1　电子邮件概述

电子邮件（E-mail）是因特网上使用最广泛的一种服务。类似普通邮件的传递方式，电子邮件采用存储转发方式传递，根据电子邮件地址（E-mail Address）由网上多个主机合作实现存储转发，从发信源节点出发，经过路径上若干个网络节点的存储和转发，最终使电子邮件传送到目的信箱。电子邮件（E-mail）比人工邮件速度快，可靠性高，价格便宜，而且它不像电话那样要求通信双方同时在场，可以一信多发，可以将文字、图像、语音等多媒体信息集成在一个邮件中传送。由于电子邮件通过网络传送，具有方便、快速，不受地域或时间限制，费用低廉等优点，深受广大用户欢迎。

1. 电子邮件地址的格式

与通过邮局寄发邮件，在邮件上写明收件人的地址类似，使用因特网上的电子邮件系统的用户首先要有一个电子信箱，每个电子信箱应有一个唯一可识别的电子邮件地址。任何人可以将电子邮件投递到电子信箱中，而只有信箱的主人才有权打开信箱，阅读和处理信箱中的邮件。

使用电子邮件要有一个电子邮件信箱，用户可向 Internet 服务提供商申请。邮件信箱实际上是在邮件服务器上为用户分配的一块存储空间，每个电子信箱对应着一个信箱地址或叫作邮件地址，电子邮件地址的格式是：<用户标识>@<主机域名>。它由收件人用户标识（如姓名或缩写）、字符“@”（读作“at”）和电子信箱所在计算机的域名三部分组成。地址中间不能有空格或逗号。例如，fzyong@sohu.com 就是一个电子邮件地址。

收发电子邮件要使用 SMTP（简单邮件传送协议）和 POP3（邮局协议）。用户的计算机上运行电子邮件的客户程序（如 Outlook），Internet 服务提供商的邮件服务器上运行 SMTP 服务程序和 POP3 服务程序，用户通过建立客户程序与服务程序之间的连接来收发电子邮件。用户通过 SMTP 服务器发送电子邮件，通过 POP3 服务器接收邮件。整个工作过程就像平时发送普通邮件一样，发电子邮件时将邮件投递到 SMTP 服务器上（类似邮局的邮筒）就不管了，剩下的工作由互联网的电子邮件系统完成；收信的时候只需检查 POP3 服务器上的用户邮箱（类似家门口的信箱）中有没有新的邮件到达，有就把它取出来。这个邮箱不同于普通邮箱，无论用户身处何地，只要能从互联网上连接到邮箱所在的 POP3 服务器，就可以收信。由此可知，在因特网上收发电子邮件不受地域或时间的限制，双方的计算机并不需要同时打开。

2. 电子邮件的格式

电子邮件都有两个基本部分：信头和信体。信头相当于信封，信体相当于信件内容。

（1）信头。

信头中通常包括如下几项：

收件人：收件人的 E-mail 地址。多个收件人地址之间一般用分号（；）或逗号（，）隔开。

抄送：表示同时可接到此信的其他人的 E-mail 地址。

主题：类似一本书的章节标题，它概括描述信件内容的主题，可以是一句话，或一个词。

（2）信体。

信体就是希望收件人看到的正文内容，有时还可以包含有附件。

### 4.4.2 Outlook 2016 的使用

Microsoft Outlook 2016 是当前常用的一种电子邮件收发软件，包括 Internet 邮件客户程序、新闻阅读程序和 Windows 通信簿。它不仅方便易用、界面友好，而且具有管理多个邮件和新闻账号、可脱机撰写邮件、在通信簿中存储和检索电子邮件地址、使用数字标识对邮件进行数字签名和加密、在邮件中添加个人签名或信纸以及读新闻组等多种功能。

1. Outlook 2016 的功能

Outlook 2016 提供的主要功能如下：

（1）信函编辑功能：在信函中可随意加入图片、文件和超链接。

（2）多种发信方式：可立即发信、延时发信、将信件暂存为草稿等。

（3）同时管理多个 E-mail 账号：如果有多个邮件账号，可以方便地进行管理。

（4）可通过通信簿存储和检索电子邮件地址。

（5）提供信件过滤功能。

2. Outlook 2016 窗口

如果桌面上有 Outlook 2016 图标，双击桌面上的 Outlook 2016 图标就可以打开 Outlook 2016，显示如图 4-12 所示的主窗口，窗口从上而下分别为：

标题栏：显示标题。

选项卡：提供选项命令。

功能组：提供功能按钮。

文件夹列表窗格：主要用于选择所操作的文件夹。

主窗格：主要用于显示当前文件夹中的内容。

状态栏：显示 Outlook 2016 的工作状态。

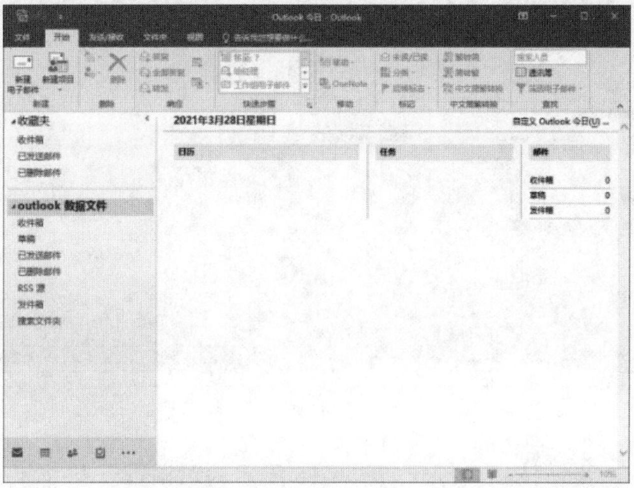

图 4-12 Outlook 2016 窗口

3. 配置邮件账号

如果没有邮件账号，就无法使用 Outlook 2016 发送和接收电子邮件。因此，在收发邮件前需要配置邮件账号。配置邮件账号时，需要设定的项目有用户名、密码、电子邮件地址等。

（1）添加邮件账号。

在 Outlook 2016 中添加邮件账号的步骤如下：

① 选择“文件”选项卡下的“信息”命令，单击“添加账户”按钮，如图 4-13 所示。

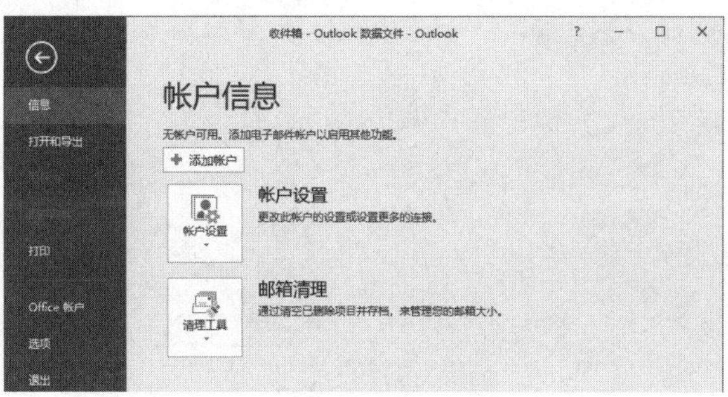


图 4-13 “添加账户”窗口

② 单击“添加账户”按钮后，打开“添加账户”对话框，选择“电子邮件账户(E)”选项，在“电子邮件账户”下输入姓名、电子邮件地址和密码，然后单击“下一步”，如图 4-14 所示。

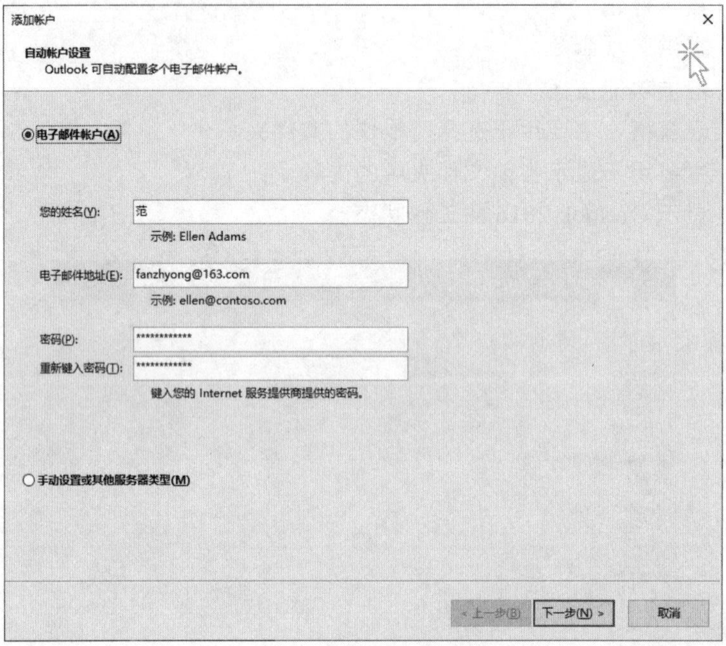


图 4-14　“添加账户”对话框

③ 单击“下一步”按钮，打开如图 4-15 所示的对话框。

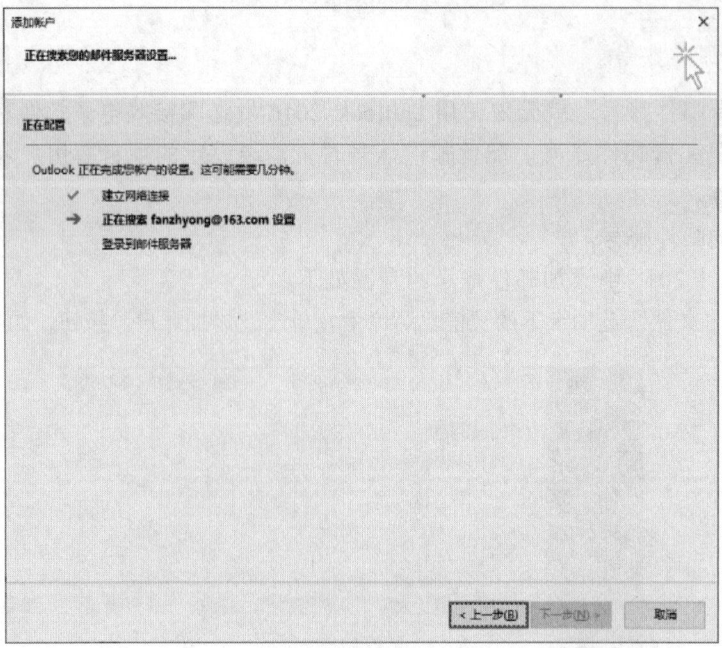


图 4-15　“添加新账户”对话框

④ 如果你的计算机是连接到 Internet 的，这时会联系搜索你的邮件服务器设置，并登录到服务器，完成新账户的添加，如图 4-16 所示。

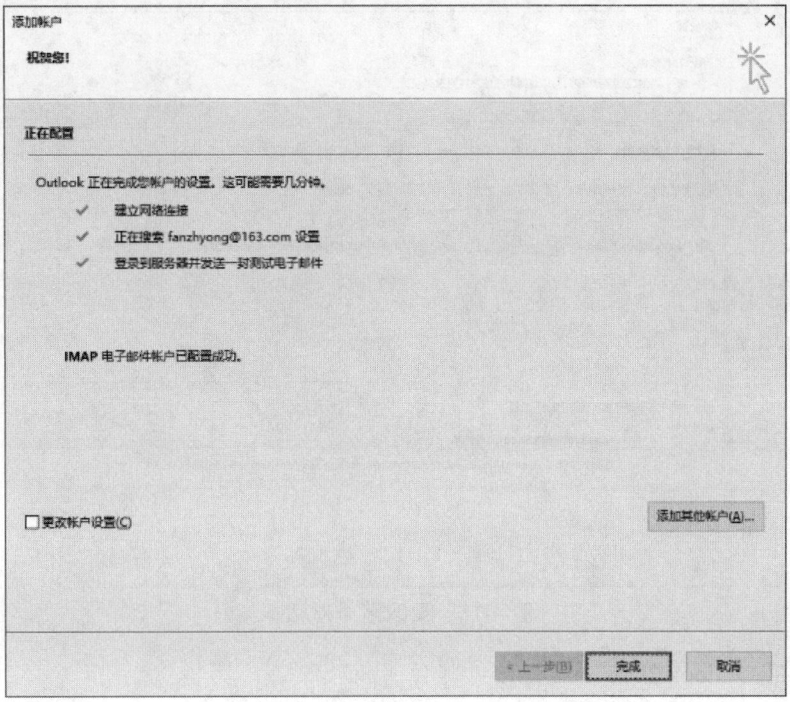


图 4-16 “添加新账户”对话框

（2）修改邮件账号。

邮件账号添加完成后，若需修改某些属性，可按下列步骤操作：

① 选择“文件”选项卡下的“信息”命令，单击“账户设置”下拉按钮，选择账户设置，如图 4-17 所示。

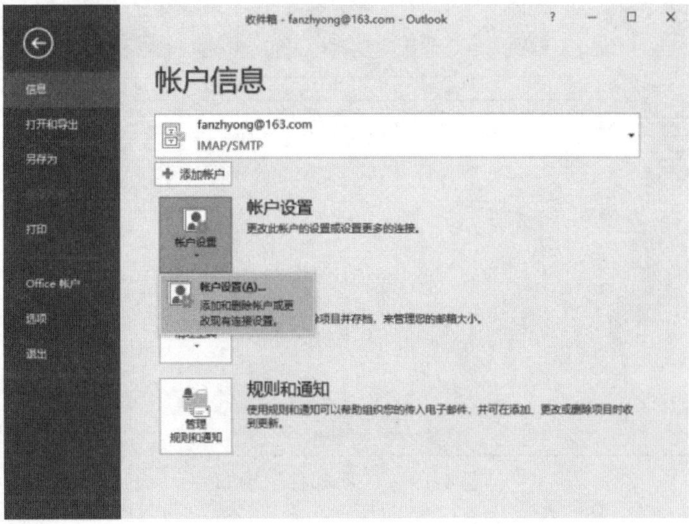


图 4-17 “账户设置”窗口

② 在如图 4-17 所示的对话框中，单击“更改”按钮，修改账号属性，如图 4-18 所示。

图 4-18　更改账号对话框

4. 使用 Outlook 2016 发送与接收邮件

（1）撰写新邮件。

① 启动 Outlook 2016，单击开始选项卡下的“新建电子邮件”按钮，打开“邮件”窗口，如图 4-19 所示。

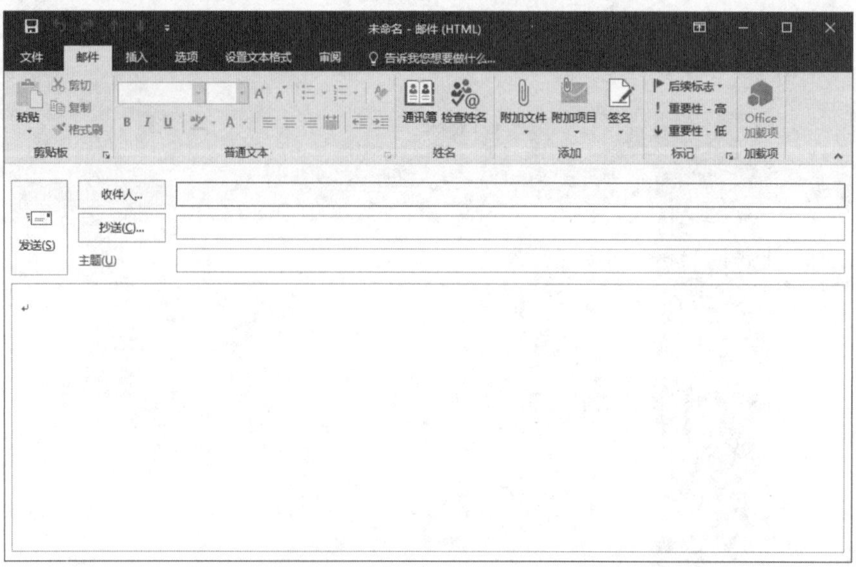


图 4-19　“新邮件”窗口

② 在“收件人”和“抄送”（可省略）栏中，键入收件人的电子邮件地址，例如:

gezi@163.com。具体操作时，可以在“收件人”栏内输入多个邮件地址，电子邮件地址间用逗号或分号隔开。也可以从通信簿中取得电子邮件名，其方法是：单击窗口中的“通讯簿”按钮，然后选择要添加的电子邮件名即可。最后，在“主题”框中键入邮件的主题。

③ 撰写邮件的内容。在主窗口中输入邮件正文，通过工具栏上的“撤消”“剪切”“复制”“粘贴”等按钮，完成邮件编辑工作。

④ 加入附件。可以将附件与邮件一并发送出去。

单击邮件选项卡下的“附加文件”按钮，打开“插入文件”对话框，选择路径和所要附加的文件，再单击“插入”按钮，即可将文件附加到邮件中。

（2）电子邮件的发送。

新邮件撰写完成后，单击工具栏上的“发送”按钮就可将它立即发送出去。

（3）电子邮件的接收和阅读。

① 打开 Outlook 2016，在“发送/接收”选项卡下单击“发送/接收所有文件夹”按钮，Outlook 2016 将开始检查所有账号的新电子邮件并将其下载下来，如图 4-20 所示。

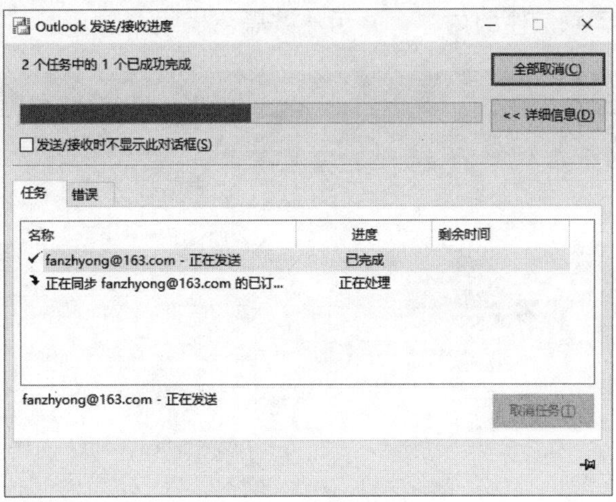


图 4-20　接收邮件

② 下载完成后，就可以在单独的窗口或预览子窗口中阅读邮件了。在单独的窗口阅读邮件其具体步骤是：单击文件夹列表窗中的“收件箱”图标，在邮件列表中双击邮件。

③ 如果邮件有附件，则在位于主窗口右下方的邮件预览子窗口的右上方将出现一个状如曲别针的附件图标，单击该图标，选择合适命令，即可阅读附件或将其保存在适当位置。

5. 邮件的其他操作

（1）回复电子邮件。

Outlook 2016 提供了很方便的邮件回复方式。

① 选定要回复的信件，再单击工具栏里的“答复”，如图 4-21 所示。

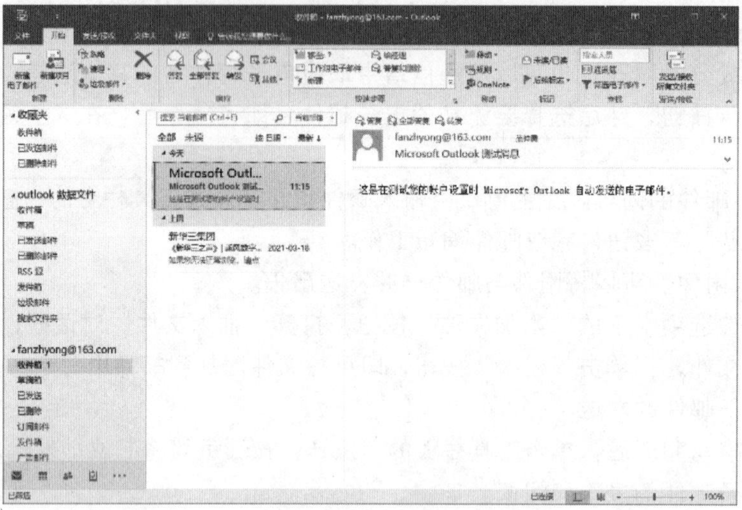


图 4-21　回复邮件

② 屏幕上出现回复信件的窗口，如图 4-22 所示，“收件人”“主题”将自动填好。信纸上也已经引用了原信件的内容，并用一条黑色横线分隔。

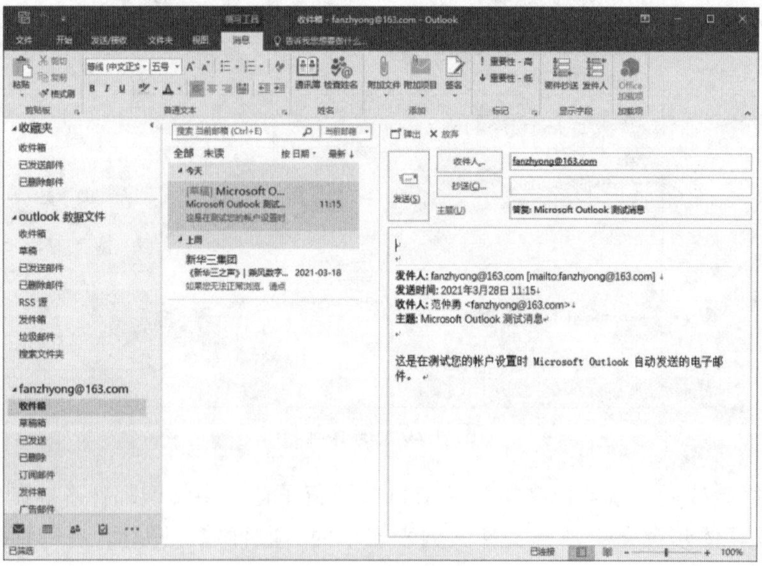


图 4-22　回复邮件窗口

用户写下信件的正文后，再单击“发送”按钮，信件就“寄”出去了。

（2）转发邮件。

Outlook 2016 还给用户提供了一个转发信件的功能，即想把收到的信件转发给另一个朋友阅读，在“收件箱”的邮件列表中选择这封邮件，然后单击文件选项卡下的“转发”按钮。

在弹出的“转发”邮件窗体中，如图 4-23 所示，写上“收件人”的地址。也可以单击“收件人”按钮，然后从左边框中选定朋友的名字，再按下“收件人”按钮，看到右边框中出现所选的名字后，单击“确定”按钮返回。而后写入信件的正文并发送。

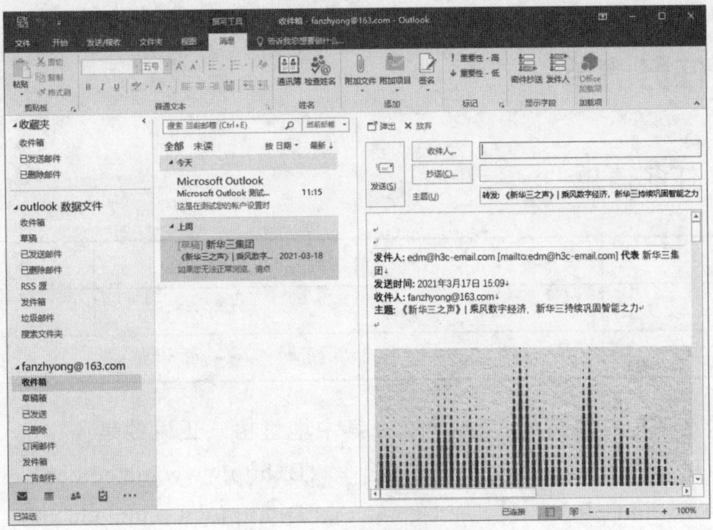


图 4-23　邮件转发窗口

（3）移动、删除邮件。

① 移动邮件。

用鼠标单击“收件箱”，在邮件列表中选择来信，然后拖动鼠标到相应的文件夹上，再释放鼠标，收到的邮件就移动到相应的文件夹中。

② 删除邮件。

电子邮件与普通邮件不同，信箱中的信件被阅读并不代表它从信箱中“被拿走”，随着时间的推移，收到的信件越来越多，当信箱爆满时，则不能接收新的邮件。

删除邮件时，打开“收件箱”（或相应的文件夹选项），选择要删除的信件封信，然后单击工具栏中的“删除”按钮即可，如图 4-24 所示。

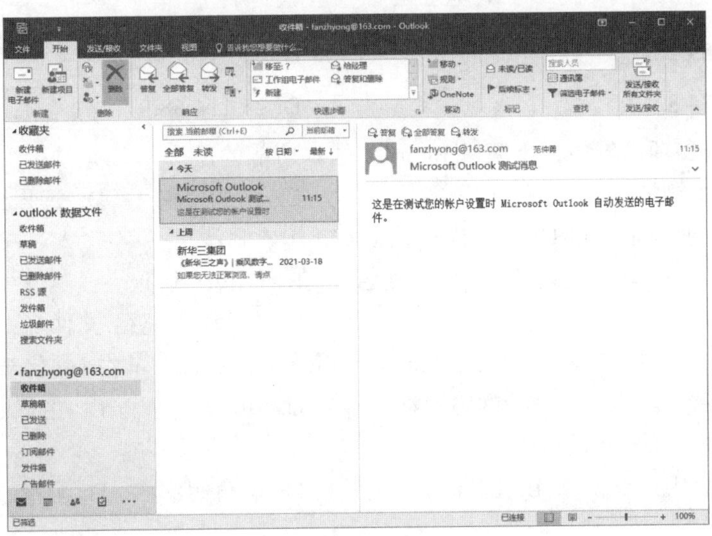


图 4-24　删除邮件

## 4.5 任务清单

### 4.5.1 任务清单-1

| 姓名 | | 学号 | |
|---|---|---|---|
| 班级 | | 打分 | |
| 任务工单 | 计算机网络基础知识练习一 | | |

（1）下面是某单位主页的 Web 地址，其中地址格式正确的是（　　）。

A. http//www.jnu.edu.cn　　B. http:www.jnu.edu.cn

C. http://www.jnu.edu.cn　　D. http:/www.jnu.edu.cn

（2）计算机网络按地理范围可分为（　　）。

A. 广域网、城域网和局域网　　B. 广域网、因特网和局域网

C. 因特网、城域网和局域网　　D. 因特网、广域网和对等网

（3）因特网属于（　　）。

A. 万维网　　B. 局域网　　C. 城域网　　D. 广域网

（4）下列有关 Internet 中叙述错误的是（　　）。

A. 万维网就是因特网　　B. 因特网提供了多种信息

C. 因特网是计算机网络的网络　　D. 因特网是国际计算机互联网

（5）下列不属于网络拓扑结构形式的是（　　）。

A. 星形　　B. 环形　　C. 总线　　D. 分支

（6）下列各项中，非法的 IP 地址是（　　）。

A. 147.45.6. 2　　B. 256.117.34.12

C. 226.174.8. 12　　D. 25.114.58.9

（7）下列四项内容中，不属于 Internet 基本功能的是（　　）。

A. 实时检测控制　　B. 电子邮件　　C. 文件传输　　D. 远程登录

（8）统一资源定位器 URL 的格式是（　　）。

A. 协议：//IP 地址或域名/路径/文件名　　B. TCP/IP 协议

C. http 协议　　D. 协议：//路径/文件名

（9）某主机的电子邮件地址为：cat@public.mba.net.ca，其中 cat 代表（　　）。

A. 用户名　　B. 网络地址　　C. 域名　　D. 主机名

（10）域名中的 int 是指（　　）。

A. 商业组织　　B. 国际组织　　C. 教育组织　　D. 网络支持机构

| 教师评语 | |
|---|---|

电子版作业请从电子教室传输端提交

### 4.5.2 任务清单-2

| 姓名 | | 学号 | |
|---|---|---|---|
| 班级 | | 打分 | |
| 任务工单 | 计算机网络基础知识二 | | |

（1）计算机网络最突出的优点是（　　）。

A. 运算速度快　　B. 存储容量大

C. 运算容量大　　D. 可以实现资源共享

（2）TCP / IP 协议的含义是（　　）。

A. 拨号入网传输协议　　B. 局域网传输协议

C. 传输控制协议和网际协议　　D. OSI 协议

（3）从系统的功能来看，计算机网络主要由（　　）组成。

A. 资源子网和通信子网　　B. 数据子网和通信子网

C. 模拟信号和数字信号　　D. 资源子网和数据子网

（4）将计算机的数字信号转换为模拟信号的过程是（　　）。

A. 解调　　B. 调制　　C. 调制并解调　　D. 调制或解调

（5）（　　）也叫都市网，它所覆盖的地理范围介于广域网和局域网之间，一般为几千米到几十千米。

A. 局域网　　B. 城域网　　C. 万维网　　D. 广域网

（6）下列域名中，表示教育机构的是（　　）。

A. ftp.mba.net.cn　　B. ftp.cnc.ac.cn　　C. www.mda.ac.cn　　D. www.mba.edu.cn

（7）浏览 Web 网站必须使用浏览器，目前常用的浏览器是（　　）。

A. Outlook 2016　　B. Hotmail　　C. Microsoft Edge　　D. Inter Exchange

（8）根据域名代码规定，域名为 toame.com.cn 表示网站类别应是（　　）。

A. 教育机构　　B. 国际组织　　C. 商业组织　　D. 政府机构

（9）在 Outlook 2016 中，修改 E-mail 账号参数的方法是（　　）。

A. 在“Internet 账号”窗口中选择“添加”按钮

B. 在“Internet 账号”窗口中选择“删除”按钮

C. 在“Internet 账号”窗口中选择“属性”按钮

D. 以上途径均可

（10）下面关于电子邮件的说法，不正确的是（　　）。

A. 电子邮件的传输速度比一般书信的传送速度快

B. 电子邮件又称 E-mail

C. 电子邮件是通过 Internet 邮寄的信件

D. 通过网络发送电子邮件不需要知道对方的邮件地址

| 教师评语 | |
|---|---|

电子版作业请从电子教室传输端提交

### 4.5.3 任务清单-3

| 姓名 | | 学号 | |
|---|---|---|---|
| 班级 | | 打分 | |
| 任务工单 | 上网操作练习题一 | | |

（1）上网题。

① 用 IE 浏览器打开如下地址：HTTP：//Localhost/MyWeb/Index.htm，浏览有关“路由器原理”网页，将该页面内容以文本文件的格式保存到 C 盘根目录下，文件名为“TestIe”。

② 用 Outlook 2016 编辑电子邮件。收信地址：mai14test@163.com；主题：路由器原理；将 TestIe.txt 作为附件粘贴到信件中。信件正文内容为：您好！附件是路由器原理介绍，请查阅，收到请回信。此致；敬礼！

（2）上网题。

① 给同学孙冉发送邮件，Email 地址是：sunshine9960@gmail.com；主题为：鲁迅的文章。正文为：孙冉，你好，你要的两篇鲁迅作品在邮件附件中，请查收。将 C：\WINDOWS 文件夹下的文件“Rhododendron.bmp”和“system.ini”粘贴到邮件附件中，发送邮件。

② 打开 http：//localhost/myweb/intro.htm 页面，浏览对各个汽车品牌的介绍，找到查看更多汽车品牌介绍的链接，在 C 盘根目录下建立文本文件 search_address.txt，复制链接地址到 search_address.txt 中，并保存。

操作要点：

| 教师评语 | |
|---|---|

电子版作业请从电子教室传输端提交

### 4.5.4 任务清单-4

| 姓名 | | 学号 | |
|---|---|---|---|
| 班级 | | 打分 | |
| 任务工单 | 上网操作练习题一 | | |

（1）上网题。

① IE 浏览器的启动：

a. 双击桌面上的“浏览器”图标；

b. 选择“开始”菜单“所有程序”项子菜单的“Microsoft Edge”命令。

② WWW 浏览：

a. 单击“地址栏”，输入网址；

b. 使用超链接；

c. 浏览网页。

③ 保存页面：选择“文件”菜单的“另存为”命令，打开“另存为”对话框；只保存一部分文字时，可以像在文字处理软件中一样，先选定文本，再进行“复制”“粘贴”操作；保存网面图片，在图片上右击鼠标，在弹出的快捷菜单中单击“图片另存为”命令。

（2）上网题。

① 发送邮件至 network_training@hotmail.com，主题为：咨询；邮件内容为：您好，我想咨询网络培训的具体时间和报名方法，盼复！

② 打开 http://localhost/myweb/download.htm 页面浏览，并在 C 盘根目录下新建一个名为“PPP 样式”的文件夹，在页面上找到“PPP 式样一”和“PPT 式样二”的链接，将所链接的演示文稿文件保存到文件夹“PPP 样式”中，分别命名为“ppt1.ppt”和“ppt2.ppt”。

操作要点：

| 教师评语 | |
|---|---|

电子版作业请从电子教室传输端提交

# 第 5 章 操作系统基础

计算机发展到今天，从个人机到巨型机，无一例外都配置一种或多种操作系统，操作系统已经成为现代计算机系统不可分割的重要组成部分，它为人们建立各种各样的应用环境奠定了重要基础。Windows 10 系统是微软公司集众多业界精英开发的首个跨平台操作系统，其应用为全平台通用，可支持 PC、智能型手机、平板计算机、游戏主机等不同的应用终端。

**学习目标**

（1）了解和熟悉 Windows 10 的工作环境。
（2）掌握操作窗口、对话框的基本方法。
（3）掌握文件管理、系统管理、系统备份与还原的相关操作。

**技能掌握**

（1）会桌面外观的设置、Windows 10 操作系统的基本操作。
（2）会进行对话框操作、文件管理、系统管理等相关操作。
（3）能够完成 Windows 10 的备份与还原。

**思政育人目标**

（1）培养学生树立团队合作、参与奉献、互助互学的精神。
（2）引导学生努力学好专业知识，提高科学文化素质。

## 5.1 Windows 10 的基本概念和基本操作

### 5.1.1 Windows 10 操作系统

Microsoft Windows 系列操作系统是在微软给 IBM 机器设计的 MS-DOS 的基础上设计的图形操作系统。它问世于 1985 年，起初仅仅是 MS-DOS 模拟环境，后续的系统版本由于微软不断更新升级，不但易用，而且在世界范围内占据了桌面操作系统的大量市场。

Windows 采用了图形化模式 GUI，比起从前的 DOS 需要键入指令使用的方式更为人性化。随着计算机硬件和软件的不断升级，微软的 Windows 也在不断升级，从架构的 16 位、32 位再到 64 位，系统版本从最初的 Windows 1.0 到大家熟知的 Windows 95、Windows 98、Windows 2000、Windows XP、Windows Vista、Windows 7、Windows 8、

Windows 10 和 Server 服务器企业级操作系统，不断持续更新，微软一直在致力于Windows 操作系统的开发和完善。

Windows 10 是微软公司研发的新一代操作系统，也是目前应用比较广泛的一种操作系统。Windows 10 在易用性和安全性方面有了极大的提升，除了针对云服务、智能移动设备、自然人机交互等新技术进行融合外，还对固态硬盘、生物识别、高分辨率屏幕等硬件进行了优化完善与支持。目前，Windows 10 有 10 个版本。

（1）家庭版 Windows 10 Home：面向使用 PC、平板计算机和二合一设备的消费者。它拥有 Windows 10 的主要功能：Cortana 语音助手、Edge 浏览器、面向触控屏设备的 Continuum 平板计算机模式、Windows Hello（脸部识别、虹膜、指纹登录）、串流 Xbox One 游戏的能力、微软开发的通用 Windows 应用。

（2）专业版 Windows 10 Professional：面向使用 PC、平板计算机和二合一设备的企业用户。除具有 Windows 10 家庭版的功能外，它还使用户能管理设备和应用，保护敏感的企业数据，支持远程和移动办公，使用云计算技术。另外，它还带有 Windows Update for Business，微软承诺该功能可以降低管理成本、控制更新部署，让用户更快地获得安全补丁软件。

（3）企业版 Windows 10 Enterprise：以专业版为基础，增添了大中型企业用来防范针对设备、身份、应用和敏感企业信息的现代安全威胁的先进功能，供微软的批量许可（Volume Licensing）客户使用，用户能选择部署新技术的节奏，其中包括使用 Windows Update for Business 的选项。作为部署选项，Windows 10 企业版将提供长期服务分支（Long Term Servicing Branch）。

（4）教育版 Windows 10 Education：以 Windows 10 企业版为基础，面向学校职员、管理人员、教师和学生。它通过面向教育机构的批量许可计划提供给客户，学校能够升级 Windows 10 家庭版和 Windows 10 专业版设备。

（5）移动版 Windows 10 Mobile：面向尺寸较小、配置触控屏的移动设备，例如智能手机和小尺寸平板计算机，集成有与 Windows 10 家庭版相同的通用 Windows 应用和针对触控操作优化的 Office。

（6）企业移动版 Windows 10 Mobile Enterprise：以 Windows 10 移动版为基础，面向企业用户。它提供给批量许可客户使用，增添了企业管理更新，以及及时获得更新和安全补丁软件的方式。

（7）物联版 Windows 10 IoT Core：面向小型低价设备，主要针对物联网设备。微软预计功能更强大的设备——如 ATM、零售终端、手持终端和工业机器人，将运行 Windows 10 企业版和 Windows 10 移动企业版。

（8）专业工作站版 Windows 10 Professional workstation edition：2017 年 8 月 11 日，微软正式宣布推出 Windows 10 Pro for Workstations（工作站）系统。Windows 10 Pro for Workstations 属于 Windows 10 专业版系统的顶级版本，专为高端 PC 打造、拥有服务器级别的硬件支持，专为高负载场景设计。

Windows 10 Pro for Workstations 包括了许多普通版 Win10 Pro 没有的内容，着重优化了多核处理以及大文件处理，面向大企业用户以及真正的“专业”用户。

（9）专业教育版 Professional education edition：该版本是从 Win10 一周年更新预览

版 14328 中首先被发现的，当然不排除此前未发布的内部版就已经加入了该分类。该版本层级高于家庭版和专业版，这两个版本可以升级到该版本。

（10）神州网信政府版 Windows 10 Enterprise for Chinese：Windows 10 神州网信政府版是在 2017 年 5 月 23 日，微软宣布与中国的神州网信公司合作，推出专门用于中国政府的神州网信政府版 Windows 10。这个版本的 Windows 支持离线激活，删掉了 Windows 安全中心、Microsoft Store、Xbox 等不必要的东西，预装了 360 安全卫士，同时开始菜单回归了 Windows 7 风格。Windows 10 神州网信政府版不再归微软所有，而是归神州网信公司所有。

### 5.1.2　Windows 10 的启动与退出

1. Windows 10 的启动

开启计算机主机箱和显示器的电源开关，Windows 10 将载入内存，接着开始对计算机的主板和内存等进行检测，系统启动完成后将进入 Windows 10 欢迎界面，若只有一个用户且没有设置用户密码，则直接进入系统桌面。如果系统存在多个用户且设置了用户密码，则需要选择用户并输入正确的密码才能进入系统。

2. Windows 10 的退出

计算机操作结束后需要退出 Windows 10，退出的方法是保存文件或数据，然后关闭所有打开的应用程序；单击“开始”按钮 ⊞，在打开的“开始”菜单中单击“电源”按钮，然后在打开的列表中选择“关机”选项即可，如图 5-1 所示。成功关闭计算机后，再关闭显示器的电源。

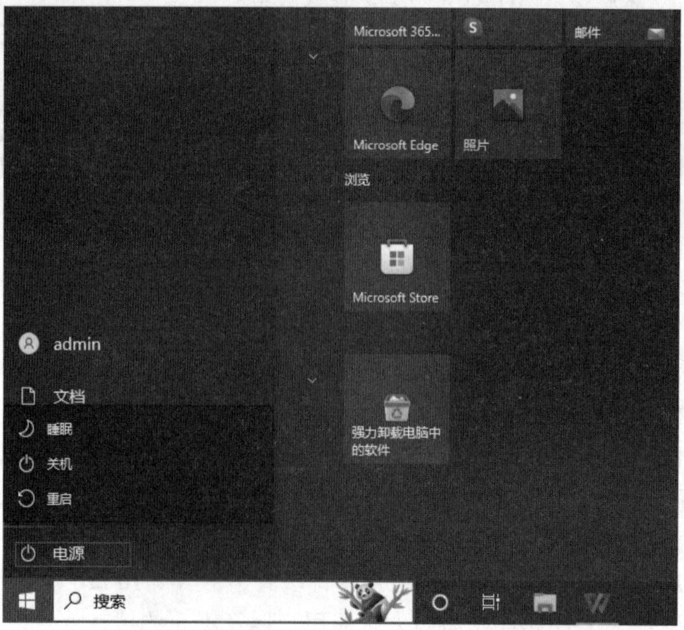


图 5-1　关闭计算机

### 5.1.3 Windows 10 的桌面组成

桌面是计算机登录到 Windows 之后看到的主屏幕区域，是用户主要的工作平台。打开程序或文件夹时，它们便会出现在桌面上。可以将一些常用的程序快捷方式、文件和文件夹放置在桌面，并且随意对其进行排列。

启动 Windows 10 后，用户在屏幕上即可看到 Windows 10 桌面。由于 Windows 10 有 10 种不同的版本，其桌面样式也有所不同，下面将以 Windows 10 专业版为例来介绍其桌面组成。在默认情况下，Windows 10 的桌面由桌面图标、桌面区和任务栏三部分组成，如图 5-2 所示。

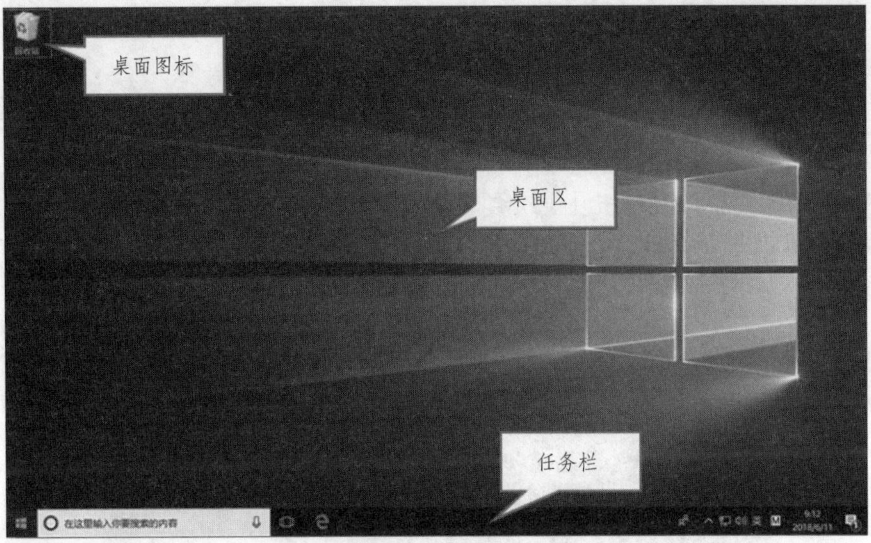


图 5-2　Windows 10 的桌面

（1）桌面区：在 Windows 10 系统中打开的所有程序和窗口等都会呈现在它上面。

（2）桌面图标：Windows 10 的桌面图标可代表程序、文件、文件夹、快捷方式或其他项目。程序或文件的快捷图标左下角有一个小箭头。默认情况下，桌面上仅显示“回收站”这一个系统图标。双击桌面上的某个图标可以打开该图标对应的窗口或程序。

（3）任务栏：用于快速启动要执行的任务或切换任务等。默认情况下，任务栏位于桌面的最底端，其左侧的图标依次为“开始”按钮⊞、“搜索”按钮◙、“任务视图”按钮 ▣和锁定在任务栏上的程序图标，中部为任务图标，右侧是通知区，最右侧是“显示桌面”按钮，如图 5-3 所示。

图 5-3　任务栏

- 任务图标：用户每执行一项任务，系统都会在任务栏的中间区域放置一个与该任务相关的图标。单击不同图标，可在各任务之间切换。

● 通知区：显示了当前时间、扬声器、后台运行的应用程序等图标。单击、双击或右击通知区中的图标可分别执行不同的操作。

● 锁定的图标：将一些常用程序的启动图标锁定到任务栏中，单击图标即可打开相应的程序。

● “显示桌面”按钮：单击该按钮可快速显示桌面。

## 5.2 Windows 10 程序的启动与窗口操作

### 5.2.1 Windows 10 的程序启动

启动应用程序有多种方法，比较常用的是在桌面上双击应用程序的快捷方式图标和在“开始”菜单中选择启动的程序。单击桌面任务栏左下角的“开始”按钮⊞，即可打开“开始”菜单，计算机中几乎所有的应用都可在“开始”菜单中启动。“开始”菜单是操作计算机的重要门户，即使是桌面上没有显示的文件或程序，通过“开始”菜单也能轻松找到相应的程序。“开始”菜单主要组成部分如图 5-4 所示。

图 5-4 “开始”菜单

**步骤 1**：单击桌面任务栏左侧的“开始”按钮⊞，打开“开始”菜单。它使用英文字母与拼音对菜单进行分组，并在右侧有一个 Modern 风格的区域，以动态方块的样式呈现各种应用程序、快捷方式等。

**步骤 2**：在“开始”菜单中找到字母 W 开头的“Windows 附件”文件夹，然后单击将其展开，从中选择“写字板”选项，即可启动该应用程序，如图 5-5 所示。

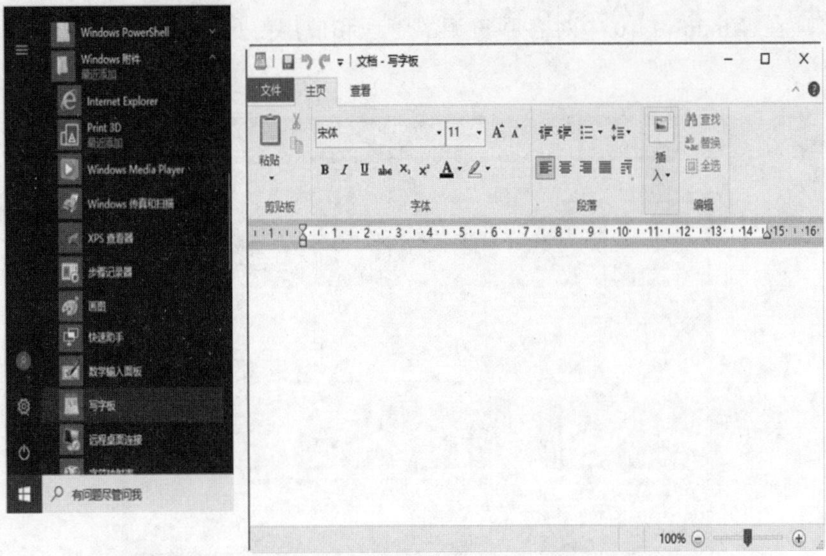


图 5-5 “Windows 附件”文件夹

“开始”菜单各个部分的作用介绍如下：

- 高频使用区：根据用户使用程序的频率，Windows 会自动将使用频率较高的程序显示在该区域中，以便用户能快速地启动所需程序。
- 所有程序区：选择“所有程序”命令，高频使用区将显示计算机中已安装的所有程序的启动图标或程序文件夹，选择某个选项可启动相应的程序，此时“所有程序”命令也会变为“返回”命令。
- 搜索区：在“搜索”区的文本框中输入关键字后，系统将搜索计算机中所有与关键字相关的文件和程序等信息，搜索结果将显示在上方的区域中，单击即可打开相应的文件或程序。
- 切换“开始”菜单：如果用户不适应 Windows 10 的“开始”菜单，可单击“切换”按钮，在打开的列表中选择相应选项后，切换至 Windows 7 系统的菜单样式。
- 账户设置：单击“账户”图标，可以在打开的列表中进行账户注销、账户锁定和更改用户设置 3 种操作。
- 文件资源管理器：主要用来组织和操作系统中的文件和文件夹。通过使用资源管理器可以方便地完成新建文件、选择文件、移动文件、复制文件、删除文件以及重命名文件等操作。
- Windows 设置：用于设置系统信息，包括网络和 Internet、个性化、更新和安全、Cortana、设备、隐私以及应用等。
- 系统控制区：显示了“此电脑”“控制面板”“安装与卸载软件”等系统选项，选择相应的选项可以快速打开或运行程序，便于用户管理计算机中的资源。

### 5.2.2 Windows 10 的窗口操作

在 Windows 10 中启动应用程序或打开文件夹时，会在屏幕上划定一个矩形区域，便是窗口。在 Windows 10 中对各种资源的管理和使用都是在窗口中进行的，如图 5-6 所示。

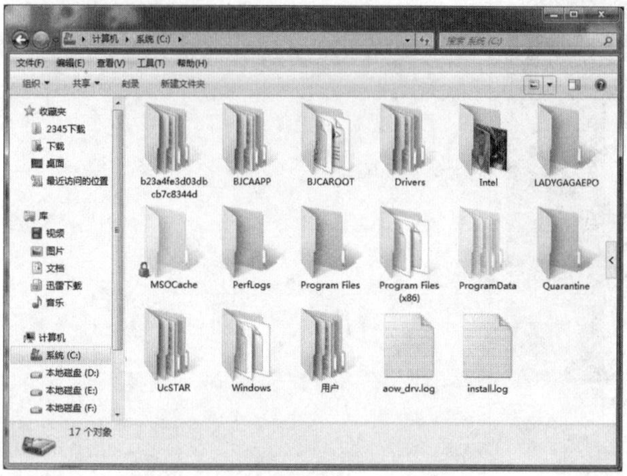

图 5-6　Windows 10 的窗口

在 Windows 10 中，几乎所有的操作都要在窗口中完成，在窗口中的相关操作一般是通过鼠标和键盘来进行的，下面以“计算机”窗口为例，介绍窗口的组成并掌握其操作的方法。

1. Windows 10 的窗口组成

用户双击桌面上的“此电脑”图标，将打开“此电脑”窗口，如图 5-7 所示，这是一个典型的 Windows 10 窗口，各个组成部分的作用介绍如下。

图 5-7　“计算机”窗口

- 标题栏：位于窗口顶部，左侧有一个控制窗口大小和关闭窗口的“文件资源管理器”按钮，紧邻该按钮右侧的是一个快速访问工具栏，通过该工具栏可以快速实现设置所选项目属性和新建文件夹等操作，最右侧是窗口最小化 –、窗口最大化□和关闭窗口 × 的按钮。
- 功能区：是以选项卡的方式显示的，其中存放了各种操作命令，要执行功能区中的操作命令，只需单击对应的操作名称即可。
- 地址栏：显示当前窗口文件在系统中的位置。其左侧包括“返回”按钮、“前进”按钮和“上移”按钮，用于打开最近浏览过的窗口。
- 搜索框：用于快速搜索计算机中的文件。
- 导航窗口：单击可快速切换或打开其他窗口。
- 工作区：用于显示当前窗口中存放的文件和文件夹内容。
- 状态栏：用于显示当前窗口所包含项目的个数和项目的排列方式。

注意 Windows 10 系统默认桌面只有一个“回收站”图标，要想通过双击桌面图标的方式打开“此电脑”窗口，需要先将该图标添加到桌面上，方法为在桌面上的空白区域单击鼠标右键，在弹出的快捷菜单选择“个性化”选项，打开“个性化”窗口，单击“主题”选项卡，在右侧的“相关的设置”栏中单击“桌面图标设置”超链接，在打开的“桌面图标设置”对话框中单击选中“计算机”复选框，最后单击“确定”按钮，即可将“此电脑”图标添加到 Windows 10 桌面上。

2. 最大化或最小化窗口

单击窗口右上方的“最大化”按钮 □，可以使窗口填满整个屏幕。最大化显示窗口后，单击“还原”按钮 ❐，即可取消最大化显示，还原窗口到原来的大小。

若要调整窗口的大小，则将鼠标指针移动到窗口的任意边框或角。当鼠标指针变成双箭头时，拖动边框或四角缩小或放大窗口即可。隐藏窗口又称为“最小化”窗口。单击窗口右上方“最小化”按钮 –，窗口会从桌面中消失，并在任务栏上显示任务按钮。

如果希望将窗口从桌面和任务栏中删除，可以通过关闭窗口实现。单击窗口右上角的“关闭”按钮 ×，即可将窗口关闭。

3. 移动和调整窗口大小

打开窗口后，有些窗口会遮盖屏幕上的其他窗口内容，为了查看被遮盖的部分，需要适当移动窗口的位置或调整窗口大小。将桌面上的当前窗口移至桌面的左侧位置，呈半屏显示，再调整窗口的宽度。

**步骤 1：**在窗口标题栏上按住鼠标左键不放，拖动窗口，将窗口向上拖动到屏幕顶部时，窗口会最大化显示；向屏幕最左侧或最右侧拖动时，窗口会半屏显示在桌面左侧或右侧。这里拖动当前窗口到桌面最左侧后再释放鼠标，窗口会以半屏状态显示在桌面左侧，如图 5-8 所示。

**步骤 2：**将指针移至窗口的外边框上，当指针变为⇳时，按住鼠标左键不放，拖动到所需大小时释放鼠标，即可调整窗口大小。

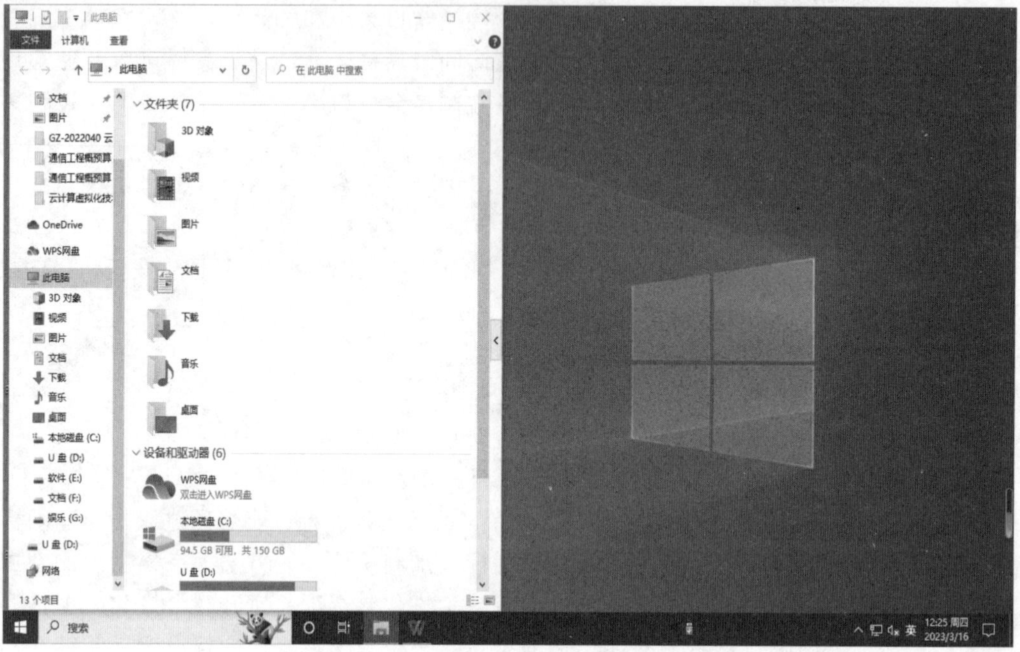

图 5-8　将窗口移至桌面左侧变成半屏显示

4. 排列窗口

用户可以在桌面上按喜欢的任何方式排列窗口，或是通过 Windows 自动排列窗口。自动排列方式可分为层叠窗口、堆叠显示窗口和并排显示窗口 3 种。

● 层叠窗口：在打开多个窗口时，右击任务栏空白处，在弹出的快捷菜单中选择“层叠窗口”命令，这时窗口将以层叠方式排列。

● 堆叠显示窗口：右击任务栏空白处，在弹出的快捷菜单中选择“堆叠显示窗口”命令，窗口将竖排堆叠显示。

● 并排显示窗口：右击任务栏空白处，在弹出的快捷菜单中选择“并排显示窗口”命令，窗口将并排显示。

5. 切换窗口

无论打开多少个窗口，当前窗口只有一个，且所有的操作都是针对当前窗口进行的。如果要将某个窗口切换成当前窗口，除了可以通过单击窗口进行切换外，在 Windows 10 中还提供了以下 3 种切换方法。

● 通过任务栏中的按钮切换：将指针移至任务栏左侧按钮区中的某个任务图标上，此时将展开所有打开的该类型文件的缩略图，单击某个缩略图即可切换到该窗口，在切换时其他同时打开的窗口将自动变为透明效果，如图 5-9 所示。

● 按“Alt + Tab”组合键切换：按“Alt + Tab”组合键后，屏幕上将出现任务切换栏，系统当前打开的窗口都以缩略图的形式在任务切换栏中排列出来，此时按住“Alt”键不放，再反复按“Tab”键，将显示一个白色方框，并在所有图标之间轮流切换，当方框移动到需要的窗口图标上后释放“Alt”键，即可切换到该窗口。

图 5-9　通过任务栏中的按钮切换

● 按“Win + Tab”组合键切换：按“Win + Tab”组合键后，屏幕上将出现操作记录时间线，系统当前和稍早前的操作记录都以缩略图的形式在时间线中排列出来，若想打开某一个窗口，可将指针定位至要打开的窗口中，如图 5-10 所示，当窗口呈现白色边框后单击鼠标即可打开该窗口。

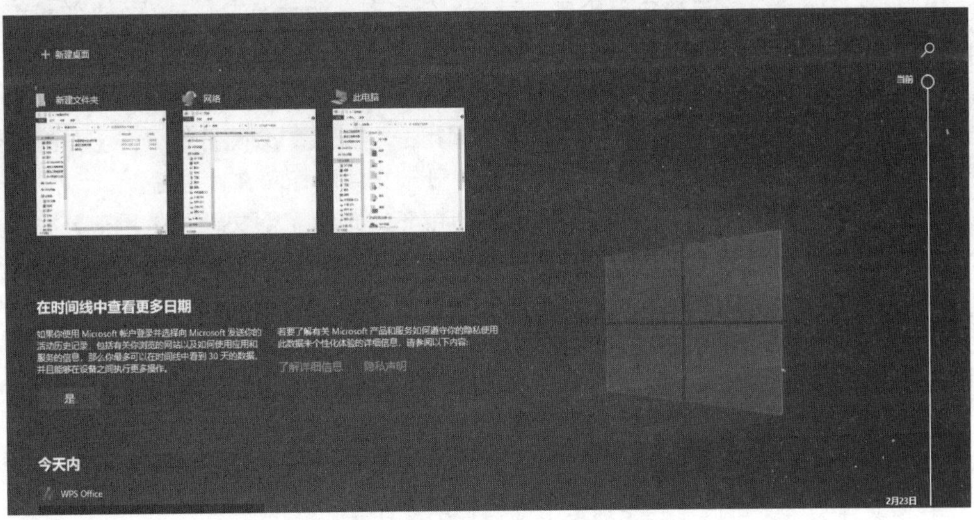

图 5-10　按“Win + Tab”组合键切换

6. 关闭窗口

对窗口的操作结束后应关闭窗口，关闭窗口有以下 5 种方法。

- 单击窗口标题栏右上角的“关闭”按钮×。
- 在窗口的标题栏上单击鼠标右键，在弹出的快捷菜单中选择“关闭”命令。
- 将鼠标指针移动到任务栏中某个任务缩略图上，单击其右上角的按钮。
- 将鼠标指针移动到任务栏中需要关闭窗口的任务图标上，单击鼠标右键，在弹出的快捷菜单中选择“关闭窗口”命令或“关闭所有窗口”命令。

- 按“Alt + F4”组合键。

## 5.3 Windows 10 的文件/文件夹管理

文件和文件夹的管理操作是计算机的基本操作。本节将学习如何管理计算机中的文件和文件夹，其中包括认识“计算机”窗口和资源管理器，以及查看、创建、移动文件和文件夹等。

### 5.3.1 文件/文件夹概念

在 Windows 10 操作系统中。文件和文件夹的操作和管理是很重要的基础概念，计算机几乎所有的操作都会涉及文件和文件夹，下面就来认识一下文件和文件夹，介绍一下文件和文件夹的浏览与搜索操作。

1. 认识文件和文件夹

计算机中的文件是以单个名称在计算机上存储的信息集合，如我们编辑的日记、存放的照片和图片、安装的应用程序等。可以说在计算机里看见的东西都叫文件。

Windows 10 中，在系统已经设置了显示文件扩展名的情况下，我们在计算机中看到的文件通常具有文件扩展名，用于指示文件类型。例如，图片文件以 JPEG 格式保存时，文件扩展名为.jpg。所有文件的标识都由两部分组成：图标和文件名。其中，文件名由文件主名和扩展名两部分组成，两者之间用一个原点（分隔符）分开。如果系统设置隐藏了文件扩展名，则不显示扩展名，只显示文件图标和文件主名。

理解了什么是计算机中的文件，文件夹也就不难理解了。文件夹是用来分类存放文件，协助人们管理计算机文件的。每一个文件夹对应一小块磁盘空间。它就像我们日常用于存储档案的档案柜中的众多抽屉一样，把不同类别的文件分门别类地存放在文件夹中，以方便查找和使用。当打开一个文件夹时，它会以窗口的形式显示在桌面上；关闭文件夹时，则会变成一个图标。

文件夹一般由图标和名称两部分组成，文件夹的图标用表示。

一个文件夹中不仅可以装入一个或多个文件，还可以装入一个或多个子文件夹。而这些子文件夹中又可以装一个或多个文件或子文件夹。

用户在对文件进行操作时，除了要知道文件名外，还需要指出文件所在的盘符和文件夹，即文件在计算机中的位置，标记这个位置的这一系列字符称为文件路径。文件路径包括相对路径和绝对路径两种。其中，相对路径是以“.”（表示当前文件夹）、“..”（表示上级文件夹）或文件夹名称（表示当前文件夹中的子文件名）开头；绝对路径是指文件或目录在硬盘上存放的绝对位置，如“D：\图片\标志.jpg”，表示“标志.jpg”文件是在 D 盘的“图片”文件夹中。用户在 Windows 10 系统中单击地址栏的空白处，即可查看打开的文件夹的路径。

2. 文件的命名、类型及通配符

（1）文件名。

文件名用来标识每一个文件，实现“按名存取”。

文件名格式为：<主文件名>[. <扩展名>]

其中，主文件名是必须有的，而扩展名是可选的。

文件名命名规则：

① 在文件或文件夹的名称中，最多可使用 256 个字符。

② 组成文件名或文件夹的字符可以是英文字母、数字及¥@&＋（ ）、下划线、空格、汉字等。但不能使用下列 9 个字符：? \ * | “ < >：/。

例：My first file.doc、我的文件 l.txt 是正确的，而 D*T.doc、A/B.txt 是不正确的。

（2）文件类型。

根据文件存储内容的不同来划分，一般用文件的扩展名来区分，如应用程序文件（.exe 或.com）、文本文件（.txt）、Word 文档文件（.doc）等。

（3）文件名通配符。

通配符是一个键盘字符，Windows 操作系统定义了两个通配符，即星号“*”和问号“?”。其中，?代替所在位置上的任一字符，如：P?A.doc。

## 5.3.2 文件/文件夹操作

文件夹是存放文件的场所。在 Windows 10 中，文件夹由一个黄色的小夹子图标和名称组成。为了方便管理文件，用户可以创建不同的文件夹，将文件分门别类地存放在文件夹中。文件夹中除了可以包含文件外，也可以包含其他文件夹。

文件与文件夹的管理操作主要包括文件及文件夹的新建、查看、复制、移动、删除和重命名等，通过执行这些管理操作，可以使得计算机中的文件和文件夹井然有序。

1. 新建与重命名

新建文件和文件夹的操作可以通过右键快捷菜单进行，也可以通过执行菜单命令实现。新建与重命名文件或文件夹的具体操作步骤如下：

（1）打开要创建文件或文件夹的目录，在空白处右击，在弹出的快捷菜单中选择“新建”命令“文件夹”子命令，即可新建一个文件夹。这时将在窗口中显示一个新建的文件夹，默认名称为“新建文件夹”，名称处于可更改状态。

（2）重命名文件夹：按<Ctrl＋Shift>组合键切换到合适的输入法，为文件夹重新设置一个合适的名字。在其他位置单击即可确认文件夹重命名。选择需要重命名文件或文件夹，在其上单击鼠标右键，在弹出的快捷菜单中选择“重命名”命令，此时要重命名的文件名称呈可编辑状态，在其中输入新的名称后，按“Enter”键即可。

2. 多种选择方式

要对文件或文件夹进行复制、移动等管理操作，需要先将其选中。用户可以选择一个、多个或者一组不相邻的文件或文件夹。

（1）选择单个文件或文件夹。

单个文件或文件夹的选择很简单，只需单击要选择的文件或文件夹即可。此时被选中的文件或文件夹上显示蓝色的阴影。

（2）选择多个相邻的文件或文件夹。

方法一：先选中要选择的第一个文件或文件夹，然后按住<Shift>键的同时单击要选择的最后一个文件或文件夹，即可将相邻的多个文件或文件夹选中。

方法二：在要选择的文件或文件夹区域的左上角按住鼠标左键，然后拖动鼠标至该区域右下角的文件或文件夹处，释放鼠标后即可将其选中。

（3）选择多个不相邻的文件或文件夹。

先选中第一个要选择的文件或文件夹，然后按住<Ctrl>键，依次单击要选择的文件或文件夹，即可将多个不相邻的文件或文件夹选中。再次单击，即取消选择。

（4）选择全部文件或文件夹。

如果有必要选择全部的文件或文件夹，可以选择“主页”下拉菜单中“选择”选项卡中的“全选选择”命令，或按<Ctrl + A>组合键。

（5）反向选择文件或文件夹。

在对文件或文件夹进行操作时，可能需要选择大部分不连续的文件。如果使用上面的方法，不太方便操作。这时，我们可以先将少数不选择的文件或文件夹选中。在“主页”下拉菜单中的“选择”选项卡中单击“反向选择”命令，这样，将会取消选择当前所选的文件或文件夹，而选中没有被选择的文件或文件夹，如图 5-11 所示。

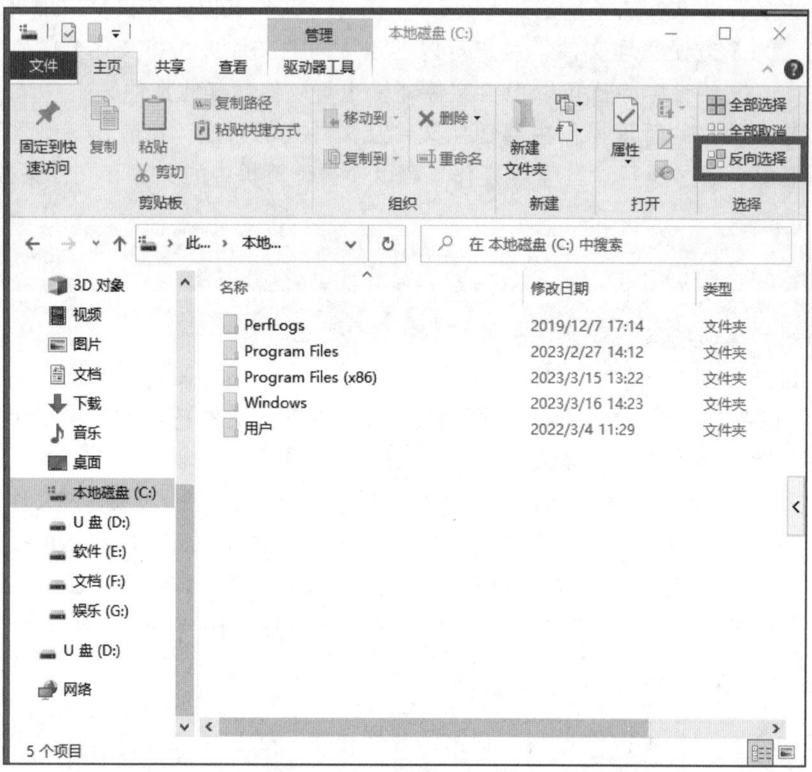


图 5-11　反向选择文件或文件夹

### 3. 移动与复制

在整理文件或文件夹的过程中，用户经常需要将某个文件或文件夹移动到其他位置，这时就需要执行移动操作。移动文件或文件夹用的是“剪切”命令，执行完移动操作后，原位置的文件或文件夹就会消失，出现在目标位置。

移动文件或文件夹的具体操作步骤如下：

**步骤 1：**选中要移动的文件或文件夹，在其上单击鼠标右键，在弹出的快捷菜单中选择“剪切”命令，或按<Ctrl + X>组合键，或在“主页”下拉菜单中的“剪贴板”选项卡中单击“剪切”按钮。

**步骤 2：**执行完“剪切”命令后，可以看到文件或文件夹呈虚显。

**步骤 3：**打开要移动到的目标文件夹。选择“编辑”菜单“粘贴”命令，或按<Ctrl + V>组合键。此时，可以看到文件或文件夹已经移至目标文件夹中。

在计算机操作过程中很有可能会出现一些误操作，致使文件被破坏甚至丢失。为避免造成不必要的麻烦，甚至是不可挽回的损失，可以将文件备份到相对安全的地方，这就用到了文件或文件夹的复制操作。复制文件或文件夹就是指保留原文件、文件夹不改变，在计算机中重新生成一个与原文件内容完全一样的文件、文件夹。

上面介绍的移动文件或文件夹的方法，同样也可以用来执行“复制”操作。也可以在“主页”选项卡的“组织”项中单击“复制到”命令，具体操作步骤如下：

**步骤 1：**选中要复制的文件夹，打开“主页”选项卡。选择组织项中的“复制到”命令，这时文件夹将被复制到桌面上。

**步骤 2：**跳转到要复制到的目标位置，即可看到文件夹已经显示在目标文件夹中，如图 5-12 所示。

图 5-12　执行“复制到”操作

### 4. 删除与回收站

对于已经不再使用的文件或文件夹，可以将其删除，这样就可以释放出计算机中更多的磁盘空间。删除文件时，可以通过以下三种方法来实现。

方法一：选中要删除的文件或文件夹。打开“主页”下拉菜单中的“组织”项，单击选择“删除”命令。

方法二：利用右键菜单删除，具体操作步骤如下：

① 右击要删除的文件或文件夹，在弹出的快捷菜单中选择“删除”命令。

② 这时同样会弹出确认删除对话框。单击“确认”按钮，即可将文件或文件夹从当前位置删除到回收站。

方法三：按<Delete>键删除。

回收站是 Windows 操作系统用来存放被删除文件的场所，上述这些删除操作只是将文件或文件夹删除到了回收站中，并没有真正从硬盘中删除，从而保证了文件的可恢复性，避免因误删除给用户带来麻烦。如果要将文件或文件夹彻底从计算机中删除，可以在执行上面删除操作的同时按住<Shift>键，这样被删除的文件或文件夹就不会放入回收站，而是从计算机硬盘中彻底删除。选择要删除的文件或文件夹，按<Delete>键，即可将其删除到回收站中。

删除到回收站中的文件或文件夹，以后如果需要重新使用，可以从回收站中还原到原来的位置。具体操作步骤如下：

① 双击桌面上的“回收站”图标，打开“回收站”窗口，选中需要还原的文件，单击“回收站工具”中的“还原选定的项目”按钮。这时可以发现此文件在回收站中已经消失，如图 5-13 所示。

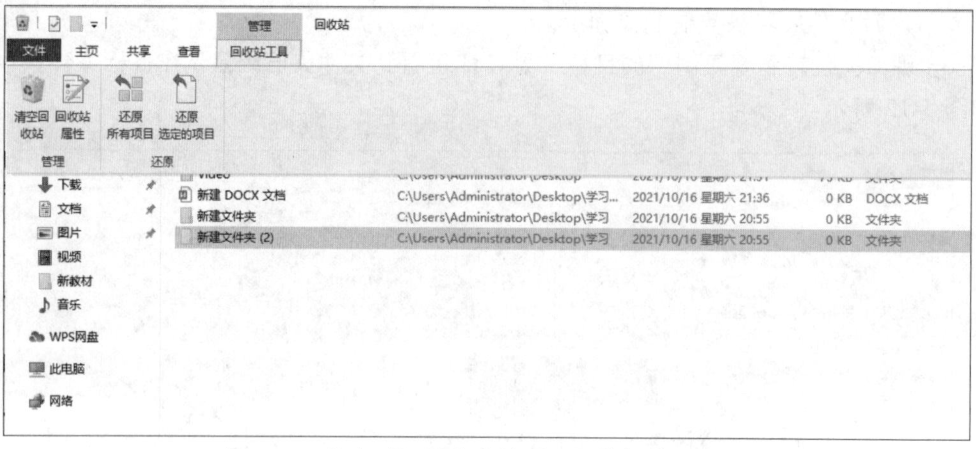


图 5-13　单击“还原选定的项目”按钮进行还原

② 在回收站中右击要恢复的文件，在弹出的快捷菜单中选择“还原”命令，也可以执行“还原”操作。

设置回收站空间限制。默认情况下，每个硬盘分区中都会划出一部分磁盘空间供回收站使用，对于这个空间的大小，用户可自行调整。需要注意的是在删除文件时，如果文件的大小大于该分区所设置的回收站的最大值，将无法把删除的文件放进回收站，而只能将它直接从磁盘中删除；如果分区中的回收站空间的最大值过大，又会浪费过多的空闲空间，因此用户可根据实际需要来调整各个分区的回收站空间限制。具体操作步骤如下：

**步骤 1：**在桌面“回收站”图标上单击鼠标右键，在弹出的快捷键菜单中选择“属性”命令，打开回收站“属性”对话框，如图 5-14 所示。

**步骤 2：**选取要设置的分区，然后在“最大值”文本框输入该分区用于回收站的大小，所有分区设置完毕后，单击“确定”按钮，如图 5-15 所示。

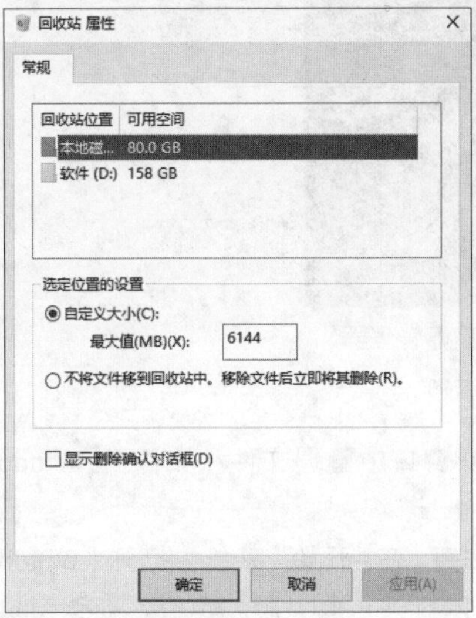


图 5-14　打开回收站“属性”对话框

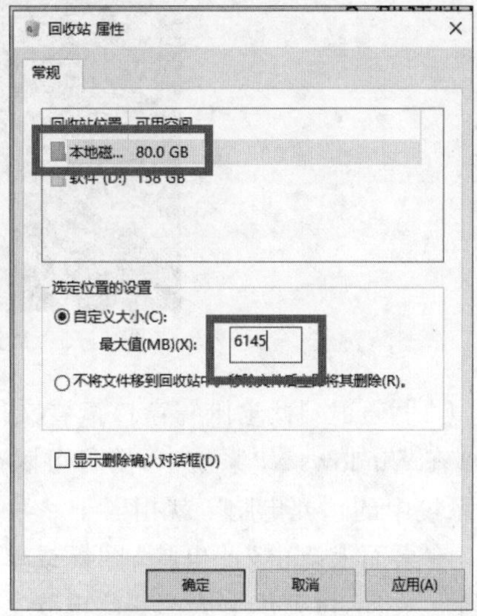


图 5-15　调整各分区上回收站的最大值

5. 创建快捷方式

用户可以将最近经常查看的文件或文件夹添加桌面快捷方式，需要用时直接双击快捷方式即可打开。创建快捷方式的具体操作步骤如下：

**步骤 1：**创建快捷方式。右击要创建快捷方式的文件或文件夹，在弹出的快捷菜单中选择“发送到”→“桌面快捷方式”命令。

**步骤 2：**查看桌面快捷方式。这时，即可在桌面上创建一个快捷方式。双击可以快速打开该文件夹。

6. 查看文件或文件夹

对于计算机中存放的数目众多的文件和文件夹，如何来查看和管理呢？“此电脑”窗口和“Windows 文件资源管理器”就是用来管理它们的。在实际的使用功能上，“文件资源管理器”和“此电脑”窗口差不多，都是用来管理系统资源的，也可以说都是用来管理文件的。

（1）通过 Windows 文件资源管理器查看文件和文件夹。

在 Windows 10 中，文件资源管理器是管理计算机中文件、文件夹等资源的最重要的工具。可以利用它查看本地计算机中的所有资源，特别是它提供的树形文件系统结构，使用户能更清楚、更直观地认识计算机中的文件和文件夹。另外，在文件资源管理器中还可以对文件和文件夹进行各种操作，如打开、复制和移动等。

单击“开始”按钮，在“开始”菜单中打开“Windows 系统”，在下拉菜单中选择“文件资源管理器”命令，即可打开 Windows 文件资源管理器窗口，用户可以在该窗口中对整个计算机库中存储的文件进行访问和管理，如图 5-16 所示。

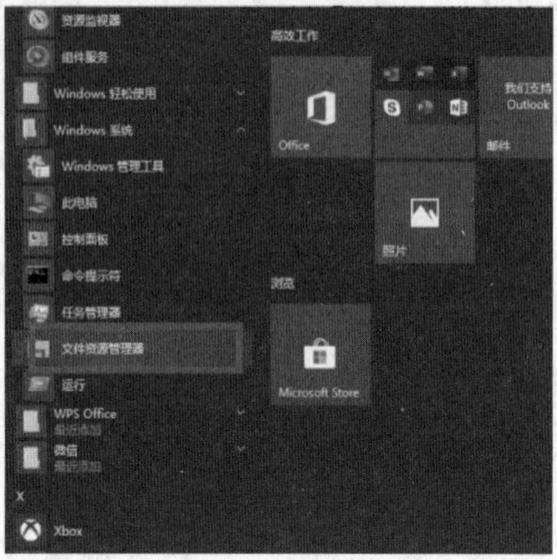


图 5-16　Windows 文件资源管理器

（2）通过“此电脑”窗口查看文件和文件夹。

在 Windows XP 系统中，用户可以在“我的电脑”窗口中管理文件和文件夹，Windows 10 系统中的“此电脑”就相当于“我的电脑”。

在桌面上双击“此电脑”图标或单击“开始”按钮，在“开始”菜单中打开“Windows 系统”，在下拉菜单中选择“此电脑”命令，都可以打开“此电脑”窗口，在该窗口中可以浏览计算机中的内容。“此电脑”窗口的左窗格树形结构中显示的目录有“快速访问”“桌面”“下载”“文档”等，用户可通过该树形结构在相应的窗口中来回切换，如图 5-17 所示。

图 5-17　“此电脑”窗口

7. 搜索文件或文件夹

如果用户不知道文件或文件夹在磁盘中的位置，可以使用 windows 10 的搜索功能来查找。例如，搜索 D 盘中关于“六一儿童节”的视频文件。

**步骤 1：**在资源管理器中打开“本地磁盘（D:）”窗口。

**步骤 2**：在窗口地址栏后面的搜索框中单击鼠标，激活“搜索工具搜索”选项卡，然后在“优化”组中单击“类型”下拉按钮；在打开的下拉列表中选择“视频”选项，如图 5-18 所示。

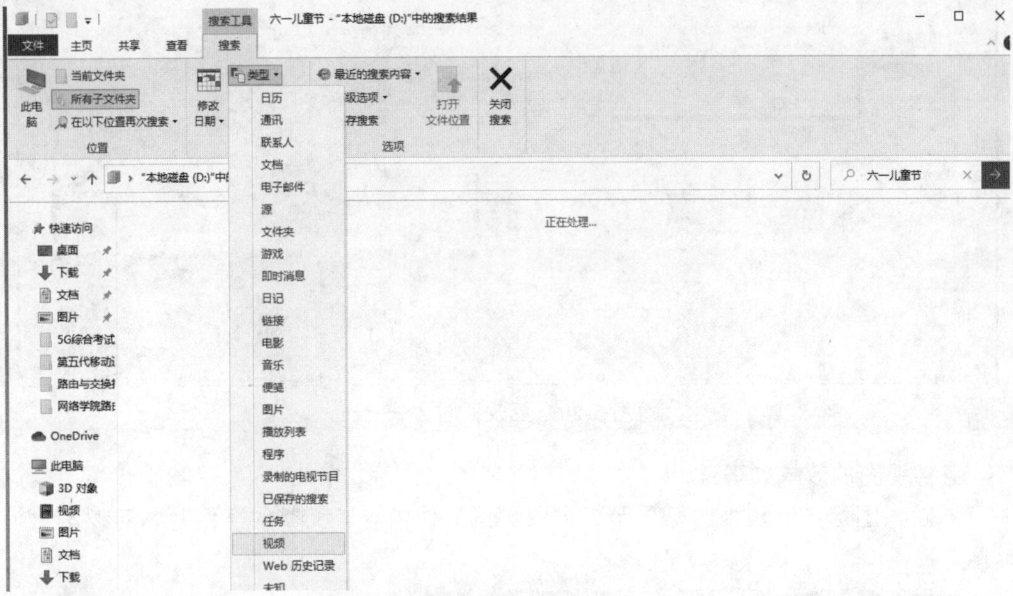


图 5-18　选择文件类型

**步骤 3**：在搜索框中输入关键字“六一儿童节”，稍后 Windows 会自动在搜索范围内搜索所有文件信息，并在文件显示区中显示搜索结果，如图 5-19 所示。

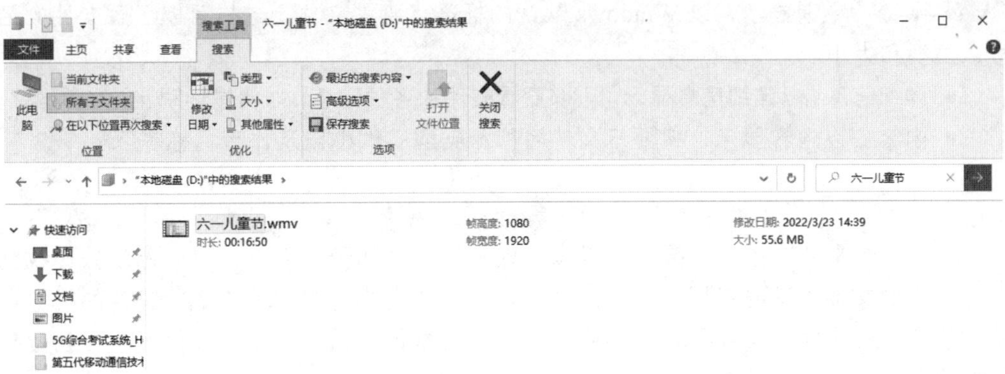


图 5-19　搜索文件

**步骤 4**：根据需要，可以在“优化”组中选择“修改日期”“大小”“其他属性”选项来设置搜索条件，以缩小搜索范围。

### 8. 更改视图方式

当用户打开一个文件夹时，为了能更清楚快捷地了解里面包含的内容，可以按照自己的需要来选择文件的视图方式。文件和文件夹的视图方式是指在 Windows 文件资源管理器或“此电脑”窗口中图标的显示方式。

在 Windows 文件资源管理器或“此电脑”窗口中“查看”组的“布局”选项卡中可以更改视图方式，如图 5-20 所示。

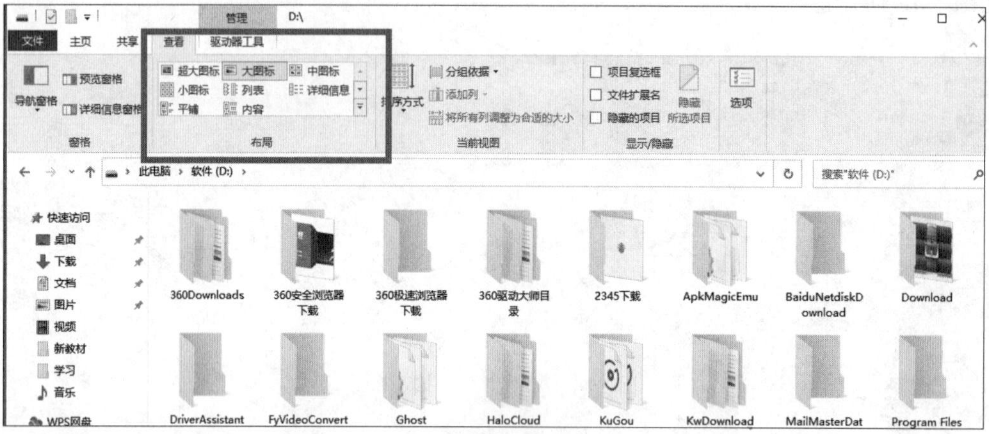


图 5-20　更改视图方式

各种视图的效果如下：

● 超大图标：以超大图标显示，方便浏览文件内容，尤其对于图片，可以浏览缩略图。

● 大图标：以大图标显示，可以粗略查看文件的内容。

● 中等图标：以中等图标显示，可以在窗口中更多地显示文件。

● 小图标：以小图标显示，不显示文件缩略图，只显示文件类型的图标。

● 列表：文件以列表的形式进行排列，适合文件较多时查看。

● 平铺：平铺显示，以 Windows 默认的标准来查看文件，这样可以了解文件的名称、类型和大小。

● 详细信息：以详细信息显示，可以查看文件的各种信息，如创建日期、文件类型等。

● 内容：以内容显示，将显示文件名称、类型、大小以及作者名称等。

9. 文件排序和分组

在同一个文件夹中，如果存放了数目较多的文件和子文件夹，可能无法快速找到自己需要的文件，这时可以通过对文件或文件夹进行排序整理来查找。文件的排序是指在显示窗口中排列文件图标的顺序，用户可以根据设置文件名、文件大小、创建日期等信息对文件进行排序。

（1）通过快捷菜单进行排序。

在“此电脑”窗口中，用户可以通过右键快捷菜单选择排序方式，具体操作步骤如下：

**步骤 1：**在“此电脑”窗口中显示出要排序的文件，在窗口空白处右击，在弹出的快捷菜单中选择“排序方式”命令，展开子菜单。在其中可以设置按名称、大小和类型等排序。

**步骤 2：**用户还可以设置文件是升序或降序排列方法。

**步骤 3：**在“排序方式”子菜单中选择“更多”命令，打开“选择详细信息”对话框。在列表框中用户可以添加所显示文件的详细信息，如图 5-21 所示。

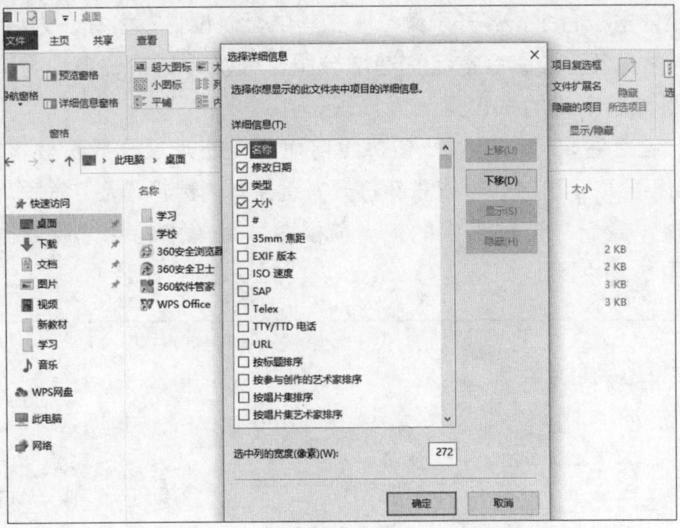

图 5-21 “选择详细信息”对话框

（2）通过“查看”选项卡中的“当前视图”菜单中的排序按钮对文件进行排序，如图 5-22 所示。

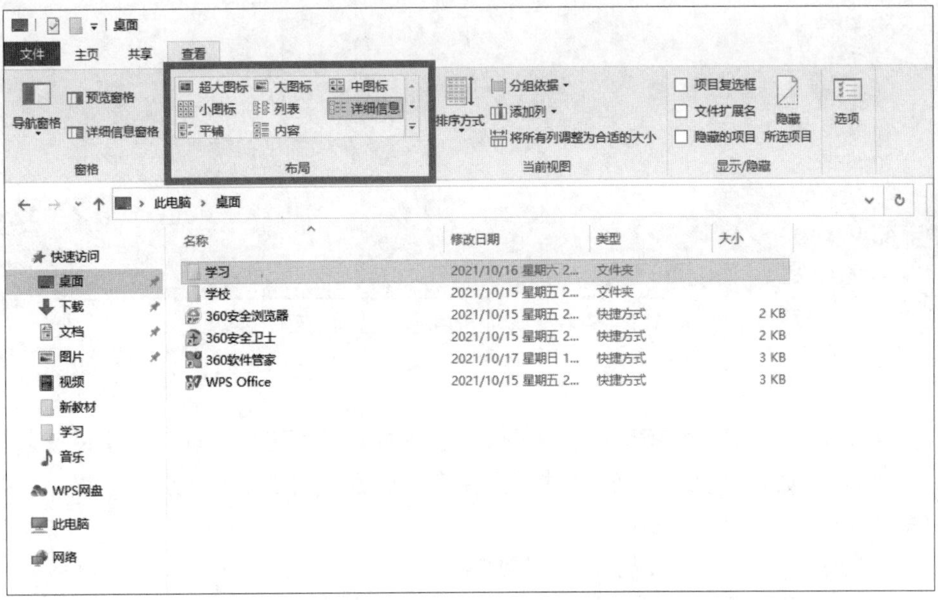

图 5-22 “查看”选项卡中的“当前视图”菜单

10. 文件分组

除了可以按照名称、类型、大小等标准对文件进行排序外，将文件分组显示，也是便于查询和管理的一种方法。按照一定的标准对文件进行分组后，文件将更加清晰明了地显示在窗口中。

将文件进行分组的具体操作步骤如下：

**步骤 1：**在“此电脑”窗口中显示出要分组的文件，在空白处右击，在弹出的快捷菜单中选择“分组依据”命令，展开子菜单。在其中可以设置按名称、大小和类型等分组。

**步骤 2：**选中“名称”命令按名称递增分组，可以看到系统自动将文件名首字符是数字的分为一组，是字母的按设置分为几段，并递增排列。

**步骤 3：**分组之后，可以通过双击每组前面的按钮来展开或折叠该组。

**步骤 4：**如果要取消分组，可以重新打开右键菜单，选择“无”命令，即可取消分组。

也可以通过“查看”选项卡中的“当前视图”菜单中的“分组依据”按钮对文件进行分组，如图 5-23 所示。

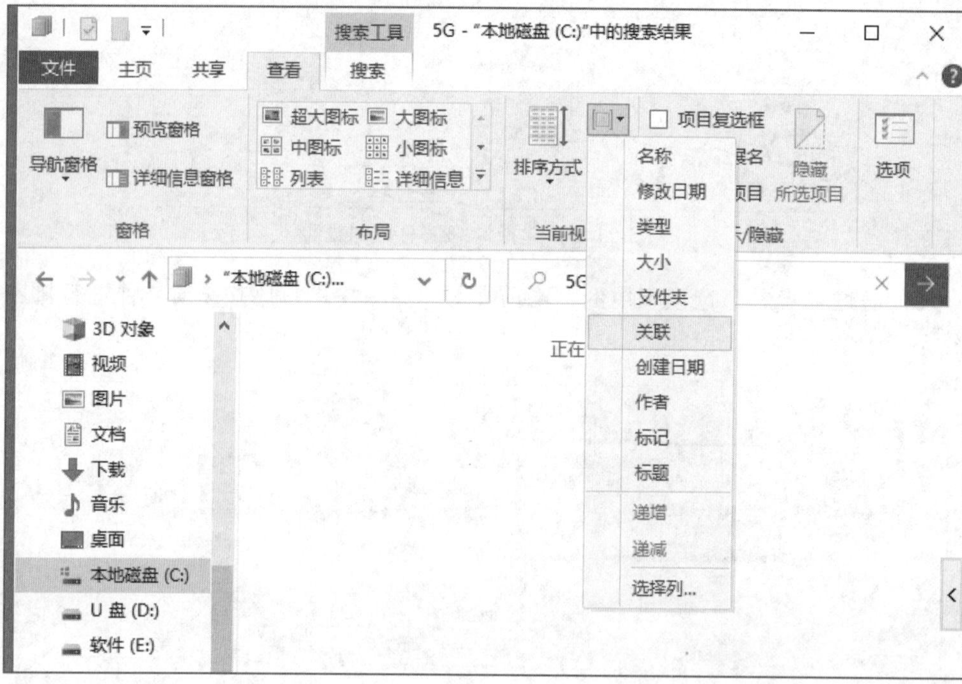


图 5-23　“查看”选项卡中的“当前视图”菜单

11. 设置与查看

文件和文件夹的属性包括名称、大小、创建时间、显示的图标、共享设置以及加密等。用户可以根据需要来设置文件和文件夹的属性，或者进行安全性设置，以确保自己的文件不被他人查看或修改。

查看文件或文件夹属性的具体操作步骤如下：

**步骤 1：**直接查看。将鼠标指针移到要查看的文件或文件夹上，即可自动显示相关的信息。

**步骤 2：**打开右键菜单。在要查看的文件上右击，在弹出的快捷菜单中选择“属性”命令。

**步骤 3：**打开属性对话框。这时将打开属性对话框，可以看到有关文件的属性信息。

**步骤 4：**单击“此电脑”窗口中的“文件”下拉按钮，在弹出的下拉列表框中的“打开”选项中单击“属性”，也可以打开属性对话框。如图 5-24 所示。

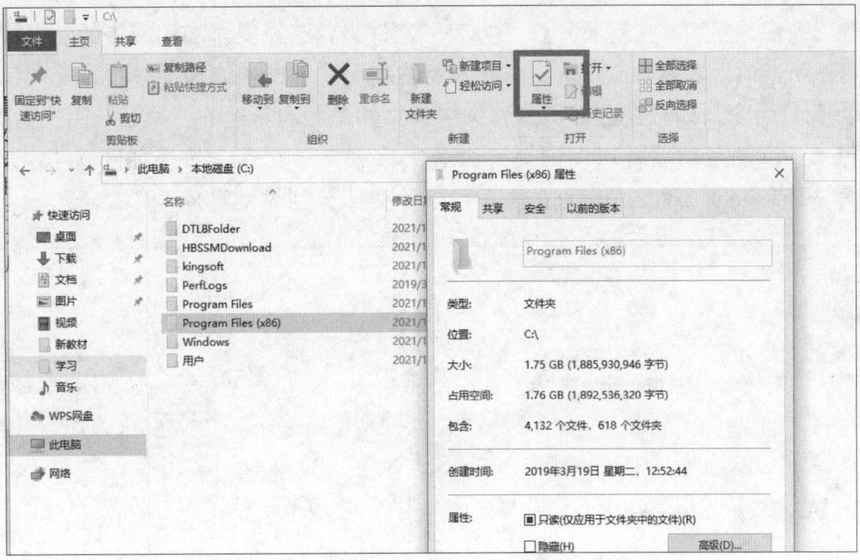


图 5-24 “文件”选项卡中的“打开”菜单

## 5.3.3 库的使用

在 Windows 10 操作系统中，库的功能类似于文件夹，但它只是提供管理文件的索引，即用户可以通过库来直接访问，而不需要通过保存文件的位置去查找，所以文件并没有真正地被存放在库中。Windows10 系统中自带了视频、图片、音乐和文档等多个库，用户可将这类常用文件资源添加到库中，根据需要也可以新建库文件夹。下面将新建“办公”库，将“表格”文件夹添加到“办公”库中。具体操作步骤如下：

**步骤 1：**打开“此电脑”窗口，在导航窗格中单击“库”图标，打开库文件夹，此时在右侧窗口中将显示所有库，双击各个库文件夹便可打开进行查看。

**步骤 2：**在“主页”选项卡的“新建”组中单击“新建项目”下拉按钮，在打开的下拉列表中选择“库”选项，然后输入库的名称“学校”，按“Enter”键，即可新建一个库，如图 5-25 所示。

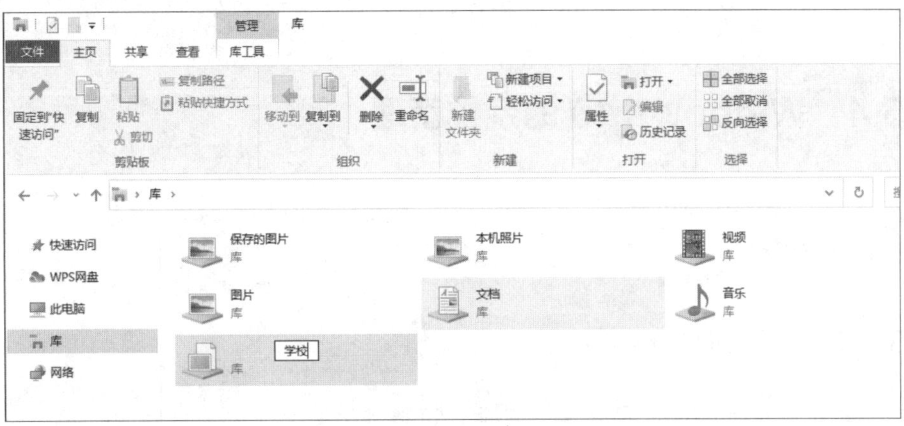


图 5-25 新建库

**步骤 3**：在导航窗格中选择“G：\办公”文件夹，选择要添加到库中的“表格”文件夹，然后在所选的“表格”文件夹上单击鼠标右键，在弹出的快捷菜单中选择“包含到库中”/“办公”命令，即可将选择的文件夹中的文件添加到新建的“办公”库文件夹中。

**步骤 4**：添加成功后就可以通过“办公”库来查看文件，效果如图 5-26 所示。用同样的方法还可将计算机中其他位置下的相关文件分别添加到库中。

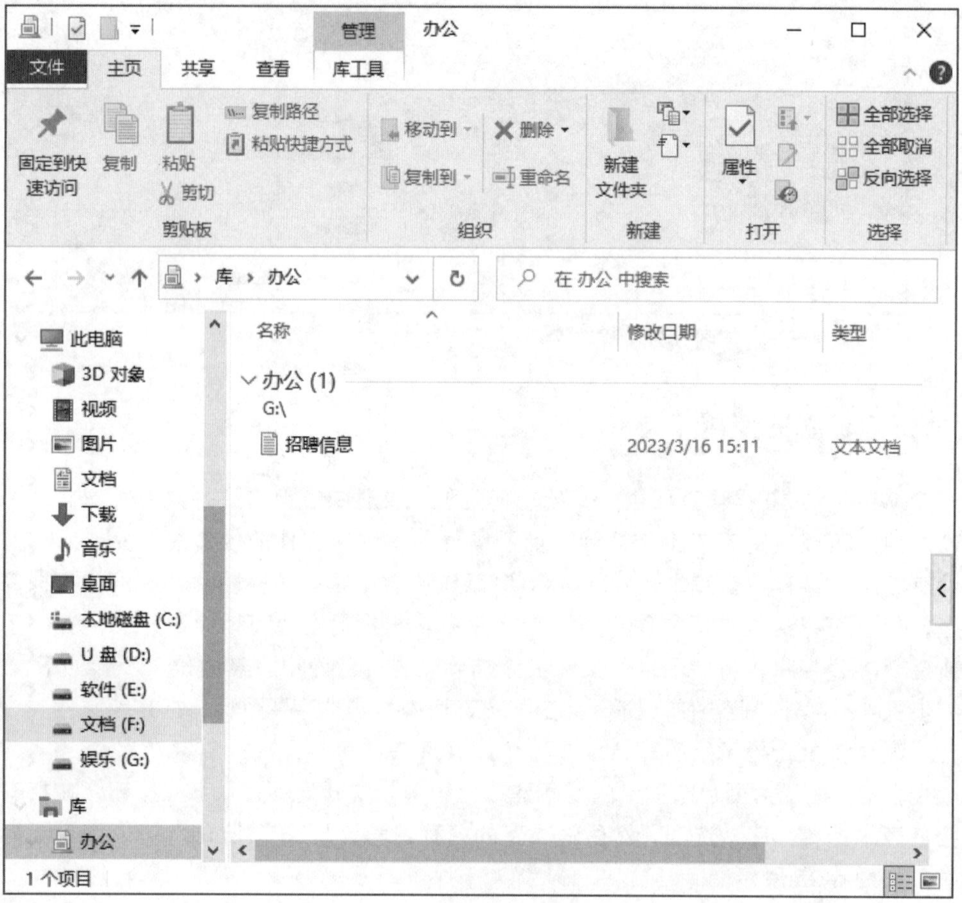


图 5-26　查看添加到库中文件

## 5.4　Windows 10 的系统管理

在 Windows 10 中可对系统进行管理，如设置系统的日期和时间、系统个性化设置、安装和卸载应用程序、管理磁盘等。

### 5.4.1　设置日期和时间

若系统的日期和时间不是当前的日期，可将其设置为当前的日期和时间，还可对日期的格式进行设置。

下面将对系统的日期和时间进行设置，并对日期的显示格式进行更改。

**步骤 1：**在计算机桌面右下角会显示时间与日期。移动鼠标指针到此时间与日期后右键弹出快捷菜单，如图 5-27 所示。

**步骤 2：**在快捷菜单中选择点击调整日期/时间，点击后切换到设置窗口，在此窗口栏中对日期和时间进行相关设置。打开“日期和时间”对话框，在“日期和时间”选项卡中单击“更改日期和时间”按钮，如图 5-28 所示。

**步骤 3：**点击日期和时间下方的更改按钮，点击之后会弹出更改日期和时间，这里是手动调整的。如图 5-29 所示。

**步骤 4：**单击相关设置中的“日期、时间和区域格式设置”，在弹出的对话框中，可对数据格式进行修改，如图 5-30 所示。

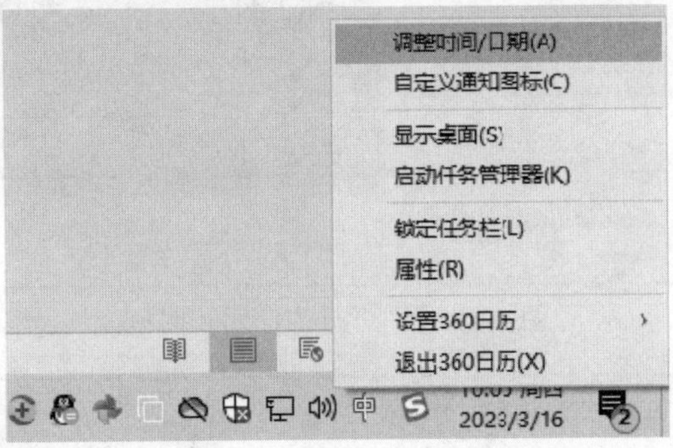


图 5-27　调整日期/时间

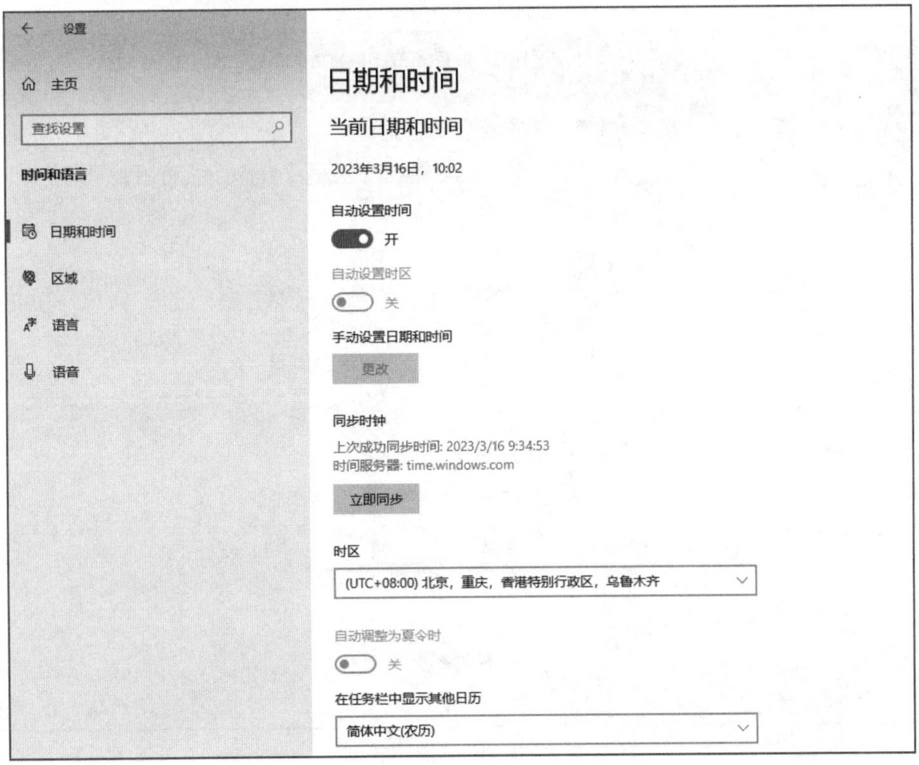


图 5-28　日期和时间进行相关设置

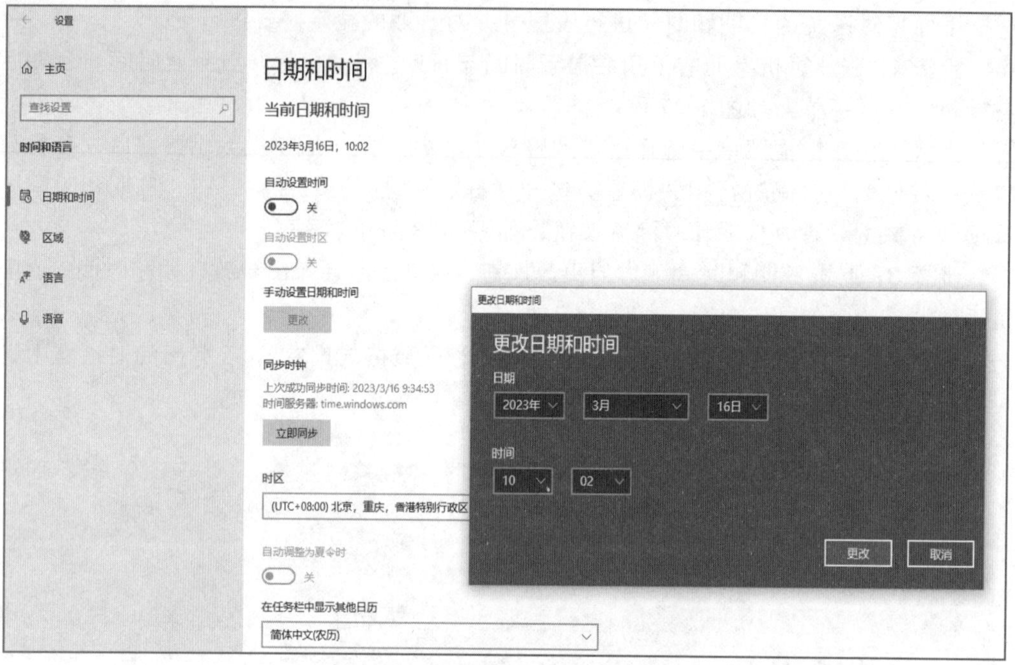


图 5-29　手动调整日期和时间

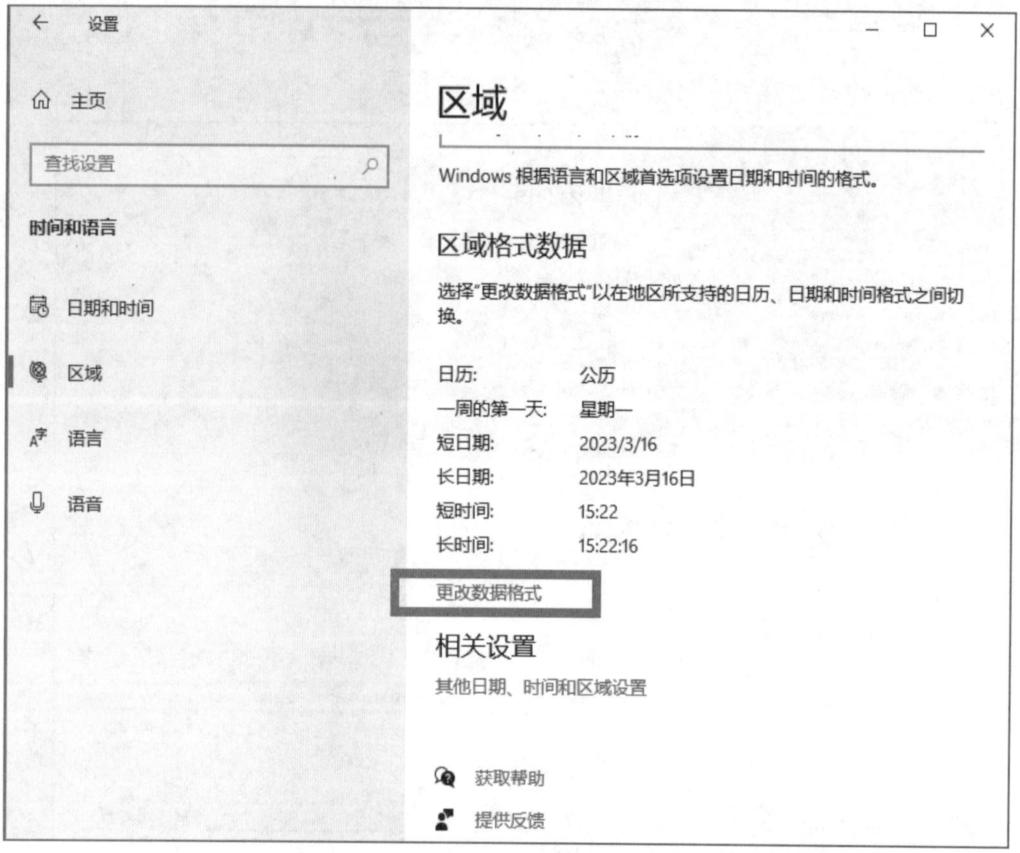


图 5-30　修改数据格式

### 5.4.2 Windows 10 个性化设置

Windows 10 系统的性能越来越好，使用人群也越来越多，为了让系统操作起来更加方便、快捷，用户可以根据自己使用计算机的习惯对系统进行个性化设置，包括桌面背景、颜色、锁屏界面、开始菜单等。

对 Windows 10 系统进行个性化设置的方法：在系统桌面上的空白区域单击鼠标右键，在弹出的快捷菜单中选择“个性化”命令，进入个性化设置界面，如图 5-31 所示，单击相应的按钮便可进行个性化设置。

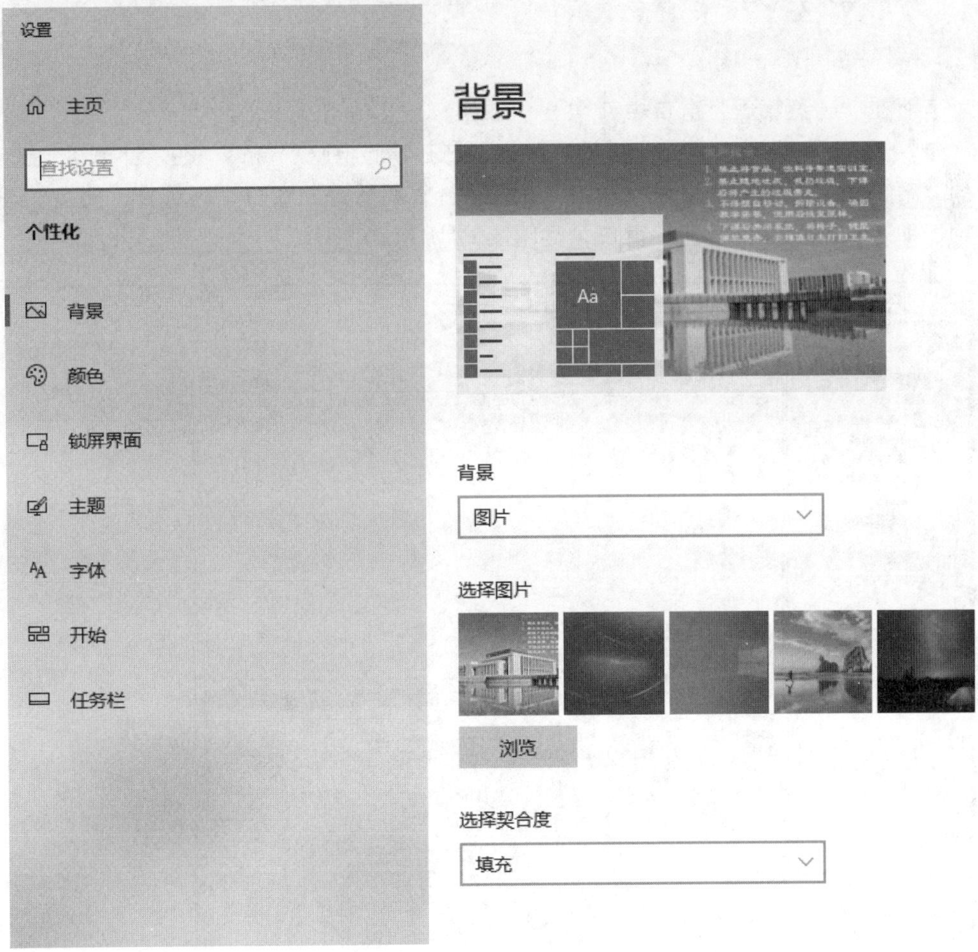


图 5-31　个性化设置界面

- 单击“背景”按钮：在背景界面中用户可以更改图片，选择图片契合度，设置纯色或者幻灯片放映等参数。
- 单击“颜色”按钮：在颜色界面中，用户可以为 Windows 系统选择不同的颜色，也可以单击“自定义颜色”按钮，在打开的对话框中自定义喜欢的主题颜色。
- 单击“锁屏界面”按钮：在锁屏界面中，用户可以选择系统默认的图片，也可以单击“浏览”按钮，将本地图片设置为锁屏界面。

● 单击“主题”按钮：在主题界面中，用户可以自定义主题的背景、颜色、声音及鼠标指针样式等项目，最后保存主题。

● 单击“开始”按钮：在开始界面中，用户可以设置“开始”菜单栏显示的应用。

● 单击“任务栏”按钮：用户可以设置任务栏中屏幕上的显示位置和显示内容等。

### 5.4.3 分区管理

用户可对磁盘进行分区管理，可在程序向导的帮助下进行创建简单卷、删除简单卷、扩展磁盘分区、压缩磁盘分区和更改驱动器号和路径等操作。

1. 创建简单卷

下面在“磁盘管理”窗口中新增一个磁盘。

**步骤 1：**双击桌面上的“此电脑”图标，打开“此电脑”窗口，在“计算机”选项卡的“系统”组中单击“管理”按钮，打开“计算机管理”窗口，再选择“磁盘管理”选项，即可打开“磁盘管理”窗口，如图 5-32 所示。

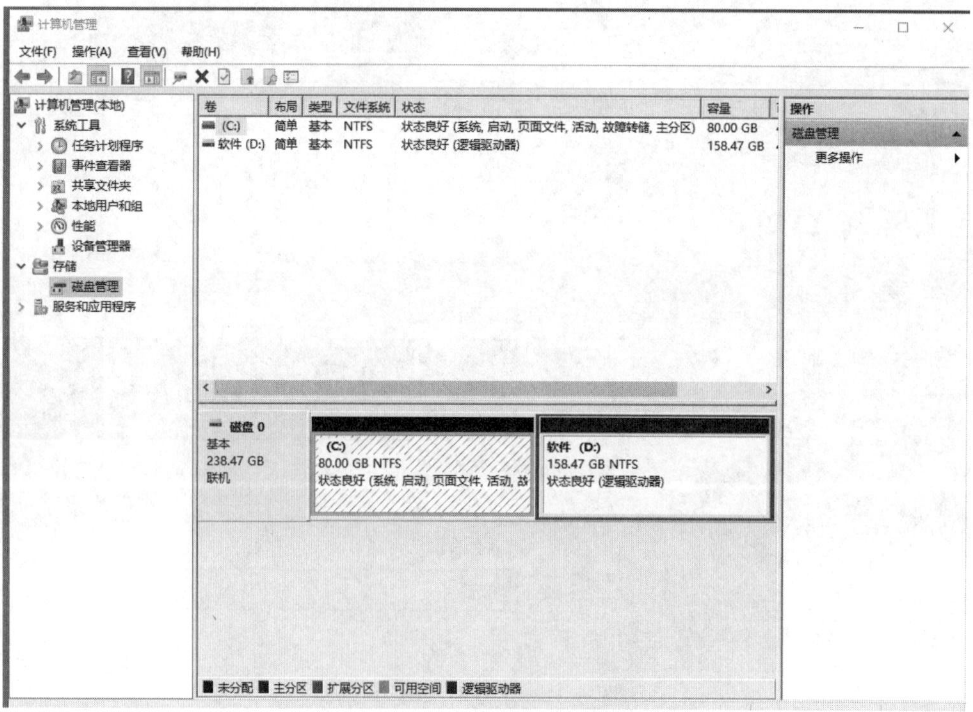


图 5-32　打开“磁盘管理”窗口

**步骤 2：**在动态磁盘上创建压缩卷，然后单击压缩后的可用空间，一般显示为绿色，然后选择【操作】/【所有任务】/【新建简单卷】命令，或在要创建简单卷的动态磁盘的可分配空间上单击鼠标右键，在弹出的快捷菜单中选择“新建简单卷”命令，打开“新建简单卷向导”对话框，然后单击“下一步”按钮；在该对话框中指定卷的大小，并单击“下一步”按钮，如图 5-33 所示。

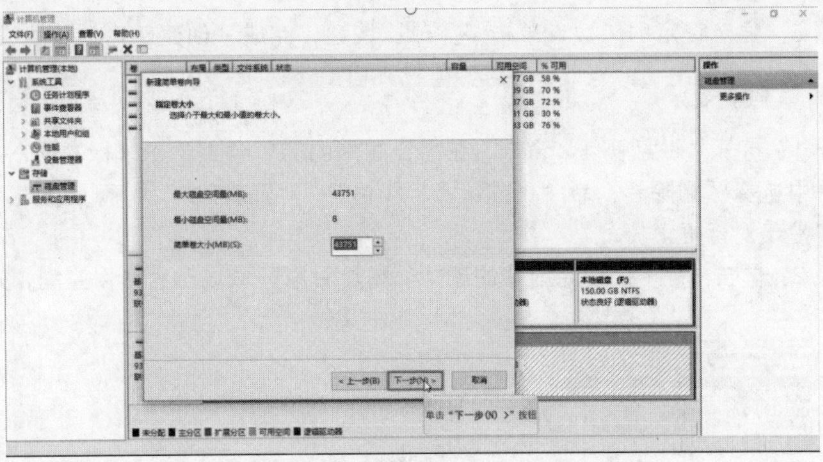


图 5-33　指定新建卷的大小

**步骤 3：**分配驱动器号和路径后，继续单击“下一步”按钮，如图 5-34 所示。

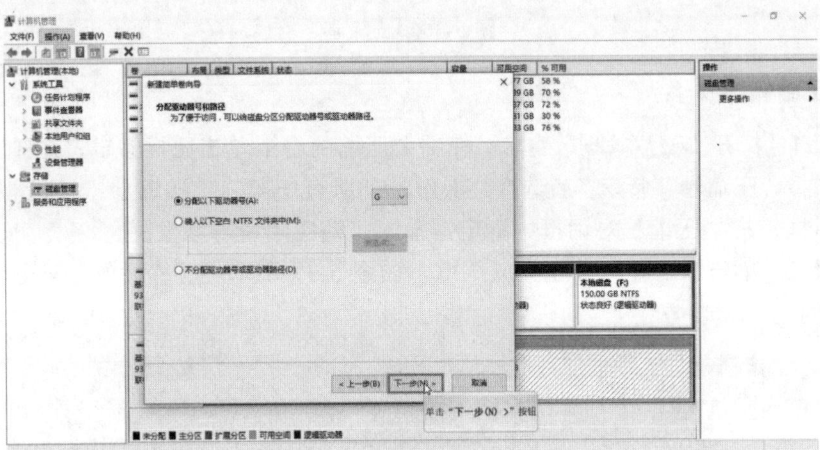


图 5-34　分配驱动器号和路径

**步骤 4：**设置所需参数，格式化新建分区后，继续单击“下一步”按钮，如图 5-35 所示。

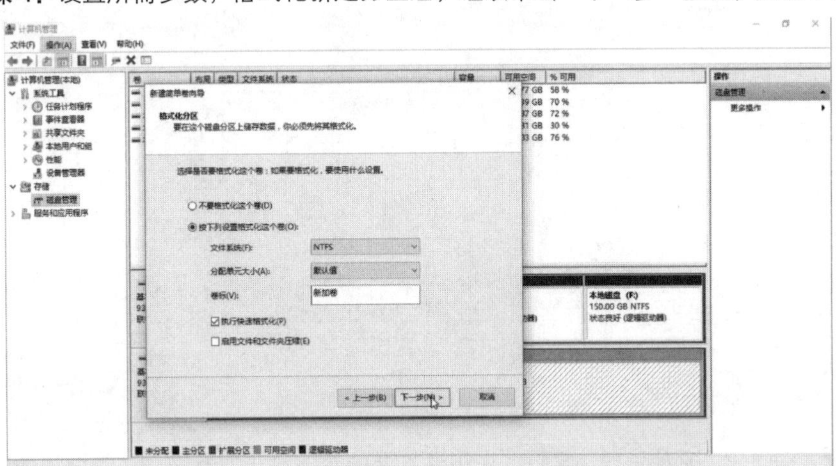

图 5-35　格式化分区

**步骤 5**：显示设定的参数，单击“完成”按钮，完成“创建新建卷”的操作。

2. 删除简单卷

**步骤 1**：打开“磁盘管理”窗口，在需要删除的简单卷上单击鼠标右键，在弹出的快捷菜单中选择“删除卷”命令，或选择“操作”/“所有任务”/“删除卷”命令，系统将打开提示对话框。

**步骤 2**：单击“是”按钮完成卷的删除，删除后原区域显示为可用空间，如图 5-36 所示。

图 5-36　删除卷

3. 压缩磁盘分区

**步骤 1**：打开“磁盘管理”窗口，在需要压缩的卷上单击鼠标右键，在弹出的快捷菜单中选择“压缩卷”命令，或选择“操作”/“所有任务”/“压缩卷”命令，打开“压缩”对话框，在“压缩”对话框中指定“输入压缩空间量”参数。

**步骤 2**：单击“压缩”按钮完成压缩，如图 5-37 所示。压缩后的磁盘分区将变成“可用空间”。

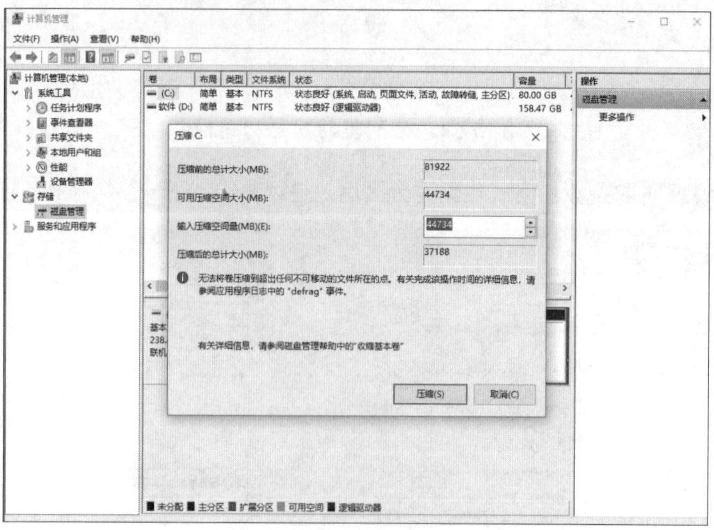

图 5-37　设置压缩参数

4. 扩展磁盘分区

**步骤 1**：打开“磁盘管理”窗口，在需要扩展的卷上单击鼠标右键，在弹出的快捷菜单中选择“扩展卷”命令，或选择“操作”/“所有任务”/“扩展卷”命令，打开“扩展卷向导”对话框，单击“下一步”按钮，指定选择磁盘的“空间量”参数，如图 5-38 所示。

**步骤 2**：单击“下一步”按钮，单击“完成”按钮，退出扩展卷向导。此时，磁盘的容量将把“可用空间”扩展进来。

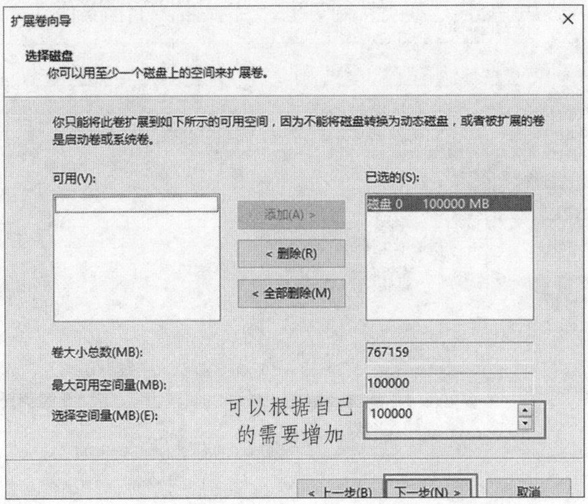


图 5-38　确定待扩展空间

## 5.4.4　格式化磁盘

格式化磁盘可通过以下两种方法实现：

- 通过“资源管理器”窗口：① 在“资源管理器”窗口中选择需要格式化的磁盘，单击鼠标右键；② 在弹出的快捷菜单中选择“格式化”命令，打开格式化对话框，如图 5-39 所示，进行格式化设置后单击“开始”按钮即可。

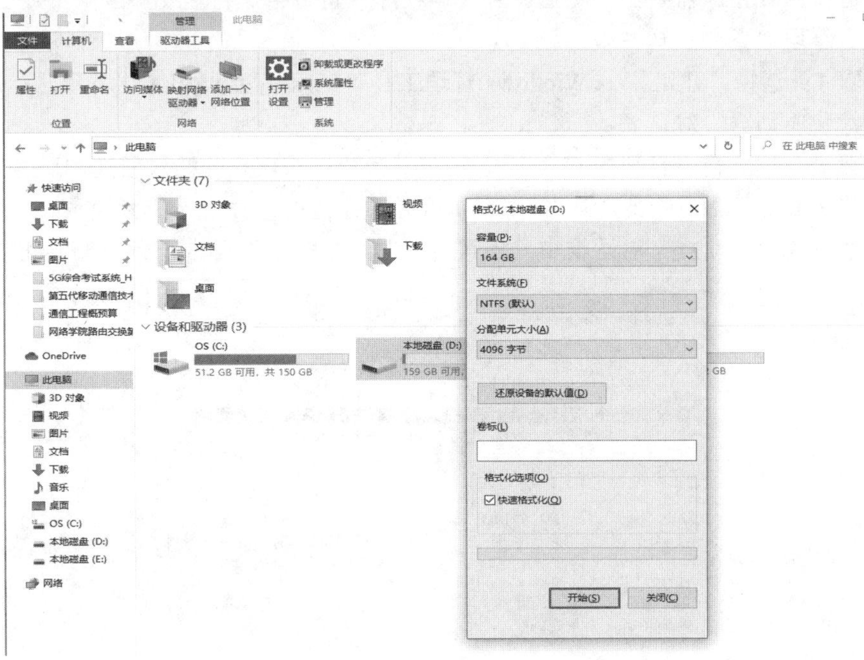


图 5-39　通过“资源管理器”窗口格式化磁盘

● 通过“磁盘管理”工具：① 打开“磁盘管理”窗口，在需要格式化的磁盘上单击鼠标右键；② 在弹出的快捷菜单中选择“格式化”命令，或选择“操作”/“所有任务”/“格式化”命令，打开“格式化”对话框，如图 5-40 所示；③ 在对话框中设置格式化限制和参数，然后单击“确定”按钮，完成格式化操作。

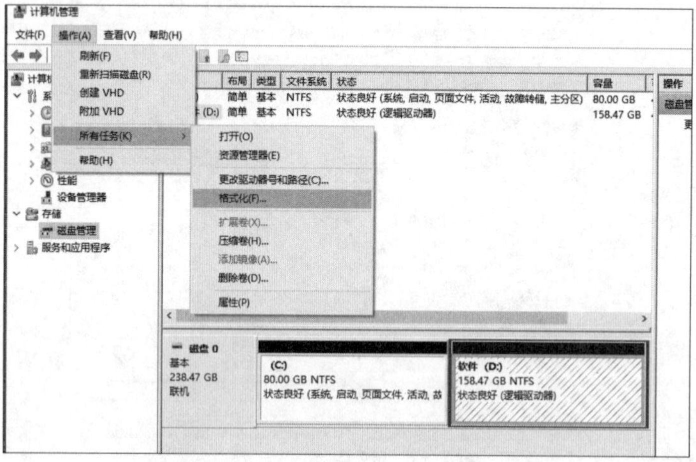

图 5-40　通过“磁盘管理”窗口格式化磁盘

## 5.4.5　整理磁盘碎片

计算机使用一段时间后，系统运行速度会慢慢降低，其中有一部分原因是系统磁盘碎片太多，整理磁盘碎片可以让系统运行更流畅。对磁盘碎片进行整理是指系统将碎片文件与文件夹的不同部分移动到卷上的相邻位置，使其在一个独立的连续空间中。对磁盘进行碎片整理需要在“磁盘碎片整理程序”窗口中进行。

下面整理 C 盘中的碎片。

**步骤 1：** 选择“开始”/“Windows 管理工具”/“碎片整理和优化驱动器”命令，打开“优化驱动器”对话框。

**步骤 2：** ① 选择要整理的 C 盘；② 单击“分析”按钮，开始对所选的磁盘进行分析；③ 当分析结束后，单击“优化”按钮，开始对所选的磁盘进行碎片整理，如图 5-41 所示。在“优化驱动器”对话框中，还可以同时选择多个磁盘进行分析和优化。

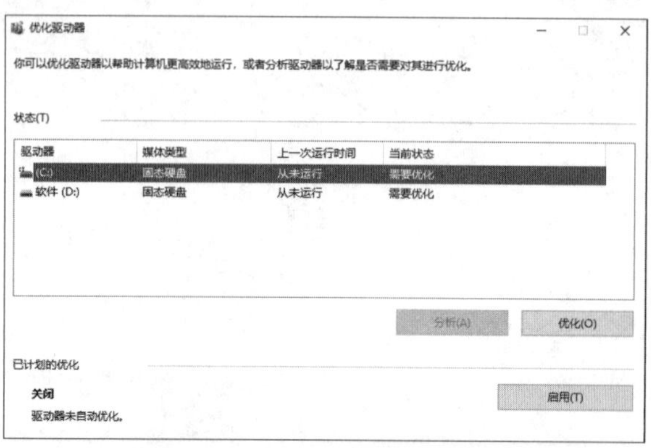

图 5-41　对 C 盘进行碎片整理

## 5.5 Windows 10 系统的备份与还原

用户在使用计算机时最怕出现系统问题，经常重装系统也很麻烦，那么如何在 Windows 10 系统中对自己当前的系统做好备份，以便需要的时候进行恢复呢？下面将详细介绍 Windows 10 系统的备份和还原方法。

### 5.5.1 备份 Windows 10 操作系统

虽然 Windows 10 系统在性能方面有了较大的提升，但也可能存在不稳定性，所以最好对系统进行备份操作。

下面将对 Windows 10 系统进行备份操作。

**步骤 1：**打开“控制面板”窗口，单击“系统和安全”超链接，在打开的界面中单击“备份和还原”超链接。

**步骤 2：**在打开的“备份和还原”窗口中单击“设置备份”超链接，如图 5-42 所示。

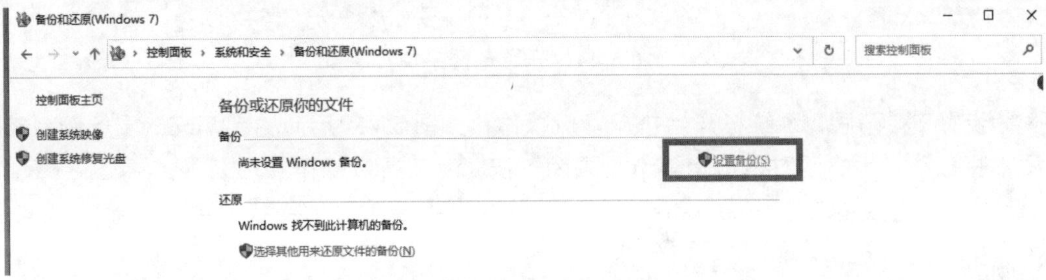


图 5-42 准备备份系统

**步骤 3：**在打开的窗口中提供了多种备份文件的保存位置，可以是本机计算机磁盘，也可以是 DVD 光盘，甚至可以将备份保存到 U 盘等设备中，这里选择本机计算机磁盘，如图 5-43 所示。

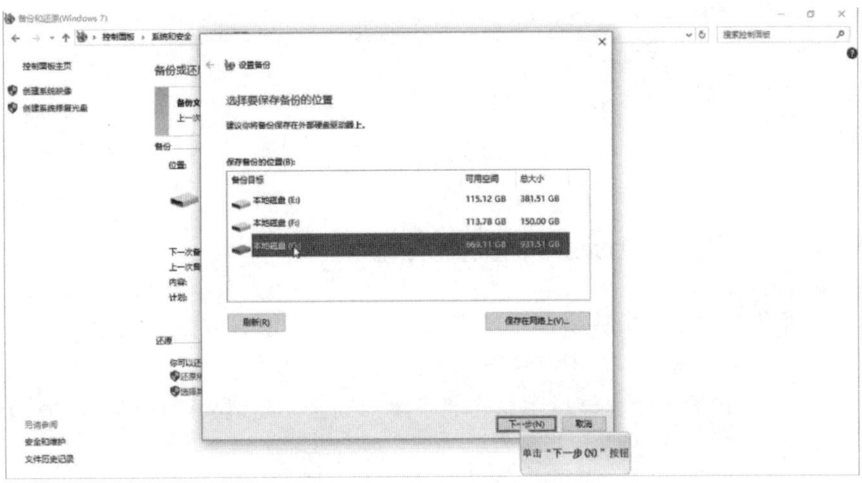


图 5-43 选择保存备份的位置

**步骤 4**：依次单击“下一步”按钮，确认备份信息无误后，单击“保存设置并运行备份”按钮，如图 5-44 所示。

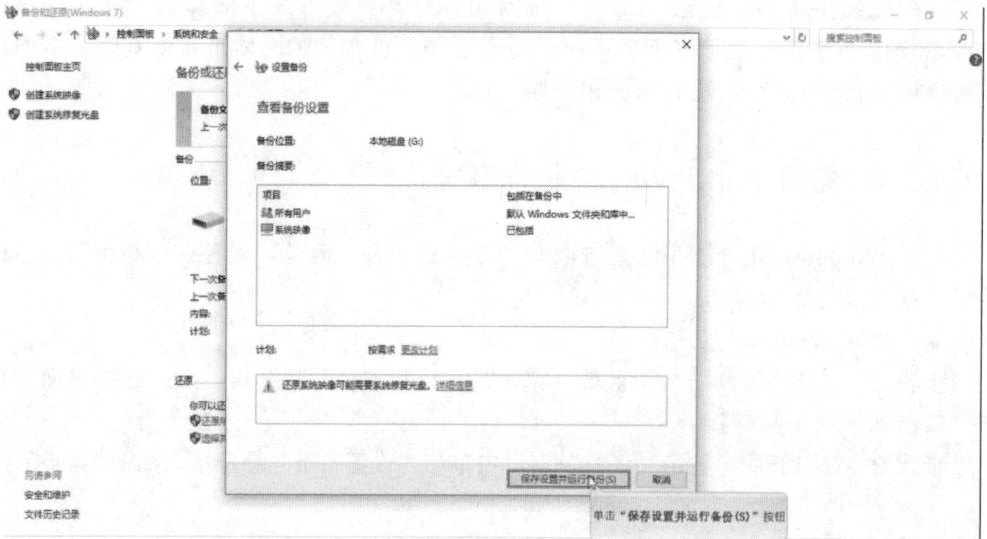


图 5-44　开始备份系统

**步骤 5**：稍后，系统将开始执行备份操作，如图 5-45 所示，待 Windows 备份完成后，将自动弹出提示对话框，单击“关闭”按钮完成备份操作。

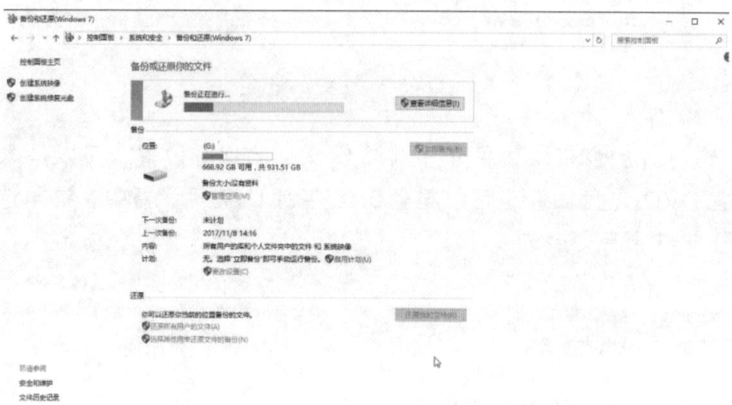

图 5-45　显示备份进度

## 5.5.2　还原 Windows 10 操作系统

如果出现磁盘数据丢失或操作系统崩溃的现象，可以通过控制面板来还原以前备份的数据。下面将对 Windows 10 系统进行还原操作。

**步骤 1**：在“控制面板”窗口中单击“系统和安全”超链接，在打开的界面中单击“从备份还原文件”超链接。

**步骤 2**：在打开的界面中单击“还原我的文件”按钮，打开“还原文件”对话框，单击“浏览文件夹”按钮，在打开的“浏览文件夹或驱动器的备份”对话框中选择已保存的 C 盘备份，然后单击“添加文件夹”按钮。

**步骤 3**：返回“还原文件”对话框，其中显示了需要还原的文件夹，单击“下一步”按钮，如图 5-46 所示。

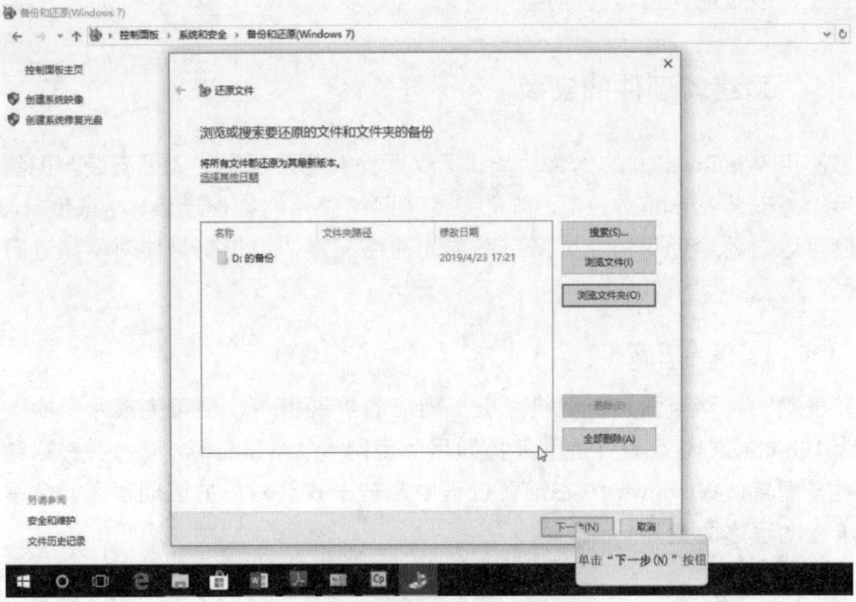


图 5-46　添加要还原的文件夹

**步骤 4**：在打开的窗口中选择还原文件的保存位置后，单击“还原”按钮，如图 5-47 所示。稍后，系统将开始执行还原操作，并显示成功还原文件的信息，最后单击“完成”按钮。

图 5-47　在原始位置还原文件

## 5.6 Windows 10 的网络功能

如今网络技术应用得越来越广泛，通过网络功能可以实现文件、外部设备和应用程序的共享，还可在网上与其他用户进行交流等。

### 5.6.1 网络软硬件的安装

要想使用 Windows 10 的网络功能，不仅要安装相应硬件，还须安装与配置相应的驱动程序。若安装 Windows 10 之前已完成了网络硬件的物理连接，Windows 10 安装程序一般可以自动帮助用户完成所有必要的网络配置，但仍有需要对网络进行自主配置的情况。

1. 网卡的安装与配置

打开机箱，将网卡插入计算机主板上相应的扩展槽中，便可完成网卡的安装。若安装专为 Windows 10 而设计的“即插即用”型网卡，Windows 10 将会在启动时自动检测并进行配置。Windows 10 在配置过程中，若未找到对应的驱动程序，会提示插入包含网卡驱动程序的盘片。

2. IP 地址的配置

下面将自定义设置 IP 地址为“192.168.0.5”。

**步骤 1：**单击 Windows 10 桌面左下角的“开始”按钮，在打开的“开始”菜单中选择“控制面板”选项，打开“控制面板”窗口，单击“网络和 Internet”超链接，在打开的界面中单击“网络和共享中心”超链接。

**步骤 2：**打开“网络和共享中心”窗口，单击窗口左侧的“更改适配器设置”超链接，在打开的窗口中选择“以太网”选项，在其上单击鼠标右键，在弹出的快捷菜单中选择“属性”命令。

**步骤 3：**① 打开“以太网属性”对话框，单击选中“Internet 协议版本 4（TCP/IPv4）”复选框；② 单击“属性”按钮；③ 打开“Internet 协议版本 4（TCP/IPv4）属性”对话框，单击选中“使用下面的 IP 地址”单选项，在“IP 地址”栏中输入“192.168.0.5”，在“子网掩码”栏中输入“255.255.255.0”，在“默认网关”和“首选 DNS 服务器”栏中分别输入“192.168.0.1”；④ 单击“确定”按钮完成属性设置，如图 5-48 所示。

### 5.6.2 资源共享

计算机中的资源共享包括存储资源共享、硬件资源共享和程序资源共享。

- 存储资源共享：共享计算机中的软盘、光盘与硬盘等存储介质，可提高存储效率，使数据的提取与分析更方便。
- 硬件资源共享：对打印机、扫描仪等外部设备的共享，可提高外部设备的使用效率。
- 程序资源共享：共享网络中的各种程序资源。

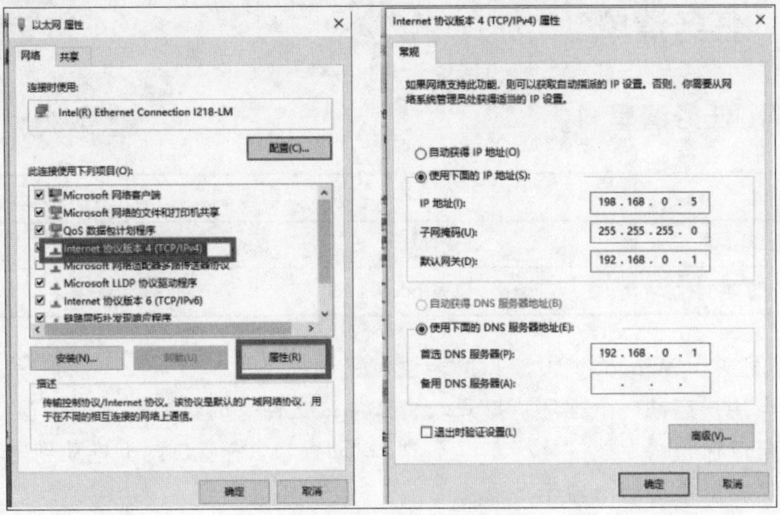


图 5-48　IP 地址的配置

## 5.6.3　查看网络中其他计算机

当同一网络中的计算机较多时，单个查找自己所需访问的计算机十分麻烦，因此，Windows 10 提供了快速查找计算机的方法。打开任意窗口，选择窗口左下方的“网络”选项，如图 5-49 所示，即可完成网络中计算机的搜索，在右侧双击所需访问的计算机即可。

图 5-49　查看网络中的其他计算机

## 5.7 任务清单

### 5.7.1 任务清单-1

| 姓名 | | 学号 | |
| --- | --- | --- | --- |
| 班级 | | 打分 | |
| 任务工单 | Windows 10 操作系统理论知识练习 | | |

（1）下列关于 Windows 10 窗口的表述，错误的是（　　）。

A. 每当用户启动一个程序、打开一个文件或文件夹时都将打开一个窗口

B. 在窗口标题栏上按住鼠标左键不放，拖动窗口，将窗口向上拖动到屏幕顶部时，窗口会以半屏状态显示

C. 按“Alt + F4”组合键可以关闭当前窗口

D. 在 Windows 10 中可以对多个窗口进行层叠、堆叠和并排等操作

（2）在 Windows 10 中，下列叙述错误的是（　　）。

A. 可支持鼠标操作　　B. 可同时运行多个程序

C. 不支持即插即用　　D. 桌面上可同时容纳多个窗口

（3）在 Windows 10 中，选择多个连续的文件或文件夹，应首先选择第一个文件或文件夹，然后按（　　）键不放，再单击最后一个文件或文件夹。

A. Tab　　B. Alt　　C. Shift　　D. Ctrl

（4）对文件或文件夹进行各种基本操作前，要先选中文件或文件夹，下列操作中不能选中文件夹的是（　　）。

A. 在窗口空白处按住鼠标左键不放，并拖曳鼠标框选中需要选择的多个对象，再释放鼠标左键即可

B. 用鼠标选中第一个选择对象，按住【Shift】键不放，再单击最后一个选择对象，可选中两个对象之间的所有对象

C. 按住【Ctrl】键不放，再依次单击所要选择的文件或文件夹，可选中多个不连续的文件或文件夹

D. 直接按【Ctrl + Z】组合键，或选择“编辑”→“全选”命令，可以选择当前窗口中的所有文件或文件夹

（5）从系统组建和用户界面设计趋势的关系来看，Windows 10 操作系统的特点是（　　）。

A. 用户界面应用化，系统组件 Modern 化

B. 用户界面直角化，系统组件扁平化

C. 系统组件应用化，用户界面 Modern 化

D. 系统组件直角化，系统组件扁平化

| 教师评语 | |
| --- | --- |

电子版作业请从电子教室传输端提交

### 5.7.2 任务清单-2

| 姓名 | | 学号 | |
|---|---|---|---|
| 班级 | | 打分 | |
| 任务工单 | Windows 10 操作系统上机操作练习一 | | |

（1）管理“E”盘中的文件及文件夹。

先在 E 盘中创建一个名为“图片文档”的文件夹，然后通过复制、移动、重命名、删除等操作，对磁盘中的文件和文件夹进行分类整理，并放置到相应的文件夹中。

（2）浏览和搜索计算机中的文件。

通过“此电脑”窗口查看各磁盘下的文件内容，可通过不同的视图方式进行查看，并删除不需要的文件，最后搜索计算机中格式为“.xlsx”的文件。

操作要点：

| 教师评语 | |
|---|---|

电子版作业请从电子教室传输端提交

### 5.7.3 任务清单-3

| 姓名 | | 学号 | |
|---|---|---|---|
| 班级 | | 打分 | |
| 任务工单 | Windows 10 操作系统上机操作练习二 | | |

（1）管理文件和文件夹，具体要求如下：

在计算机 D 盘中新建 FENG、WARM 和 SEED3 个文件夹，再在 FENG 文件夹中新建 WANG 子文件夹，在该子文件夹中新建一个 JIM.txt 文件。

将 WANG 子文件夹中的 JIM.txt 文件复制到 WARM 文件夹中。

将 WARM 文件夹中的“JIM.txt”文件删除。

（2）从网上下载搜狗拼音输入法的安装程序，然后安装到计算机中。

操作要点：

| 教师评语 | |
|---|---|

电子版作业请从电子教室传输端提交

# 第6章 文档编辑软件 Word 2016 的简单应用

Word 是微软公司推出的 Office 办公软件的核心组件之一，它是一个功能强大的文字处理软件，使用它不仅可以进行简单的文字处理，还能制作出图文并茂的文档，以及进行长文档的排版和特殊版式编排等操作。本章将介绍 Word 2016 的相关知识，包括 Word 2016 基本知识、文本编辑、文档排版、表格应用、图文混排和页面格式设置等内容。

## 学习目标

（1）了解 Word 2016 的入门知识。
（2）掌握 Word 2016 的文本编辑和排版操作。
（3）掌握 Word 2016 的表格应用方法。
（4）熟悉 Word 2016 的图文混排操作。
（5）掌握 Word 2016 的页面格式设置方法。

## 技能掌握

（1）会使用 Word 2016 进行文本编辑和排版操作。
（2）熟练掌握 Word 2016 的表格应用方法。
（3）能够完成 Word 2016 的图文混排。
（4）能够完成 Word 2016 的页面格式设置。

## 思政育人目标

（1）增强信息社会的适应力与创造力。
（2）培养学生良好的职业素养，践行社会主义核心价值观。

## 课堂案例展示

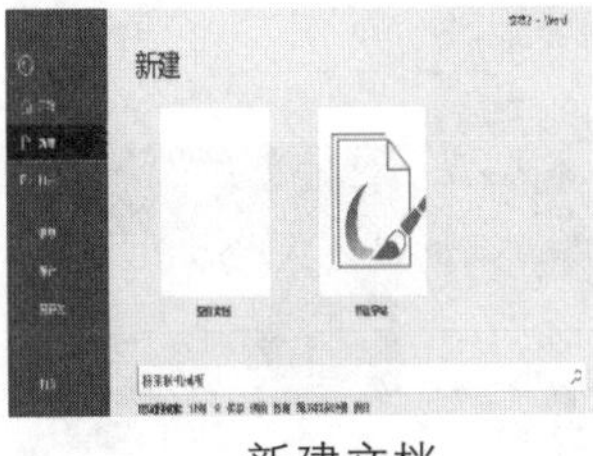


新建文档

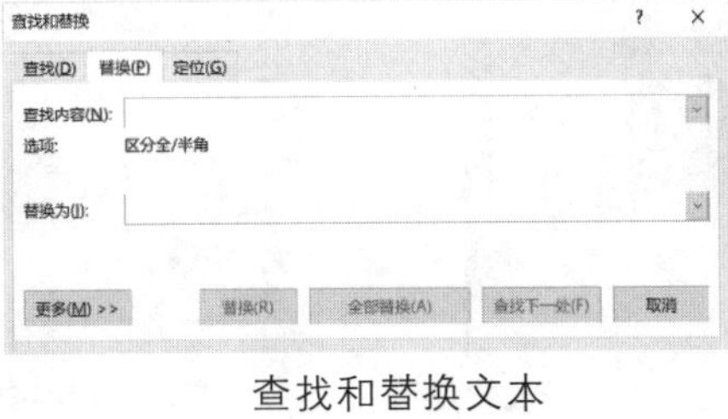


查找和替换文本

打印文档

# 6.1 Word 2016 入门

Word 是目前应用最广泛的文字处理软件之一，提供了许多便于操作的文档创建和编辑功能，受到办公人员的青睐，在文件办公等领域发挥着重要的作用。下面将讲解 Word 2016 的相关知识。

## 6.1.1 Word 2016 简介

Microsoft Word 2016 简称 Word 2016，主要用于文本处理工作，可创建和制作具有专业水准的文档，能轻松、高效地组织和编写文档，其主要功能包括：强大的文本输入与编辑功能、各种类型的多媒体图文混排功能、精确的文本校对审阅功能，以及文档打印功能等。Word 2016 在拥有旧版本的功能的基础上，还增加了图标、搜索框、垂直和翻页，以及移动页面等新功能。

## 6.1.2 Word 2016 的启动

启动 Office 2016 各组件的方法基本类似，下面以启动 Word 2016 为例对常用的几种方法进行介绍。

- 通过“开始”菜单启动：① 单击桌面左下角的“开始”按钮；② 在打开的“开始”菜单中选择“所有程序”/“Word”命令，如图 6-1 所示。
- 通过任务栏图标启动：双击任务栏中的快捷启动图标可启动相应的组件。在任务栏中固定快捷启动图标的方法：① 在“开始”菜单中的“所有程序”/“Word”命令上单击鼠标右键；② 在弹出的快捷菜单中选择“固定到任务栏”命令，如图 6-2 所示；③ 此时，单击任务栏中的 Word 图标，即可启动程序。
- 双击文档启动：若计算机中保存了某个组件生成的文档，双击该文档即可启动相应的组件并打开该文档。

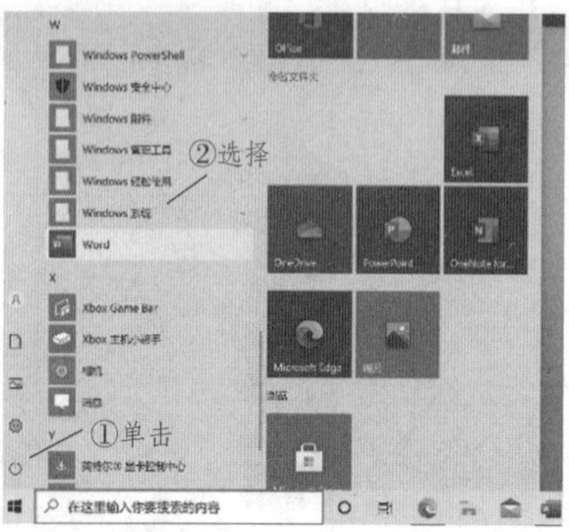


图 6-1　通过“开始”菜单启动 Word 2016

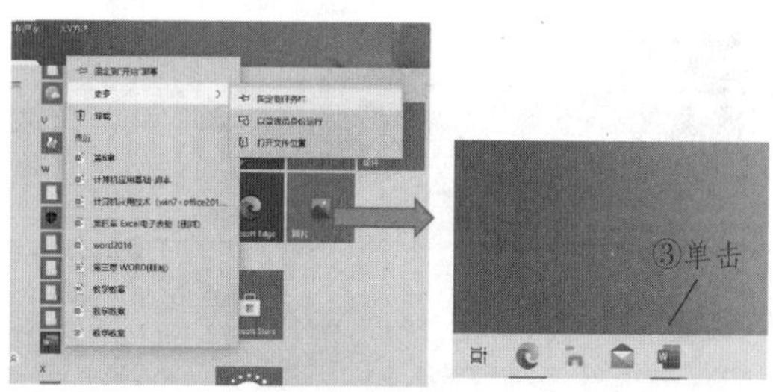


图 6-2　创建 Word 2016 任务栏快捷启动图标

### 6.1.3 Word 2016 的窗口组成

启动 Word 2016 后，在打开的界面中将显示最近使用的文档信息并提示用户创建一个新文档，选择要创建的文档类型后，进入 Word 2016 的操作界面，如图 6-3 所示。下面对 Word 2016 操作界面中的主要组成部分进行介绍。

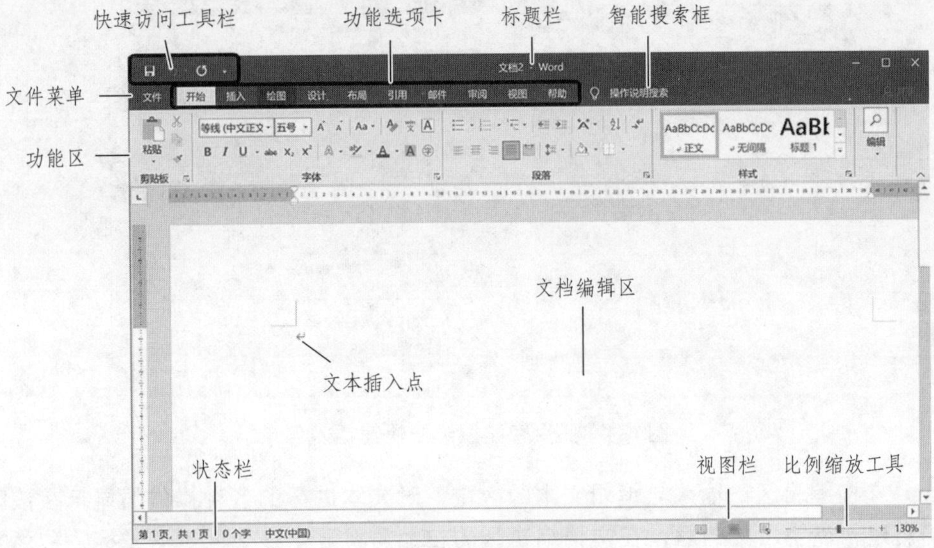


图 6-3　Word 2016 操作界面

● 标题栏：位于 Word 2016 操作界面的最顶端，包括文档名称、“功能区显示选项”按钮（可对功能选项卡和命令区进行显示和隐藏操作）和右侧的“窗口控制”按钮组（包含“最小化”按钮、“最大化”按钮和“关闭”按钮），可最大化、最小化和关闭窗口。

● 快速访问工具栏：其中显示了一些常用的工具按钮，默认按钮有“保存”按钮、“撤销键入”按钮、“重复键入”按钮。用户还可自定义按钮，只需单击该工具栏右侧的“自定义快速访问工具栏”按钮，在打开的下拉列表中选择相应选项即可。默认情况下，Word 2016 软件的快速访问工具栏显示在功能选项卡的上方，用户可单击“自定义快速访问工具栏”按钮，在打开的下拉列表中选择“在功能区下方显示”选项，将快速访问工具栏显示在功能区的下方。

● “文件”菜单：该菜单中的内容与 Office 其他版本中的“文件”菜单类似，主要用于执行与该组件相关文档的新建、打开、保存、共享等基本命令，菜单最下方的“选项”命令可打开“Word 选项”对话框，在其中可对 Word 组件进行常规、显示、校对、自定义功能区等多项设置。

● 功能选项卡：Word 2016 默认包含了 9 个功能选项卡，单击任一选项卡可打开对应的功能区，单击其他选项卡可分别切换到相应的选项卡，每个选项卡中分别包含了相应的功能集合。

● 智能搜索框：Word 2016 软件新增的一项功能，通过该搜索框用户可轻松找到相关的操作说明。比如，需要在文档中插入目录时，便可以直接在搜索框中输入目录，此时会显示一些关于目录的信息，将鼠标指针定位至“目录”选项上，在打开的子列表中就可以快速选择自己想要插入的目录的形式，如图 6-4 所示。

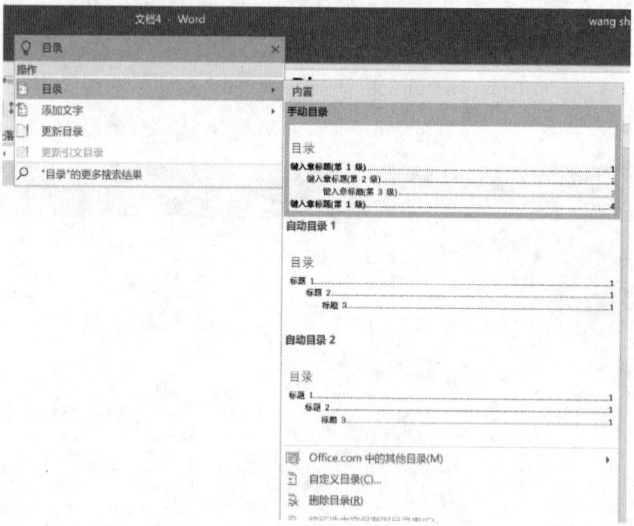

图 6-4　使用智能搜索框快速插入目录

● 文档编辑区：输入与编辑文本的区域，对文本进行的各种操作都显示在该区域中。新建一篇空白文档后，在文档编辑区的左上角将显示一个闪烁的光标，称为文本插入点。该光标所在位置便是文本的起始输入位置。

● 状态栏：位于操作界面的最底端，主要用于显示当前文档的工作状态，包括当前页数、字数、输入状态等，右侧依次显示视图切换按钮和显示比例调节滑块。

### 6.1.4　Word 2016 的视图方式

Word 2016 主要有 5 种视图方式，分别为页面视图、阅读版式视图、Web 版式视图、大纲视图和草稿视图，可在“视图”选项卡中选择所需的视图方式，也可在视图栏中选择。

● 页面视图：默认的视图模式，在该视图中文档的显示与实际打印效果一致。

● 阅读版式视图：单击“阅读视图”按钮可切换至阅读视图模式，在该视图中，文档的内容根据屏幕的大小，以适合阅读的方式进行显示，单击视图切换按钮组中的“页面视图”按钮或直接按“Esc”键，可返回页面视图。

● Web 版式视图：单击“Web 版式视图”按钮可切换至 Web 版式视图，在该视图中，文本与图形的显示与在 Web 浏览器中的显示一致。

● 大纲视图：单击“大纲”按钮可切换至大纲视图，在该视图中，根据文档的标题级别显示文档的框架结构，单击“关闭大纲视图”按钮，可关闭大纲视图返回页面视图。

● 草稿视图：单击“草稿”按钮可切换至草稿视图，该视图简化了页面的布局，主要显示文本及其格式，适合对文档进行输入和编辑操作。

### 6.1.5 Word 2016 的文档操作

Word 中的文档操作主要包括新建文档、保存文档、打开文档、关闭文档、打印文档等。

1. 新建文档

新建文档主要可分为新建空白文档和根据模板新建文档两种方式，下面分别进行介绍。

（1）新建空白文档。

启动 Word 2016 后，软件会自动新建一个名为“文档 1”的空白文档，除此之外，新建空白文档还有以下几种方法。

- 通过“新建”命令新建：① 选择“文件”/“新建”命令，在界面右侧显示了空白文档和带模板的文档样式；② 这里直接选择“空白文档”选项新建文档，如图 6-5 所示。
- 通过快速访问工具栏新建：单击“自定义快速访问工具栏”按钮，在打开的下拉列表中选择“新建”选项，然后单击快速访问工具栏中的“新建”按钮。
- 通过快捷键新建：直接按“Ctrl + N”组合键。

图 6-5 新建空白文档

（2）根据模板新建文档。

根据模板新建文档是指利用 Word 2016 提供的某种模板来创建具有一定内容和样式的文档。

**例 6-1：**根据 Word 提供的“精美简历”模板创建文档，具体操作如下。

**步骤 1：**① 选择“文件”/“新建”命令；② 在界面右侧选择“精美简历”选项，如图 6-6 所示。

图 6-6　选择样本模板

**步骤 2：**在打开的提示对话框中单击“创建”按钮，如图 6-7 所示。

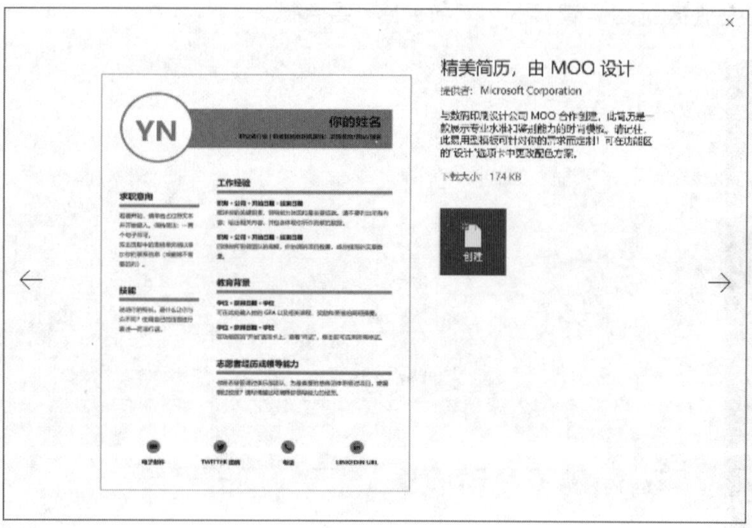


图 6-7　创建文档

**步骤 3：**此时，Word 将自动从网络中下载所选的模板，稍后将根据所选模板创建一个新的 Word 文档，且模板中包含了已设置好的内容和样式，如图 6-8 所示。

2. 保存文档

保存文档是指将新建的文档、编辑过的文档保存到计算机中，便于后续查看和使用。Word 2016 中保存文档的方法可分为保存新建的文档、另存文档和自动保存文档 3 种。

（1）保存新建的文档。

保存新建文档的方法主要有以下 3 种。

- 通过“保存”命令保存：选择“文件”/“保存”命令。

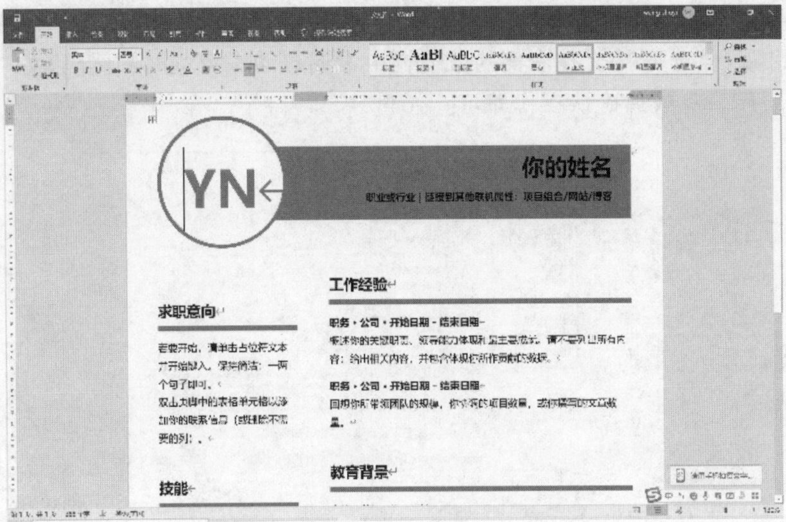

图 6-8　根据模板创建的文档效果

- 通过快速访问工具栏保存：单击快速访问工具栏中的“保存”按钮。
- 通过快捷键保存：按“Ctrl + S”组合键。

如果是第一次对新建的文档进行保存，执行以上任意操作后，都将打开“另存为”窗口，如图 6-9 所示，在该窗口的“另存为”列表中提供了“最近”“OneDrive-个人”“这台电脑”“添加位置”“浏览”5 种保存方式，默认选择“最近”的保存位置，单击右侧最近使用的文件夹便可打开“另存为”对话框，如图 6-10 所示，在对话框的地址栏中可选择和设置文档的保存位置，在“文件名”下拉列表框中可设置文档保存的名称，完成后单击“保存”按钮。

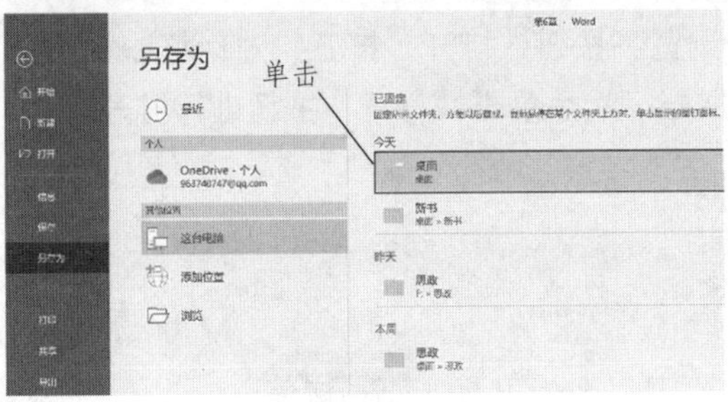


图 6-9　选择保存方式

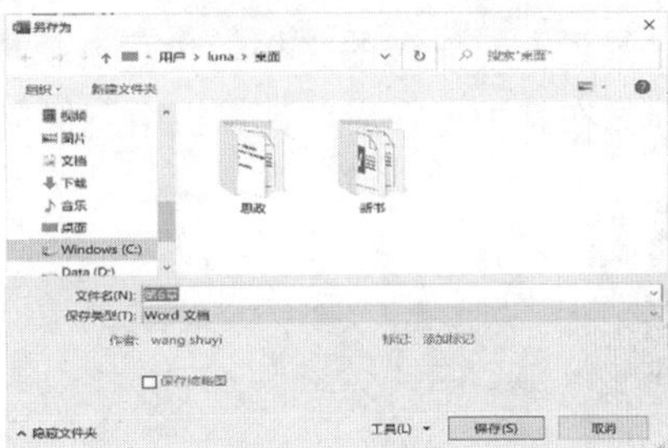

图 6-10　保存文档

如果文档已经保存过，再执行保存操作时不会打开“另存为”对话框，而是直接替换之前保存的文档内容。

（2）另存文档。

如果需要对已保存的文档进行备份，则可以选择另存为操作，方法为选择“文件”/“另存为”命令，在打开的“另存为”窗口中按保存文档的方法操作即可。

（3）自动保存文档。

设置自动保存后，Word 将按设置的间隔时间自动保存文档，以避免当遇到死机或突然断电等意外情况时丢失文档数据，方法是：① 选择“文件”/“选项”命令，打开

“Word 选项”对话框，选择左侧列表框中的“保存”选项，单击选中“保存自动恢复信息时间间隔”复选框；② 在右侧的数值框中设置自动保存的时间间隔，如“10 分钟”，如图 6-11 所示，完成后确认操作即可。

图 6-11　设置自动保存文档时间间隔

3. 打开文档

打开文档有以下几种常用方法。

- 通过“打开”命令打开：选择“文件”/“打开”命令。
- 通过快速访问工具栏打开：单击快速访问工具栏中的“打开”按钮。
- 通过快捷键打开：按“Ctrl + O”组合键。

执行以上任意操作后，都将打开“打开”窗口，如图 6-12 所示，在“打开”列表中提供了“最近”“OneDrive-个人”“这台电脑”“添加位置”“浏览”5 种打开方式，默认显示“最近”打开过的文档，也可以单击“浏览”按钮，打开“打开”对话框，如图 6-13 所示，在其中选择当前计算机中所保存的文档，然后单击“打开”按钮进行打开。

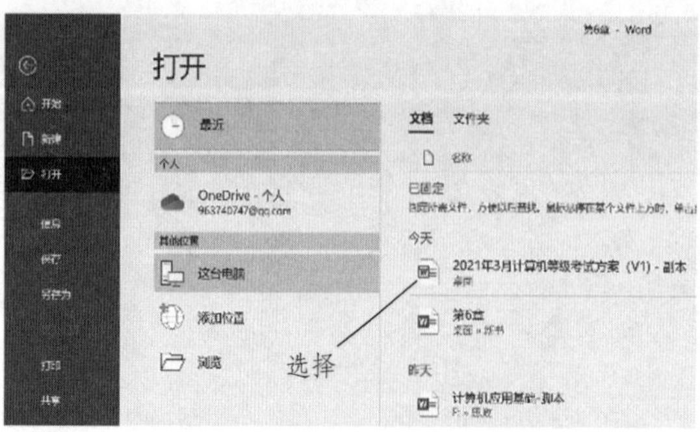


图 6-12　选择打开方式

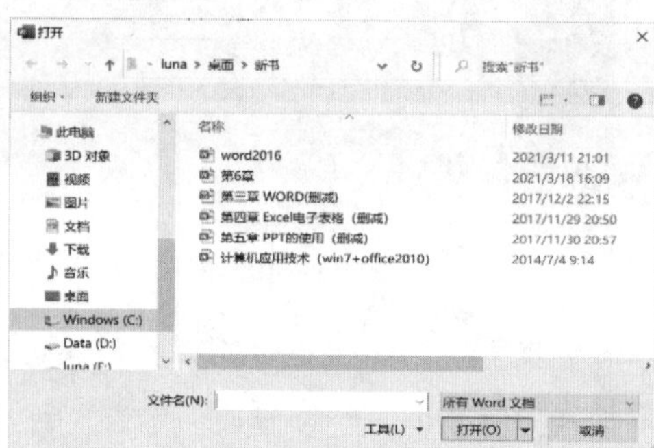


图 6-13　选择要打开的文档

4. 关闭文档

关闭文档是指在不退出 Word 2016 的前提下，关闭当前正在编辑的文档，方法为选择“文件”/“关闭”命令。提示当关闭未保存的文档时，Word 会自动打开提示对话框，询问关闭前是否保存文档。其中，单击“保存”按钮可保存后关闭文档；单击“不保存”按钮可不保存直接关闭文档；单击“取消”按钮取消关闭操作。

### 6.1.6 Word 2016 的退出

退出 Word 2016 的方法主要有以下几种。

- 单击标题栏右侧的“关闭”按钮。
- 确认 Word 2016 操作界面为当前活动窗口，然后按“Alt + F4”组合键。
- 在 Word 2016 的标题栏上单击鼠标右键，在弹出的快捷菜单中选择“关闭”命令。

## 6.2 Word 2016 的文本编辑

创建文档或打开一篇文档后，可在其中对文档内容进行编辑，如输入文本、选择文本、插入与删除文本、移动与复制文本，以及查找与替换文本等。

### 6.2.1 输入文本

创建文档后就可以在文档中输入文本，Word 的即点即输功能可帮助用户轻松在文档中的不同位置输入需要的文本。

**例 6-2**：在 Word 2016 中输入“学习计划”等文本。

**步骤 1**：将鼠标指针移至文档上方的中间位置，当鼠标指针变成“I”形状时双击鼠标，将文本插入点定位到此处。

**步骤 2**：将输入法切换至中文输入法，输入文档标题“学习计划”文本。

**步骤 3**：将指针移至文档标题下方左侧需要输入文本的位置，此时指针变成“I”形状，双击鼠标将文本插入点定位到此处，如图 6-14 所示。

**步骤 4**：输入正文文本，按“Enter”键换行，使用相同的方法输入其他的文本，完成学习计划等文本的输入，效果如图 6-15 所示。

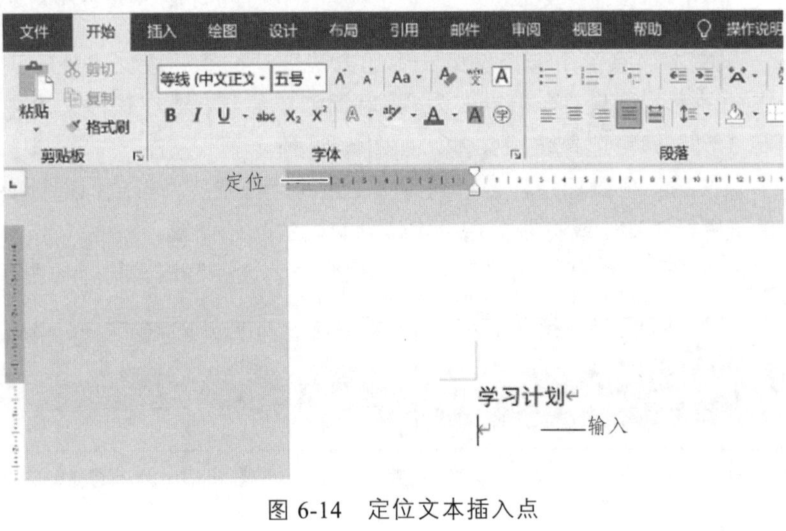


图 6-14　定位文本插入点

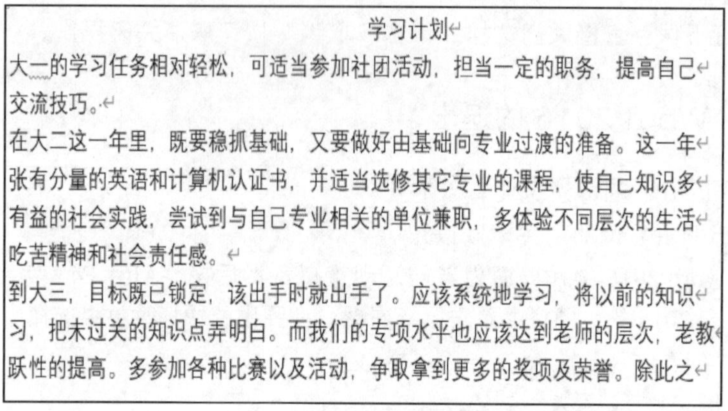
学习计划
大一的学习任务相对轻松，可适当参加社团活动，担当一定的职务，提高自己
交流技巧。
在大二这一年里，既要稳抓基础，又要做好由基础向专业过渡的准备。这一年
张有分量的英语和计算机认证书，并适当选修其它专业的课程，使自己知识多
有益的社会实践，尝试到与自己专业相关的单位兼职，多体验不同层次的生活
吃苦精神和社会责任感。
到大三，目标既已锁定，该出手时就出手了。应该系统地学习，将以前的知识
习，把未过关的知识点弄明白。而我们的专项水平也应该达到老师的层次，老教
跃性的提高。多参加各种比赛以及活动，争取拿到更多的奖项及荣誉。除此之

图 6-15　输入正文部分

## 6.2.2　选择文本

当需要对文档内容进行修改、删除、移动与复制等编辑操作时，用户必须先选择要编辑的文本。选择文本主要包括选择任意文本、选择一行文本、选择一段文本、选择整篇文档等多种方式，具体方法介绍如下。

● 选择任意文本：在需要选择的文本的开始位置单击后按住鼠标左键不放并拖动到文本结束处释放鼠标，选择后的文本呈灰底黑字显示，如图 6-16 所示。

● 选择一行文本：除了用选择任意文本的方法拖动选择一行文本外，还可将鼠标指针移动到该行左边的空白位置，当指针变成↗形状时单击鼠标左键，即可选择整行文本，如图 6-17 所示。

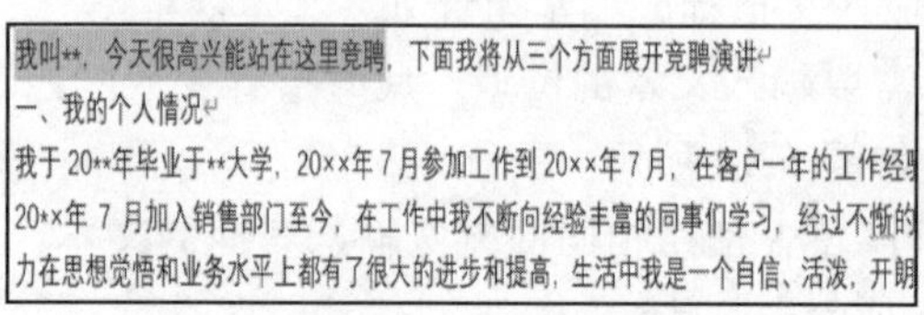
我叫**，今天很高兴能站在这里竞聘，下面我将从三个方面展开竞聘演讲
一、我的个人情况
我于 20**年毕业于**大学，20××年 7 月参加工作到 20××年 7 月，在客户一年的工作经验
20×年 7 月加入销售部门至今，在工作中我不断向经验丰富的同事们学习，经过不断的
力在思想觉悟和业务水平上都有了很大的进步和提高，生活中我是一个自信、活泼，开朗

图 6-16　选择任意文本

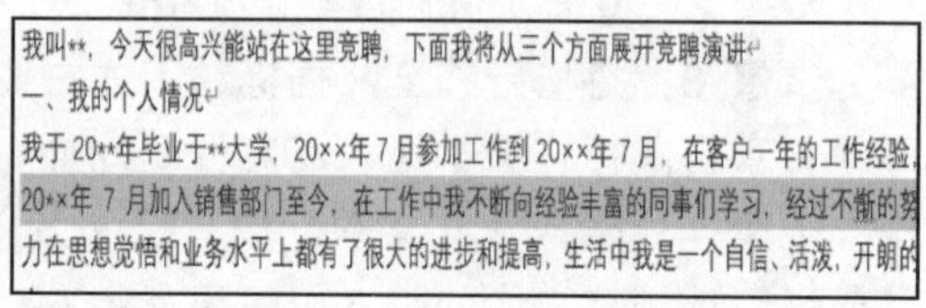
我叫**，今天很高兴能站在这里竞聘，下面我将从三个方面展开竞聘演讲
一、我的个人情况
我于 20**年毕业于**大学，20××年 7 月参加工作到 20××年 7 月，在客户一年的工作经验，
20××年 7 月加入销售部门至今，在工作中我不断向经验丰富的同事们学习，经过不断的努
力在思想觉悟和业务水平上都有了很大的进步和提高，生活中我是一个自信、活泼，开朗的

图 6-17　选择一行文本

● 选择一段文本：除了用选择任意文本的方法拖动选择一段文本外，还可将指针移动到段落左边的空白位置，当指针变为↗形状时双击鼠标，或在该段文本中任意一点连续单击鼠标 3 次，即可选择该段文本，如图 6-18 所示。

● 选择整篇文档：将鼠标指针移动到文档左边的空白位置，当鼠标指针变成白色中空形，连续单击鼠标 3 次；或将鼠标指针定位到文本的起始位置，按住“Shift”键不放，然后单击文本末尾位置；或直接按“Ctrl + A”组合键，选择整篇文档，如图 6-19 所示。

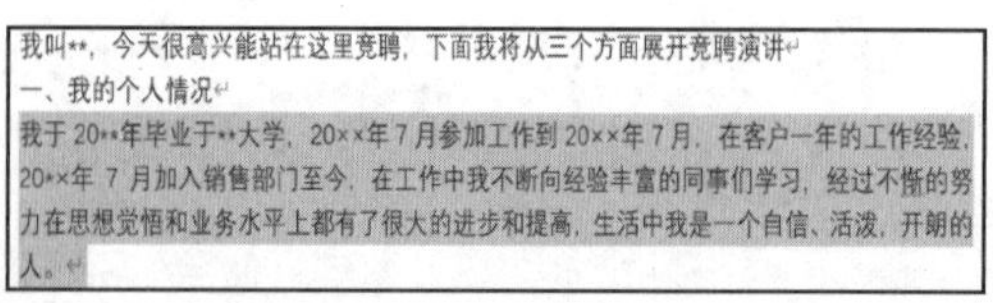
我叫**，今天很高兴能站在这里竞聘，下面我将从三个方面展开竞聘演讲
一、我的个人情况
我于 20**年毕业于**大学，20××年 7 月参加工作到 20××年 7 月，在客户一年的工作经验，
20×年 7 月加入销售部门至今，在工作中我不断向经验丰富的同事们学习，经过不断的努
力在思想觉悟和业务水平上都有了很大的进步和提高，生活中我是一个自信、活泼，开朗的
人。

图 6-18　选择一段文本

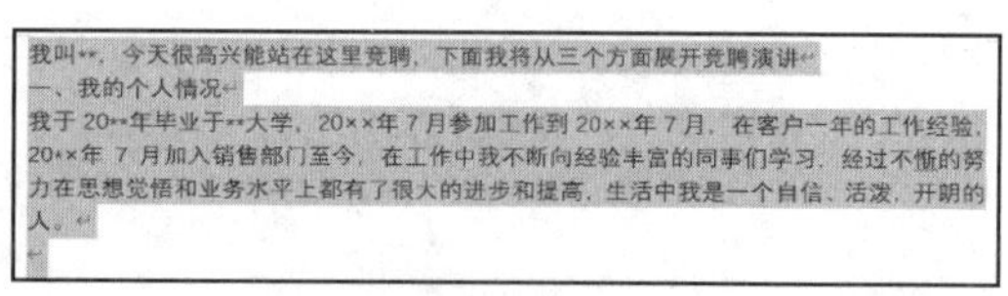
我叫**，今天很高兴能站在这里竞聘，下面我将从三个方面展开竞聘演讲
一、我的个人情况
我于 20**年毕业于**大学，20××年 7 月参加工作到 20××年 7 月，在客户一年的工作经验，
20××年 7 月加入销售部门至今，在工作中我不断向经验丰富的同事们学习，经过不断的努
力在思想觉悟和业务水平上都有了很大的进步和提高，生活中我是一个自信、活泼，开朗的
人。

图 6-19　选择整篇文档

另外，选择部分文本后，按住“Ctrl”键不放，可以继续选择不连续的文本区域。若要取消选择操作，可用鼠标在选择对象以外的任意位置单击即可。

### 6.2.3 插入与删除文本

将光标定位至 Word 文档后，光标将呈不断闪烁的状态，表示当前文档处于插入状态，直接在插入点处可输入文本，该处文本后面的内容将随光标自动向后移动，如图 6-20 所示。

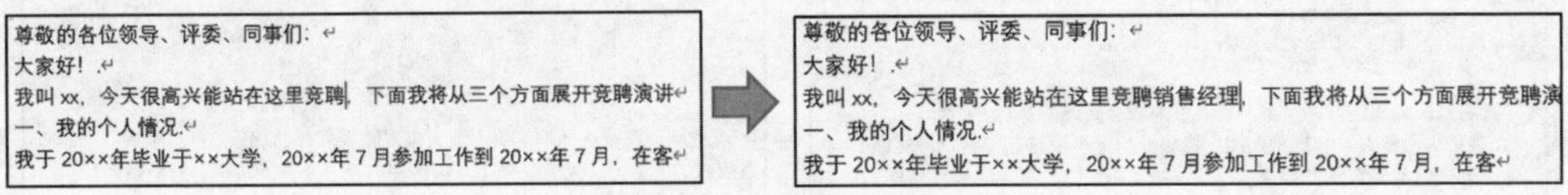


图 6-20　插入文本

如果文档中输入了多余或重复的文本，可使用删除操作将不需要的文本从文档中删除，主要有以下两种方法。

- 选择需要删除的文本，按“BackSpace”键可删除选择的文本。若定位文本插入点后，按“BackSpace”键则可删除文本插入点前面的字符。
- 选择需要删除的文本，按“Delete”键也可删除选择的文本。若定位文本插入点后，按“Delete”键则可删除文本插入点后面的字符。

### 6.2.4 复制与移动文本

若要输入与文档中已有内容相同的文本，可使用复制操作。若要将所需文本内容从一个位置移动到另一个位置，可使用移动操作，下面具体进行介绍。

1. 复制文本

复制文本是指在目标位置为原位置的文本创建一个副本，复制文本后，原位置和目标位置都将存在该文本。复制文本的方法有多种，下面分别进行介绍。

- 选择所需文本后，在“开始”/“剪贴板”组中单击“复制”按钮复制文本，定位到目标位置后在“开始”/“剪贴板”组中单击“粘贴”按钮粘贴文本。
- 选择所需文本后，在其上单击鼠标右键，在弹出的快捷菜单中选择“复制”命令，定位到目标位置后单击鼠标右键，在弹出的快捷菜单中单击“粘贴选项”命令中的“保留源格式”按钮粘贴文本。
- 选择所需文本后，按“Ctrl + C”组合键复制文本，定位到目标位置后按“Ctrl + V”组合键粘贴文本。
- 选择所需文本后，按住“Ctrl”键不放，将其拖动到目标位置即可。

2. 移动文本

移动文本是指将选择的文本移动到另一个位置，原位置将不再保留该文本，主要有以下 4 种方法。

● 选择要移动的文本后单击鼠标右键，在弹出的快捷菜单中选择“剪切”命令，定位文本插入点，单击鼠标右键，在弹出的快捷菜单中单击“粘贴选项”命令中的“保留源格式”按钮，即可移动文本。

● ① 选择要移动的文本；② 在“开始”/“剪贴板”组中单击“剪切”按钮；③ 定位文本插入点；④ 在“开始”/“剪贴板”组中单击“粘贴”按钮，即可发现原位置的文本在粘贴处显示，如图 6-21 所示。

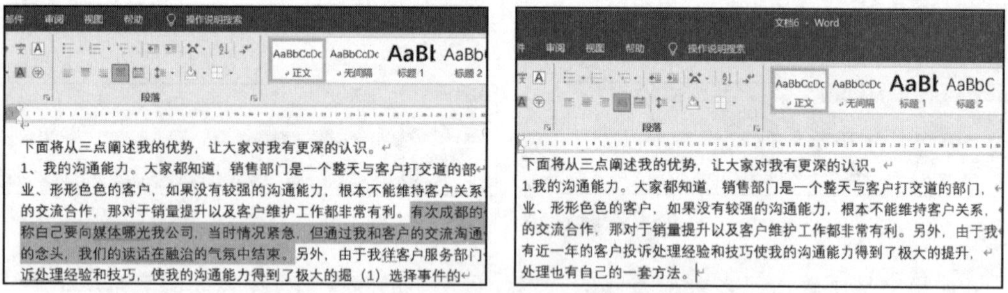


图 6-21　剪切并粘贴文本

● 选择要移动的文本，按“Ctrl + X”组合键，将文本插入点定位到目标位置，按“Ctrl + V”组合键粘贴文本。

● 选择要移动的文本，将鼠标指针移动到选择的文本上，按住鼠标左键不放拖动到目标位置后释放鼠标。

## 6.2.5　查找与替换文本

当文档中出现某个多次使用的文字或短句错误时，可使用查找与替换功能来检查和修改错误部分，以节省时间并避免遗漏。

**例 6–3**：将“招聘启事”文档中的“赵萍”替换为“招聘”。

**步骤 1**：将文本插入点定位到文档中，在“开始”/“编辑”组中单击“替换”按钮，或按“Ctrl + H”组合键，如图 6-22 所示。

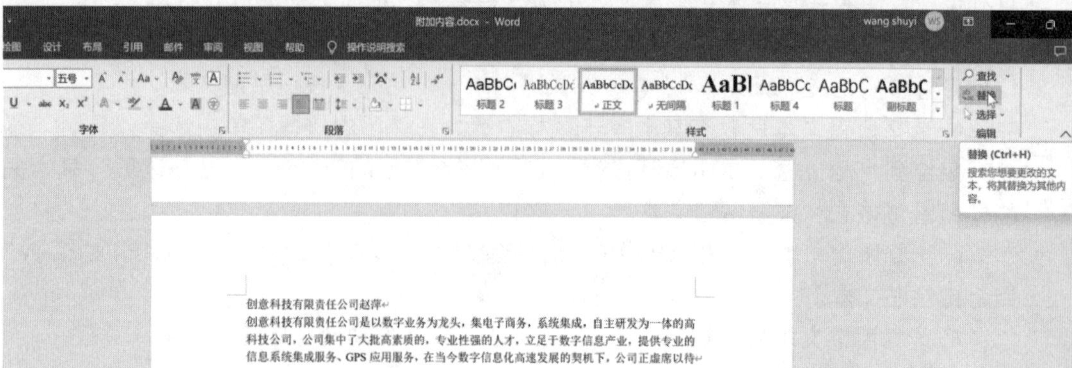


图 6-22　单击“替换”按钮

**步骤 2**：打开“查找和替换”对话框，分别在“查找内容”和“替换为”文本框中输入“赵萍”和“招聘”。

**步骤 3：** 单击“查找下一处”按钮，如图 6-23 所示，即可看到文档中所找到的第一个“赵萍”文本呈选中状态显示。

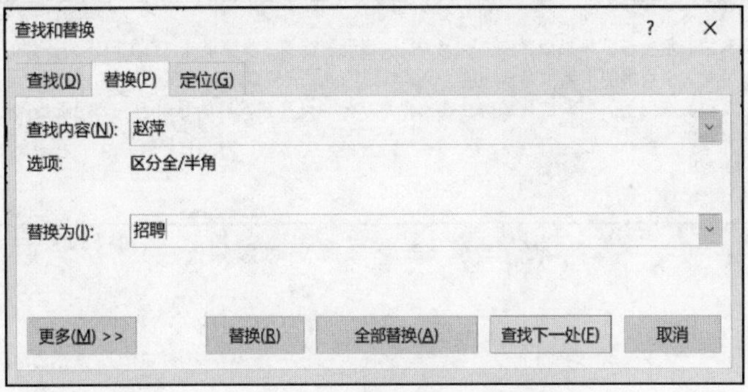


图 6-23 “查找和替换”对话框

**步骤 4：** ① 继续单击“查找下一处”按钮，直至出现对话框提示“已完成对文档的搜索”，单击“确定”按钮；② 返回“查找和替换”对话框，单击“全部替换”按钮，如图 6-24 所示。

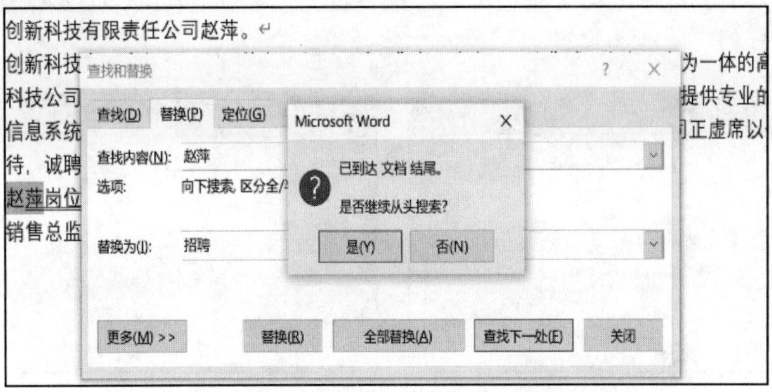


图 6-24 提示完成文档的搜索

**步骤 5：** 打开提示对话框，提示完成替换的次数，直接单击“确定”按钮即可完成替换，最后单击“关闭”按钮，如图 6-25 所示，完成文本的查找与替换操作。

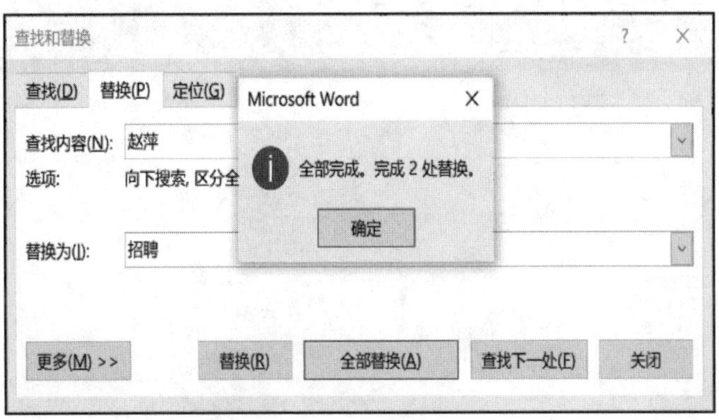


图 6-25 提示完成替换

**步骤 6：**此时在文档中即可看到“赵萍”已被全部替换为“招聘”文本，如图 6-26 所示。

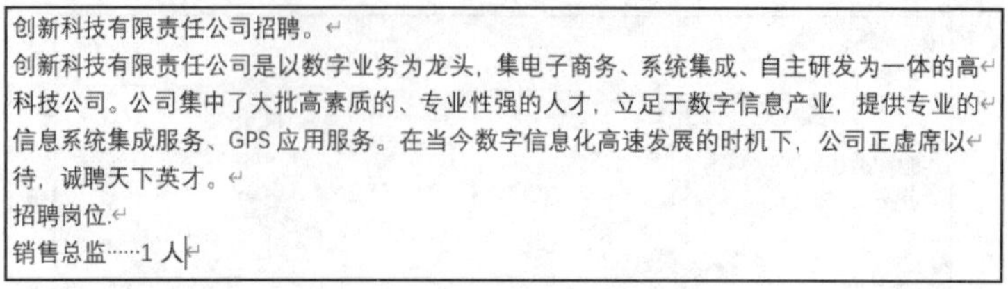
创新科技有限责任公司招聘。
创新科技有限责任公司是以数字业务为龙头，集电子商务、系统集成、自主研发为一体的高科技公司。公司集中了大批高素质的、专业性强的人才，立足于数字信息产业，提供专业的信息系统集成服务、GPS 应用服务。在当今数字信息化高速发展的时机下，公司正虚席以待，诚聘天下英才。
招聘岗位.
销售总监……1 人

图 6-26　查看替换文本效果

## 6.2.6　撤销与恢复操作

Word 2016 有自动记录功能，在编辑文档时执行了错误操作后可进行撤销，同时也可恢复被撤销的操作。

**例 6–4：**将“学习计划”文档中的“学习计划”修改为“计划”，然后撤销操作。

**步骤 1：**将文档标题“学习计划”修改为“计划”。

**步骤 2：**单击快速访问工具栏中的“撤销键入”按钮，如图 6-27 所示，即可恢复到将“学习计划”修改为“计划”前的文档效果。

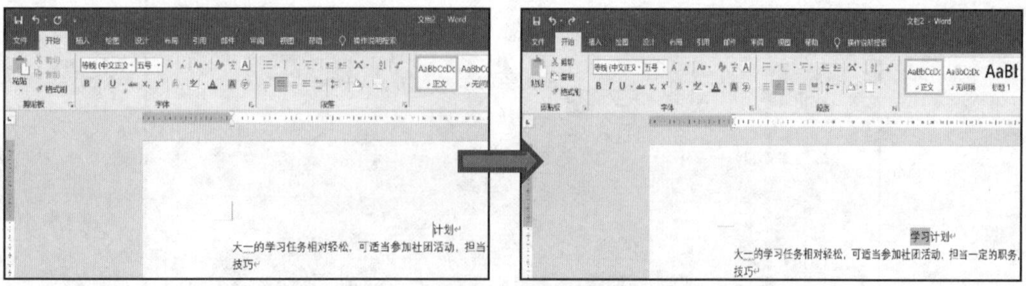

图 6-27　撤销操作

**步骤 3**：单击“恢复”按钮，或按“Ctrl + Y”组合键，如图 6-28 所示，便可以恢复到撤销操作前的文档效果。

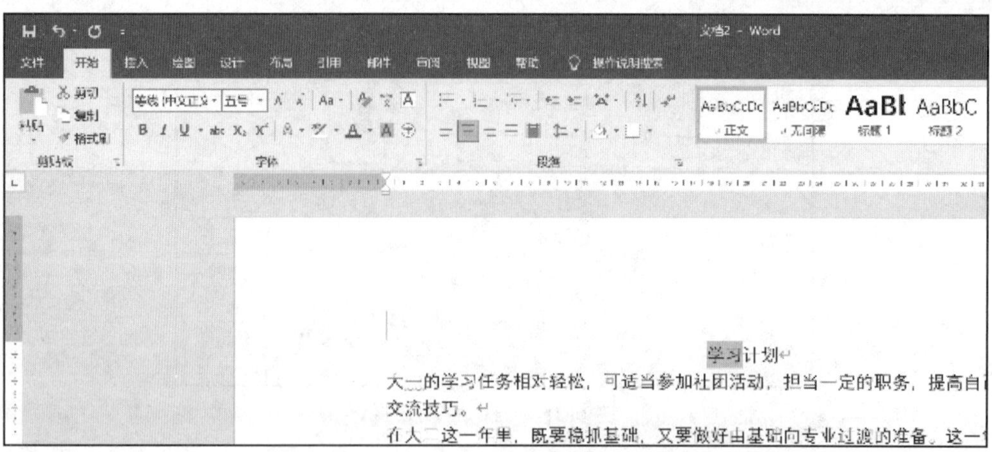

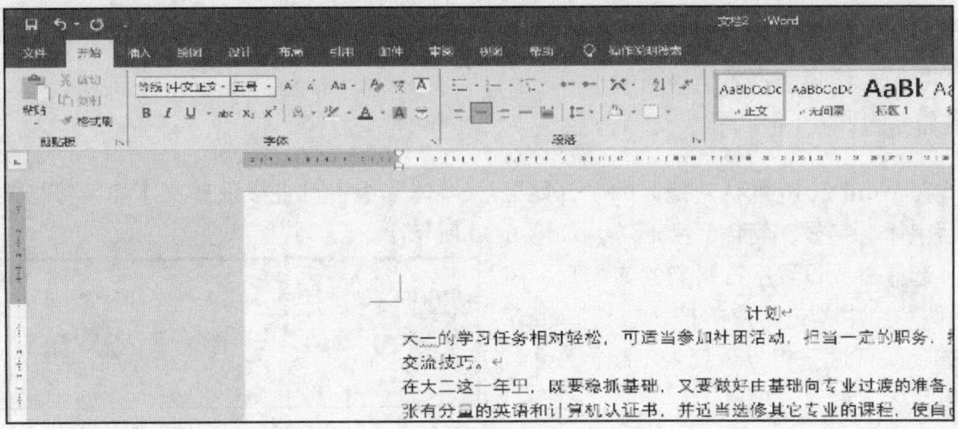

图 6-28 恢复操作

## 6.3 Word 2016 文档排版

对 Word 文档进行排版主要是设置 Word 的文档格式，包括设置字符和段落格式、设置边框与底纹、设置项目符号和编号应用格式刷、设置样式与模板、创建目录，以及设置特殊格式等。

### 6.3.1 设置字符格式

Word 文档中的文本内容包括汉字、字母、数字、符号等，设置字体格式即更改文本的字体、字号、颜色等，通过这些设置可以使文字效果更突出，文档更美观。在 Word 2016 中设置字符格式可通过以下方法完成。

1. 通过浮动工具栏设置

选择一段文本后，所选文本的右上角将会自动显示一个浮动工具栏，该浮动工具栏最初为半透明状态显示，将鼠标指针指向该工具栏时会清晰地完全显示。其中包含常用的设置选项，单击相应的按钮或选择相应选项即可对文本的字符格式进行设置，如图 6-29 所示。其中部分选项含义如下。

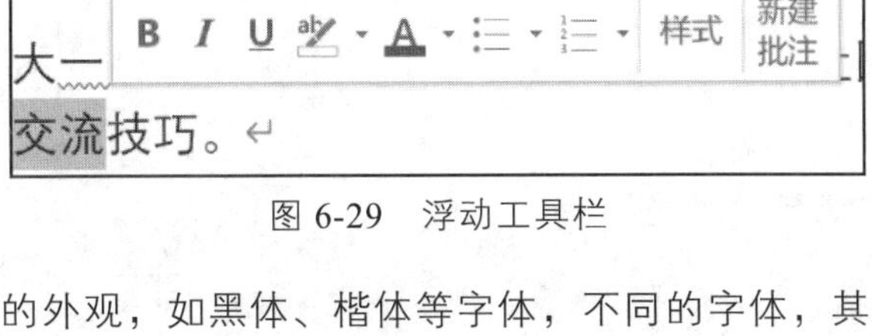


图 6-29 浮动工具栏

- 字体指文字的外观，如黑体、楷体等字体，不同的字体，其外观也不同。
- 字号指文字的大小，默认为五号。其度量单位有“字号”和“磅”两种，其中字号越大文字越小，最大的字号为“初号”，最小的字号为“八号”；当用“磅”作度量单位时，磅值越大文字越大。

2. 通过功能区设置

在 Word 2016 默认功能区的“开始”/“字体”组中可直接设置文本的字符格式，包括字体、字号、颜色、字形等，如图 6-30 所示。

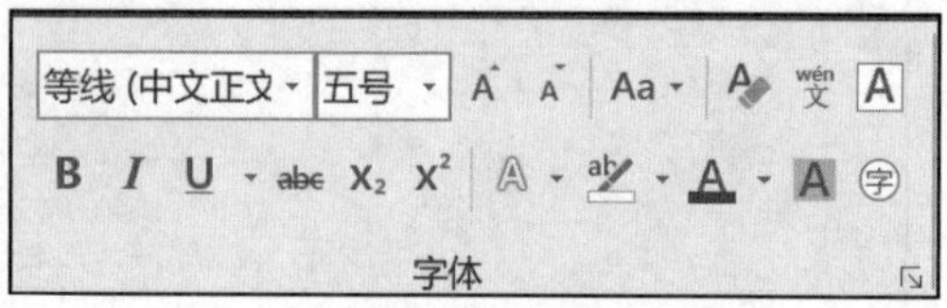


图 6-30 “字体”组

选择需要设置字符格式的文本后，在“字体”组中单击相应的按钮或选择相应的选项即可进行相应设置。“字体”组中还包括以下设置选项。

- “文本效果和版式”按钮：单击按钮，在打开的下拉列表中可选择需要的文本效果，如阴影、发光、映像等效果。
- “下标”与“上标”按钮：单击按钮将选择的字符设置为下标效果；单击按钮将选择的字符设置为上标效果。
- “更改大小写”按钮：在编辑英文文档时，可能需要转换字母大小写，单击“字体”组的按钮，在打开的下拉列表中提供了句首字母大写、每个单词首字母大写、切换大小写等转换选项。
- “带圈字符”按钮：单击按钮可以在字符周围设置圆圈或边框，达到强调的效果。

3. 通过“字体”对话框设置

在“开始”/“字体”组中单击其右下角的“展开”按钮或按“Ctrl + D”组合键，打开“字体”对话框。在“字体”选项卡中可设置字体格式，如字体、字形、字号、字体颜色、下划线等，还可即时预览设置字体后的效果，如图 6-31 所示。

在“字体”对话框中单击“高级”选项卡，可以设置字符间距、缩放、字符位置等，如图 6-32 所示。

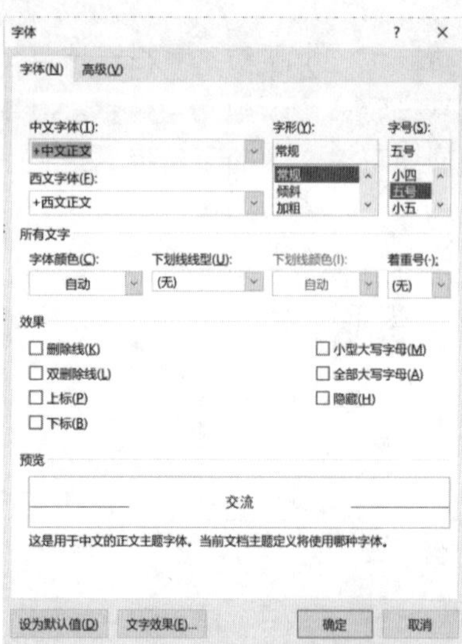


图 6-31 “字体”选项卡

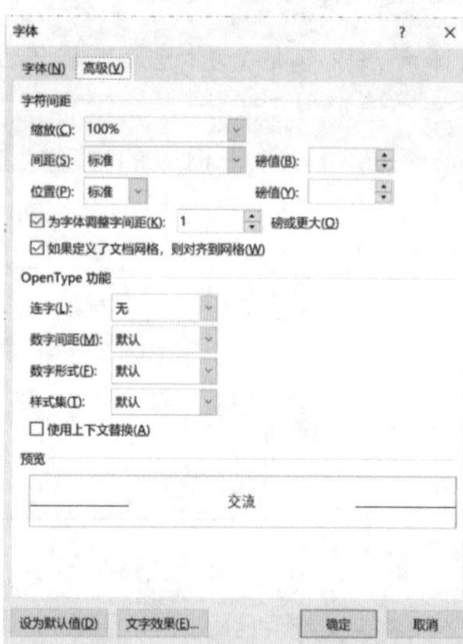


图 6-32 “高级”选项卡

“高级”选项卡中常用设置选项的功能如下：

- 缩放：默认字符缩放是 100%，表示正常大小，比例大于 100%时得到的字符趋于宽扁，小于 100%时得到的字符趋于瘦高。
- 位置：指字符在文本行的垂直位置，包括“上升”和“下降”两种。
- 间距：Word 中的字符间距包括“加宽”或“紧缩”两种，可设置加宽或紧缩的具体值。当末行文字只有 1～2 个字符时可通过紧缩方法将其调到上一行。

在 Word 中，浮动工具栏主要用于快捷设置所选文本的字符格式及段落格式，“字体”组主要用于对所选文本的字体格式进行设置，其选项要比浮动工具栏多，但不能对段落进行设置，而“字体”对话框则拥有比前两种方法更多的设置功能。

### 6.3.2 设置段落格式

段落是指文字、图形及其他对象的集合。回车符是段落的结束标记。通过设置段落格式，如设置段落对齐方式、缩进、行间距、段间距等，可以使文档的结构更清晰，层次更分明。

#### 1. 设置段落对齐方式

段落对齐方式主要包括左对齐、居中对齐、右对齐、两端对齐、分散对齐等几种，设置方法有以下几种。

- 选择要设置的段落，在“开始”/“段落”组中单击相应的对齐按钮，即可设置文档段落的对齐方式，如图 6-33 所示。

图 6-33 设置段落对齐方式

- 选择要设置的段落，在浮动工具栏中单击相应的对齐按钮，可以设置段落对齐方式。
- 选择要设置的段落，单击“段落”组右下方的“展开”按钮，打开“段落”对话框，在该对话框中的“对齐方式”下拉列表中设置段落对齐方式。

#### 2. 设置段落缩进

段落缩进包括左缩进、右缩进、首行缩进、悬挂缩进和对称缩进 5 种，一般利用标尺和“段落”对话框来设置，其方法分别如下。

利用标尺设置：单击滚动条上方的“标尺”按钮，然后拖动水平标尺中的各个缩进滑块，可以直观地调整段落缩进。其中表示首行缩进，表示悬挂缩进，表示左缩进，如图 6-34 所示。

利用对话框设置：选择要设置的段落，单击“段落”组右下方的“展开”按钮，打开“段落”对话框，在该对话框中的“缩进”栏中进行设置。

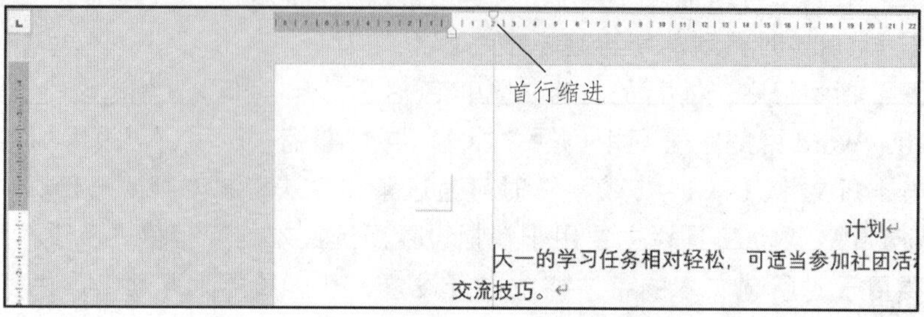


图 6-34　利用标尺设置段落缩进

默认的 Word 2016 软件中没有显示标尺，因此在使用标尺前需要进行手动显示，方法为在【视图】/【显示】组中单击选中“标尺”复选框即可。

3. 设置行间距和段落间距

合适的间距可使文档一目了然，可根据需要设置行间距和段落前后间距，方法如下。

● 选择段落，在“开始”/“段落”组中单击“行和段落间距”按钮，在打开的下拉列表中可选择“1.5”等行距倍数选项。

● 选择段落，打开“段落”对话框，在“间距”栏中的“段前”和“段后”数值框中输入值，在“行距”下拉列表框中选择相应的选项，即可设置段落间距和行间距，如图 6-35 所示。

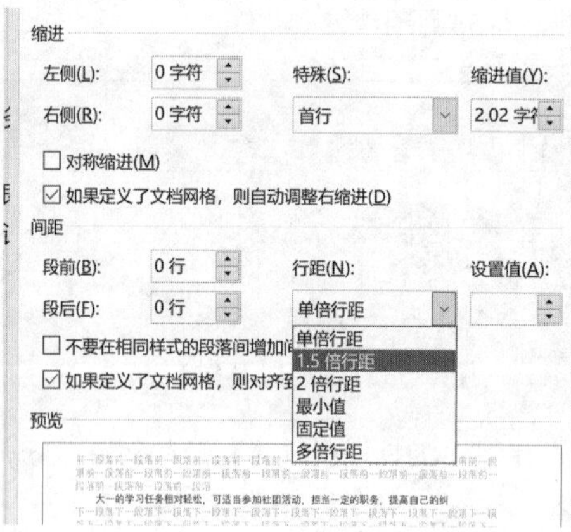


图 6-35　“段落”对话框

## 6.3.3 设置边框与底纹

为了提升文档的美观度，或达到突出重点的目的，在 Word 文档中可以为字符和段落设置边框和底纹。

1. 为字符设置边框与底纹

在“开始”/“字体”组中单击“字符边框”按钮，即可为选择的文本设置字符边框，在“字体”组中单击“字符底纹”按钮即可为选择的文本设置字符底纹。

2. 为段落设置边框与底纹

若输入的文本都是一种样式，会使画面看起来很单一，为段落设置边框与底纹可使文档的效果更加美观。

**例 6–5：**为文档的标题行添加浅绿色的底纹，为“1.大学生创业贷款的概念”下方的整段文本添加边框和“白色，背景 1，深色 15%”的底纹。

**步骤 1：**① 选择标题行，在“段落”组中单击“底纹”按钮右侧的下拉按钮；② 在打开的下拉列表中选择“浅绿”选项，如图 6-36 所示。

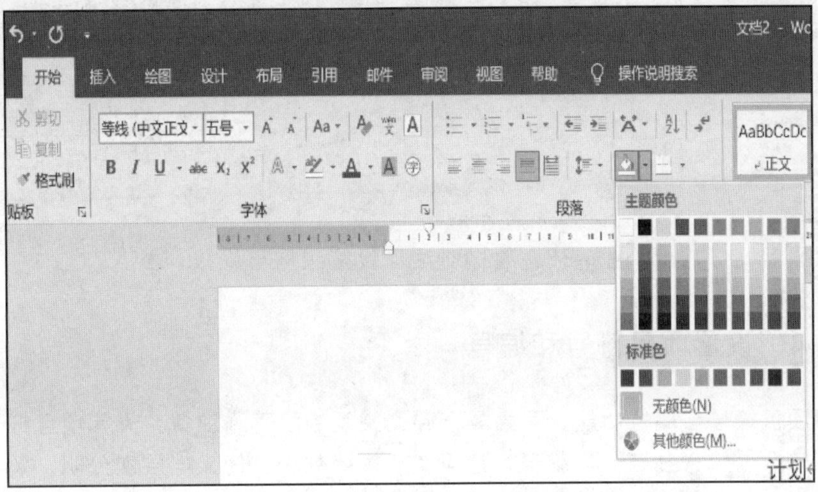


图 6-36　在“段落”组中设置底纹

**步骤 2：**① 选择标题“1.大学生创业贷款的概念”下方的整个段落；② 然后在“段落”组中单击“下框线”按钮右侧的下拉按钮；③ 在打开的下拉列表中选择“边框和底纹”选项，如图 6-37 所示。

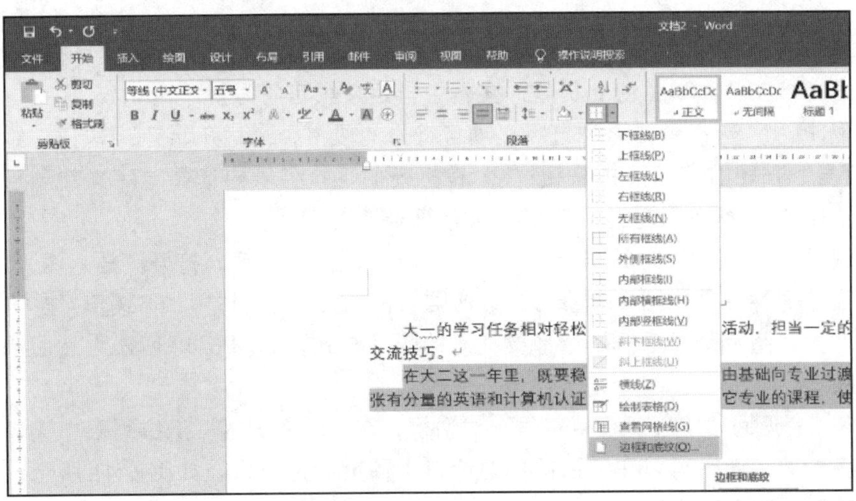


图 6-37　选择“边框与底纹”选项

**步骤 3**：① 在打开的“边框和底纹”对话框中单击“边框”选项卡，在“设置”栏中选择“方框”选项；② 在“样式”列表框中选择“ ———— ”选项；③ 单击“底纹”选项卡；④ 在“填充”下拉列表框中选择“白色，背景 1，深色 15%”选项，单击“确定”按钮，在文档中设置边框与底纹后的效果如图 6-38 所示。完成后用相同的方法为其他段落设置边框与底纹样式。

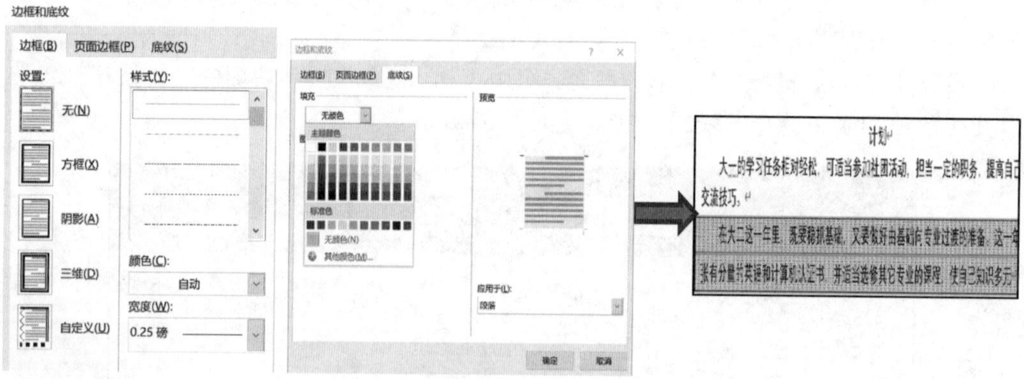

图 6-38　通过对话框设置边框与底纹

## 6.3.4　设置项目符号和编号

使用项目符号与编号功能，可为属于并列关系的段落添加●、★等项目符号，也可添加“1.2.3.”或“A.B.C.”等编号，还可组成多级列表，使文档层次分明、条理清晰。

1. 添加项目符号

选择需要添加项目符号的段落，在“开始”/“段落”组中单击“项目符号”按钮右侧的下拉按钮，在打开的下拉列表中选择一种项目符号样式即可。

2. 自定义项目符号

Word 2016 中默认的项目符号样式共 7 种，根据需要还可自定义项目符号。

**例 6–6**：在“大学生创业贷款”文档中自定义项目符号。

**步骤 1**：① 选择需要添加自定义项目符号的段落，在“开始”/“段落”组中单击“项目符号”按钮右侧的下拉按钮；② 在打开的下拉列表中选择“定义新项目符号”选项，如图 6-39 所示，打开“定义新项目符号”对话框。

**步骤 2**：① 在“项目符号字符”栏中单击“图片”按钮，打开“插入图片”界面，其中提供了 3 种不同的图片选择方式，这里单击“从文件”栏中的“浏览”按钮；② 在打开的“插入图片”对话框中选择要插入的图片样式，如图 6-40 所示，然后单击“插入”按钮。

**步骤 3**：返回“定义新项目符号”对话框，在“对齐方式”下拉列表中选择项目符号的对齐方式，此时可以在下面的预览窗口中预览设置效果，如图 6-41 所示，最后单击“确定”按钮即可查看定义后的效果。

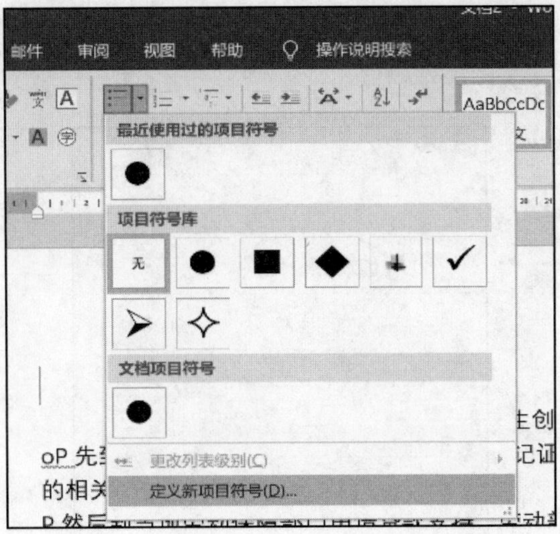


图 6-39　选择“定义新项目符号”选项

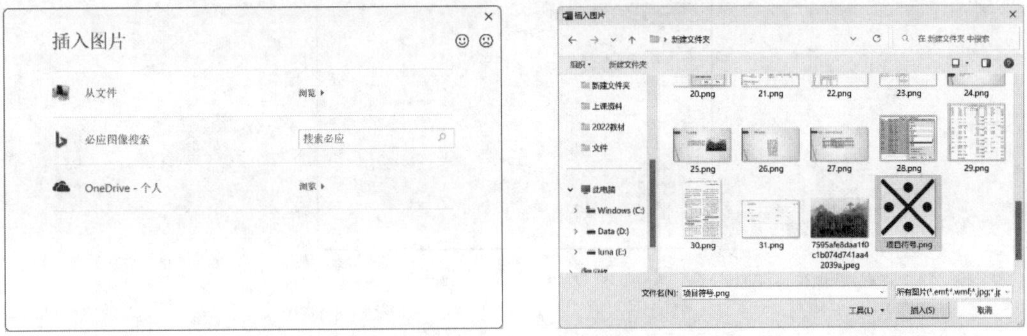


图 6-40　自定义项目符号

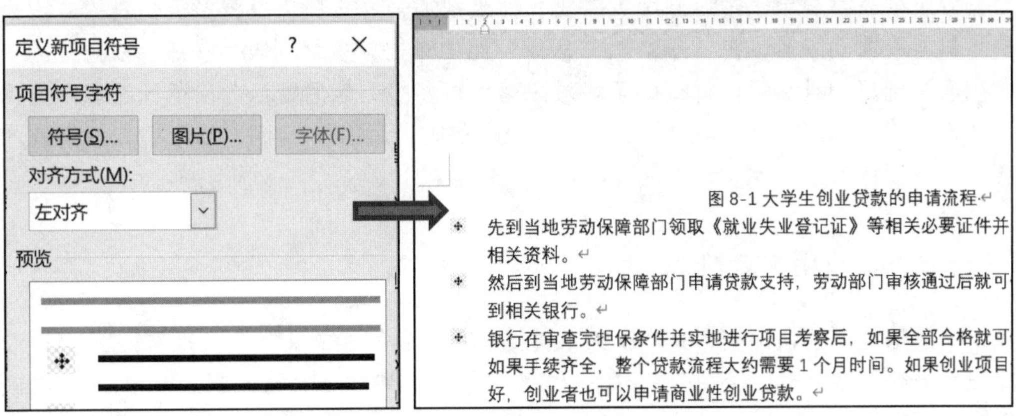


图 6-41　预览设置效果

3. 添加编号

在制作办公文档时，对于按一定顺序或层次结构排列的项目，可以为其添加编号。操作方法为选择要添加编号的文本，在“开始”/“段落”组中单击“编号”按钮右侧的下拉按钮，即可在打开的“编号库”下拉列表中选择需要添加的编号，如图 6-42 所示。另外，在“编号库”下拉列表中还可选择“定义新编号格式”选项来自定义编号格式，其方法与自定义项目符号相似。

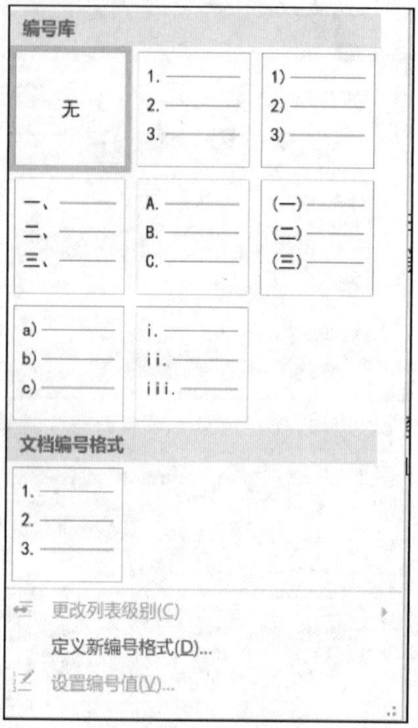


图 6-42　添加编号

4. 设置多级列表

多级列表主要用于规章制度等需要各种级别编号的文档，设置多级列表的方法为选择需要设置的段落，在“开始”/“段落”组中单击“多级列表”按钮，在打开的下拉列表中选择一种编号的样式即可。对段落设置多级列表后默认各段落标题级别是相同的，看不出级别效果，可以依次在下一级标题编号后面按一下“Tab”键，对当前内容进行降级操作。

## 6.3.5　应用格式刷

使用格式刷能快速地将文本中的某种格式应用到其他的文本上。操作如下：① 选择设置好样式的文本；② 在“开始”/“剪贴板”组中单击“格式刷”按钮；③ 将鼠标指针移动到文本编辑区，当鼠标指针呈刷子形状时，按住鼠标左键拖动便可为选择的文本应用样式，如图 6-43 所示。或单击“格式刷”按钮，将鼠标指针移动至某一行文本前，当鼠标指针呈刷子形状时，便可为该行文本应用文本样式。单击“格式刷”按钮，使用一次格式刷后将自动关闭。双击“格式刷”按钮，可多次重复进行格式复制操作，再次单击“格式刷”按钮或按“Esc”键可关闭格式刷功能。

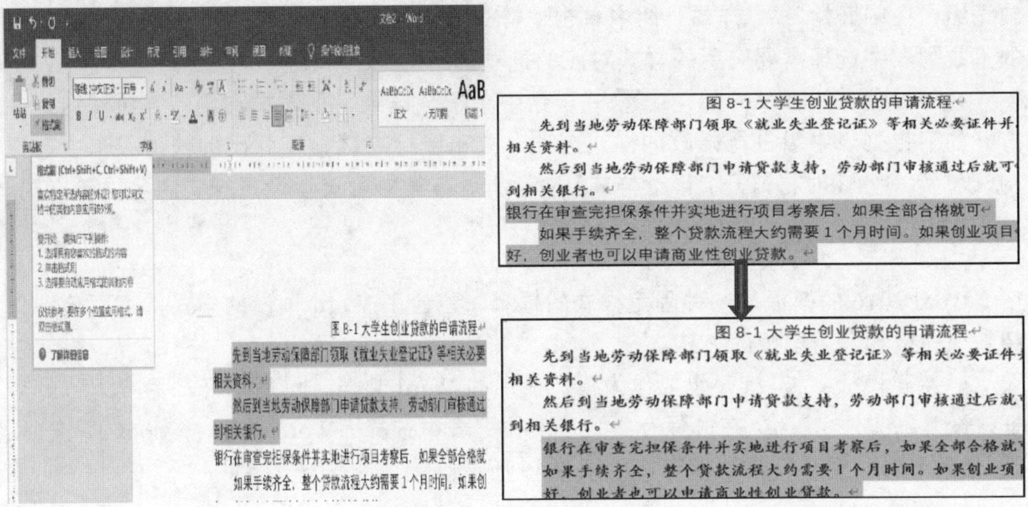


图 6-43　使用格式刷

## 6.3.6　应用样式与模板

样式与模板是 Word 中常用的排版功能，下面介绍样式与模板的相关知识。

1. 样　式

样式是指一组已经命名的字符和段落格式，它设定了文档中标题、题注以及正文等各个文本元素的格式。用户可以将一种样式应用于某个段落或段落中选择的字符上。下面介绍新建样式、应用样式和修改样式的方法。

- 新建样式：在文档中为文本或段落设置需要的格式。① 选择所需文本；② 在"开始""样式"组中单击"样式"下拉列表框右侧的下拉按钮，在打开的下拉列表中选择"创建样式"选项；③ 打开"根据格式设置创建新样式"对话框，在"名称"文本框中输入样式的名称；④ 单击"确定"按钮，如图 6-44 所示。

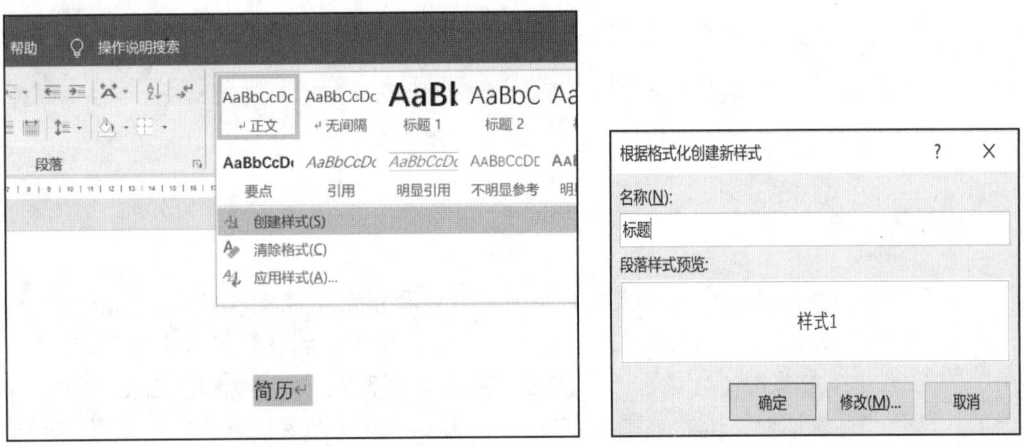


图 6-44　创建样式的过程

- 应用样式：将文本插入点定位到要设置样式的段落中或选择要设置样式的字符

或词组，在“开始”/“样式”组中单击“样式”下拉列表框右侧的下拉按钮，在打开的下拉列表中选择需要应用的样式对应的选项即可。

- 修改样式：在“开始”/“样式”组中单击“样式”列表框右侧的下拉按钮，在打开的下拉列表中需进行修改的样式选项上单击鼠标右键，在弹出的快捷菜单中选择“修改”命令，此时将打开“修改样式”对话框，在其中可重新设置样式的名称和格式。

2. 模　板

Word 2016 的模板是一种固定样式的框架，包含了 Word 预设的样式，下面分别介绍新建模板和套用模板的方法。

- 新建模板：① 打开想要作为模板使用的 Word 文档，然后打开“另存为”对话框，设置好文件名；② 在“保存类型”下拉列表中选择“Word 模板（*.docx）”选项；③ 最后单击“保存”按钮即可，如图 6-45 所示。

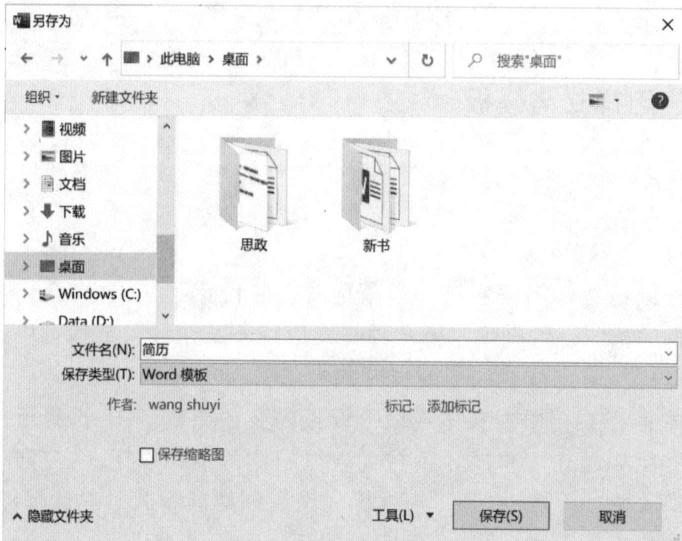


图 6-45　新建模板

- 套用模板：选择“文件”/“新建”命令，单击右侧“新建”列表中的“个人”选项卡，其中显示了可用的模板信息，单击要套用的模板名称即可在 Word 中快速新建一个与模板样式一模一样的文档。

### 6.3.7　创建目录

对于设置了多级标题样式的文档，可通过索引和目录功能提取目录。方法为：打开设置了多级标题的文档，然后将文本插入点定位于文档中目录要显示的位置，在“引用”/“目录”组中单击“目录”下拉按钮，在打开的下拉列表中选择“自定义目录”选项，打开“目录”对话框，如图 6-46 所示，在其中可以设置目录的显示级别、制表符前导符的样式、是否显示页码和页码的对齐方式等参数，完成设置后单击“确定”按钮。返回文档编辑区即可查看插入的目录。

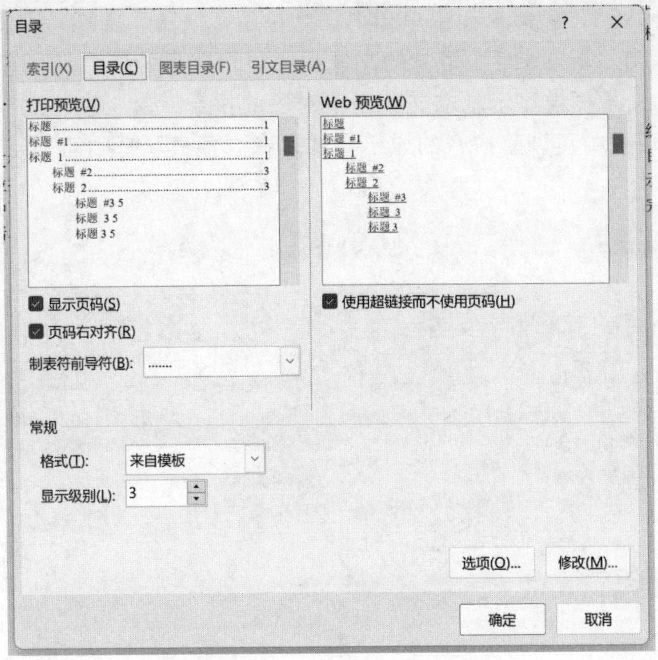


图 6-46　“目录”对话框

在 Word 文档中插入目录时，一定要确保所编辑的文档已经添加了相应的标题样式，否则目录是无法正常插入的。

## 6.3.8　设置特殊格式

特殊格式包括首字下沉、带圈字符、双行合一和给中文加拼音等，主要用于制作一些有特殊要求的文档。

- 首字下沉：即设置段落中的第一个字以突出显示，这种方法通常用于报纸和杂志中。选择要设置首字下沉的段落，在“插入”/“文本”组中单击“首字下沉”下拉按钮，在打开的列表中选择所需的样式即可。
- 带圈字符：中文字符的一种特殊形式，用于表示强调，如已注册商标符号®、数字符号①等，都可使用带圈字符来制作。选择要设置带圈字符的单个文本，在“字体”组中单击“带圈字符”按钮，在打开的“带圈字符”对话框中设置字符的样式、圈号等参数即可，如图 6-47 所示。

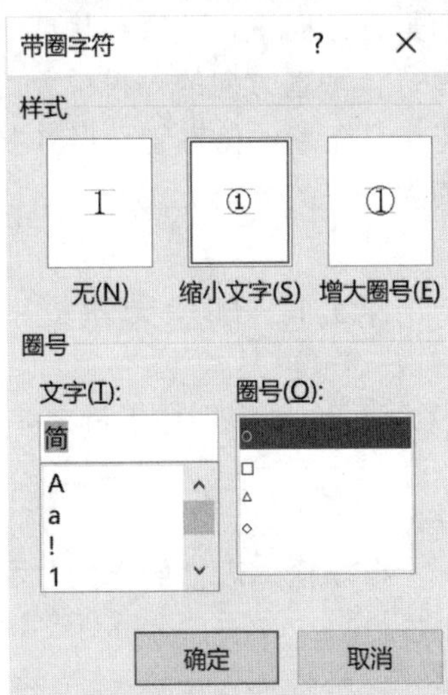


图 6-47　设置带圈字符

- 双行合一：指将两行文字显示在一行文字的空间中，选择文本后，在“开始”/“段落”组中单击“中文版式”按钮，在打开的下拉列表中选择“双行合一”选项，在打开的“双行合一”对话框中进行相应设置后，单击“确定”按钮即可。
- 给中文加拼音：在制作文档时若需要给中文添加拼音，可先选择需要添加拼音的文本，在“开始”/“字体”组中单击“拼音指南”按钮，打开“拼音指南”对话框，如图 6-48 所示。在“基准文字”下方的文本框中显示选择的要添加拼音的文字，在“拼音文字”下方的文本框中显示基准文字栏中对应的拼音，在“对齐方式”“偏移量”“字体”“字号”列表框中可调整拼音的显示方式，在“预览”框中可显示设置后的效果。

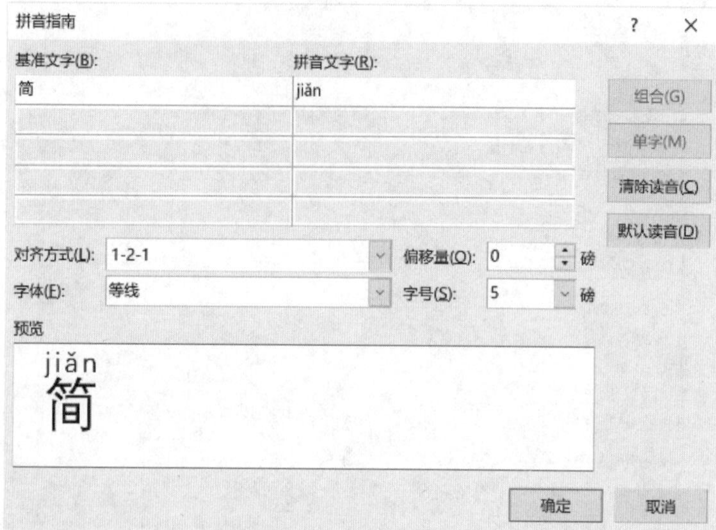


图 6-48　给中文加拼音

## 6.4　Word 2016 的表格应用

表格是一种可视化的交流模式，是一种组织整理数据的手段，由多条在水平方向和垂直方向平行的直线构成，其中直线交叉形成了单元格，水平方向的一排单元格称为行，垂直方向的一排单元格称为列。表格是文本编辑过程中非常有效的工具，可以将杂乱无章的信息管理得井井有条，从而提高文档内容的可读性。下面讲解在 Word 中使用表格的方法。

### 6.4.1　创建表格

在 Word 中创建表格主要包括插入表格和绘制表格两种方式。

1. 插入表格

根据插入表格的行列数和个人的操作习惯，可使用以下两种方法来实现表格的插入操作。

- 快速插入表格：① 在“插入”/“表格”中单击“表格”按钮；② 在打开的下拉列表中将鼠标指针移动到“插入表格”栏的某个单元格上，此时呈黄色边框显示的单元格为将要插入的单元格，单击鼠标即可完成插入操作，如图 6-49 所示。

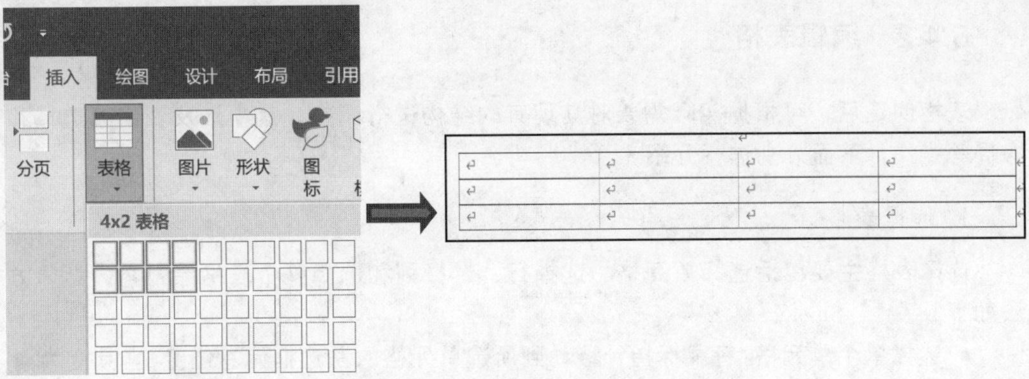


图 6-49　快速插入表格的过程

● 通过对话框插入表格：在“插入”/“表格”组中单击“表格”下拉按钮，在打开的下拉列表中选择“插入表格”选项，此时将打开“插入表格”对话框，在其中设置表格尺寸和单元格宽度后，单击“确定”按钮即可，如图 6-50 所示。

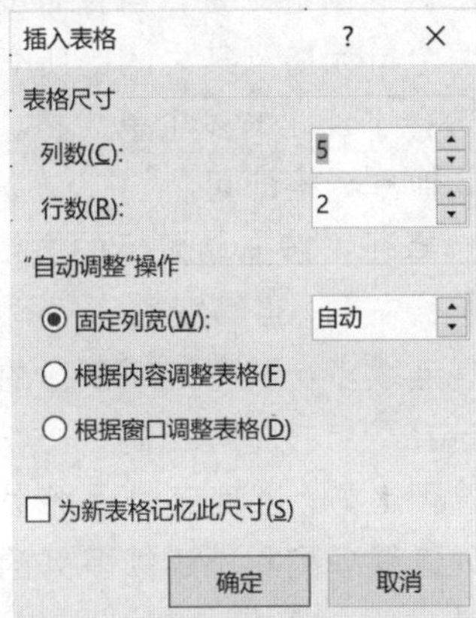


图 6-50　“插入表格”对话框

2. 绘制表格

对于一些结构不规则的表格，可以通过绘制表格的方法进行创建。

**例 6–7:**使用鼠标绘制一个横列两竖行的表格。

**步骤 1：**在“插入”/“表格”组中单击“表格”按钮，在打开的下拉列表中选择“绘制表格”选项。

**步骤 2：**此时光标将变为 形状，在文档编辑区拖动鼠标即可绘制表格外边框。

**步骤 3：**在外边框内拖动鼠标绘制行线和列线。

**步骤 4：**表格绘制完成后，按“Esc”键退出绘制状态即可，整个过程如图 6-51 所示。

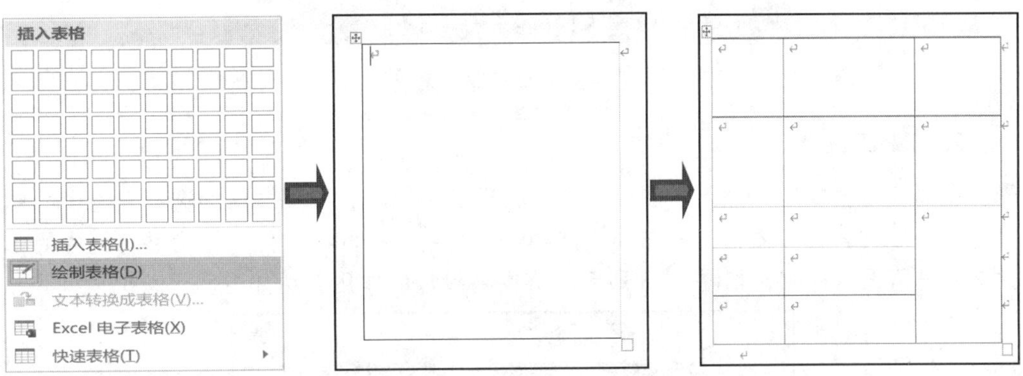


图 6-51　绘制表格的过程

在 Word 中绘制表格时，功能区会出现“表格工具设计”选项卡，在其中的“边框”组中提供了相应的参数，用于对绘制的表格进行相应设置。

### 6.4.2 编辑表格

表格创建后，可根据实际需要对其现有的结构进行调整，其中涉及表格的选择和布局等操作，下面分别进行介绍。

1. 选择表格

选择表格主要包括选择单元格、选择行、选择列和选择整个表格等内容，具体方法如下。

- 选择单个单元格：将鼠标指针移动到所选单元格的左边框偏右位置，当其变为➡形状时，单击鼠标即可选择该单元格。
- 选择连续的多个单元格：在表格中拖动鼠标即可选择拖动起始位置处和释放鼠标位置处的所有连续单元格。另外，选择起始单元格，然后将鼠标指针移动到目标单元格的左边框偏右位置，当指针变为➡形状时，按住“Shift”键的同时单击鼠标也可选择这两个单元格及其之间的所有连续单元格。
- 选择不连续的多个单元格：首先选择起始单元格，然后按住“Ctrl”键不放，依次选择其他单元格即可。
- 选择行：按拖动鼠标的方法可选择一行或连续多行单元格。另外，将鼠标指针移至所选行左侧，当其变为↗形状时，单击鼠标可选择该行。利用“Shift”键和“Ctrl”键可实现连续多行和不连续多行的选择操作，方法与选择单元格的操作类似。
- 选择列：按拖动鼠标的方法可选择一列或连续多列单元格。另外，将鼠标指针移至所选列上方，当其变为⬇形状时，单击鼠标可选择该列。利用“Shift”键和“Ctrl”键可实现连续多列和不连续多列的选择操作，方法也与选择单元格操作类似。
- 选择整个表格：按住“Ctrl”键不放，利用选择单个单元格、单行或单列的方法即可选择整个表格。另外，将鼠标指针移至表格区域，此时表格左上角将出现⊞图标，单击该图标也可选择整个表格，如图 6-52 所示。

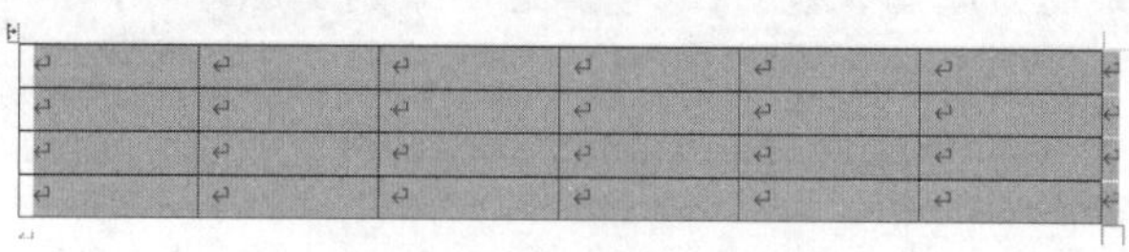

图 6-52 选择整个表格

2. 布局表格

布局表格主要包括插入、删除、合并和拆分等内容，布局方法为选择表格中的单元格、行或列，在“表格工具布局”选项卡中利用“行和列”组与“合并”组中的相关参数进行设置即可，如图 6-53 所示。其中各参数的作用介绍如下。

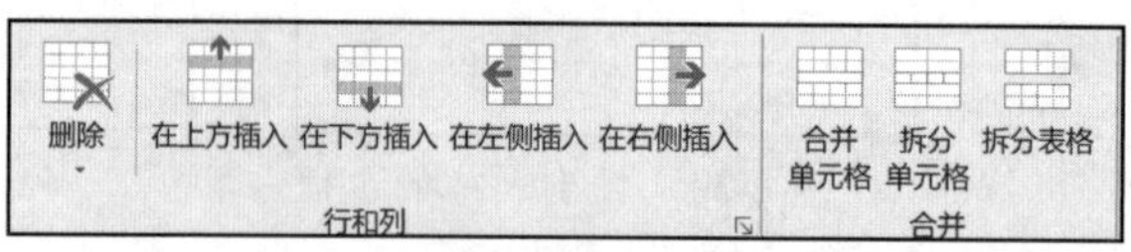


图 6-53 布局表格的各种参数

- “删除”按钮：单击该按钮，可在打开的下拉列表中执行删除单元格、行、列或表格的操作。当删除单元格时，会打开“删除单元格”对话框，要求设置单元格删除后剩余单元格的调整方式，如右侧单元格左移、下方单元格上移等。

- “在上方插入”按钮：单击该按钮，可在所选行的上方插入新行。
- “在下方插入”按钮：单击该按钮，可在所选行的下方插入新行。
- “在左侧插入”按钮：单击该按钮，可在所选列的左侧插入新列。
- “在右侧插入”按钮：单击该按钮，可在所选列的右侧插入新列。
- “合并单元格”按钮：单击该按钮，可将所选的多个连续的单元格合并为一个新的单元格。
- “拆分单元格”按钮：单击该按钮，将打开“拆分单元格”对话框，在其中可设置拆分后的列数和行数，单击“确定”按钮后即可将所选的单元格按设置的参数拆分。
- “拆分表格”按钮：单击该按钮，可在所选单元格处将表格拆分为两个独立的表格。需要注意的是，Word 只允许对表格进行上下拆分，不能进行左右拆分。

### 6.4.3 设置表格

对于表格中的文本而言，可按设置文本和段落格式的方法对其格式进行设置。此外，还可对数据对齐方式、表格样式、边框和底纹等进行设置。

1. 设置数据对齐方式

单元格对齐方式是指单元格中文本的对齐方式，设置方法为选择需设置对齐方式的单元格，在“表格工具”/“布局”/“对齐方式”组中单击相应按钮，如图 6-54 所示。如果想改变单元格中的文字方向，则需单击该组中的“文字方向”按钮，而单击“单元格边距”按钮，则可以打开“表格选项”对话框，调整单元格数据的上、下、左、右边距。

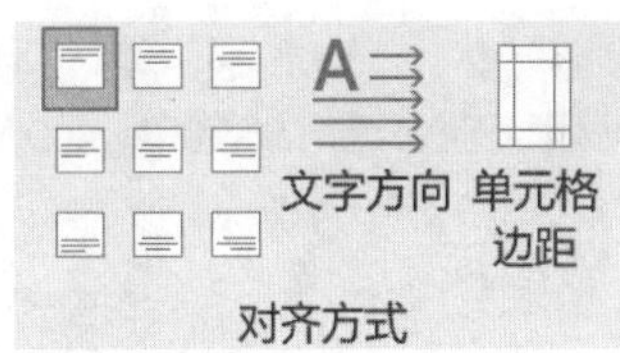

图 6-54 “对齐方式”组

2. 设置边框和底纹

设置单元格边框和底纹的方法分别如下：

- 设置单元格边框：选择需设置边框的单元格，在“表格工具”/“设计”/“边框”组中单击“边框样式”下拉按钮，在打开的下拉列表中选择相应的边框样式。
- 设置单元格底纹：选择需设置底纹的单元格，在“表格工具”/“设计”/“表格样式”组中单击“底纹”下拉按钮，在打开的下拉列表中选择所需的底纹颜色。

3. 套用表格样式

使用 Word 2016 提供的表格样式，可以简单、快速地完成表格的设置和美化操作。套用表格样式的方法为选择表格，在“表格工具”/“设计”/“表格样式”组中单击右下方的下拉按钮，在打开的列表中选择所需的表格样式，即可将其应用到所选表格中。

如果用户对 Word 提供的表格样式不满意，单击“表格样式”组右下方的下拉按钮后，在打开的列表中选择“新建表格样式”选项，在打开的“根据格式化创建新样式”对话框中可以自定义新建样式的名称、样式类型和边框样式等属性，最后单击“确定”按钮保存新建的样式。

4. 设置行高和列宽

设置表格行高和列宽的常用方法有如下两种：

● 拖动鼠标设置：将鼠标指针移至行线或列线上，当其变为÷形状或⇹形状时，拖动鼠标即可调整行高或列宽。

● 精确设置：选择需调整行高或列宽的行或列，在“表格工具”/“布局”/“单元格大小”组的“高度”数值框或“宽度”数值框中可设置精确的行高或列宽值。

## 6.5 Word 2016 的图文混排

如果简单地编辑和排版不能达到文档所需的效果，为了使文档的效果更美观，可以在文档中添加和编辑图片、形状、艺术字等对象。

同时，利用文本框可以排版出特殊的文档版式，在文本框中可以输入文本，也可插入图片。在文档中插入的文本框可以是 Word 自带样式的文本框，也可以是手动绘制的横排或竖排文本框。在文档中插入文本框的方法为：打开要编辑的文档，在“插入”/“文本”组中单击“文本框”下拉按钮，在打开的下拉列表中提供了不同的文本框样式，如图 6-55 所示，选择其中的某一种样式即可将文本框插入文档中，然后在文本框中直接输入需要的文本内容即可。

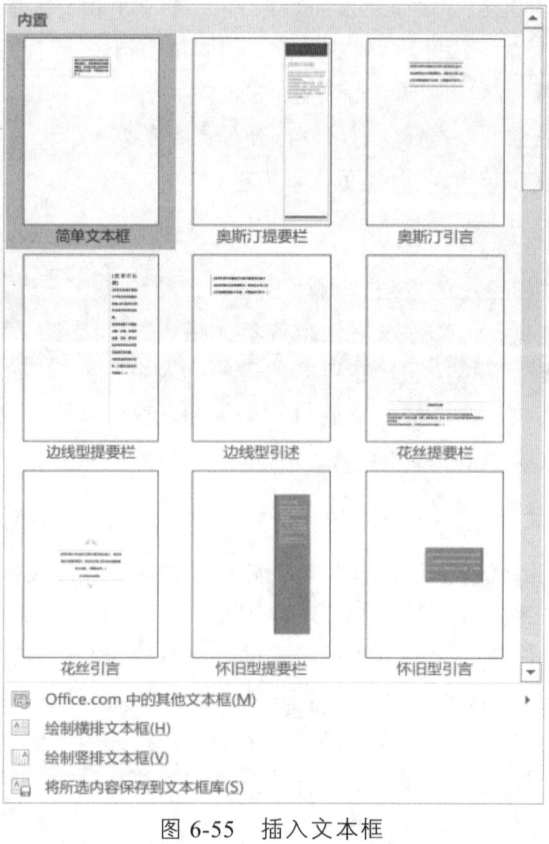


图 6-55　插入文本框

### 6.5.1 图片操作

在 Word 中插入图片，可以使文档达到图文并茂的效果。

1. 插入图片

在 Word 中插入图片的方法：将文本插入点定位到需插入图片的位置，在“插入”/“插图”组中单击“图片”按钮，打开“插入图片”对话框，在其中选择需插入的图片后，单击“插入”按钮即可。

2. 调整图片大小、位置和角度

将图片插入文档中后，单击选择图片，此时利用图片四周出现的控制点便可实现对图片的基本调整。

- 调整大小：将鼠标指针移动到图片边框上出现的 8 个控制点之一，当其变为双向箭头形状时，按住鼠标左键不放并拖动鼠标即可调整图片大小。其中四个角上的控制点可等比例调整图片的高度和宽度，不至于使图片变形；四条边中间的控制点可单独调整图片的高度或宽度，但图片会出现变形效果。
- 调整位置：选择图片后，将鼠标指针定位到图片上，按住鼠标左键不放并拖动到文档中的其他位置，释放鼠标即可调整图片位置。
- 调整角度：调整角度即旋转图片，选择图片后将鼠标指针定位到图片上方出现 控制点时，按住鼠标左键不放并拖动鼠标即可旋转图片。

3. 裁剪与排列图片

将图片插入到文档中以后，可根据需要对图片进行裁剪和排列操作，使其能更好地配合文本所要表达的内容。

- 裁剪图片：① 选择图片，在“图片工具”/“格式”/“大小”组中单击“裁剪”按钮，将鼠标指针定位到图片上出现的裁剪边框线上；② 按住鼠标左键不放并拖动鼠标；③ 释放鼠标后按“Enter”键或单击文档其他位置即可完成裁剪，如图 6-56 所示。

图 6-56 裁剪图片的过程

● 排列图片：设置图片周围文本的环绕方式。选择图片，在“图片工具”/“格式”/“排列”组中单击“环绕文字”按钮，在打开的下拉列表中选择所需环绕方式对应的选项即可。插入的图片默认应用的是“嵌入型”的效果。

4. 美化图片

Word 2016 提供了强大的美化图片功能，选择图片后，在“图片工具”/“格式”/“调整”组和“图片工具”/“格式”/“图片样式”组中即可进行各种美化操作，如图 6-57 所示。其中部分参数的作用分别如下。

“校正”按钮：单击该按钮后，可在打开的下拉列表中选择 Word 预设的各种锐化和柔化以及亮度和对比度效果。

“颜色”按钮：单击该按钮后，可在打开的下拉列表中设置不同的饱和度和色调。

“艺术效果”按钮：单击该按钮后，可在打开的下拉列表中选择 Word 预设的不同艺术效果。

“样式”下拉列表框：在该下拉列表框中可快速为图片应用某种已设置好的图片样式。

图 6-57　美化图片的各种参数

## 6.5.2　形状操作

形状具有一些独特的性质和特点。Word 2016 提供了大量的形状，编辑文档时合理地使用这些形状，不仅能提高效率，而且能提升文档的质量。

1. 插入形状

在“插入”/“插图”组中单击“形状”下拉按钮，在打开的下拉列表中选择某种形状对应的选项，此时可执行以下任意一种操作完成形状的插入。

● 单击鼠标：单击鼠标将插入默认尺寸的形状。

● 拖动鼠标：在文档编辑区中拖动鼠标，至适当大小后释放鼠标可插入任意大小的形状。

2. 调整形状

选择插入的形状，可按调整图片的方法对形状的大小、位置、角度进行调整。除此以外，还可根据需要更改形状或编辑形状顶点。

● 更改形状：① 选择形状；② 在“绘图工具”/“格式”/“插入形状”组中单击“编辑形状”按钮；③ 在打开的下拉列表中选择“更改形状”选项；④ 在打开的列表框中选择需更改形状对应的选项即可，如图 6-58 所示。

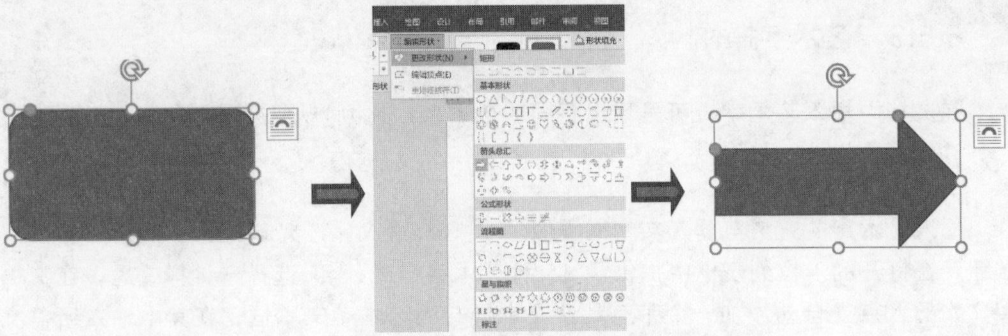

图 6-58　更改形状的过程

● 编辑形状顶点：① 选择形状后，在“绘图工具”/“格式”/“插入形状”组中单击“编辑形状”按钮，在打开的下拉列表中选择“编辑顶点”选项，此时形状边框上将显示多个黑色顶点，选择某个顶点；② 拖动顶点本身可调整顶点位置；③ 拖动顶点两侧的白色控制点可调整顶点所连接线段的形状，如图 6-59 所示；④ 按“Esc”键可退出编辑。

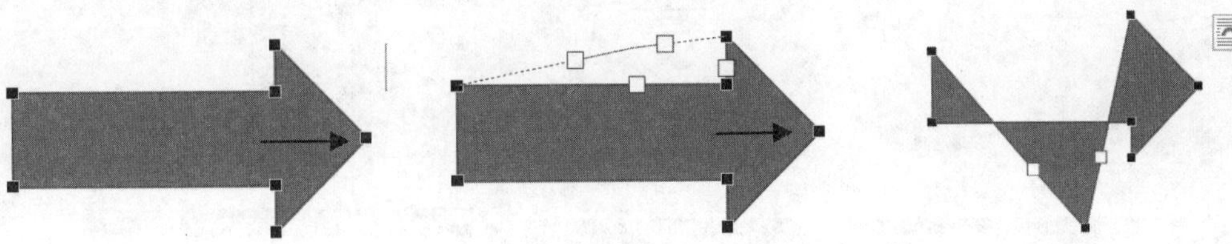

图 6-59　编辑顶点的过程

3. 美化形状

选择形状后，在“绘图工具”/“格式”/“形状样式”组中可进行各种美化操作，其中部分参数的作用分别如下。

● “样式”下拉列表框：在该下拉列表框中可快速为形状应用 Word 2016 主题和预设的样式效果。

● “形状填充”按钮：单击该按钮后，可在打开的下拉列表中设置形状的填充颜色，包括渐变填充、纹理填充和图片填充等多种效果。

● “形状轮廓”按钮：单击该按钮后，可在打开的下拉列表中设置形状边框的颜色、粗细和边框样式。

● “形状效果”按钮：单击该按钮后，可在打开的下拉列表中设置形状的各种效果，如阴影效果、发光效果等。

4. 为形状添加文本

除线条和公式类型的形状外，其他形状中都可添加文本。选择形状，在其上单击鼠标右键，在弹出的快捷菜单中选择“添加文字”命令。此时形状中将出现文本插入点，输入需要的内容即可。

### 6.5.3 艺术字操作

在文档中插入艺术字，可呈现出不同的效果，以达到增强文字观赏性的目的。

1. 插入艺术字

插入艺术字的方法与插入文本框类似。① 在“插入”/“文本”组中单击“艺术字”按钮，在打开的下拉列表框中提供了 15 种艺术字样式；② 选择一种样式后，在文档中文本插入点处自动添加一个带有默认文本样式的艺术字文本框，在其中输入所需文本内容即可，如图 6-60 所示。

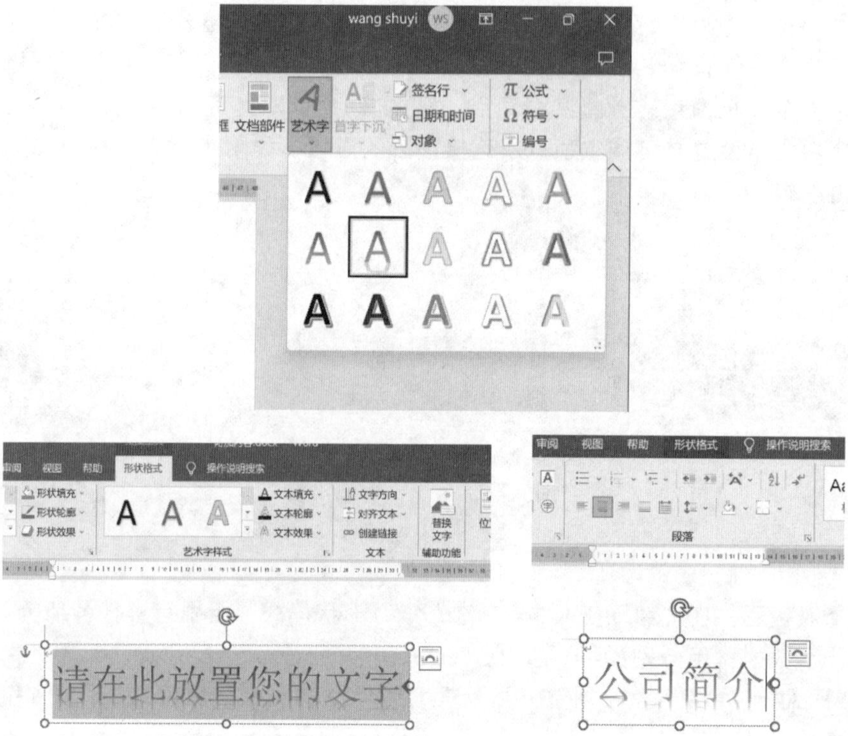


图 6-60 插入艺术字的过程

2. 编辑与美化艺术字

由于艺术字相当于预设了文本格式的文本框，因此艺术字的编辑与美化操作与文本框完全相同，这里重点介绍更改艺术字形状的方法，此方法对文本框也同样适用：选择艺术字，在“绘图工具”/“格式”/“艺术字样式”组中单击“文本效果”按钮，在打开的下拉列表中选择“转换”选项，再在打开的子列表中选择某种形状对应的选项即可。

### 6.5.4 文本框操作

文本框是一种图形对象，它作为存放文字的容器，可以定位在页面上任何位置，并可随意调整其大小。用户可以在文档中绘制文本框，并将它们链接起来。文本框可分为横排文本框和竖排文本框。

1. 插入文本框

① 打开 Word 文档窗口并切换到“插入”选项卡。在“文本”分组中单击“文本框”按钮，如图 6-61 所示。② 在打开的内置文本框面板中选择合适的文本框类型，如图 6-62 选择内置文本框。③ 返回 Word 文档窗口，所插入的文本框处于编辑状态，直接输入用户的文本内容即可。

图 6-61 “文本框”按钮

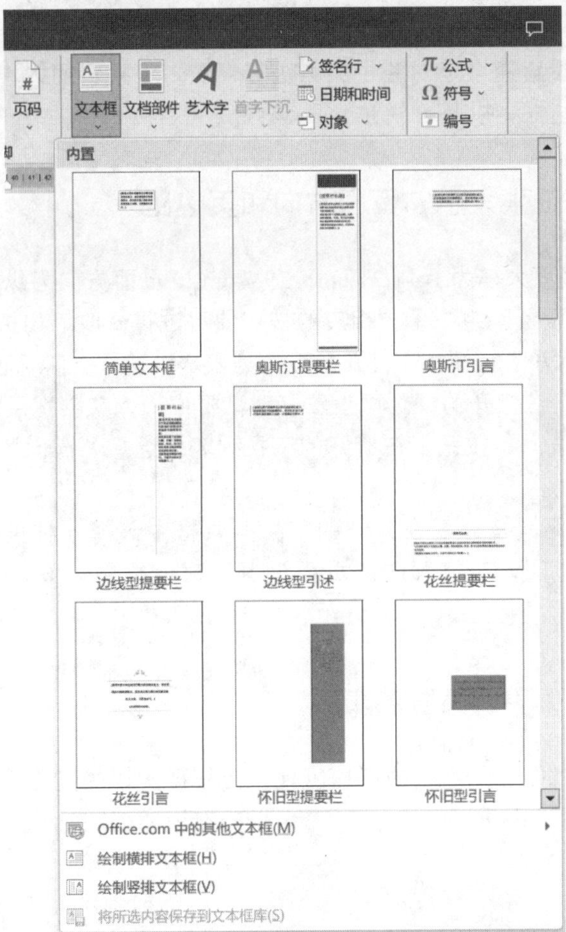


图 6-62 内置文本框对话

文本框内的文字格式设定，与一般文字相同，只要通过“开始”选项卡的自行按钮，就能设定文字的各种格式。

2. 链接文本框

在使用 Word 制作手抄报、宣传册等文档时，往往会通过使用多个文本框进行版式设计。通过在多个 Word 文本框之间创建链接，可以在当前文本框中充满文字后自动转入所链接的下一个文本框中继续输入文字。

① 打开 Word 文档窗口，并插入多个文本框。调整文本框的位置和尺寸，并单击选中第 1 个文本框。② 在打开绘图工具下的“格式”选项卡中，单击“文本”分组中的“创建链接”按钮。③ 鼠标指针变成水杯形状，将水杯状的鼠标指针移动到准备链接的下一个文本框内部，鼠标指针变成倾斜的水杯形状，单击鼠标左键即可创建链接。

## 6.6 Word 2016 的页面格式设置

文档页面格式设置通常是对整个文档进行设置，包括页面大小、页边距、页眉页脚、页码、水印和边框，以及分栏和分页等。

### 6.6.1 设置纸张大小、页面方向和页边距

默认的 Word 页面大小为 A4（21 cm × 29.7 cm），页面方向为纵向，页边距为普通，在“布局”/“页面设置”组中单击相应的按钮便可进行修改，相关介绍如下。

● 单击“纸张大小”按钮，在打开的下拉列表框中选择一种页面选项，或选择“其他纸张大小”选项，在打开的“页面设置”对话框中输入文档宽度和高度的值。

● 单击“页面方向”按钮，在打开的下拉列表中选择“横向”选项，可以将页面设置为横向。

● 单击“页边距”按钮，在打开的下拉列表框中选择一种页边距选项，或选择“自定义页边距”选项，在打开的“页面设置”对话框中可设置上、下、左、右页边距的值。

### 6.6.2 设置页眉、页脚和页码

页眉实际上可以位于文档中的任何区域，但根据文档的浏览习惯，页眉一般就是指文档中每个页面顶部区域内的对象，常用于补充说明公司标识、文档标题、文件名和作者姓名等。

1. 创建页眉

在 Word 2016 中创建页眉的方法：在“插入”/“页眉和页脚”组中单击“页眉”按钮，在打开的下拉列表中选择某种预设的页眉样式选项，然后在文档中按所选的页眉样式输入所需的内容即可。

2. 编辑页眉

若需要自行设置页眉的内容和格式，则可在“插入”/“页眉和页脚”组中单击“页眉”按钮，在打开的下拉列表中选择“编辑页眉”选项，此时将进入页眉编辑状态，利用功能区的“页眉和页脚工具设计”选项卡便可对页眉内容进行编辑，如图 6-63 所示。其中部分参数的作用分别如下。

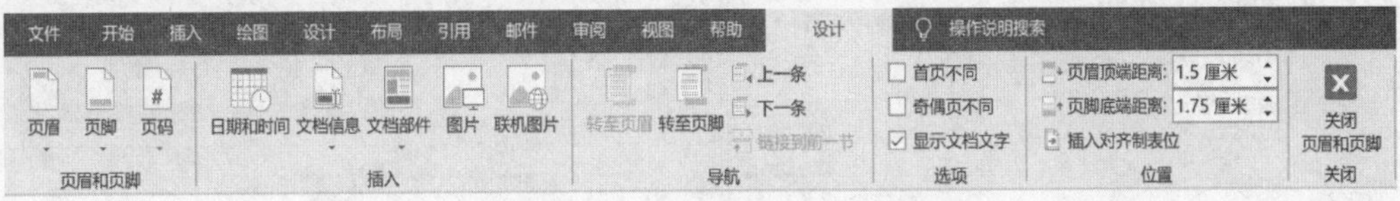


图 6-63　用于页眉编辑的各个参数

- “日期和时间”按钮：单击该按钮，可在打开的“日期和时间”对话框中设置所插入日期和时间的显示格式。
- “文档部件”按钮：单击该按钮，可在打开的下拉列表中选择需插入的与本文档相关的信息，如标题、单位和发布日期等。
- “图片”按钮：单击该按钮，可在打开的对话框中选择页眉中使用的图片。
- “首页不同”复选框：单击选中该复选框，可使文档第一页不显示页眉页脚。
- “奇偶页不同”复选框：单击选中该复选框，可单独设置文档奇数页和偶数页的页眉页脚。

3. 创建与编辑页脚

页脚一般位于文档中每个页面的底部区域，也用于显示文档的附加信息，如日期、公司标识、文件名和作者名等，但最常见的是在页脚中显示页码。创建页脚的方法为：在“插入”/“页眉和页脚”组中单击“页脚”按钮，在打开的下拉列表中选择某种预设的页脚样式选项，然后在文档中按所选的页脚样式输入所需的内容即可，操作与创建页眉相似。

4. 插入页码

页码用于显示文档的页数，首页可根据实际情况不显示页码。

**例 6–8**：在“公司员工手册”文档中插入“普通数字 2”样式页码，具体操作如下。

**步骤 1**：打开“公司员工手册”文档，在“插入”/“页眉和页脚”组中单击“页码”按钮 3，在打开的下拉列表中选择“设置页码格式”选项，打开“页码格式”对话框。

**步骤 2**：① 在“页码编号”栏中单击选中“起始页码”单选项；② 在“起始页码”数值框中输入数值“1”，其他设置保持默认，如图 6-64 所示，单击“确定”按钮。

**步骤 3**：在页脚编辑区双击鼠标左键，激活“设计”选项卡，在“设计”/“选项”组中选中“首页不同”复选框。

**步骤 4**：① 在“设计”/“页眉和页脚”组中单击“页码”按钮；② 在打开的下拉列表中选择“页面底端”/“普通数字 2”选项，如图 6-65 所示。

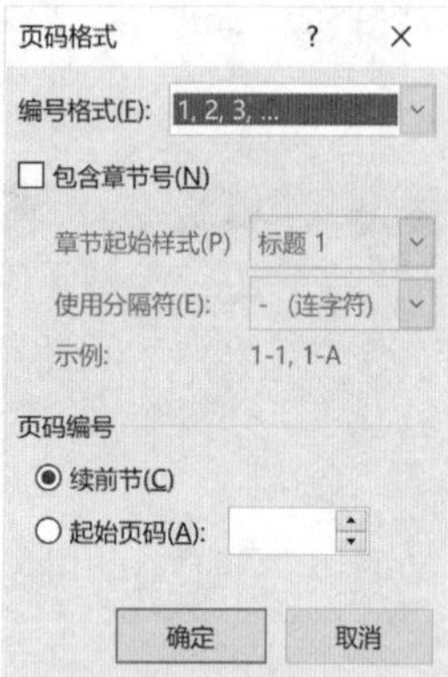


图 6-64　设置起始页码

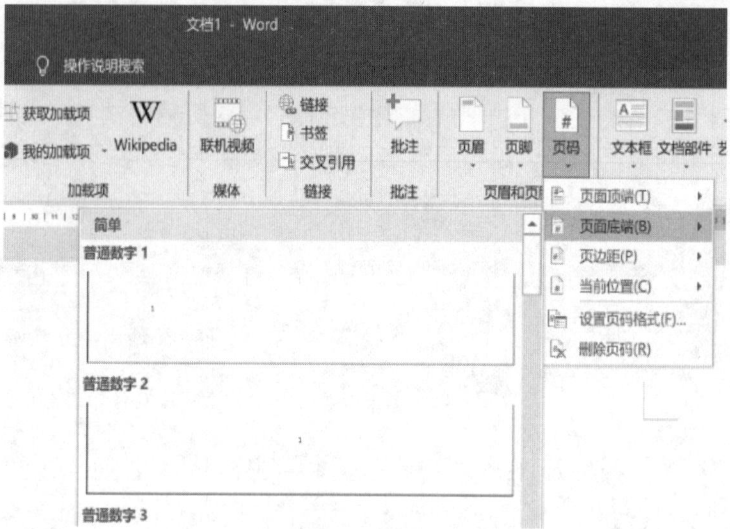


图 6-65　添加页码

## 6.6.3　设置水印、颜色与边框

为了使制作的文档更加美观，还可为文档添加水印，并设置页面颜色和边框。

1. 设置页面水印

制作办公文档时，为表明公司文档的所有权和出处，可为文档添加水印背景，如添加“机密 1”水印等。添加水印的方法是：在“设计”/“页面背景”组中单击“水印”按钮，在打开的下拉列表中选择一种水印效果即可。

2. 设置页面颜色

在“设计”/“页面背景”组中单击“页面颜色”按钮，在打开的下拉列表中选择一种页面背景颜色即可。

3. 设置页面边框

在“设计”/“页面背景”组中单击“页面边框”按钮，打开“边框和底纹”对话框，在“设置”栏中选择边框的类型，在“样式”下拉列表框中可选择边框的样式，在“颜色”下拉列表中可设置边框的颜色，如图 6-66 所示，最后单击“确定”按钮应用设置。

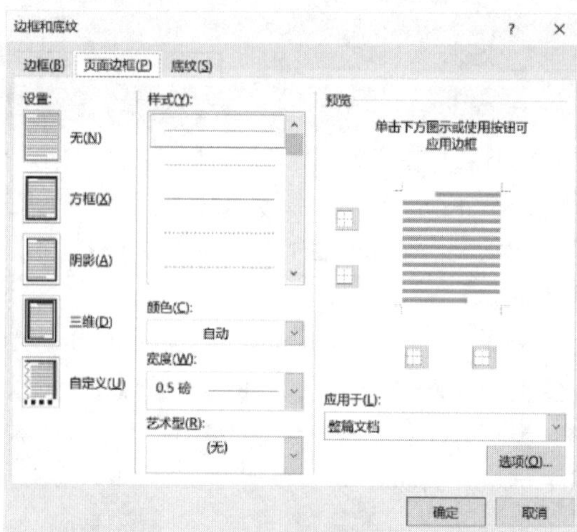


图 6-66　“边框和底纹”对话框

## 6.6.4　设置分栏与分页

在 Word 中，可将文档设置为多栏预览，还能通过分隔符自动进行分页。

1. 设置分栏

在“布局”/“页面设置”组中单击“栏”按钮，在打开的下拉列表中选择分栏的数目，或在打开的下拉列表中选择“更多栏”选项，打开“栏”对话框，在“预设”栏中可选择预设的栏数，或在“栏数”数值框中输入设置的栏数，在“宽度和间距”栏中可设置栏之间的宽度与间距。

2. 设置分页

设置分页可通过分隔符实现，分隔符主要用于标识文本分隔的位置。

**例 6–9**：在文档中通过分页符为文档分页。

**步骤 1**：① 打开“招工协议书”文档，将文本插入点定位到文本“招工协议书”之后，在“布局”/“页面设置”组中单击“分隔符”按钮；② 在打开的下拉列表中的“分页符”栏中选择“分页符”选项，如图 6-67 所示。

**步骤 2**：在文本插入点所在位置将显示插入的分页符，此时，“招工协议书”之后的内容将从下一页开始。

**步骤 3**：将文本插入点定位到文本“具体条款如下：”之后，在“布局”/“页面设置”组中单击“分隔符”按钮，在打开的下拉列表中“分节符”栏中选择“下一页”选项，如图 6-68 所示。

**步骤 4**：此时，在“具体条款如下：”之后将插入分页符，“具体条款如下：”之后的内容将从下一页开始。

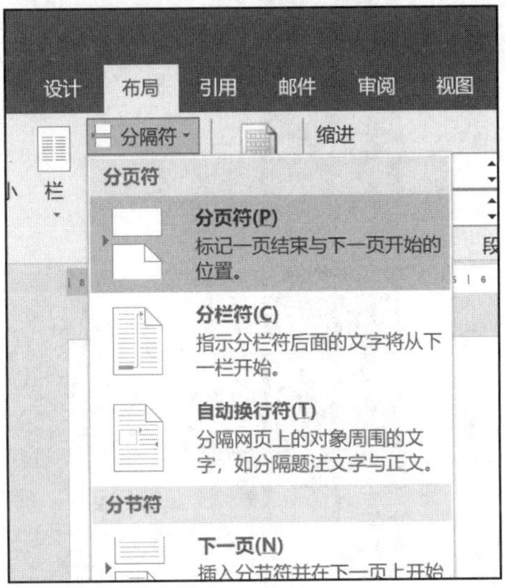


图 6-67　插入分页符

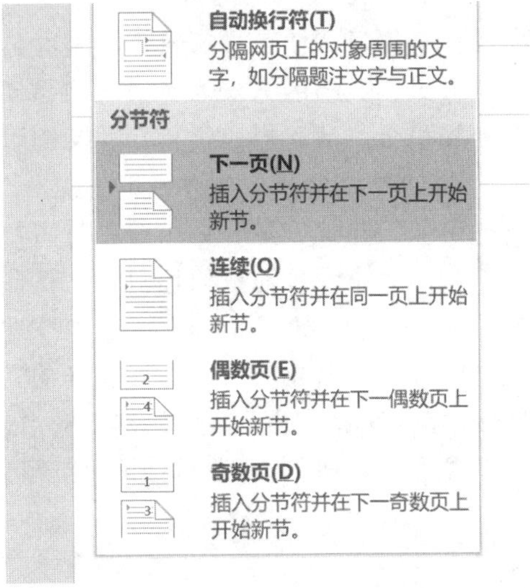


图 6-68　插入分节符

默认情况下，分隔符是不显示的，需要用户手动设置。显示分隔符的方法为：在“开始”/“段落”组中单击“显示/隐藏编辑标记”按钮，当该按钮呈选择状态时，将显示分隔符，反之就不显示分隔符。

### 6.6.5 打印预览与打印

打印文档之前，应对文档内容进行预览，通过预览效果来对文档中不妥的地方进行调整，直到预览效果符合需要后，再按需要设置打印份数、打印范围等参数，并最终执行打印操作。

1. 打印预览

打印预览是指在计算机中预先查看打印的效果，可以避免在不预览的情况下，打印出不符合需求的文档，从而浪费纸张的情况。预览文档的方法：选择“文件”/“打印”命令，在右侧的界面中即可显示文档的打印效果。利用界面底部的参数可辅助预览文档内容，各参数的作用分别如下。

- “页数”栏：在其中的文本框中直接输入所需预览内容所在的页数，按“Enter”键或单击其他空白区域即可跳转至该页面；也可通过单击该栏两侧的“上一页”按钮和“下一页”按钮逐页预览文档内容。
- “显示比例”栏：单击该栏左侧的“显示比例”按钮，可在打开的“显示比例”对话框中快速设置需要显示的预览比例；拖动该栏中的滑块可直观调整预览比例；单击该栏右侧的“缩放到页面”按钮，可快速将预览比例调整为显示整页文档的比例。

2. 打印文档

预览无误后，便可进行打印设置并打印文档。打印制作好的文档的方法为：首先将打印机正确连接到计算机上，然后打开需打印的文档，选择“文件”/“打印”命令，在右侧的“份数”数值框中设置打印份数，在“设置”栏中分别设置打印方向、打印纸张的大小、单面或双面打印、打印顺序以及打印页数等参数，如图6-69所示。如果想设置更加详细的打印参数，则需单击页面右下角的“页面设置”超链接，在打开的“页面设置”对话框中进行设置。完成设置后，单击“打印”按钮即可打印文档。

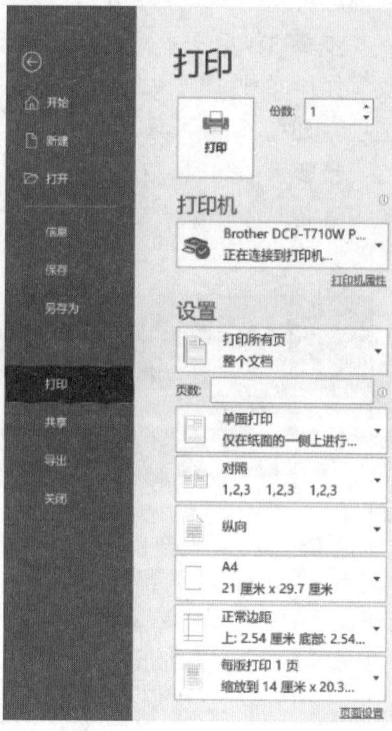


图6-69 设置打印参数

# 6.7 任务清单

## 6.7.1 任务清单-1

| 姓名 | | 学号 | |
|---|---|---|---|
| 班级 | | 打分 | |
| 任务工单 | 字处理格式设置练习一 | | |

本案例将制作“欣赏”文档，包括新建文档、输入文本、设置文本格式、设置段落格式和添加图片、批注等操作，样文和具体要求如下（文稿请从学生练习文件夹下载）。

文稿设置要求：

（1）新建文档，以自己的学号和姓名命名，并保存在桌面，将光标定位至文档中合适的位置输入文本“欣赏”，如图 6-70 所示。

欣 赏↵
欣赏，未必要登临山巅。流岚飞雾，峰峙崖端，山后叠山，海上升月，都让人心旷神怡。浩叹天宇广袤、神州万象。欣赏，也未必要置身影院。飞瀑轰谷，烈马长啸，耕牛欢哞，鸟鸣啁啾，皆让人流连忘返。陶醉于鼓瑟吹笙、转轴拔弦。真正善于欣赏的人，无处不可以欣赏，上坡时的蹬足、逆流中的奋篙、盲人挪动的拐杖，乃至一块丑石、一截根木……真正善于欣赏的人，无时不可以欣赏：公鸡的雄唱，纤夫的浑号、列车 开启时的引笛，乃至夕晖里的一阵夯声、婴儿的一夜长啼、水田上的一片蛙鼓……↵
善于欣赏顽童，功在他独具慧眼。↵
善于欣赏根木，高在他独运匠心。↵
善于欣赏嚎啕中的悲壮，他必定饱经沧桑。↵
善于欣赏残缺中的奇美，他必定深谙花好月圆。↵
只是欣赏花容玉颜，山盟海誓、是欣赏者的浅薄。↵
只是欣赏俯首贴耳、拍马溜须、是欣赏者的低劣。↵
只是欣赏金钱，难保证他的人格。↵
只是欣赏顺达，断不定他的挫折更多。↵
平庸者的欣赏只在有字处读书有声中听乐。↵
深刻者的欣赏在于欣赏纹络里镌刻的思想无声处滚动的惊雷。↵
要善于欣赏他人——善于欣赏对手，他才可以襟怀磊落、避短扬长。↵
更要善于欣赏自己——善于欣赏自己，他才可以临危不惧，棋出高筹。↵
船欣赏了帆，船以远行；箭欣赏了弓，箭以远射。↵
更多地欣赏生活，生活更多地欣赏他。↵
善于欣赏，便是善于真正地生活。↵

图 6-70 文字录入效果

（2）在“页面设置”中设置“纸张大小”为自定义纸张大小，宽为 19 cm，高为 27 cm，设置页边距四边各为 2 cm。

（3）设置页眉、页脚和水印。① 为文档添加文字页眉“技能竞赛”，设置为隶书，小四，红色，居中。② 为页脚添加类型为“X/Y”的页码，黑体，小四，居中。③ 添加“绿水青山”的文字水印，设置水印为隶书，字号“自动”，红色（半透明），斜式输出，如图 6-71 所示。

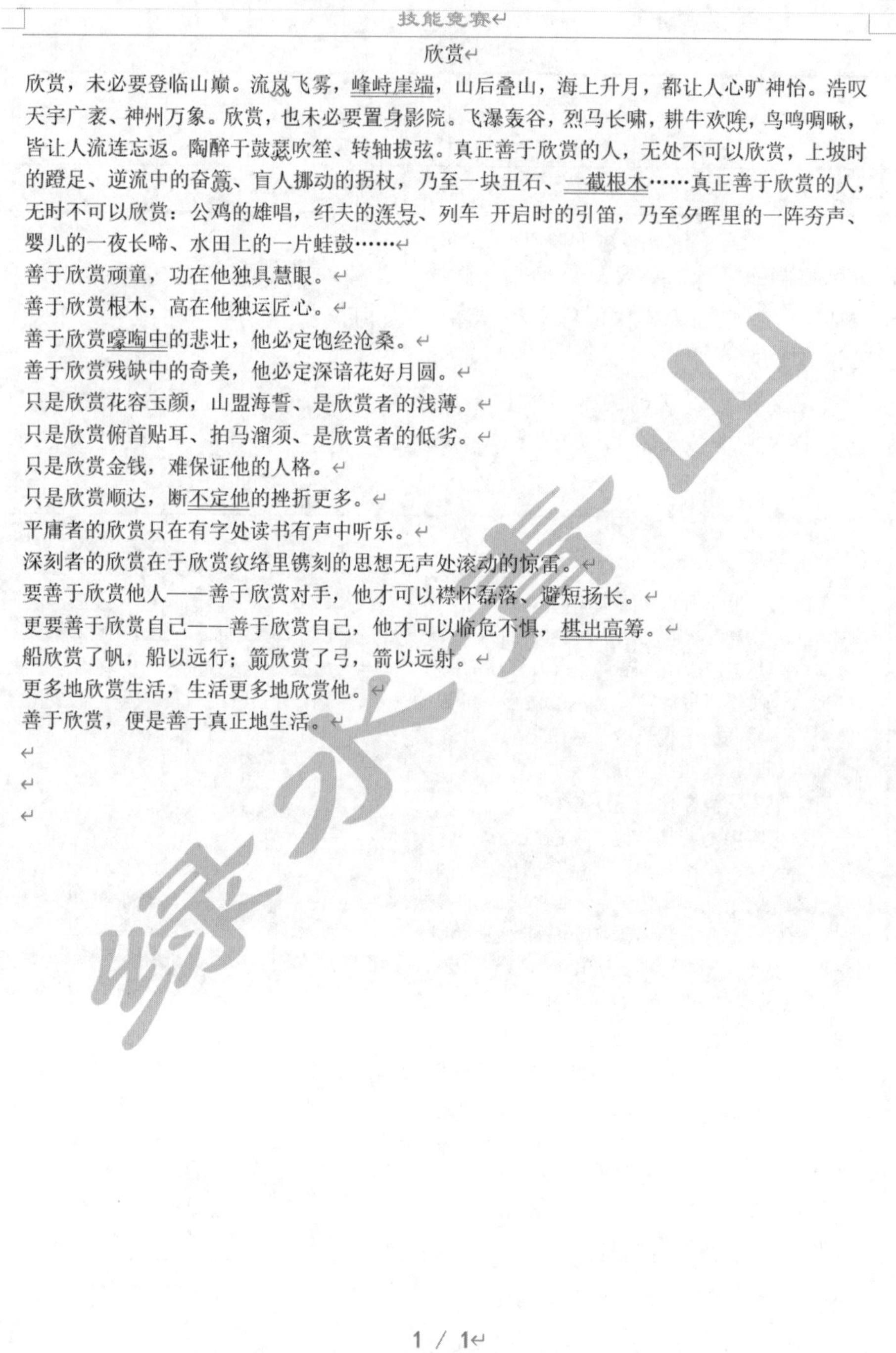

技能竞赛

欣赏

欣赏，未必要登临山巅。流岚飞雾，峰峙崖端，山后叠山，海上升月，都让人心旷神怡。浩叹天宇广袤、神州万象。欣赏，也未必要置身影院。飞瀑轰谷，烈马长啸，耕牛欢哞，鸟鸣啁啾，皆让人流连忘返。陶醉于鼓瑟吹笙、转轴拨弦。真正善于欣赏的人，无处不可以欣赏，上坡时的蹬足、逆流中的奋篙、盲人挪动的拐杖，乃至一块丑石、一截根木……真正善于欣赏的人，无时不可以欣赏：公鸡的雄唱，纤夫的浑号、列车 开启时的引笛，乃至夕晖里的一阵夯声、婴儿的一夜长啼、水田上的一片蛙鼓……

善于欣赏顽童，功在他独具慧眼。

善于欣赏根木，高在他独运匠心。

善于欣赏嚎啕中的悲壮，他必定饱经沧桑。

善于欣赏残缺中的奇美，他必定深谙花好月圆。

只是欣赏花容玉颜，山盟海誓、是欣赏者的浅薄。

只是欣赏俯首贴耳、拍马溜须、是欣赏者的低劣。

只是欣赏金钱，难保证他的人格。

只是欣赏顺达，断不定他的挫折更多。

平庸者的欣赏只在有字处读书有声中听乐。

深刻者的欣赏在于欣赏纹络里镌刻的思想无声处滚动的惊雷。

要善于欣赏他人——善于欣赏对手，他才可以襟怀磊落、避短扬长。

更要善于欣赏自己——善于欣赏自己，他才可以临危不惧，棋出高筹。

船欣赏了帆，船以远行；箭欣赏了弓，箭以远射。

更多地欣赏生活，生活更多地欣赏他。

善于欣赏，便是善于真正地生活。

绿水青山

1 / 1

图 6-71　页眉页脚和水印

（4）设置字体。① 设置标题为字符间空一个字符，二号黑体，缩放比例 150%，居中，段后间距 1 行。② 正文第一段字体设置为楷体，字号小四。③ 其他段落为宋体，字号小四。

（5）设置所有段落首行缩进 2 个字符，行距为“固定值 20 磅”，如图 6-72 所示。

技能竞赛

# 欣 赏

欣赏，未必要登临山巅。流岚飞雾，峰峙崖端，山后叠山，海上升月，都让人心旷神怡。浩叹天宇广袤、神州万象。欣赏，也未必要置身影院。飞瀑轰谷，烈马长啸，耕牛欢哞，鸟鸣啁啾，皆让人流连忘返。陶醉于鼓瑟吹笙、转轴拔弦。真正善于欣赏的人，无处不可以欣赏，上坡时的蹬足、逆流中的奋篙、盲人挪动的拐杖，乃至一块丑石、一截根木……真正善于欣赏的人，无时不可以欣赏：公鸡的雄唱，纤夫的浑号、列车开启时的引笛，乃至夕晖里的一阵夯声、婴儿的一夜长啼、水田上的一片蛙鼓……

善于欣赏顽童，功在他独具慧眼。

善于欣赏根木，高在他独运匠心。

善于欣赏嚎啕中的悲壮，他必定饱经沧桑。

善于欣赏残缺中的奇美，他必定深谙花好月圆。

只是欣赏花容玉颜，山盟海誓、是欣赏者的浅薄。

只是欣赏俯首贴耳、拍马溜须、是欣赏者的低劣。

只是欣赏金钱，难保证他的人格。

只是欣赏顺达，断不定他的挫折更多。

平庸者的欣赏只在有字处读书有声中听乐。

深刻者的欣赏在于欣赏纹络里镌刻的思想无声处滚动的惊雷。

要善于欣赏他人——善于欣赏对手，他才可以襟怀磊落、避短扬长。

更要善于欣赏自己——善于欣赏自己，他才可以临危不惧，棋出高筹。

船欣赏了帆，船以远行；箭欣赏了弓，箭以远射。

更多地欣赏生活，生活更多地欣赏他。

善于欣赏，便是善于真正地生活。

图 6-72　字符段落格式设置

（6）分栏底纹格式设置。① 正文第一段设置上下边框线，线型为双波线。② 正文第二到第八段设置淡蓝色底纹。③ 正文第一段分栏，预设置偏左格式；栏数 2 栏，第一栏 13 个字符，间距 3 个字符，加分隔线。④ 利用“查找和替换”对话框，将文中所有“山盟海誓”替换为“海誓山盟”，“浅薄”替为“肤浅”，如图 6-73 所示。

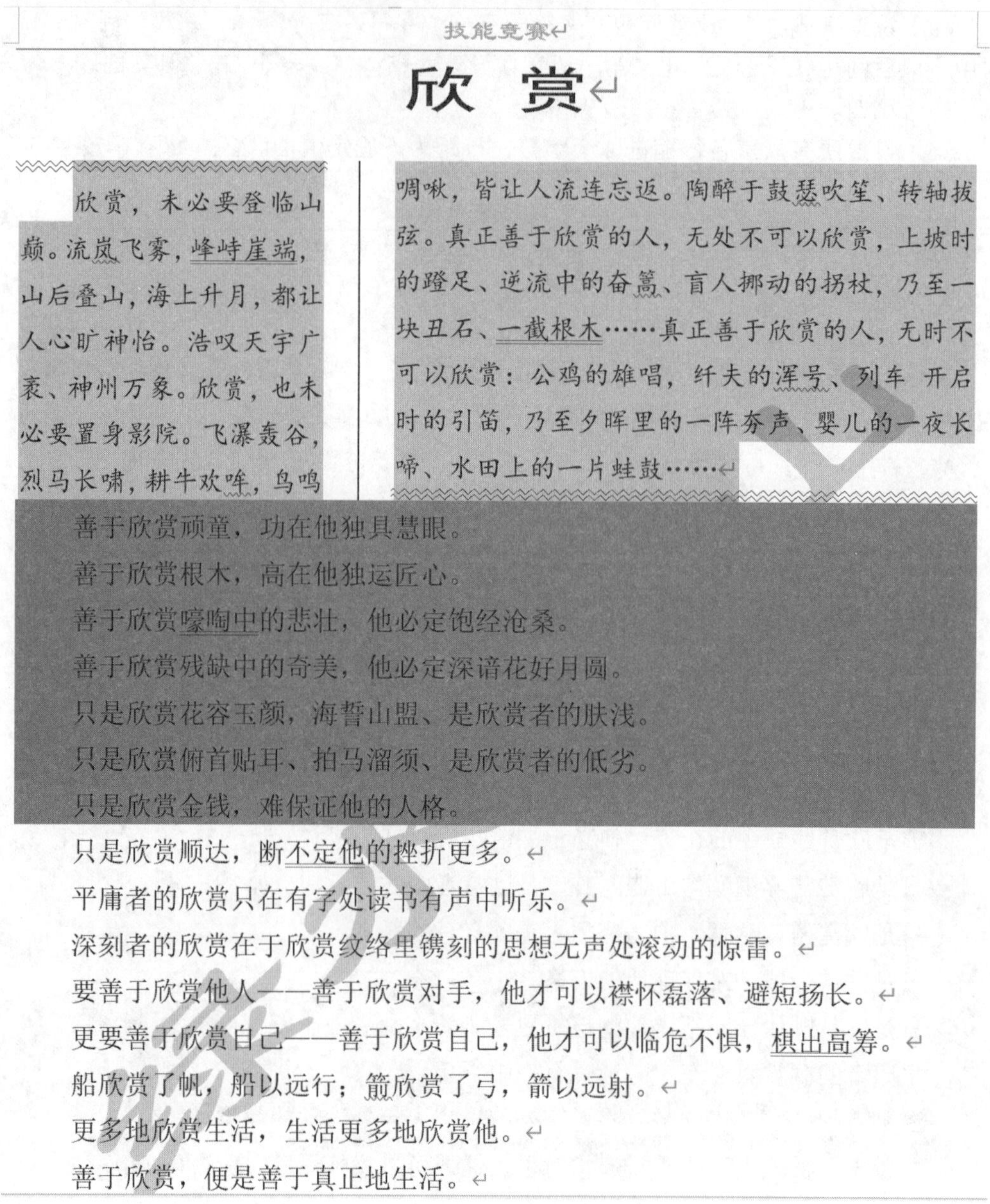

技能竞赛

欣 赏

欣赏，未必要登临山巅。流岚飞雾，峰峙崖端，山后叠山，海上升月，都让人心旷神怡。浩叹天宇广袤、神州万象。欣赏，也未必要置身影院。飞瀑轰谷，烈马长啸，耕牛欢哞，鸟鸣啁啾，皆让人流连忘返。陶醉于鼓瑟吹笙、转轴拨弦。真正善于欣赏的人，无处不可以欣赏，上坡时的蹬足、逆流中的奋篙、盲人挪动的拐杖，乃至一块丑石、一截根木……真正善于欣赏的人，无时不可以欣赏：公鸡的雄唱，纤夫的浑号、列车 开启时的引笛，乃至夕晖里的一阵夯声、婴儿的一夜长啼、水田上的一片蛙鼓……

善于欣赏顽童，功在他独具慧眼。

善于欣赏根木，高在他独运匠心。

善于欣赏嚎啕中的悲壮，他必定饱经沧桑。

善于欣赏残缺中的奇美，他必定深谙花好月圆。

只是欣赏花容玉颜，海誓山盟、是欣赏者的肤浅。

只是欣赏俯首贴耳、拍马溜须、是欣赏者的低劣。

只是欣赏金钱，难保证他的人格。

只是欣赏顺达，断不定他的挫折更多。

平庸者的欣赏只在有字处读书有声中听乐。

深刻者的欣赏在于欣赏纹络里镌刻的思想无声处滚动的惊雷。

要善于欣赏他人——善于欣赏对手，他才可以襟怀磊落、避短扬长。

更要善于欣赏自己——善于欣赏自己，他才可以临危不惧，棋出高筹。

船欣赏了帆，船以远行；箭欣赏了弓，箭以远射。

更多地欣赏生活，生活更多地欣赏他。

善于欣赏，便是善于真正地生活。

图 6-73　分栏底纹格式设置

（7）设置其他效果。① 设置文档最后一段“善于欣赏，便是善于真正地生活”为艺术字，样式为第二行第二列；字体为华文新魏，加粗，字号 25；“文本效果/转换”为“波形：上”；阴影为“外部/偏移/下”；环绕方式为上下型环绕。② 在文档第二段到第六段右侧插入图片（自选），调整图片宽度为 4 cm，高度为 5 cm，四周型环绕，右对齐。③ 设置页面边框为三维，双线型，橙色，1.5 磅宽度。④ 为正文标题“欣赏”新建批注“善于欣赏，便是善于真正地生活！”，突出显示为粉红，如图 6-74 所示。

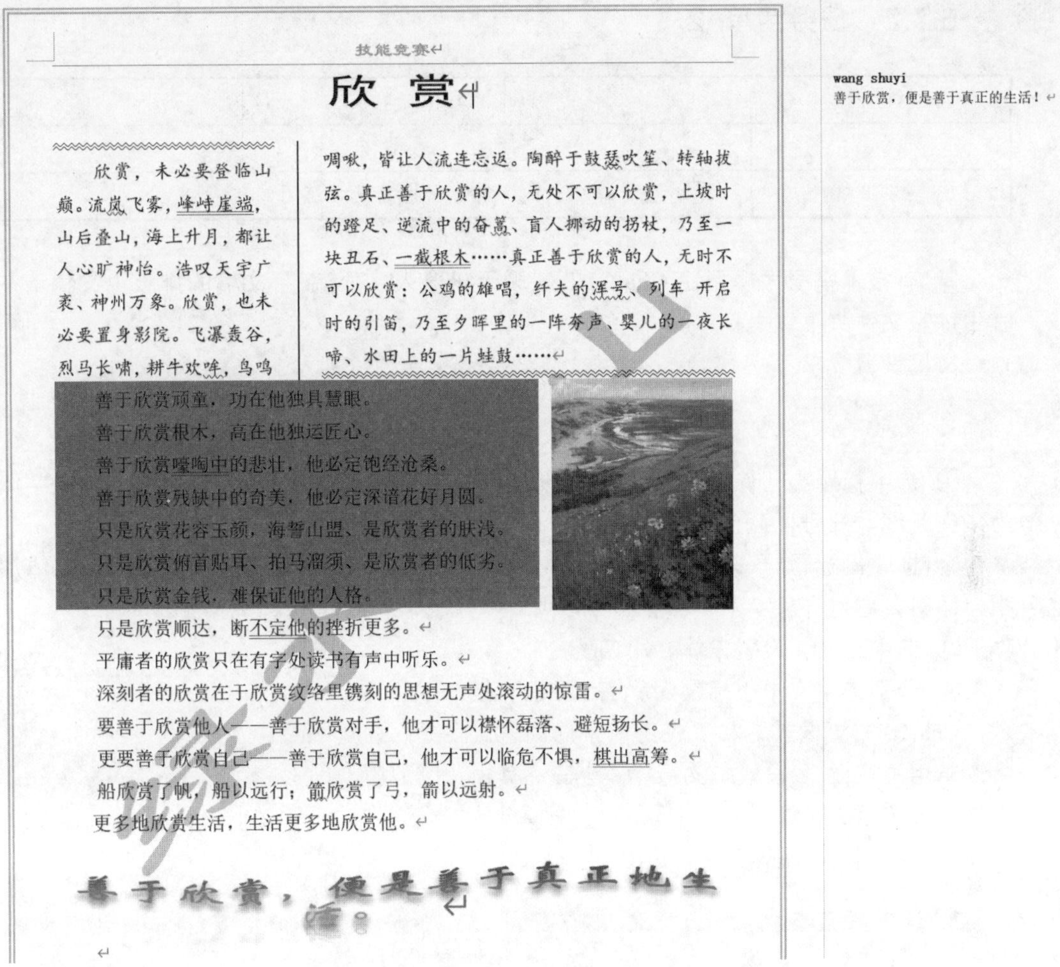

技能竞赛

欣 赏

wang shuyi
善于欣赏，便是善于真正的生活！

欣赏，未必要登临山巅。流岚飞雾，峰峙崖端，山后叠山，海上升月，都让人心旷神怡。浩叹天宇广袤、神州万象。欣赏，也未必要置身影院。飞瀑轰谷，烈马长啸，耕牛欢哞，鸟鸣啁啾，皆让人流连忘返。陶醉于鼓瑟吹笙、转轴拨弦。真正善于欣赏的人，无处不可以欣赏，上坡时的蹬足、逆流中的奋篙、盲人挪动的拐杖，乃至一块丑石、一截根木……真正善于欣赏的人，无时不可以欣赏：公鸡的雄唱，纤夫的浑号、列车 开启时的引笛，乃至夕晖里的一阵夯声、婴儿的一夜长啼、水田上的一片蛙鼓……

善于欣赏顽童，功在他独具慧眼。
善于欣赏根木，高在他独运匠心。
善于欣赏噫吻中的悲壮，他必定饱经沧桑。
善于欣赏残缺中的奇美，他必定深谙花好月圆。
只是欣赏花容玉颜，海誓山盟、是欣赏者的肤浅。
只是欣赏俯首贴耳、拍马溜须、是欣赏者的低劣。
只是欣赏金钱，难保证他的人格。
只是欣赏顺达，断不定他的挫折更多。
平庸者的欣赏只在有字处读书有声中听乐。
深刻者的欣赏在于欣赏纹络里镌刻的思想无声处滚动的惊雷。
要善于欣赏他人——善于欣赏对手，他才可以襟怀磊落、避短扬长。
更要善于欣赏自己——善于欣赏自己，他才可以临危不惧，棋出高筹。
船欣赏了帆，船以远行；箭欣赏了弓，箭以远射。
更多地欣赏生活，生活更多地欣赏他。

善于欣赏，便是善于真正地生活。

图 6-74 最终效果图

操作要点：

| 教师评语 | |
|---|---|

电子版作业请从电子教室传输端提交

### 6.7.2 任务清单-2

| 姓名 | | 学号 | |
|---|---|---|---|
| 班级 | | 打分 | |
| 任务工单 | 字处理格式设置练习二 | | |

“已有技术搭配大模型让 ChatGPT 成聊天机器人‘顶流’” 文稿的排版（文稿请在学生练习文件夹下载）。

文稿设置要求：

1. 设置字体格式

① 选中标题“已有技术搭配大模型让 ChatGPT 成聊天机器人‘顶流’”，设置字体为华文新魏，三号，蓝色，居中对齐。

② 选中副标题“——人工智能的时代或将到来”设置为华文行楷，四号，字体加粗，倾斜，右对齐。

③ 选中正文，设置宋体，小四。

④ 分别选中文中小标题“综合运用已有技术，ChatGPT 更像人”和“应用前景广阔，或将变革相关产业”，设置华文行楷，小三，其中英文可自选西文字体。

⑤ 为文中小标题添加字符边框和字符底纹。

2. 设置段落格式

① 为正文设置 1.5 倍行距并首行缩进 2 字符。

② 为标题设置段后间距 0.5 行。

3. 分栏排版

将正文均匀地分为 2 栏。

4. 设置首字下沉

设置段首“人”字的首字下沉，下沉行数设置为“2”，最终效果如图 6-75 所示。

操作要点：

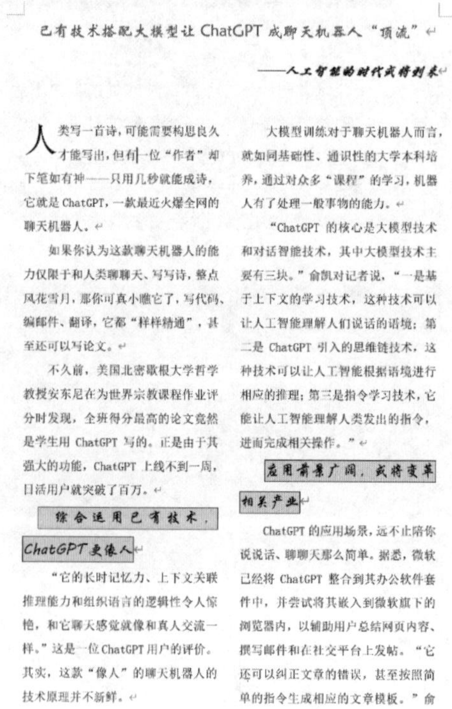

已有技术搭配大模型让 ChatGPT 成聊天机器人“顶流”

——人工智能的时代或将到来

人类写一首诗，可能需要构思良久才能写出，但有一位“作者”却下笔如有神——只用几秒就能成诗，它就是 ChatGPT，一款最近火爆全网的聊天机器人。

如果你认为这款聊天机器人的能力仅限于和人类聊聊天、写写诗，整点风花雪月，那你可真小瞧它了，写代码、编邮件、翻译，它都“样样精通”，甚至还可以写论文。

不久前，美国北密歇根大学哲学教授安东尼在为世界宗教课程作业评分时发现，全班得分最高的论文竟然是学生用 ChatGPT 写的。正是由于其强大的功能，ChatGPT 上线不到一周，日活用户就突破了百万。

综合运用已有技术，ChatGPT 更像人

“它的长时记忆力、上下文关联推理能力和组织语言的逻辑性令人惊艳，和它聊天感觉就像和真人交流一样。”这是一位 ChatGPT 用户的评价。其实，这款“像人”的聊天机器人的技术原理并不新鲜。

大模型训练对于聊天机器人而言，就如同基础性、通识性的大学本科培养，通过对众多“课程”的学习，机器人有了处理一般事物的能力。

“ChatGPT 的核心是大模型技术和对话智能技术，其中大模型技术主要有三块。”俞凯对记者说，“一是基于上下文的学习技术，这种技术可以让人工智能理解人们说话的语境；第二是 ChatGPT 引入的思维链技术，这种技术可以让人工智能根据语境进行相应的推理；第三是指令学习技术，它能让人工智能理解人类发出的指令，进而完成相关操作。”

应用前景广阔，或将变革相关产业

ChatGPT 的应用场景，远不止陪你说说话、聊聊天那么简单。据悉，微软已经将 ChatGPT 整合到其办公软件套件中，并尝试将其嵌入到微软旗下的浏览器内，以辅助用户总结网页内容、撰写邮件和在社交平台上发帖。“它还可以纠正文章的错误，甚至按照简单的指令生成相应的文章模板。”俞

图 6-75 最终效果图

| 教师评语 | |
|---|---|

电子版作业请从电子教室传输端提交

### 6.7.3 任务清单-3

| 姓名 | | 学号 | |
|---|---|---|---|
| 班级 | | 打分 | |
| 任务工单 | 字处理格式设置练习三 | | |

“美丽家乡”图文混排练习。

文稿设置要求：

制作一个如图 6-76 所示的宣传报刊。

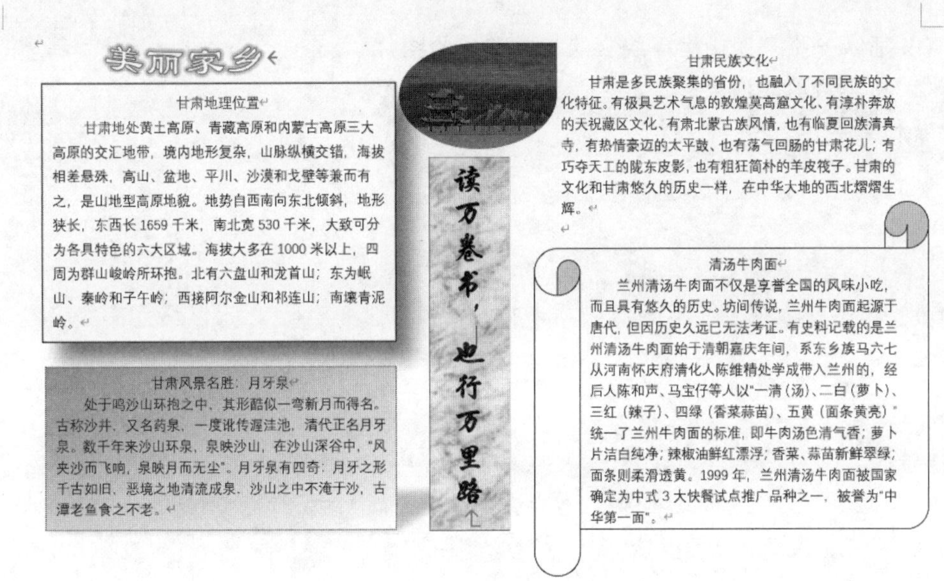


图 6-76 宣传报刊

案例分析：

（1）文中有艺术字和竖排文字。

（2）文档由五部分组成，各部分由不同的文本框构成。

（3）文中插入了图片，并裁剪图片为一定形状。

先将纸张方向设置为横向，大小为 A4，为以后文字、图形、图像排版做好准备，然后将光标移到文档首部。

1. 制作艺术字

① 插入艺术字内置库中第二行第四列艺术字样式，内容为“美丽家乡”。

② 设置字体为“隶书”，字号为“小一”并“加粗”；设置“下翘”的文本效果。

2. 制作有关自己家乡地理环境、历史文化、风景名胜、地方特产的文本框

① 插入形状效果为“预设 4”的简单文本框，设置“形状轮廓”为 0.75 磅的实线。

② 在文本框中录入家乡地理环境介绍的文字内容，可通过拖动调整文本框的大小和位置。

③ 根据需要，给文字内容添加美观的字型、字号等内容。

④ 按上述方法制作历史文化、风景名胜、地方特产的文本框，设置文本框如图 6-76 所示的形状轮廓，并拖动鼠标调整至合适位置。

3. 制作中间竖排文本框

① 按照上述例子，利用“绘制竖排文本框”命令，绘制内容为“读万卷书，也行万里路”的竖排文字。

② 设置文字为合适美观的字号、字体等，并利用“形状填充”添加背景纹理。

4. 插入图片

① 插入一张“四周型环绕”的有关家乡的图片。

② 将其裁剪成泪滴形状，并调整其大小和位置。

操作要点：

| 教师评语 | |
|---|---|

电子版作业请从电子教室传输端提交

# 第 7 章 文档编辑软件 Word 2016 的高级应用

**学习目标**

（1）掌握 Word 2016 的文档高级编排。
（2）掌握 Word 2016 的文档保护。
（3）熟悉 Word 2016 的邮件合并。

**技能掌握**

（1）会使用 Word 2016 进行文档的高级编排。
（2）熟练掌握 Word 2016 的文档保护方法。
（3）会进行 Word 2016 的邮件合并。

**思政育人目标**

（1）培养学生沟通交流、自我学习的能力。
（2）培养学生搜集信息、整理信息、发现问题、分析问题和解决问题的能力。

## 7.1 文档的高级编排

文档的高级编辑排版技术包括在文档中输入公式、使用样式、使用模板、添加项目符号和编号、创建目录、添加脚注尾注和文档的保护等。

### 7.1.1 公式编辑

文档中有时需要建立数学公式，Word 提供了“公式编辑器”，可以方便地完成插入数学公式的操作。

1. 插入公式

（1）插入内置公式。

① 打开 Word 文档窗口，切换到“插入”选项卡。

② 在“符号”分组中单击“公式”下拉三角按钮，在打开的内置公式列表中选择需要的公式（如“二次公式”）即可（见图 7-1）。

在当前计算机处于联网状态下，如果在 Word 提供的内置公式中找不到用户需要的公式，则可以在公式列表中指向“Office.com 中的其他公式”选项（见图 7-2），并在打开的来自 Office.com 的更多公式列表中选择所需的公式。

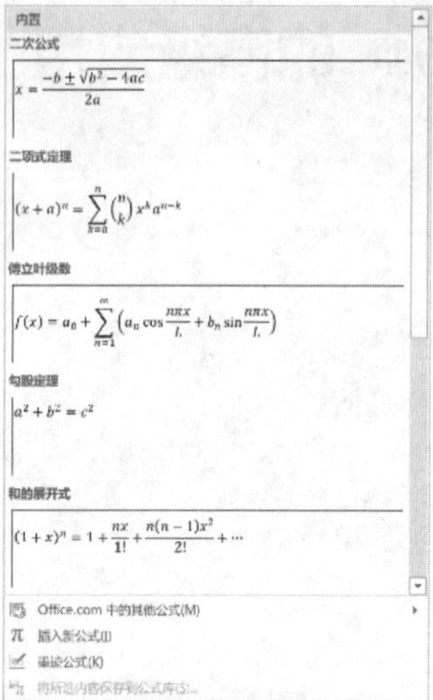


图 7-1　“内置公式”

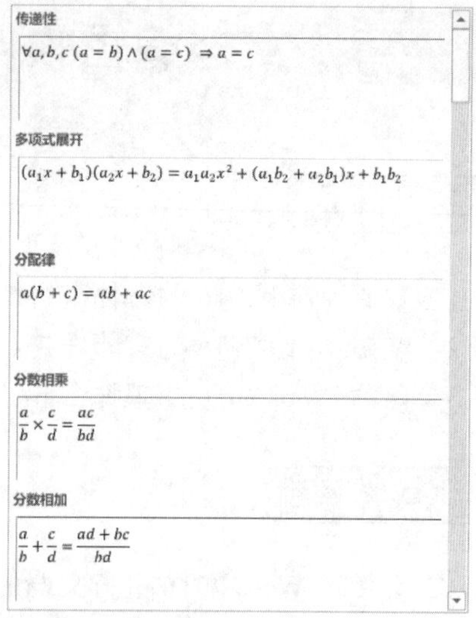


图 7-2　“Office.com”中的公式

（2）创建自定义公式。

① 将光标置于要插入公式的位置。

② 在“插入”/“符号”分组中单击“公式”下拉三角按钮，单击“插入新公式”。在工作区显示如图 7-3 所示的“在此处键入公式”控件。利用“公式工具”的“设计”选项卡，可以定义设计各种复杂公式（见图 7-4）。

图 7-3　“键入公式”控件

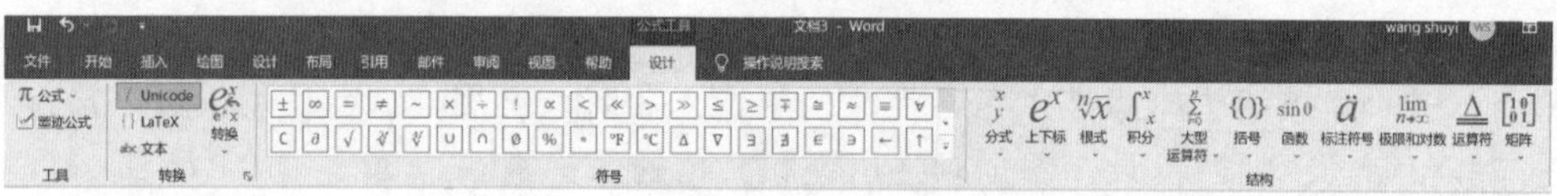

图 7-4　“公式工具”/“设计”选项卡

③ 插入公式 $b^2 = a^2 + \sqrt[3]{c} - 2a\cos b$，如图 7-5 所示 。

④ 单击公式控件右侧的下拉箭头，可将编辑的公式“另存为新公式”，如图 7-6 所示。

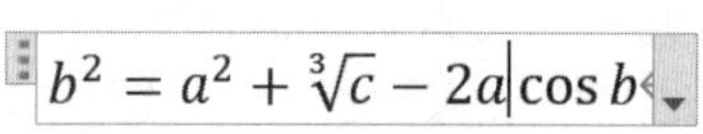


图 7-5　自定义公式

图 7-6　另存为新公式

2. 编辑公式

所编辑的公式有两种，分别是行间公式和独立公式。这两种公式在显示上有一定的差别。独立公式是居中的，而行间公式是嵌入文本中的，相对于独立公式，其公式内容大小要小些，对比较为明显。比如：$d=\sqrt{(x_2-x_1)^2+(y_2-y_1)^2}$，这个就是行间公式，而下面的就是独立公式：

$$d=\sqrt{(x_2-x_1)^2+(y_2-y_1)^2}$$

简单地说，如果是接着文本直接编辑的，那么就是行间公式；如果是回车换行后编辑的则是独立公式。

所编辑的公式有另外两种分类方式，分别是专业型和线性。当选中一个公式时右击，在弹出来的菜单中可以看到。

我们所编辑出来的公式都是专业型的，也就是上面所看到的形式。如果选中“线性”，那么就变成：*d*=√((*x*_2−*x*_1)^2+(*y*_2−*y*_1)^2) 了。线性的表达式，有助于我们看明白他人编写的公式，另外与我们直接编写公式时也非常接近。

## 7.1.2 脚注和尾注

脚注和尾注在文档和书籍中，用以显示说明性或补充性的信息。脚注位于页面的底部，尾注位于文档的结尾处。

插入脚注和尾注的具体操作步骤如下：

① 将光标定位于添加注释的文本之后。

② 单击“引用”/“脚注”分组中的“插入脚注”或“插入尾注”按钮。

③ 用户也可以单击按钮，弹出如图 7-7 所示的“脚注和尾注”对话框。

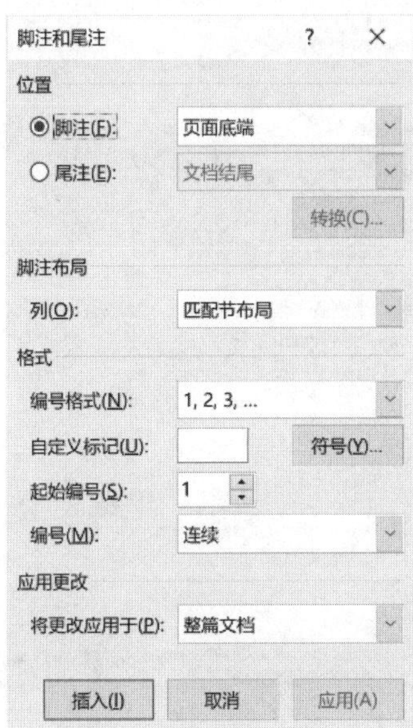


图 7-7 “脚注和尾注”对话框

④ 选择“脚注”或“尾注”单选按钮，并在其后的下拉列表中选择添加的位置。

⑤ 在“格式”区中的“编号格式”下拉列表中选择一种编号格式，用户也可以单击“符号”按钮自定义编号标记。

⑥ 单击“插入”按钮，光标自动跳至注释编辑区，输入注释文本，在文本其他处单击，返回到文档编辑区。

## 7.2 文档保护

在编辑 Word 文档时，突然停电，或者计算机死机，尚未保存的工作成果会丢失；朋友发来的一篇 Word 文档，在打开时，系统却提示文档损坏无法打开；从网络服务器上打开一篇 Word 文档，编辑后保存并退出，然而再从网络服务器上打开此文档时，却发现修改成果不翼而飞，诸如此类的意外，不一而足。其实，Word 自身提供了多种手段和方法保护 Word 文档。

### 7.2.1 防止 Word 文档丢失

方法一：自动恢复信息。

默认情况下，Word 已经开启了自动恢复功能，并每 10 分钟自动保存用户的工作成果，用户也可以自定义保存时间间隔。

① 单击“文件”选项卡，然后在下拉菜单中选择“选项”。

② 单击“保存”选项卡，打开如图 7-8 所示对话框，选中“保存自动恢复信息时间间隔”复选框，然后在“分钟”框中，键入或选择用于确定文件保存频数的数字。

图 7-8 “Word 选项”对话框

Word 将按这个时间间隔自动生成文档的恢复文件，保存文件越频繁，则文件处于打开状态时，在发生意外的情况下，文件可恢复的信息越多。

③ 选中“如果我没保存就关闭，请保留上次自动保存的版本”复选框，单击“确定”按钮即可。

方法二：手动恢复文件。

通常情况下，在出现电源故障或其他问题后重新启动 Word 时，Word 将自动打开任何恢复的文件。如果由于某种原因该恢复文件无法打开，可以尝试自己打开，具体操作如下：

① 单击“文件”中的“打开”。

② 在“打开”对话框中，通过窗口顶端地址栏定位到自动恢复文件夹 C:\Users\用户名\AppData\Roaming\Microsoft\Word\，以显示自动恢复文件列表。如果不清楚，在图 7-8 所示的“自动恢复文件位置”框中查看。

### 7.2.2 修复损坏的 Word 文档

当用户试图打开一个 Word 文档时，Word 没有响应或提示文档路径或名称无效，那么可能的原因是该文档已经损坏。Word 提供了以下两种方法可以恢复受损文档中的文字。

方法一：打开并修复。

① 单击“文件”选项卡，然后单击“打开”。

② 通过窗口顶端地址栏定位到要打开的文件的驱动器、文件夹或 Internet 位置。

③ 在文件夹列表中，定位并打开包含文件的文件夹。

④ 在“打开”下拉列表中单击“打开并修复”选项（见图 7-9）。

方法二：用“任意文件还原文本”转化器提取文字。

如果上述方法没有能够修复受损文档，那么可以尝试以下方法：

① 单击“文件”/“选项”。

② 单击“高级”选项卡，在“常规”标题下，选中“打开时确认文件格式转换”复选框（见图 7-10），单击“确定”。

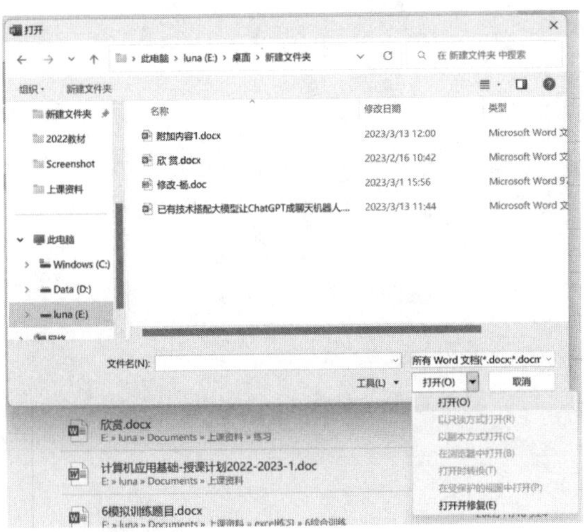


图 7-9 “打开并修复”选项

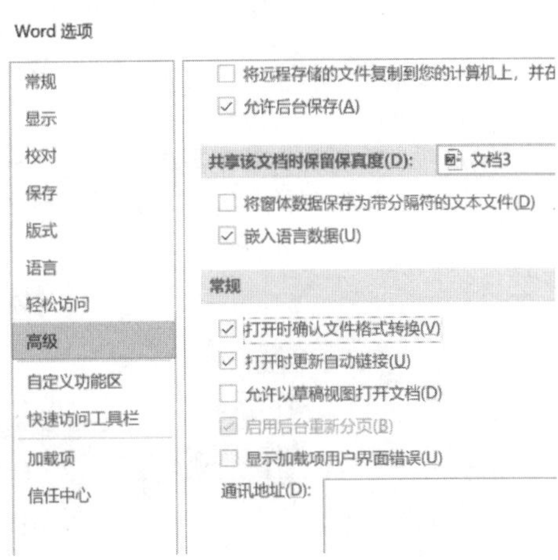


图 7-10 “常规”标题

③ 单击“文件”选项卡，然后单击“打开”。

④ 在“文件类型”框中，单击“从任意文件还原文本”（见图 7-11）。

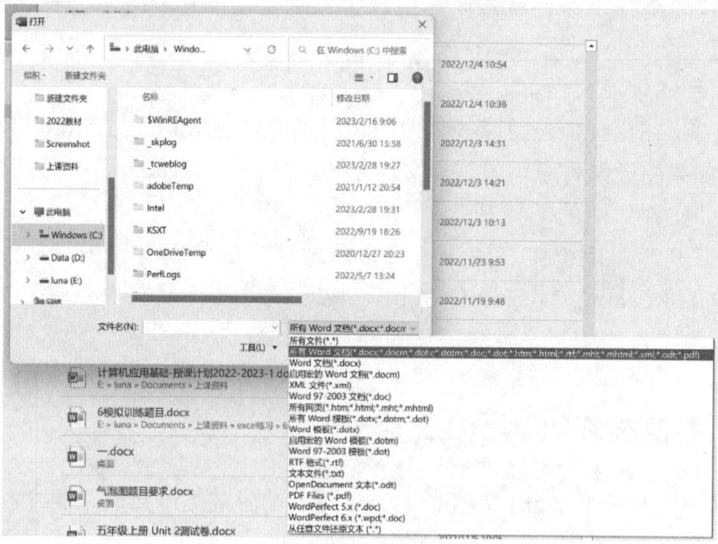

图 7-11　“文件类型”下拉列表

## 7.3　邮件合并

邮件合并就是在 Word 文档的固定内容中，插入一组变化的数据域，如 Word 表格、Excel 表、Access 数据表等，从而批量生成需要的邮件合并文档。因此，要使用邮件合并功能，首先建立两个文档：主文档和数据源，然后在主文档中插入相关的信息。

**例 7-1**：以创建学生成绩通知单为例，介绍邮件合并的具体操作：

**步骤 1**：创建主文档。

① 启动 word，打开一个空白的 word 文档，制作一张如图 7-12 所示的没有具体数据的“学生成绩通知单”（模板）的文档。

______同学及家长：

您好！

现将 2021-2022 学年成绩反馈给您，请家长在意见反馈栏填写您的意见，假期结束时将此通知由学生带回报到注册，谢谢！

| 姓名 | | 学号 | |
|---|---|---|---|
| 考试科目 | 成绩 | 学分 | |
| 布线工程 | | | |
| 路由交换 | | | |
| 操作系统 | | | |

图 7-12　主文档

设计好的成绩单（模板）必须处于打开状态，不能关闭。此时设置的主文档格式也将决定各个副本的显示和打印效果；为了节约用纸，也可将页面分为两栏或者多栏。

**步骤 2：** 创建数据源。

启动 Excel，建立含有“学生考试成绩表”的工作簿，如图 7-13 所示

| | A | B | C | D | E | F | G | H | I | J | K | L | M |
|---|---|---|---|---|---|---|---|---|---|---|---|---|---|
| 1 | 姓名 | 学号 | 布线工程（BX | (BX)学分 | 路由交换(LY) | (LY)学分 | 操作系统(XT | (XT)学分 | 网络工程 | (GCSJ)学分 | 信息安全(XXAQ) | (XXAQ)学分 | 总学分 |
| 2 | 白雅蓉 | 0620130101 | 78 | 4 | 100 | 6 | 64 | 4 | 64 | 4 | 78 | 2 | 20 |
| 3 | 陈杰 | 0620130102 | 86 | 4 | 100 | 6 | 79 | 4 | 79 | 4 | 86 | 2 | 20 |
| 4 | 戴晓瑞 | 0620130103 | 90 | 4 | 100 | 6 | 65 | 4 | 65 | 4 | 90 | 2 | 20 |
| 5 | 邓小亚 | 0620130104 | 73 | 4 | 100 | 6 | 89 | 4 | 89 | 4 | 73 | 2 | 20 |
| 6 | 丁小霞 | 0620130105 | 69 | 4 | 100 | 6 | 83 | 4 | 83 | 4 | 69 | 2 | 20 |
| 7 | 范吉花 | 0620130106 | 42 | 4 | 60 | 6 | 89 | 4 | 89 | 4 | 42 | 2 | 20 |
| 8 | 冯盼红 | 0620130107 | 78 | 4 | 78 | 6 | 64 | 4 | 78 | 4 | 96 | 2 | 20 |
| 9 | 郭峰 | 0620130108 | 86 | 4 | 89 | 6 | 79 | 4 | 86 | 4 | 64 | 2 | 20 |
| 10 | 何飞 | 0620130109 | 90 | 4 | 60 | 6 | 65 | 4 | 90 | 4 | 79 | 2 | 20 |

图 7-13　源数据

数据源是一个文件，该文件包含了合并文档各个副本中的数据。把数据源看作一维表格，则其中的每一列对应一类信息，在邮件合并中称为合并域，如成绩表中的学生姓名；其中的每一行对应合并文档某副本中需要修改的信息，如成绩表中某学生的姓名、学号、操作系统等信息。完成合并后，该信息被映射到主文档对应的域名处。

**步骤 3：** 合并数据源到主文档。

① 切换至“邮件”/“开始邮件合并”分组，单击“开始邮件合并”按钮，在弹出的下拉列表中指向“邮件合并分布向导”，然后单击“邮件合并分布向导”，则右窗格显示“邮件合并”。

② 在“邮件合并”窗格中选择正在使用的文档类型为“信函”。

③ 单击“下一步正在启动文档”，在选择开始文档时使用系统默认的“使用当前文档”，单击“下一步选取收件人”，在“选择收件人”中选择“使用现有列表”，单击“浏览”，出现“选择数据源”窗口，在此窗口中选择要用的数据源。

④ 单击“打开”，则弹出如图 7-14 所示的对话框。

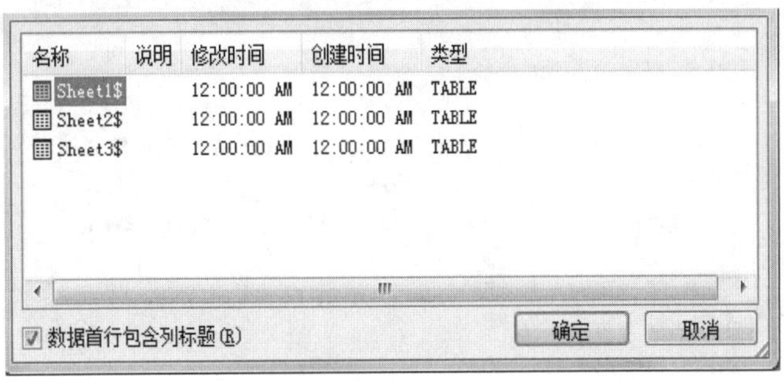


图 7-14　“选择表格”对话框

如果数据源在 Sheet2$或者 Sheet3$中，那么选择的时候就选择数据源所在的那一个工作表。

在没有选择数据源之前，“邮件合并”工具栏上只有前两个按钮是可用的，其他按钮均暂时不可用。

⑤ 选择工作表，单击“确定”，弹出邮件合并收件人，单击“确定”。

**步骤 4：** 在“成绩单”中插入合并域。

在已经打开的“成绩单”（模板）中插入数据源的合并域，操作步骤如下：

① 单击“下一步 撰写信函”，将插入点放在“成绩单”（模板）的“横线”上，单击“邮件”选项卡“编写和插入域”分组 “插入合并域”按钮，打开“插入合并域”下拉菜单，选择“姓名”，此时在“成绩单”（模板）的“横线”上面就会插入域“姓名”。

② 重复步骤①，用同样的方法在成绩单的对应位置插入其他的域。所有域插入完成后，成绩单的设置结束。

如果文档中要插入的内容，Excel 工作表中没有与之相匹配的记录时，单击“邮件”选项卡“编写和插入域”分组“规则”按钮，选择“如果……那么……否则”选项，在弹出的“插入 word 域：IF”中设置各项参数值。

在邀请函中会写道 XXX 先生或女士，但 Excel 工作表中只有男女供用户提取，此时就用单击“邮件”选项卡“编写和插入域”分组“规则”按钮，选择“如果……那么……否则”选项，在弹出的“插入 word 域：IF”中设置各项参数值，单击“确定”，如图 7-15 所示。

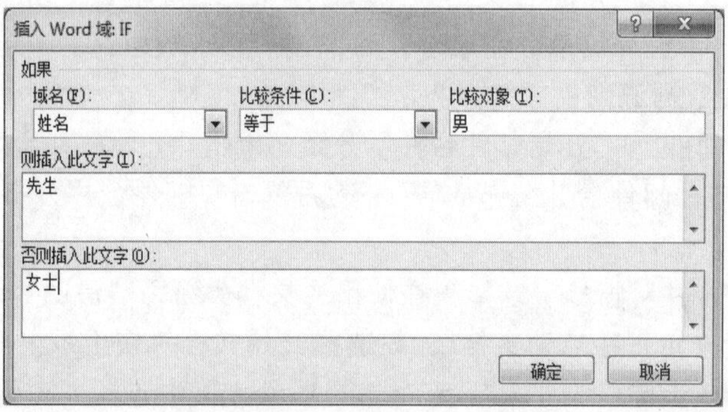


图 7-15 “插入域”对话框

③ 单击“下一步 预览信函”出现预览结果，如图 7-16 所示。

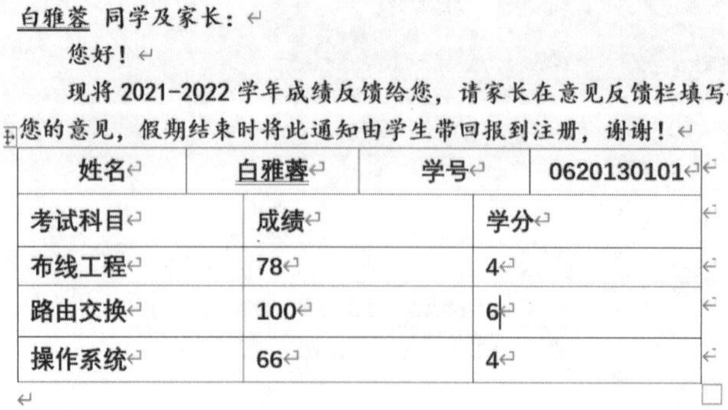

白雅蓉 同学及家长：

您好！

现将 2021-2022 学年成绩反馈给您，请家长在意见反馈栏填写您的意见，假期结束时将此通知由学生带回报到注册，谢谢！

| 姓名 | 白雅蓉 | 学号 | 0620130101 |
|---|---|---|---|

| 考试科目 | 成绩 | 学分 |
|---|---|---|
| 布线工程 | 78 | 4 |
| 路由交换 | 100 | 6 |
| 操作系统 | 66 | 4 |

图 7-16 预览结果

④ 单击“邮件合并”窗格中的“上一记录”按钮或“下一记录”按钮，可以查看其他记录的数据。单击“首记录”按钮，可以显示第一条记录的数据，单击“尾记录”按钮，可以显示最后一条记录的数据。

也可以在一页中放置多个“成绩单”。

如果能在一页内放置两份“成绩单”，就可以节省不少纸张。在一页内放置两份“成绩单”，操作步骤如下：

① 把整个“成绩单”（包括前面的标题）复制一份，再把插入点定位到文档的最后位置，粘贴一次，得到第 2 个“成绩单”。

② 将插入点放在第 2 个“成绩单”的首行处（必须在第 2 个成绩单中所有数据域的前面）。

③ 单击“邮件”选项卡“编写和插入域”分组中的“规则”按钮，在弹出的菜单中选择“下一记录”，当“预览结果”按钮为“未选中”状态时，将显示出“下一记录”的域“下一记录”。

④ 单击“预览结果”按钮，使其成为“选中”状态，就可以看到在第 2 个“成绩单”中已显示出下一条记录的数据了。

⑤ 单击“下一步 完成合并”，单击“编辑单个信函”会弹出“合并到新文档”，选择“全部”，单击“确定”。最后将生成的新文档让打印机打印输出或者保存后供下次打印。

## 7.4 Word 高级应用任务实施项目

合并多个文档制作一个文集。

制作某专业的课程标准，每门课程由任课教师编写。本案例要求将所有课程标准合并成一本《专业课程标准》文集，并要求文集具体格式如下：

① 每门课的课程标准一定在一张纸的首部开头（即每篇文章另起一页）。

② 文集前面有目录，目录列出每门课的题目和起始页码。

③ 每页上有“课标”字样。

### 1. 将多个文件合并至一个文档

① 新建一个空白文档。

② 选择“插入”/“文本”分组中的“对象” 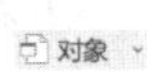 下拉列表里的“文件中的文字”命令。

③ 打开“插入文件”对话框，如图 7-17 所示。

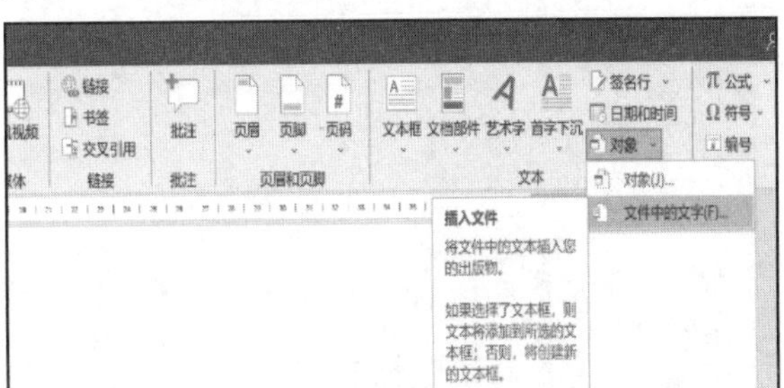


图 7-17　插入文本按钮

④ 选中第一文件，按住键盘上的“Shift”键的同时，单击最后一个文件，单击“插入”即可。如果对插入文档有顺序要求，可分多次逐个插入文档，如图 7-18 所示。

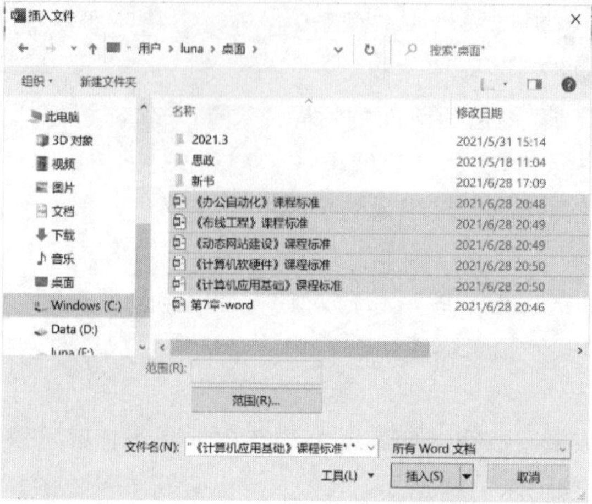

图 7-18 “插入文件”对话框

2. 插入分页符

① 将光标置于每门课程标准的末尾。

② 单击“插入”选项卡“页”分组中的“分页”按钮；或单击“页面布局”选项卡“页面设置”分组中的“分隔符/分页符/分页”按钮，即可实现每篇文章另起一页。

3. 制作目录

1）制作前的准备

（1）首先应该确定制作几级目录。本案例考虑制作 2 级目录，各课程名称的课程标准为一级目录；每个标准里包含的各大项为二级目录。

（2）目录格式设置。

目录格式设置有两种，用户可以选中要设置的目录，单击“开始”选项卡的“样式”分组，选择其中某个样式；或者在“段落”分组中单击 按钮；或单击鼠标右键选择“段落”命令。本案例在“段落”对话框中设置，具体操作步骤如下：

① 选中课程标准名称，如“《办公自动化》课程标准”。

② 单击鼠标右键，选择“段落”命令，弹出如图 7-19 所示的对话框。

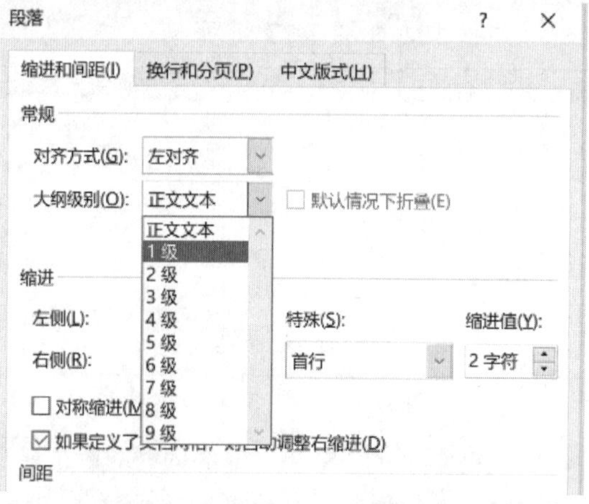

图 7-19 设置“大纲级别”

③ 在“大纲级别”下拉列表中选择“1 级”。

④ 单击“确定”。

二级大纲级别设置如法炮制。用户不必对整篇文章设置如上述操作，对重复性操作，可借助“格式刷”完成。

将各大纲级别设置好后，单击“导航窗格”下面的“浏览您的文档中的标题”按钮，可以看到文章的所有标题都出现在左窗格中，用户单击某个标题，可定位到该标题的位置，方便用户查看内容，如图 7-20 所示。

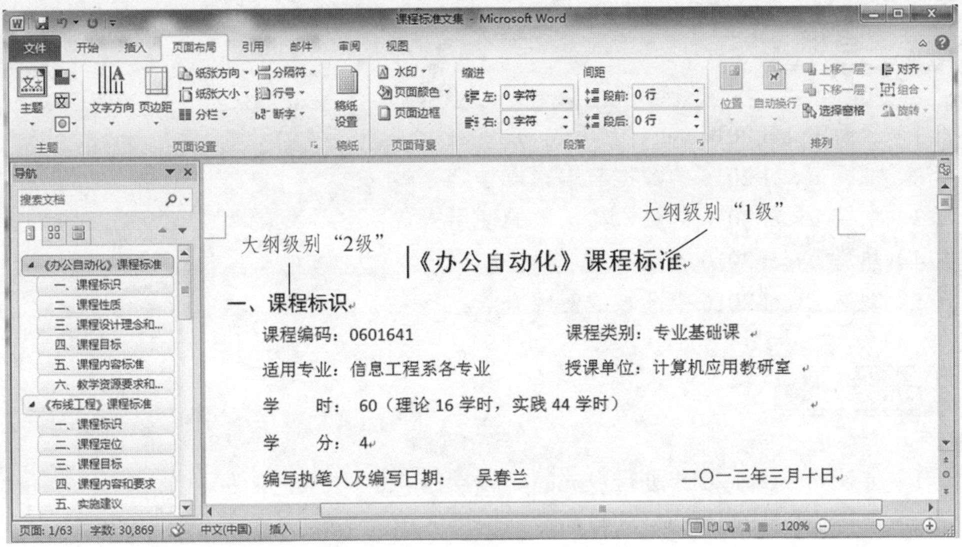


图 7-20 大纲级别设置完成图

2）生成目录

① 将光标置于要放置目录的位置。

② 单击“引用”选项卡的“目录”下拉按钮，在下拉列表中“自动生成目录”选择一种样式即可，如图 7-21 所示。

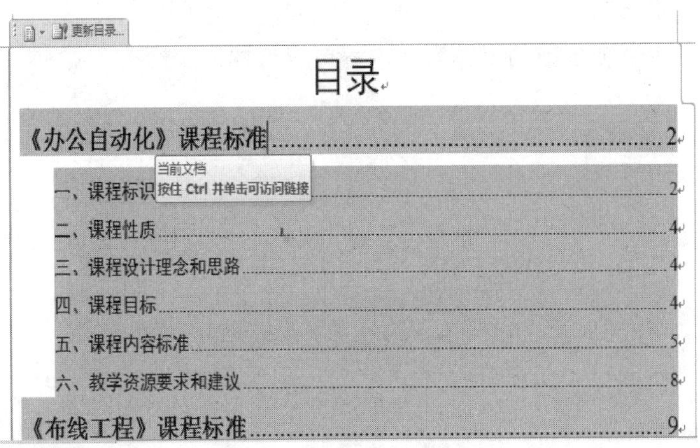


图 7-21 生成的目录效果

如果目录有所变动，用户只需要单击“更新目录”即可。

# 第 8 章 电子表格软件 Excel 2016 简单应用

Excel 2016 是微软公司推出的 Office 办公组件之一，是一款功能十分强大的数据编辑与处理软件，可以将庞大复杂的数据转换为比较直观的表格或图表。本章主要介绍 Excel 的相关操作，包括 Excel 的基本操作、Excel 的数据与编辑、单元格格式设置、公式与函数、数据管理、图表和打印等内容。

## 学习目标

（1）了解 Excel 2016 的入门知识。
（2）掌握 Excel 2016 的数据与编辑操作。
（3）掌握 Excel 2016 的公式与函数的使用方法。
（4）熟悉 Excel 2016 的数据管理操作。
（5）掌握 Excel 2016 中图表的使用方法。

## 技能掌握

（1）会使用 Excel 2016 进行数据的编辑操作。
（2）掌握 Excel 2016 的公式与函数的使用方法。
（3）能够进行 Excel 2016 的数据管理操作。
（4）熟练掌握 Excel 2016 中图表的使用方法。

## 思政育人目标

（1）培养勤奋学习的态度，严谨求实、创新的工作作风。
（2）鼓励学生形成规范的操作习惯、养成良好的职业行为习惯。

## 课堂案例展示

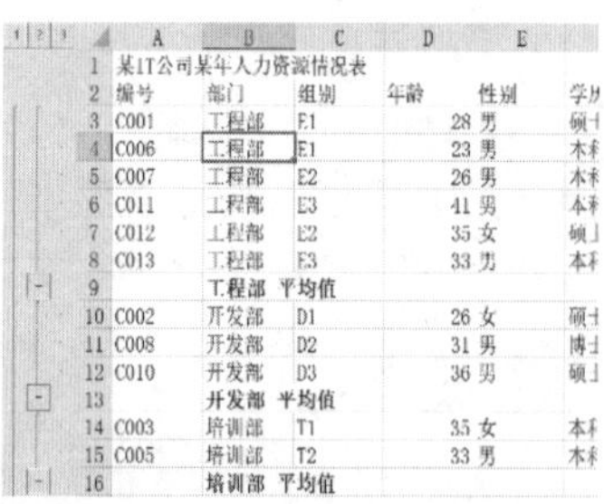

分类汇总

添加自定义条件

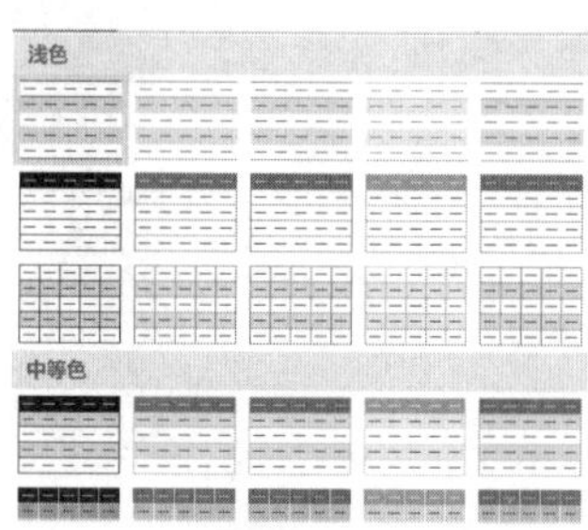

套用表格样式

# 8.1 Excel 2016 入门

Excel 2016 是当前非常主流的一款数据管理与处理软件，被用于人们生活和工作的多个方面。作为 MS Office 2016 的主要组件之一，Excel 2016 的基本操作方法与其他组件基本类似，但很多地方也独具特色。下面主要对 Excel 的启动、窗口组成、视图方式、工作簿操作、工作表操作、单元格操作和 Excel 的退出等知识进行介绍。

## 8.1.1 Excel 2016 简介

Excel 2016 是一款主要用于制作电子表格、完成数据运算、进行数据统计和分析的软件，被广泛应用于管理、统计、财经、金融等众多领域。通过 Excel，用户可以轻松快速地制作出各种统计报表、工资表、考勤表等，还可以灵活地对各种数据进行整理、计算、汇总、查询和分析，即使在面对大数据量工作时，也能通过 Excel 提供的各种功能来快速提高办公效率。图 8-1 所示即为使用 Excel 制作的产品销售统计表。

某某企业产品销售统计表

| 产品名称 | 产品编号 | 产品规格 | 重量 | 出厂年份 | 单价 | 销售 | 折扣率 | 预计销售额 | 实际销售额 | 完成情况 | 差额 |
|---|---|---|---|---|---|---|---|---|---|---|---|
| 357g特制熟饼 | Xlwm2012001 | 375g×84饼/件 | 357 | 2018 | ¥ 791.83 | 91 | 5% | ¥ 85,000.00 | ¥ 68,455.43 | 未完成 | ¥ 16,544. |
| 358g特制熟饼 | Xlwm2012002 | 500g×9罐/件 | 500 | 2018 | ¥ 556.45 | 87 | 3% | ¥ 45,000.00 | ¥ 46,958.82 | 完成 | |
| 500g藏品普洱 | Xlwm2012003 | 400g×84片/件 | 400 | 2018 | ¥ 1,016.54 | 89 | 3% | ¥ 90,000.00 | ¥ 87,757.90 | 未完成 | ¥ 2,242. |
| 357g金尊熟饼 | Xlwm2012004 | 250g×80块/件 | 250 | 2018 | ¥ 791.84 | 76 | 7% | ¥ 55,000.00 | ¥ 57,168.68 | 完成 | |
| 500g茶王春尖散茶 | Xlwm2012005 | 500g×24坨/件 | 500 | 2018 | ¥ 567.12 | 100 | 9% | ¥ 60,000.00 | ¥ 52,742.16 | 未完成 | ¥ 7,257. |
| 500g传统香竹茶 | Xlwm2012006 | 400g×84片/件 | 400 | 2018 | ¥ 577.85 | 79 | 5% | ¥ 45,000.00 | ¥ 41,541.67 | 未完成 | ¥ 3,458. |
| 400g茶王春尖青饼 | Xlwm2012007 | 400g×84片/件 | 400 | 2018 | ¥ 642.55 | 92 | 5% | ¥ 51,000.00 | ¥ 98,765.56 | 完成 | |
| 400g金印珍藏青饼 | Xlwm2012008 | 400g×84片/件 | 400 | 2018 | ¥ 794.45 | 74 | 11% | ¥ 60,000.00 | ¥ 34,567.98 | 未完成 | ¥ 25,432. |
| 400g精英珍藏青饼 | Xlwm2012009 | 400g×84片/件 | 400 | 2019 | ¥ 663.46 | 61 | 5% | ¥ 40,000.00 | ¥ 87,654.78 | 完成 | |
| 357g特制熟饼 | Xlwm2012010 | 250g×80块/件 | 250 | 2019 | ¥ 953.26 | 74 | 9% | ¥ 62,000.00 | ¥ 67,904.32 | 完成 | |
| 358g特制熟饼 | Xlwm2012011 | 500g×9罐/件 | 500 | 2019 | ¥ 984.44 | 77 | 5% | ¥ 85,000.00 | ¥ 54,689.78 | 未完成 | ¥ 30,310. |
| 500g藏品普洱 | Xlwm2012012 | 375g×84饼/件 | 375 | 2019 | ¥ 631.35 | 60 | 5% | ¥ 43,000.00 | ¥ 98,659.09 | 完成 | |
| 357g金尊熟饼 | Xlwm2012013 | 375g×84饼/件 | 375 | 2019 | ¥ 545.78 | 58 | 11% | ¥ 33,000.00 | ¥ 43,276.01 | 完成 | |
| 500g茶王春尖散茶 | Xlwm2012014 | 375g×84饼/件 | 375 | 2019 | ¥ 995.17 | 71 | 5% | ¥ 50,000.00 | ¥ 92,187.34 | 完成 | |
| 500g传统香竹茶 | Xlwm2012015 | 375g×84饼/件 | 375 | 2019 | ¥ 856.56 | 96 | 5% | ¥ 560,000.00 | ¥ 67,521.09 | 未完成 | ¥ 492,478. |
| 400g茶王春尖青饼 | Xlwm2012016 | 500g×9罐/件 | 500 | 2019 | ¥ 930.96 | 79 | 9% | ¥ 70,000.00 | ¥ 39,352.74 | 未完成 | ¥ 30,647. |
| 400g金印珍藏青饼 | Xlwm2012017 | 250g×80块/件 | 250 | 2019 | ¥ 535.63 | 78 | 5% | ¥ 40,000.00 | ¥ 66,079.54 | 完成 | |
| 400g精英珍藏青饼 | Xlwm2012018 | 500g×9罐/件 | 500 | 2019 | ¥ 930.96 | 84 | 9% | ¥ 60,000.00 | ¥ 55,083.87 | 未完成 | ¥ 4,916 |

图 8-1　产品销售统计表

## 8.1.2 Excel 2016 的启动

启动 Excel 的方法与启动其他 MS Office 组件类似，用户可以根据需要选择最适合、最快捷的方式，下面介绍启动 Excel 2016 的常用方法。

- 选择“开始”/“所有程序”/“Excel”命令。
- 在任务栏中单击 Excel 2016 图标。
- 双击使用 Excel 2016 创建的工作簿，也可启动 Excel 2016 并打开该工作簿。

### 8.1.3 Excel 2016 的窗口组成

Excel 2016 的操作界面与 MS Office 2016 其他组件的操作界面大致相似，由快速访问工具栏、标题栏、“文件”菜单、功能选项卡、功能区、编辑栏和工作表编辑区等部分组成，如图 8-2 所示。下面主要介绍编辑栏和工作表编辑区的作用。

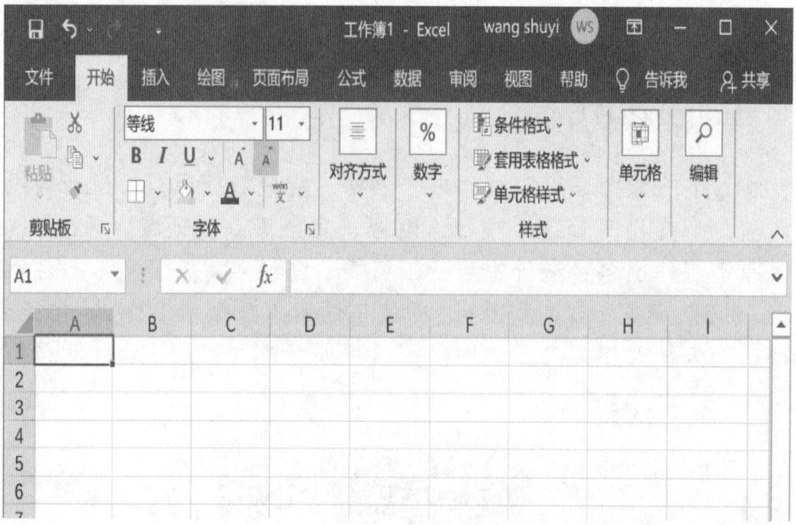


图 8-2　Excel 2016 操作界面

1. 编辑栏

编辑栏主要用于显示和编辑当前活动单元格中的数据或公式。在默认情况下，编辑栏中会显示名称框、“插入函数”按钮和编辑框等部分，但在单元格中输入数据或插入公式与函数时，编辑栏中的“取消”按钮和“输入”按钮也将显示出来。

● 名称框：用来显示当前单元格的地址和函数名称，或定位单元格。例如，在名称框中输入“B5”后，按“Enter”键将直接定位并选择 B5 单元格。

●“取消”按钮：单击该按钮表示取消输入的内容。

●“输入”按钮：单击该按钮表示确定并完成输入。

●“插入函数”按钮：单击该按钮，将快速打开“插入函数”对话框，在其中可选择相应的函数插入单元格中。

● 编辑框：显示单元格中输入或编辑的内容，也可选择单元格后，直接在编辑框中进行输入和编辑操作。

2. 工作表编辑区

工作表编辑区是 Excel 编辑数据的主要场所，表格中的内容通常显示在工作表编辑区中，用户的大部分操作也需要通过工作表编辑区进行。工作表编辑区主要包括行号与列标、单元格和工作表标签等部分。

● 行号与列标：行号用“1，2，3…”阿拉伯数字标识，列标用“A，B，C…”大写英文字母标识。一般情况下，单元格地址由“列标 + 行号”的形式组成，如位于 A

列 1 行的单元格，则表示 A1 单元格。

● 工作表标签：用来显示工作表的名称，Excel 2016 软件默认只包含一张工作表，单击“新工作表”按钮，将新建一张工作表。当工作簿中包含多张工作表后，便可单击任意一个工作表标签进行工作表之间的切换操作。

### 8.1.4 Excel 2016 的视图方式

在 Excel 中，可根据需要在操作界面状态栏中单击视图按钮组中相应的按钮，或在“视图”/“工作簿视图”组中单击相应的按钮来切换视图，方便用户在不同视图模式中查看和编辑表格。下面分别介绍每个工作簿视图的作用。

● 普通视图：Excel 中的默认视图，用于正常显示工作表，在其中可以执行数据输入、数据计算和图表制作等操作。

● 页面布局视图：在页面布局视图中，每一页都会显示页边距、页眉和页脚，用户可以在此视图模式下编辑数据、添加页眉和页脚，还可以拖动上方或左侧标尺中的浅蓝色控制条设置页面边距。

● 分页预览视图：可以显示蓝色的分页符，用户可以用鼠标拖动分页符以改变显示的页数和每页的显示比例。

### 8.1.5 Excel 2016 的工作簿及其操作

在使用 Excel 编辑和处理数据之前，首先应该新建工作簿，在工作簿中处理完数据后，需保存工作簿。此外，常见的工作簿操作还包括打开和关闭等。

#### 1. 新建工作簿

工作簿即 Excel 文件，也称电子表格。在默认情况下，新建的工作簿以“工作簿 1”命名，若继续新建工作簿，则以“工作簿 2”“工作簿 3”……命名，名称一般会显示在 Excel 操作界面的标题栏中。新建工作簿的方法较多，下面主要对常用的几种方法进行介绍。

● 启动 Excel 2016，此时 Excel 将自动新建一个名为“工作簿 1”的空白工作簿。

● 在需新建工作簿的桌面或文件夹空白处单击鼠标右键，在弹出的快捷菜单中选择“新建”/“Microsoft Excel 工作表”命令，可新建一个名为“新建 Microsoft Excel 工作表”的空白工作簿。

● 启动 Excel 2016，选择“文件”/“新建”命令，在打开的“新建”列表框中选择“空白工作簿”选项即可新建一个空白工作簿。

● 在“新建”列表框中选择其他选项，可创建带模板的工作簿，如选择“学生课程安排”选项，在打开的对话框中单击“新建”按钮，即可创建一个已设置好表格内容的工作簿。

#### 2. 保存工作簿

编辑工作簿后，需要对工作簿进行保存操作。重复编辑的工作簿，可根据需要直接进行保存，也可通过另存为操作将编辑过的工作簿保存为新的文件，下面分别介绍保存和另存为工作簿的操作方法。

- 直接保存：在快速访问工具栏中单击“保存”按钮，或按“Ctrl + S”组合键，或选择“文件”/“保存”命令，在打开的“另存为”列表框中选择不同的保存方式进行保存，如图 8-3 所示。如果是第一次进行保存操作，将打开“另存为”对话框，在该对话框中可设置文件的保存位置，在“文件名”下拉列表框中可输入工作簿名称，设置完成后单击“保存”按钮即可完成保存操作；若已保存过工作簿，则不再打开“另存为”对话框，直接完成保存。
- 另存为：如果需要将编辑过的工作簿保存为新文件，可选择“文件”/“另存为”命令，在打开的“另存为”列表框中选择所需的保存方式进行工作簿的保存即可。

图 8-3　另存为工作簿

3. 打开工作簿

对工作簿进行查看和再次编辑时，需要打开工作簿，下面对打开工作簿的常用方法进行介绍。

- 选择“文件”/“打开”命令或按“Ctrl + O”组合键，打开“打开”列表框，其中显示了最近编辑过的工作簿和打开过的文件夹，若是打开最近使用过的工作簿，只需选择“工作簿”列表框中的相应文件即可；若是想打开计算机中保存的工作簿，则需单击“浏览”按钮，在打开的“打开”对话框中选择要打开的工作簿，单击“打开”按钮，即可打开所选择的 Excel 工作簿。
- 打开工作簿所在的文件夹，双击工作簿，可直接将其打开。

4. 关闭工作簿

在 Excel 2016 中，常用的关闭工作簿的方式主要有以下两种。

- 选择“文件”/“关闭”命令。
- 按“Ctrl + W”组合键。

### 8.1.6　Excel 2016 的工作表及其操作

工作表是显示和分析数据的场所，主要用于组织和管理各种数据信息。工作表存储在工作簿中，在默认情况下，一张工作簿中只包含一张工作表，并以“Sheet1”进行命名，用户也可根据需要对工作表进行删除和添加。在编辑工作表的过程中，还需要进行选择、重命名、插入、移动和复制，以及删除工作表等操作。下面分别对工作表的基本操作进行介绍。

1. 选择工作表

选择工作表是一项非常基础的操作，包括选择一张工作表、选择连续的多张工作表、选择不连续的多张工作表和选择所有工作表等。

● 选择一张工作表：单击相应的工作表标签，即可选择该工作表。

● 选择连续的多张工作表：在选择一张工作表后按住“Shift”键，再选择不相邻的另一张工作表，即可同时选择这两张工作表之间的所有工作表。被选择的工作表呈白底显示。

● 选择不连续的多张工作表：选择一张工作表后按住“Ctrl”键，再依次单击其他工作表标签，即可同时选择所单击的工作表。

● 选择所有工作表：在工作表标签的任意位置单击鼠标右键，在弹出的快捷菜单中选择“选定全部工作表”命令，可选择所有的工作表。

2. 重命名工作表

对工作表进行重命名，可以帮助用户快速了解工作表内容，便于查找和分类。重命名工作表的方法主要有以下两种。

● 双击工作表标签，此时工作表标签呈可编辑状态，输入新的名称后按“Enter”键。

● 在工作表标签上单击鼠标右键，在弹出的快捷菜单中选择“重命名”命令，工作表标签呈可编辑状态，输入新的名称后按“Enter”键。

3. 移动和复制工作表

移动和复制工作表主要包括在同一工作簿中移动和复制工作表、在不同的工作簿中移动和复制工作表两种方式。

（1）在同一工作簿中移动和复制工作表。

在同一工作簿中移动和复制工作表的方法比较简单，在要移动的工作表标签上按住鼠标左键不放，将其拖到目标位置即可；如果要复制工作表，则在拖动鼠标时按住“Ctrl”键。

（2）在不同工作簿中移动和复制工作表。

在不同工作簿中复制和移动工作表就是指将一个工作簿中的内容移动或复制到另一个工作簿中。

**例 8-1：**打开“客户档案表”工作簿，将“2018 年”工作表中的内容复制到“2019 年客户档案表”中。

**步骤 1：**打开“客户档案表”工作簿和“2019 年客户档案表”工作簿，选择要复制的“2018 年”工作表，然后单击鼠标右键，在弹出的快捷菜单中选择“移动或复制”命令，打开“移动或复制工作表”对话框。

**步骤 2**：① 在“工作簿”下拉列表框中选择“2019 年客户档案表”工作簿；② 在“下列选定工作表之前”列表框中选择要移动或复制到的位置，这里选择“2019 年”选项；③ 单击选中“建立副本”复选框，复制工作表，如图 8-4 所示；④ 单击“确定”按钮，完成工作表的复制，如图 8-5 所示。在“移动或复制工作表”对话框中撤销选中“建立副本”复选框，则表示移动工作表到另一个工作簿中。

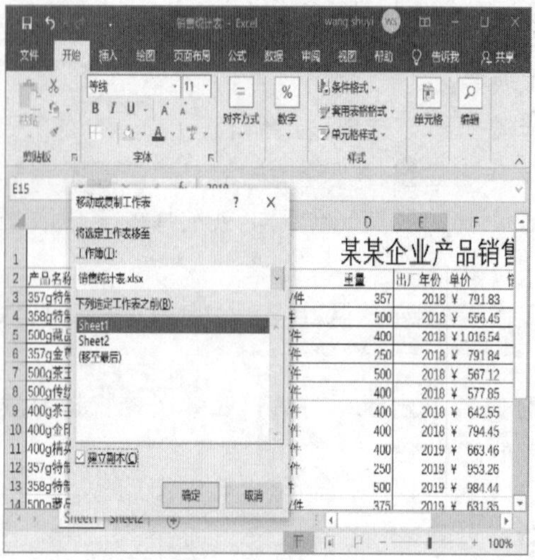

图 8-4　复制工作表

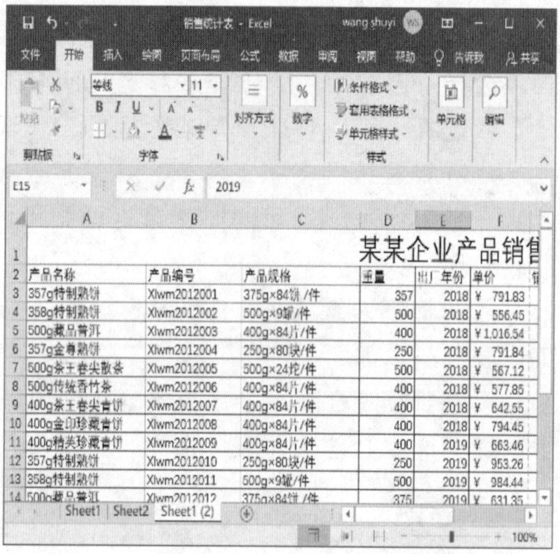

图 8-5　完成复制操作

4. 插入工作表

根据实际需要，用户可在工作簿中插入工作表。插入工作表的方法有以下两种。

● 通过按钮插入：在打开工作簿的工作表标签中单击“新建工作表”按钮，即可插入一张空白的工作表。

● 通过对话框插入：在工作表名称上单击鼠标右键，在弹出的快捷菜单中选择“插入”命令，打开“插入”对话框，在“常用”选项卡的列表框中选择“工作表”选项，表示插入一张空白工作表，也可以在“电子表格方案”选项卡中选择一种表格样式，单击“确定”按钮，插入一张带格式的工作表。

5. 删除工作表

当工作簿中的某张工作表作废或多余时，可以在其工作表标签上单击鼠标右键，在弹出的快捷菜单中选择“删除”命令将其删除。如果工作表中有数据，删除工作表时将打开提示对话框，单击“删除”按钮确认删除即可。

6. 保护工作表

Excel 2016 不仅提供了编辑和存储数据的功能，还提供了密码保护功能，用以保护工作表。

**例 8-2**：打开“客户档案表 1”工作簿，为“2018 年”工作表设置保护密码，然后将其撤销。

**步骤 1**：打开“客户档案表 1”工作簿，在“2018 年”工作表标签上单击鼠标右键，在弹出的快捷菜单中选择“保护工作表”命令，打开“保护工作表”对话框。

**步骤 2：**① 在“取消工作表保护时使用的密码”文本框中输入密码，如“123456”，在“允许此工作表的所有用户进行”列表框中设置用户可以进行的操作；② 单击“确定”按钮，如图 8-6 所示。

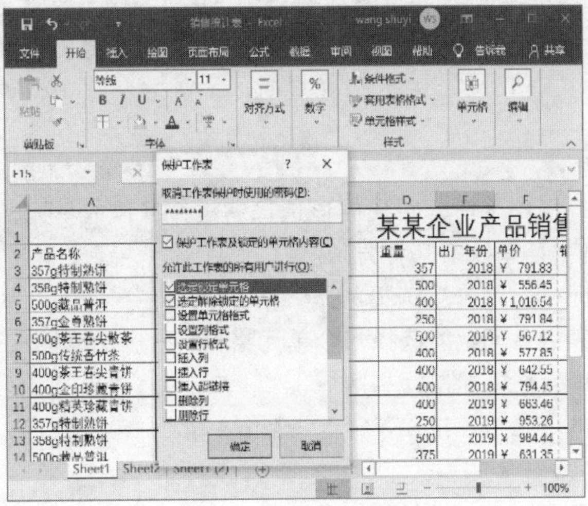


图 8-6　保护工作表

**步骤 3：**打开“确认密码”对话框，在“重新输入密码”文本框中再次输入密码，单击“确定”按钮。

**步骤 4：**① 在“2018 年”工作表标签上单击鼠标右键，在弹出的快捷菜单中选择“撤销工作表保护”命令，打开“撤销工作表保护”对话框，在其中输入密码；② 单击“确定”按钮，如图 8-7 所示。

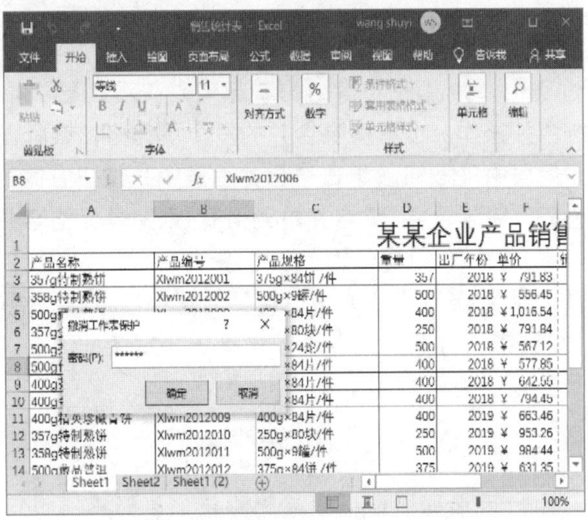


图 8-7　撤销工作表保护

在工作表标签上单击鼠标右键，在弹出的快捷菜单中选择“工作表标签颜色”命令，在其子菜单中选择所需的颜色，可以为工作表标签设置标识颜色。

### 8.1.7 Excel 2016 的单元格及其操作

单元格是 Excel 中最基本的存储数据单元，它通过对应的行号和列标进行命名和引用。多个连续的单元格称为单元格区域，其地址表示为“单元格：单元格”，比如 A2 单元格与 C5 单元格之间连续的单元格可表示为 A2：C5 单元格区域。用户在编辑电子表格的过程中，通常需要对单元格进行多项操作，包括选择、合并与拆分、插入与删除等。

1. 选择单元格

在对单元格进行操作之前，首先应该选择需进行操作的单元格或单元格区域。在 Excel 中选择单元格主要有以下几种方法。

- 选择单个单元格：单击要选择的单元格。
- 选择多个连续的单元格：选择一个单元格，然后按住鼠标左键不放并拖动鼠标，可选择多个连续的单元格（即单元格区域）。
- 选择不连续的单元格：按住“Ctrl”键不放，分别单击要选择的单元格，可选择不连续的多个单元格。
- 选择整行：单击行号可选择整行单元格。
- 选择整列：单击列标可选择整列单元格。
- 选择整个工作表中的所有单元格：单击工作表编辑区左上角行号与列标交叉处的按钮即可选择整个工作表中的所有单元格。

2. 合并与拆分单元格

在实际编辑表格的过程中，通常需要对单元格或单元格区域进行合并与拆分操作，以满足表格样式的需要。

1）合并单元格

在编辑表格的过程中，为了使表格结构看起来更美观、层次更清晰，有时需要对某些单元格区域进行合并操作。选择需要合并的多个单元格，然后在“开始”/“对齐方式”组中单击“合并后居中”按钮。单击“合并后居中”按钮右侧的下拉按钮，在打开的下拉列表中可以选择“跨越合并”“合并单元格”“取消单元格合并”等选项。

2）拆分单元格

首先选择需合并的单元格，然后单击“合并后居中”按钮，或在“开始”/“对齐方式”组右下角单击⧉按钮，打开“设置单元格格式”对话框，在“对齐方式”选项卡中撤销选中“合并单元格”复选框即可。

3. 插入与删除单元格

在编辑表格时，用户可根据需要插入或删除单个单元格，也可插入或删除一行或一列单元格。

1）插入单元格

插入单元格是表格编辑过程中常用的一项操作，其操作方法比较简单。打开工作簿，选择要编辑的工作表后，选择待插入单元格所显示的位置，比如，在 A14 单元格所在位置插入单元格，则需选择 A14 单元格，然后在“开始”/“单元格”组中单击“插入”下拉按钮，在打开的下拉列表中选择“插入单元格”选项。打开“插入”对话框，如图 8-8 所示，单击选中“整行”单选项，表示插入整行单元格；单击选中“整列”单选项，表示插入整列单元格；单击选中“活动单元格右移”单选项或“活动单元格下移”单选项，可在所选单元格的左侧或上方插入一个单元格，最后单击“确定”按钮即可。

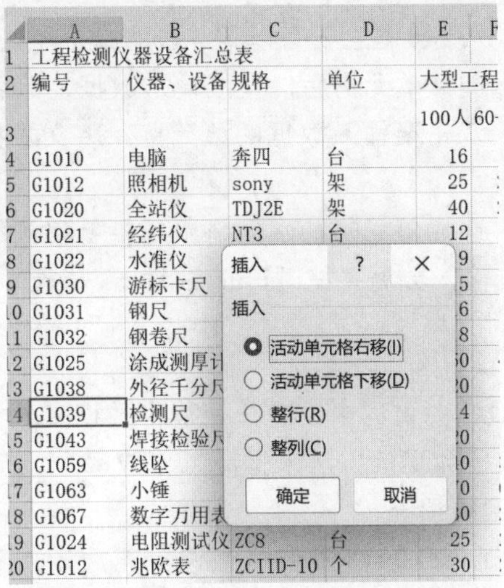


图 8-8 单元格的插入

2）删除单元格

当不需要某单元格时，可将其删除。选择要删除的单元格，单击“开始”/“单元格”组中的“删除”按钮，在打开的下拉列表中选择“删除单元格”选项，打开“删除”对话框，单击选中相应的单选项后，单击“确定”按钮即可删除所选单元格。

此外，单击“删除”按钮下方的下拉按钮，在打开的下拉列表中选择“删除工作表行”或“删除工作表列”选项，可删除整行或整列单元格。

### 8.1.8 退出 Excel 2016

退出 Excel 2016 主要有以下几种方法。

- 单击 Excel 2016 窗口右上角的“关闭”按钮。
- 按“Alt + F4”组合键。
- 在标题栏中的空白区域单击鼠标右键，在弹出的快捷菜单中选择“关闭”命令。

## 8.2 Excel 2016 的数据与编辑

新建好工作表后，即可在单元格中输入表格数据，同时用户也可根据需要，对数据和数据格式进行编辑和设置。

### 8.2.1 数据输入与填充

输入数据是制作表格的基础，Excel 支持各种类型数据的输入，包括文本和数字等一般数据，以及身份证、小数或货币等特殊数据。对于编号等有规律的数据序列还可利用快速填充功能实现高效输入。

1. 输入普通数据

在 Excel 表格中输入一般数据主要有以下 3 种方式。

- 选择单元格输入：选择单元格后，直接输入数据，然后按“Enter”键。
- 在单元格中输入：双击要输入数据的单元格，将文本插入点定位到其中，输入所需数据后按“Enter”键。
- 在编辑栏中输入：选择单元格，然后将鼠标指针移到编辑栏中并单击，将文本插入点定位到编辑栏中，输入数据并按“Enter”键。

2. 快速填充数据

在输入 Excel 表格数据的过程中，若单元格中数据多处相同或是有规律的数据序列，可以利用快速填充表格数据的方法来提高工作效率。

1）通过“序列”对话框填充

对于有规律的数据，Excel 2016 提供了快速填充功能，只需在表格中输入一个数据，便可在连续单元格中快速输入有规律的数据。

**例 8–3**：在单元格中输入数字，并对其快速进行填充。

**步骤 1**：在起始单元格中输入起始数据，如“20190401”。然后选择需要填充规律数据的单元格区域，如 A1：A10，在“开始”/“编辑”组中单击“填充”按钮右侧的下拉按钮，在打开的下拉列表中选择“序列”选项，打开“序列”对话框。

**步骤 2**：① 在“序列产生在”栏中选择序列产生的位置，这里单击选中“列”单选项；② 在“类型”栏中选择序列的特性，这里单击选中“等差序列”单选项；③ 在“步长值”文本框中输入序列的步长，这里输入“1”，如图 8-9 所示；④ 单击“确定”按钮，便可填充序列数据，填充数据后的效果如图 8-10 所示。

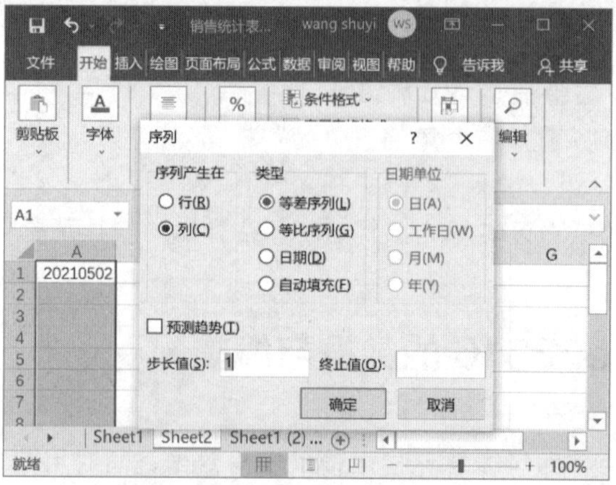


图 8-9 设置“序列”

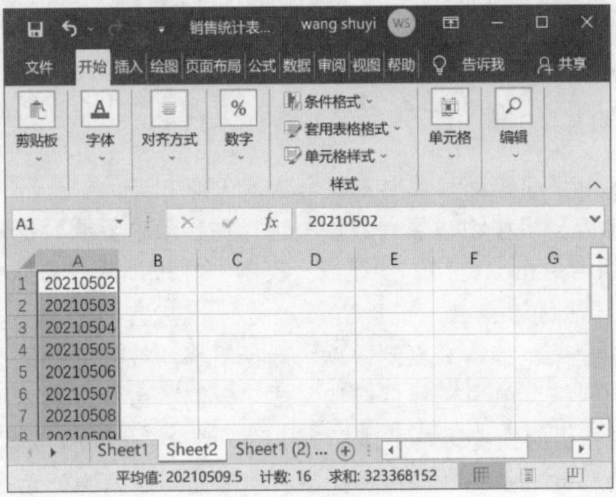

图 8-10　查看填充效果

2）使用控制柄填充相同数据

在起始单元格中输入起始数据，将鼠标指针移至该单元格右下角的控制柄上，当其变为黑十字形状时，按住鼠标左键不放并拖动至所需位置，释放鼠标，即可在选择的单元格区域中填充相同的数据。

如果在起始单元格中输入起始数据，按住“Ctrl”键拖动控制柄，默认按照等差为“1”的等差数列进行填充，但若已经设置了填充方式，则按照所设置的方式进行填充。

3）使用控制柄填充有规律的数据

在单元格中输入起始数据，在相邻单元格中输入下一个数据，选择已输入数据的两个单元格，将鼠标指针移至选区右下角的控制柄上，当其变为十字形状时，按住鼠标左键不放拖动至所需位置后释放鼠标，即可根据两个数据的特点自动填充有规律的数据，如图 8-11 所示。

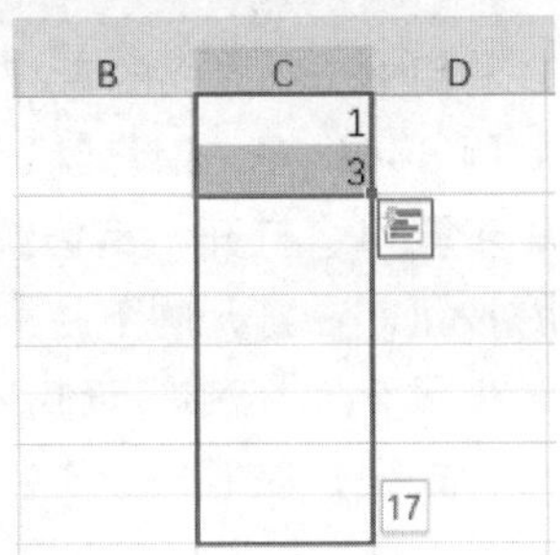

图 8-11　填充有规律的数据

## 8.2.2　数据的编辑

在编辑表格的过程中，还可以对已有的数据进行修改、移动、复制、查找、替换和删除等编辑操作。

### 1. 修改和删除数据

在表格中修改和删除数据主要有以下 3 种方法。

● 在单元格中修改或删除：双击需修改或删除数据的单元格，在单元格中定位文本插入点，修改或删除数据，然后按“Enter”键完成操作。

● 选择单元格修改或删除：当需要对某个单元格中的全部数据进行修改或删除时，只需选择该单元格，然后重新输入正确的数据；也可在选择单元格后按“Delete”键删除所有数据，然后输入需要的数据，再按“Enter”键快速完成修改。

● 在编辑栏中修改或删除：选择单元格，将鼠标指针移到编辑栏中并单击，将文本插入点定位到编辑栏中，修改或删除数据后按“Enter”键完成操作。

2. 移动和复制数据

在 Excel 2016 中移动和复制数据主要有以下 3 种方法。

● 通过“剪贴板”组移动或复制数据：选择需移动或复制数据的单元格，在“开始”/“剪贴板”组中单击“剪切”按钮或“复制”按钮，选择目标单元格，然后单击“剪贴板”组中的“粘贴”按钮。

● 通过右键快捷菜单移动或复制数据：选择需移动或复制数据的单元格，单击鼠标右键，在弹出的快捷菜单中选择“剪切”或“复制”命令，选择目标单元格，然后单击鼠标右键，在弹出的快捷菜单中选择“粘贴”命令，即可完成数据的移动或复制。

● 通过快捷键移动或复制数据：选择需移动或复制数据的单元格，按“Ctrl + X”组合键或“Ctrl + C”组合键，选择目标单元格，然后按“Ctrl + V”组合键。

3. 查找和替换数据

当 Excel 2016 工作表中的数据量很大时，在其中直接查找数据就会非常困难，此时可通过 Excel 提供的查找和替换功能来快速查找符合条件的单元格，还能快速对这些单元格进行统一替换，从而提高编辑的效率。

1）查找数据

利用 Excel 提供的查找功能不仅可以查找普通数据，还可以查找公式、值和批注等。

**例 8–4：**在“销售统计表”工作簿中查找“传统香竹茶”。

**步骤 1：**打开“销售统计表”工作簿，在“开始”/“编辑”组中单击“查找和选择”按钮，在打开的下拉列表中选择“查找”选项，打开“查找和替换”对话框。

**步骤 2：**① 在“查找内容”下拉列表框中输入“传统香竹茶”；② 单击“查找下一个”按钮，便能快速查找到匹配条件的单元格，如图 8-12 所示。

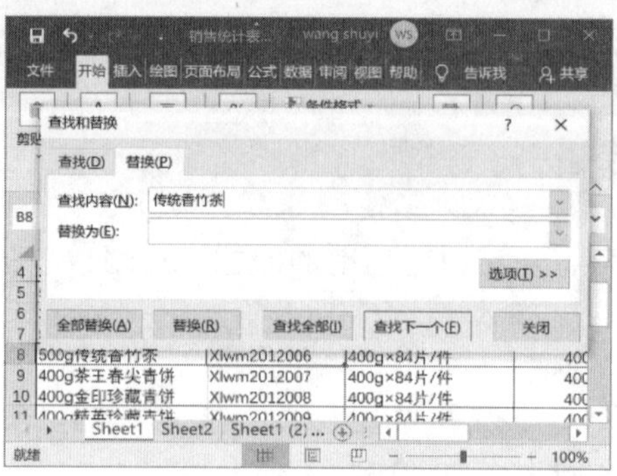


图 8-12 查找数据

**步骤 3：**单击“选项”按钮，可以展开更多的查找条件，包括查找范围、所查内容的格式等。单击“查找全部”按钮，可以在“查找和替换”对话框下方列表中显示所有包含所需查找文本的单元格的位置，如图 8-13 所示，最后单击“关闭”按钮关闭“查找和替换”对话框。

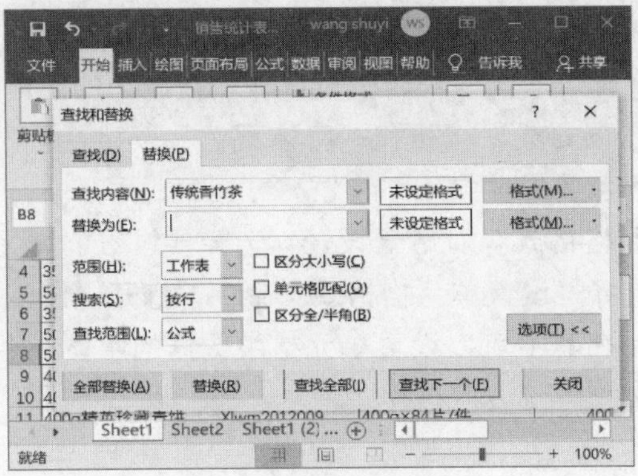

图 8-13　查找全部

“查找”对话框的打开方式也可以通过在工作表中直接按“Ctrl + F”组合键实现。

2）替换数据

如果发现表格中有多处相同的错误，或需对某项数据进行统一修改，可通过 Excel 的替换功能来快速实现。其操作方法与查找数据相似，首先打开要编辑的工作簿，在“开始”/“编辑”组中单击“查找和选择”按钮，在打开的下拉列表中选择“替换”选项，打开“查找和替换”对话框。在“替换”选项卡中的“查找内容”下拉列表框中输入要查找的数据，如“香竹茶”，在“替换为”下拉列表框中输入需要替换的内容，如“传统香竹茶”，如图 8-14 所示，单击“替换”按钮进行一次替换操作，也可以单击“全部替换”按钮，将所有符合条件的数据一次性全部替换，最后单击“关闭”按钮完成替换数据的操作。

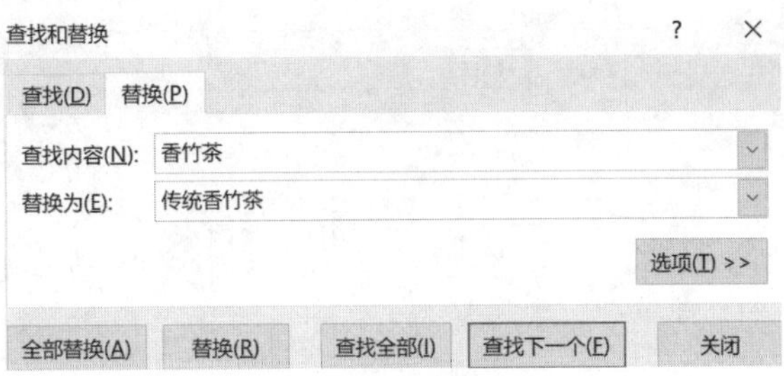


图 8-14　替换数据

## 8.2.3　数据格式设置

在输入并编辑好表格数据后，为了使工作表中的数据更加清晰明了、美观实用，通常需要对表格格式进行设置和调整。在 Excel 2016 中设置数据格式主要包括设置字体格式、设置对齐方式和设置数字格式 3 个方面的内容。

1. 设置字体格式

为表格中的数据设置不同的字体格式，不仅可以使表格更加美观，还可以方便用户对表格内容进行区分，便于查阅。设置字体格式主要可以通过“字体”组和“设置单元格格式”对话框的“字体”选项卡两种方法来实现。

● 通过“字体”组设置：选择要设置的单元格，在“开始”/“字体”组中的“字体”下拉列表框和“字号”下拉列表框中可设置表格数据的字体和字号，单击“加粗”按钮、“倾斜”按钮、“下划线”按钮和“字体颜色”按钮，可为表格中的数据设置加粗、倾斜、下划线和颜色效果。

● 通过“设置单元格格式”对话框设置：选择要设置的单元格，单击鼠标右键，在弹出的快捷菜单中选择“设置单元格格式”命令，打开“设置单元格格式”对话框，单击“字体”选项卡，在其中可以设置单元格中数据的字体、字型、字号、下划线、特殊效果和颜色等。

2. 设置对齐方式

在 Excel 中，数字的默认对齐方式为右对齐，文本的默认对齐方式为左对齐，用户也可根据实际需要对其进行重新设置。设置对齐方式主要可以通过“对齐方式”组和“设置单元格格式”对话框的“对齐”选项卡来实现。

● 通过“对齐方式”组设置：选择要设置的单元格，在“开始”/“对齐方式”组中单击“左对齐”按钮、“居中”按钮、“右对齐”按钮等，可快速为选择的单元格设置相应的对齐方式。

● 通过“设置单元格格式”对话框设置：选择需要设置对齐方式的单元格或单元格区域，单击“开始”/“对齐方式”组中右下角的 按钮，打开“设置单元格格式”对话框，单击“对齐”选项卡，可以设置单元格中数据的水平和垂直对齐方式、文字的排列方向和文本控制等，如图 8-15 所示。

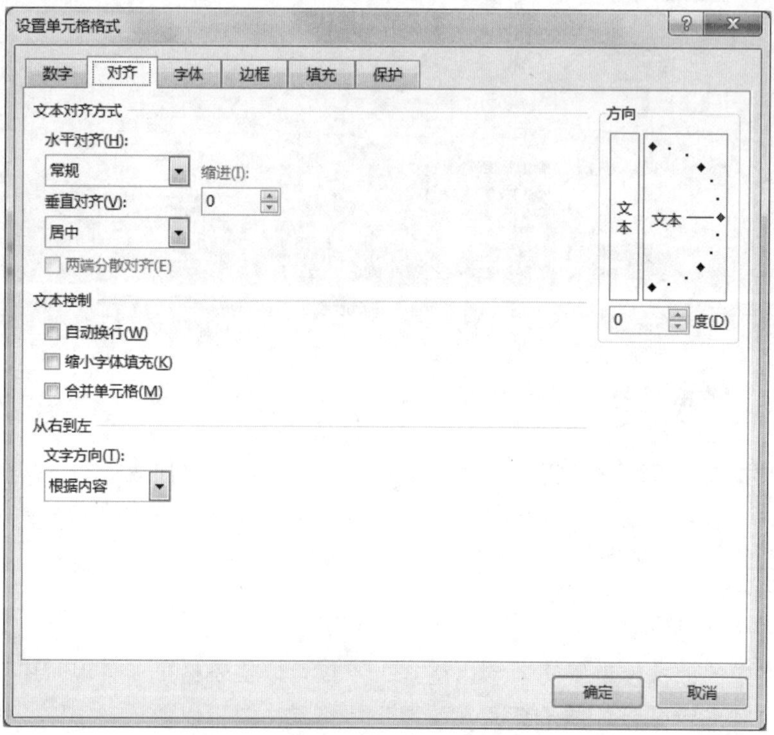


图 8-15 “对齐”选项卡

3. 设置数字格式

设置数字格式是指修改数值类单元格格式，可以通过“数字”组或“设置单元格格式”对话框的“数字”选项卡实现。

● 通过“数字”组设置：选择要设置的单元格，在“开始”/“数字”组中单击下拉列表框右侧的下拉按钮，在打开的下拉列表中可以选择一种数字格式。此外，单击“会计数字格式”按钮、“百分比样式”按钮、“千位分隔样式”按钮、“增加小数位数”按钮和“减少小数位数”按钮等，可快速将数据转换为会计数字格式、百分比、千位分隔符等格式。

● 通过“设置单元格格式”对话框设置：选择需要设置数据格式的单元格，打开“设置单元格格式”对话框，单击“数字”选项卡，在其中可以设置单元格中的数据类型，如货币型、日期型等。

另外，如果用户需要在单元格中输入身份证号码、分数等特殊数据，也可通过设置数字格式功能来实现。

● 输入身份证号码：选择要输入的单元格区域，单击鼠标右键，在弹出的快捷菜单中选择“设置单元格格式”命令，打开“设置单元格格式”对话框，单击“数字”选项卡，在“分类”列表框中选择“文本”选项，或选择“自定义”选项后，在“类型”列表框中选择“@”选项，单击“确定”按钮。

● 输入分数：先输入一个英文状态下的单引号“'”，再输入分数即可；也可以选择要输入分数的单元格区域，打开“设置单元格格式”对话框，在“数字”选项卡中的“分类”列表框中选择“分数”选项，并在对话框右侧设置分数格式，单击“确定”按钮后进行输入。

## 8.3 Excel 2016 的单元格格式设置

默认状态下，工作表中的单元格是没有格式的，用户可根据实际需要进行自定义设置，包括设置行高和列宽、设置单元格边框、设置单元格填充颜色、使用条件格式和套用表格格式等。

### 8.3.1 设置行高和列宽

在 Excel 表格中，单元格的行高与列宽可根据需要进行调整，一般情况下，将其调整为能够完全显示表格数据即可。设置行高和列宽的方法主要有以下两种。

● 通过拖动边框线调整：将鼠标指针移至单元格的行标或列标之间的分隔线上，按住鼠标左键不放，此时将出现一条灰色的实线，代表边框线移动的位置，拖动到适当位置后释放鼠标即可调整单元格行高与列宽。

● 通过对话框设置：在“开始”/“单元格”组中单击“格式”下拉按钮，在打开的下拉列表中选择“行高”选项或“列宽”选项，在打开的“行高”对话框或“列宽”对话框中输入行高值或列宽值，单击“确定”按钮。

## 8.3.2　设置单元格边框

Excel 中的单元格边框是默认显示的，但是默认状态下的边框不能打印，为了满足打印需要，可为单元格设置边框效果。单元格边框效果可通过“字体”组和“设置单元格格式”对话框的“边框”选项卡两种方式进行设置。

● 通过“字体”组设置：选择要设置的单元格后，在“开始”/“字体”组中单击“下边框”按钮右侧的下拉按钮，在打开的下拉列表中可选择所需的边框线样式，如图 8-16 所示，而在“绘制边框”栏的“线条颜色”和“线型”子选项中可选择边框的线型和颜色。

● 通过“设置单元格格式”对话框设置：选择需要设置边框的单元格，打开“设置单元格格式”对话框，单击“边框”选项卡，在其中可设置各种粗细、样式或颜色的边框。

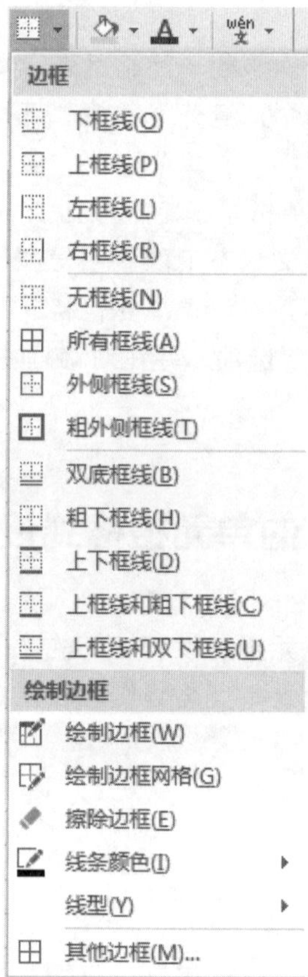


图 8-16　通过“字体”组设置边框

## 8.3.3　设置单元格填充颜色

需要突出显示某个或某部分单元格时，可选择为单元格设置填充颜色。设置填充颜色可通过“字体”组和“设置单元格格式”对话框的“填充”选项卡实现。

● 通过“字体”组设置：选择需要设置的单元格后，在“开始”/“字体”组中单击“填充颜色”按钮右侧的下拉按钮，在打开的下拉列表中可选择所需的填充颜色。

● 通过“设置单元格格式”对话框设置：选择需要设置的单元格，打开“设置单元格格式”对话框，单击“填充”选项卡，在其中可设置填充的颜色和图案样式。

### 8.3.4 使用条件格式

通过 Excel 的条件格式功能，可以为表格设置不同的条件格式，并将满足条件的单元格数据突出显示，便于查看表格内容。

1. 快速设置条件格式

Excel 为用户提供了很多常用的条件格式，直接选择所需选项即可快速进行条件格式的设置。

**例 8–5：** 在“销售统计表”工作簿中为“销售大于 87”的单元格设置条件格式。

**步骤 1：** 选择要设置条件格式的单元格区域，这里选择 G3：G11 单元格区域。

**步骤 2：** ① 在“开始”/“样式”组中单击“条件格式”按钮；② 在打开的下拉列表中选择“突出显示单元格规则”/“大于”选项，如图 8-17 所示。

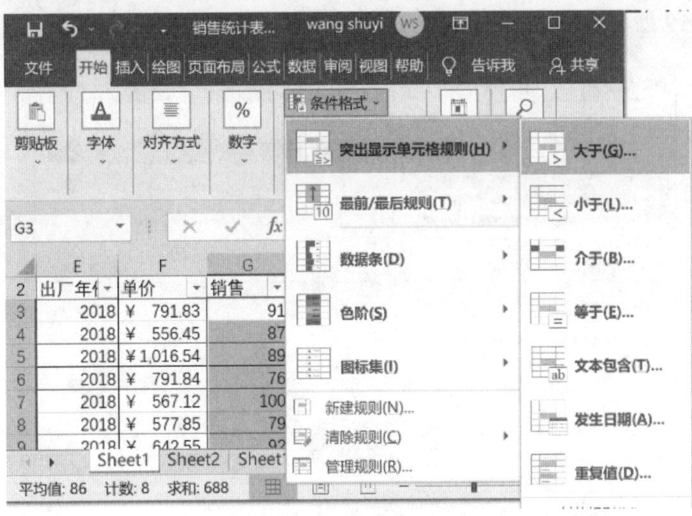


图 8-17 选择条件格式

**步骤 3：** ① 打开“大于”对话框，在左侧文本框中输入“87”；② 在“设置为”下拉列表中选择所需的选项，设置突出显示的颜色；③ 然后单击“确定”按钮，如图 8-18 所示。设置完成后，即可看到满足条件的数据被突出显示的效果。

对于已设置条件的单元格，如果需要清除条件，可在“条件格式”下拉列表中选择“清除规则”/“清除整个工作表的规则”选项，取消整个工作表中的条件格式，或选择“清除所选单元格的规则”选项，清除指定单元格的条件格式。

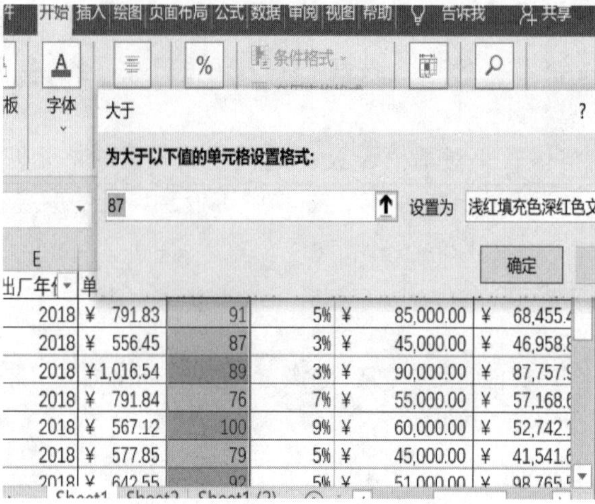

图 8-18　设置条件格式

2. 新建条件格式规则

如果 Excel 提供的条件格式选项不能满足实际需要，用户也可通过新建格式规则的方式来创建适合的条件格式。用户选择需要设置的单元格区域后，在“开始”/“样式”组中单击“条件格式”按钮，在打开的下拉列表中选择“新建规则”选项，打开“新建格式规则”对话框，在其中可以选择规则类型并对应用条件格式的单元格格式进行编辑，如图 8-19 所示，设置完成后单击“确定”按钮即可。

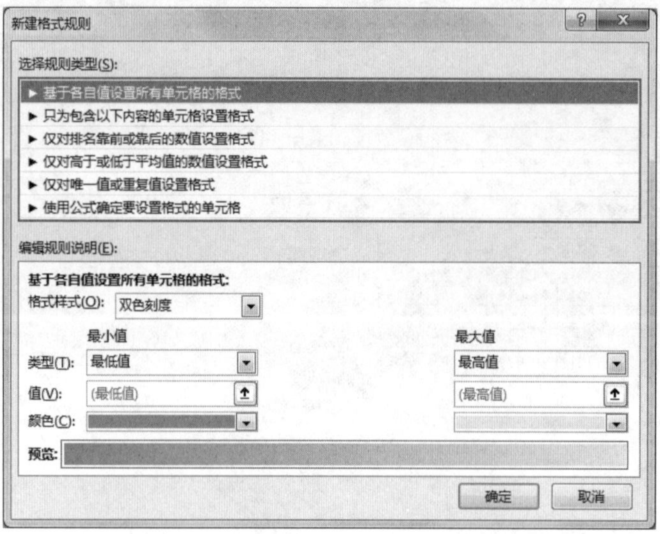


图 8-19　“新建格式规则”对话框

## 8.3.5　套用表格格式

Excel 2016 的自动套用格式功能可以快速设置单元格和表格格式，对表格进行美化。

- 应用单元格样式：选择要设置样式的单元格，在“开始”/“样式”组中单击“单元格样式”按钮，在打开的下拉列表中可直接选择一种 Excel 预置的单元格样式，如图 8-20 所示。

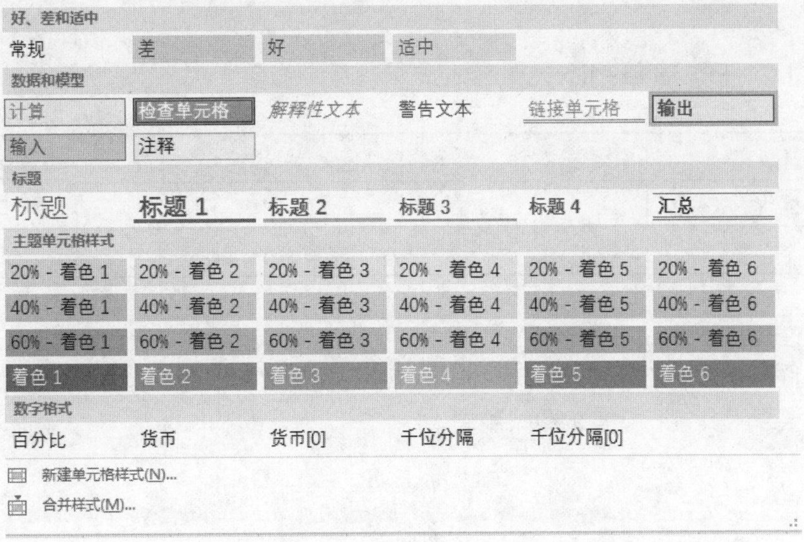


图 8-20　应用单元格样式

● 套用表格格式：选择要套用格式的表格区域，在“开始”/“样式”组中单击“套用表格格式”按钮，在打开的下拉列表中可直接选择一种 Excel 预置的表格格式，如图 8-21 所示，打开“套用表格样式”对话框，默认选择整个表格区域，用户也可在表格编辑区拖动鼠标重新选择数据区域，然后单击“确定”按钮应用表格格式。

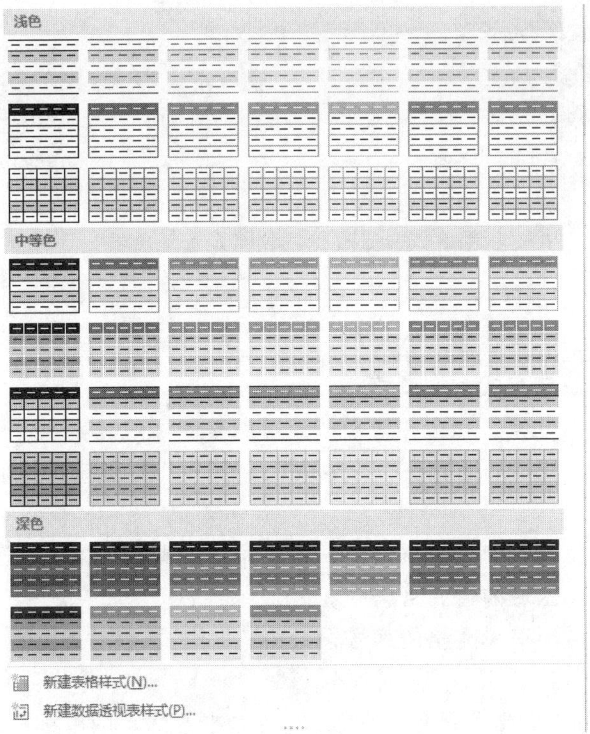


图 8-21　套用表格样式

## 8.4 任务清单

### 8.4.1 任务清单-1

| 姓名 | | 学号 | |
|---|---|---|---|
| 班级 | | 打分 | |
| 任务工单 | Excel 数据表格式化练习一 | | |

文稿设置要求：

本例将结合本章所学知识，录入一个“工程检测仪器设备汇总表”，如图 8-22 所示，并按要求对其进行适当的格式编辑。

| 工程检测仪器设备汇总表 | | | | | | | | | | |
|---|---|---|---|---|---|---|---|---|---|---|
| 编号 | 仪器、设备名称 | 规格 | 单位 | 大型工程 | | | 小型工程 | | | 预算价（元） |
| | | | | 100人以上 | 60-99人 | 60人以下 | 45人以上 | 20-45人 | 20人以下 | |
| G1010 | 电脑 | 奔四 | 台 | 16 | 10 | 6 | 6 | 4 | 4 | 5600 |
| G1012 | 照相机 | sony | 架 | 25 | 20 | 18 | 15 | 9 | 7 | 4678 |
| G1020 | 全站仪 | TDJ2E | 架 | 40 | 24 | 18 | 18 | 12 | 6 | 3500 |
| G1021 | 经纬仪 | NT3 | 台 | 12 | 12 | 6 | 6 | 4 | 2 | 1200 |
| G1022 | 水准仪 | DZS3-1 | 个 | 9 | 5 | 4 | 5 | 4 | 3 | 650 |
| G1030 | 游标卡尺 | 0-155mm | 个 | 15 | 13 | 14 | 9 | 6 | 6 | 310 |
| G1031 | 钢尺 | 50m | 卷 | 16 | 14 | 14 | 10 | 9 | 7 | 80 |
| G1032 | 钢卷尺 | 3m | 卷 | 18 | 12 | 12 | 9 | 9 | 5 | 56 |
| G1025 | 涂成测厚计 | AR930 | 个 | 50 | 40 | 20 | 15 | 10 | 5 | 1450 |
| G1038 | 外径千分尺 | 0-25mm | 卷 | 20 | 14 | 10 | 10 | 10 | 8 | 580 |
| G1039 | 检测尺 | 2m | 卷 | 14 | 12 | 12 | 10 | 10 | 5 | 450 |
| G1043 | 焊接检验尺 | | 卷 | 20 | 10 | 6 | 5 | 6 | 5 | 2468 |
| G1059 | 线坠 | | 根 | 40 | 30 | 25 | 25 | 15 | 10 | 142 |
| G1063 | 小锤 | | 个 | 70 | 60 | 60 | 50 | 50 | 50 | 34 |
| G1067 | 数字万用表 | DT830B | 个 | 30 | 20 | 18 | 15 | 18 | 15 | 690 |
| G1024 | 电阻测试仪 | ZC8 | 台 | 25 | 20 | 20 | 18 | 16 | 16 | 890 |
| G2012 | 兆欧表 | ZCIID-10 | 个 | 30 | 20 | 19 | 19 | 7 | 7 | 730 |

图 8-22 工程检测仪器设备汇总表

案例分析：

（1）文中有可以利用智能填充的列。

（2）部分列的数字格式需要调整。

（3）可以使用自动换行和合并居中单元格调整表格使其美观。

（4）使用 MOD，ROW 函数在“条件格式/新建规则”里新建规则设置奇数行格式。

制作要求：

（1）将标题“工程检测仪器设备汇总表”字体设置成“华文彩云、20 号、蓝色”，并使标题在 A1：K1 区域内合并且居中。

（2）将数据区域所有单元格的字号设置为“10”，水平对齐方式和垂直对齐方式都设置成“居中”。

（3）设置表格的外边框为蓝色的双细线，内边框为绿色的单细线；设置编号 G1043、G1059、G1063 的规格列单元格斜线。

（4）为表格的列标题添加浅黄色底纹。

（5）将列标题“仪器、设备名称”在单元格内分两行显示。

（6）将表格的所有列调整为最合适的列宽。

（7）设置“预算价”列的数据格式为“货币”，且保留两位小数。

（8）利用条件格式，为工作表数据行中奇数行设置浅蓝色底纹。

完成效果如图 8-23 所示。

工程检测仪器设备汇总表

| 编号 | 仪器、设备<br>名称 | 规格 | 单位 | 大型工程 | | | 小型工程 | | | 预算价（元） |
|---|---|---|---|---|---|---|---|---|---|---|
| | | | | 100人以上 | 60-99人 | 60人以下 | 45人以上 | 20-45人 | 20人以下 | |
| G1010 | 电脑 | 奔四 | 台 | 16 | 10 | 6 | 6 | 4 | 4 | ¥5,600.00 |
| G1012 | 照相机 | sony | 架 | 25 | 20 | 18 | 15 | 9 | 7 | ¥4,678.00 |
| G1020 | 全站仪 | TDJ2E | 架 | 40 | 24 | 18 | 18 | 12 | 6 | ¥3,500.00 |
| G1021 | 经纬仪 | NT3 | 台 | 12 | 12 | 6 | 6 | 4 | 2 | ¥1,200.00 |
| G1022 | 水准仪 | DZS3-1 | 个 | 9 | 5 | 4 | 5 | 4 | 3 | ¥650.00 |
| G1030 | 游标卡尺 | 0-155mm | 个 | 15 | 13 | 14 | 9 | 6 | 6 | ¥310.00 |
| G1031 | 钢尺 | 50m | 卷 | 16 | 14 | 14 | 10 | 9 | 7 | ¥80.00 |
| G1032 | 钢卷尺 | 3m | 卷 | 18 | 12 | 12 | 9 | 9 | 5 | ¥56.00 |
| G1025 | 涂成测厚计 | AR930 | 个 | 50 | 40 | 20 | 15 | 10 | 5 | ¥1,450.00 |
| G1038 | 外径千分尺 | 0-25mm | 卷 | 20 | 14 | 10 | 10 | 10 | 8 | ¥580.00 |
| G1039 | 检测尺 | 2m | 卷 | 14 | 12 | 12 | 10 | 10 | 5 | ¥450.00 |
| G1043 | 焊接检验尺 | | 卷 | 20 | 10 | 6 | 5 | 6 | 5 | ¥2,468.00 |
| G1059 | 线坠 | | 根 | 40 | 30 | 25 | 25 | 15 | 10 | ¥142.00 |
| G1063 | 小锤 | | 个 | 70 | 60 | 60 | 50 | 50 | 50 | ¥34.00 |
| G1067 | 数字万用表 | DT830B | 个 | 30 | 20 | 18 | 15 | 18 | 15 | ¥690.00 |
| G1024 | 电阻测试仪 | ZC8 | 台 | 25 | 20 | 20 | 18 | 16 | 16 | ¥890.00 |
| G2012 | 兆欧表 | ZCIID-10 | 个 | 30 | 20 | 19 | 19 | 7 | 7 | ¥730.00 |

图 8-23　工程检测仪器设备汇总表最终效果图

操作要点：

| 教师评语 | |
|---|---|

电子版作业请从电子教室传输端提交

## 8.4.2 任务清单-2

| 姓名 | | 学号 | |
|---|---|---|---|
| 班级 | | 打分 | |
| 任务工单 | Excel 数据表格式化练习二 | | |

文稿设置要求：

录入一个“成绩表”，如图 8-24 所示，并按要求对其进行适当的格式编辑。

| | A | B | C | D | E | F | G |
|---|---|---|---|---|---|---|---|
| 1 | 计算机2班成绩表 | | | | | | |
| 2 | 姓名 | 数学 | 英语 | 计算机 | 总分 | 总评 | 优秀率 |
| 3 | 保长坤 | 98 | 77 | 88 | 263 | 优秀 | |
| 4 | 曹伟明 | 88 | 90 | 97 | 275 | | |
| 5 | 陈建鑫 | 67 | 76 | 76 | 219 | | |
| 6 | 杜成阳 | 66 | 77 | 62 | 205 | | |
| 7 | 段文凯 | 72 | 65 | 78 | 215 | | |
| 8 | 付高平 | 85 | 92 | 100 | 277 | 优秀 | |
| 9 | 龚靖翔 | 43 | 56 | 67 | 166 | | |
| 10 | 郭瀚功 | 57 | 77 | 65 | 199 | | |
| 11 | 最高分 | 98 | 92 | 100 | | | 0.25 |
| 12 | 平均分 | 72 | 76.25 | 79.125 | | | |
| 13 | | | | 制表时期：2022-12-18 | | | |
| 14 | | | | | | | |

图 8-24 成绩表

案例分析：

（1）部分列的数字格式需要调整。

（2）可以使用自动换行和合并居中单元格调整表格使其美观。

（3）使用条件格式在“条件格式/新建规则”里设置最高分格式。

制作要求：

（1）表格标题和表格中间空一行，文字为蓝色、华文行楷、22 磅，合并及居中对齐。

（2）“制表时期”单元格右对齐、隶书、加粗、斜体、12 磅。

（3）表格各栏标题设置为行高 25 磅，文字为黑体，水平与垂直居中，填充 25%灰色图案样式，表中的其他内容水平垂直居中。

（4）表格的外框线设置为双实线，内框线为单实线。

（5）设置“优秀率”为黑体、22 磅，方向为竖排，按效果图要求合并“优秀率”

相关的部分单元格，垂直居中，加双实线外边框。“优秀率”后面的数值以百分比表示，垂直居中。

（6）利用条件格式，给每门课程的最高分设置“浅蓝、25%灰度”的填充效果。

完成效果如图 8-25 所示。

| | A | B | C | D | E | F | G |
|---|---|---|---|---|---|---|---|
| 1 | 计算机2班成绩表 | | | | | | |
| 2 | | | | | | | |
| 3 | 姓名 | 数学 | 英语 | 计算机 | 总分 | 总评 | 优秀率 |
| 4 | 保长坤 | 98 | 77 | 88 | 263 | 优秀 | |
| 5 | 曹伟明 | 88 | 90 | 97 | 275 | | |
| 6 | 陈建鑫 | 67 | 76 | 76 | 219 | | |
| 7 | 杜成阳 | 66 | 77 | 62 | 205 | | |
| 8 | 段文凯 | 72 | 65 | 78 | 215 | | |
| 9 | 付高平 | 85 | 92 | 100 | 277 | 优秀 | |
| 10 | 龚靖翔 | 43 | 56 | 67 | 166 | | |
| 11 | 郭瀚功 | 57 | 77 | 65 | 199 | | |
| 12 | 最高分 | 98 | 92 | 100 | | | 25% |
| 13 | 平均分 | 72.0 | 76.3 | 79.1 | | | |
| 14 | | 制表时期：2022-12-18 | | | | | |
| 15 | | | | | | | |

图 8-25　成绩表最终效果图

操作要点：

| 教师评语 | |
|---|---|

电子版作业请从电子教室传输端提交

# 第 9 章 电子表格软件 Excel 2016 的计算

**学习目标**

（1）掌握 Excel 2016 的公式与函数。
（2）掌握 Excel 2016 的数据筛选、排序方法。
（3）掌握 Excel 2016 数据透视表和数据透视图的使用。

**技能掌握**

（1）能够使用公式与函数进行数据的运算。
（2）熟练使用 Excel 2016 的数据筛选、排序方法。
（3）能够使用 Excel 2016 数据透视表和数据透视图。

**思政育人目标**

（1）培养学生的科学思维方式和判断分析问题的能力。
（2）增强学生的社会使命感和责任感，培育学生艰苦奋斗的实干精神。

## 9.1 Excel 2016 的公式与函数

Excel 作为一款功能十分强大的数据处理软件，它的强大性主要体现在数据计算和分析方面。Excel 不仅可以通过公式对表格中的数据进行一般的加、减、乘、除运算，还可以利用函数进行一些高级的运算，极大地提高了办公人员的工作效率。

### 9.1.1 公式的概念

Excel 中的公式即指对工作表中的数据进行计算的等式，以“=（等号）”开始，通过各种运算符号，将值或常量和单元格引用、函数返回值等组合起来，形成公式表达式。公式是计算表格数据非常有效的工具，Excel 可以自动计算公式表达式的结果，并显示在相应的单元格中。

● 数据的类型：在 Excel 中，常用的数据类型主要包括数值型、文本型和逻辑型 3 种，其中数值型是表示大小的一个值，文本型表示一个名称或提示信息，逻辑型表示真或者假。

● 常量：Excel 中的常量包括数字和文本等各类数据，主要可分为数值型常量、文本型常量和逻辑型常量。数值型常量可以是整数、小数或百分数，不能带千分位和货币符号。文本型常量是用英文双引号（‘’）引起来的若干字符，但其中不能包含英文双引号。逻辑型常量只有两个值，true 和 false，表示真和假。

- 运算符：运算符是 Excel 公式中的基本元素，它是指对公式中的元素进行特定型的运算。Excel 中的运算符主要包括算术运算符、比较运算符、逻辑运算符和文本连接符。
- 公式的构成：Excel 中的公式由“ = ” + “运算式”构成，运算式是由运算符构成的计算式，也可以是函数，计算式中参与计算的可以是常量，可以是单元格地址，也可以是函数。

算术运算符包括加、减、乘、除、乘方等，运算结果还是数值型。比较运算符包括等于、大于、小于、大于等于、小于等于和不等于等。逻辑运算符包括与（and）、或（or）、非（not），运算结果为逻辑型。文本连接符指“&”，可将两个文本连接成一个文本。例如，“计算机”&“应用”，其结果为“计算机应用”。

### 9.1.2　公式的使用

Excel 中的公式可以帮助用户快速完成各种计算，而为了进一步提高计算效率，在实际计算数据的过程中，用户除了需要输入和编辑公式之外，通常还需要对公式进行填充、复制和移动等操作。

1. 输入公式

在 Excel 中输入公式的方法与输入文本的方法类似，只需将公式输入相应的单元格中，即可计算出数据结果。输入公式指的是只包含运算符、常量数值、单元格引用和单元格区域引用的简单公式。

选择要输入公式的单元格，在单元格或编辑栏中输入“ = ”，接着输入公式内容，如“ = B3 + C3 + D3 + E3”，完成后按“Enter”键或单击编辑栏上的“输入”按钮即可，如图 9-1 所示。

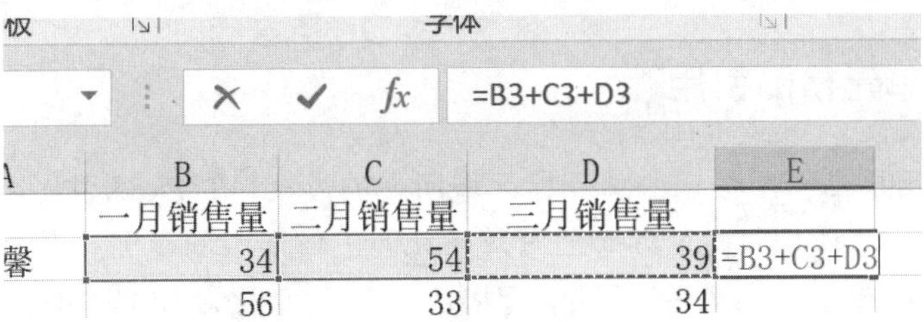


图 9-1　在编辑栏中输入公式

2. 编辑公式

选择含有公式的单元格，将文本插入点定位在编辑栏或单元格中需要修改的位置，按“Backspace”键删除多余或错误的内容，再输入正确的内容，完成后按“Enter”键确认即可完成公式的编辑。编辑完成后，Excel 将自动对新公式进行计算。

3. 填充公式

在输入公式完成计算后，如果该行或该列后的其他单元格皆需使用该公式进行计算，可直接通过填充公式的方式快速完成其他单元格的数据计算。

选择已添加公式的单元格，将鼠标指针移至该单元格右下角的控制柄上，当其变为十字形状时，按住鼠标左键不放并拖动至所需位置，释放鼠标，即可在选择的单元格区域中填充相同的公式并计算出结果，如图 9-2 所示。

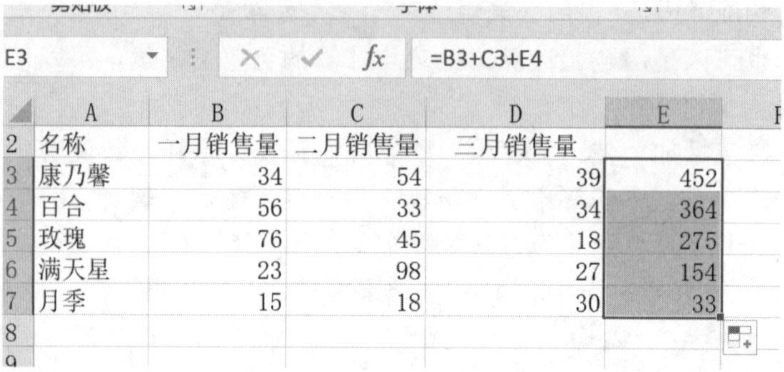


| | A | B | C | D | E |
|---|---|---|---|---|---|
| 2 | 名称 | 一月销售量 | 二月销售量 | 三月销售量 | |
| 3 | 康乃馨 | 34 | 54 | 39 | 452 |
| 4 | 百合 | 56 | 33 | 34 | 364 |
| 5 | 玫瑰 | 76 | 45 | 18 | 275 |
| 6 | 满天星 | 23 | 98 | 27 | 154 |
| 7 | 月季 | 15 | 18 | 30 | 33 |

图 9-2　拖动鼠标填充公式

在填充公式时，被填充的目标单元格中数据的计算方式会根据原始单元格的公式引用情况而有所不同，如果原始单元格为相对引用，则目标单元格的填充会根据位移情况自动调整所引用单元；如果原始单元格为绝对引用，则目标单元格的公式不会发生改变。

4. 复制和移动公式

在 Excel 中复制和移动公式也可以快速完成单元格数据的计算。在复制公式的过程中。Excel 会自动调整引用单元格的地址，避免手动输入公式的麻烦，提高了工作效率。复制公式的操作方法与复制数据的操作一样。

移动公式即将原始单元格的公式移动到目标单元格中，公式在移动过程中不会根据单元格的位移情况发生改变。移动公式的方法与移动其他数据的方法相同。

### 9.1.3　单元格的引用

单元格引用是指引用数据的单元格区域所在的位置，在 Excel 中，用户可以根据实际计算需要引用当前工作表、当前工作簿或其他工作簿中的单元格数据。在引用单元格后，公式的运算值将随着被引用单元格的变化而变化，如“= 193800 + 123140 + 146520 + 152300”，数据“193800”位于 B3 单元格，其他数据依次位于 C3、D3 和 E3 单元格中，通过单元格引用，可以将公式输入为“= B3 + C3 + D3 + E3”，可以获得相同的计算结果。

1. 单元格引用类型

在计算数据表中的数据时，通常会通过复制或移动公式来实现快速计算，这就涉及单元格引用的知识。根据单元格地址是否改变，可将单元格引用分为相对引用、绝对引用和混合引用。

● 相对引用：输入公式时直接通过单元格地址来引用单元格。相对引用单元格后，如果复制或剪切公式到其他单元格，那么公式中引用的单元格地址会根据复制或剪切的位置而发生相应改变。

● 绝对引用：无论引用单元格的公式位置如何改变，所引用的单元格均不会发生变化。绝对引用的形式是在单元格的行列号前加上符号“$”。

● 混合引用：包含了相对引用和绝对引用。混合引用有两种形式：一种是行绝对、列相对，如“B$2”，表示行不发生变化，但是列会随着新的位置发生变化；另一种是行相对、列绝对，如“$B2”，表示列保持不变，但是行会随着新的位置而发生变化。

2. 同一工作簿不同工作表的单元格引用

在同一工作簿中引用不同工作表中的内容，需要在单元格或单元格区域前标注工作表名称，表示引用该工作表中该单元格或单元格区域的值。

**例 9-1：**在“日用品销售业绩表”工作簿“Sheet2”工作表的B3单元格中引用“Sheet1”工作表中的数据，并计算出季度销售额。

**步骤 1：**打开“日用品销售业绩表”工作簿，选择“Sheet2”工作表的B3单元格，由于该单元格数据为“白酒”的季度销售额，即需要对“Sheet1”中“白酒”4个月的销售额进行相加。因此需要在B3单元格中输入“=SUM（Sheet1！B3：D3 fx，或单击编辑栏中的“插入函数”按钮，打开“插入函数”对话框，在“选择函数”列表框中选择“SUM”选项，如图9-3所示，然后单击“确定”按钮。

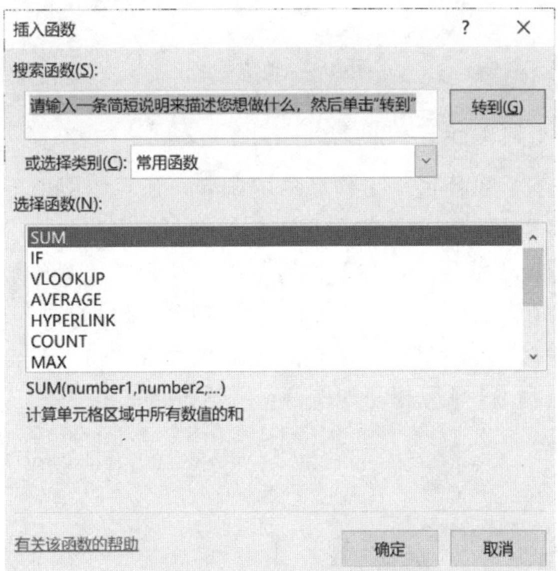


图 9-3 “插入函数”对话框

**步骤 2：**打开“函数参数”对话框，单击“Number1”文本框后的“收缩”按钮缩小对话框，返回工作表编辑区，选择“Sheet1”工作表，再选择B3：D3单元格区域，如图9-4所示。

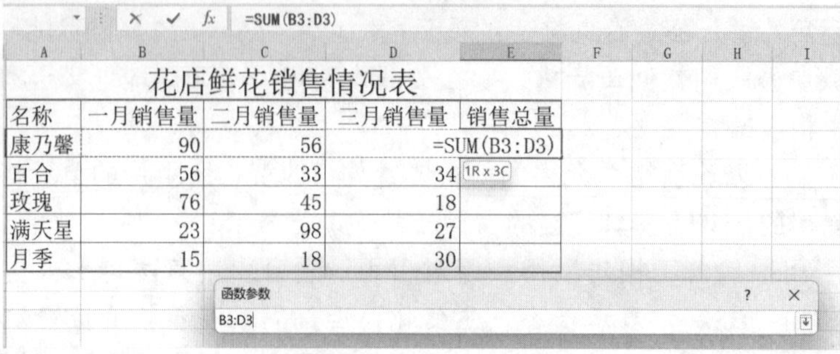


图 9-4 选择引用区域

**步骤 3**：选择完成后单击“展开”按钮还原“函数参数”对话框，可看到所引用单元格区域以及引用结果，单击“确定”按钮。

**步骤 4**：返回“Sheet2”工作表，在 B3 单元格中显示了计算结果，将鼠标指针移至 B3 单元格右下角的控制柄上，当其变为十字形状时，按住鼠标左键不放并拖动至 B13 单元格，释放鼠标，计算出其他产品的一季度销售量，如图 9-5 所示。

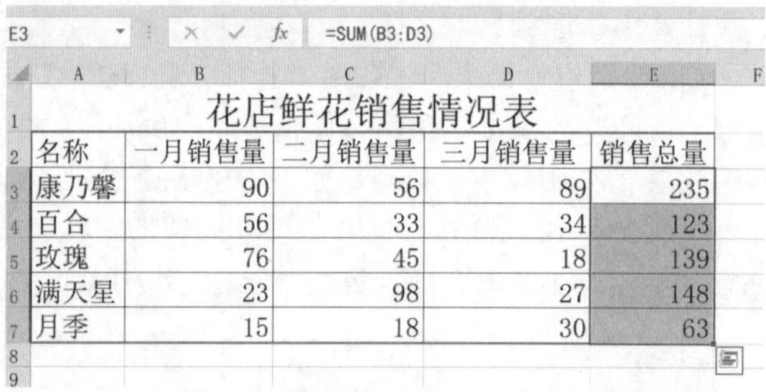


图 9-5 填充数据

3. 不同工作簿不同工作表的单元格引用

在 Excel 中不仅可以引用同一工作簿中的内容，还可以引用不同工作簿中的内容，为了操作方便，可将引用工作簿和被引用工作簿同时打开。

**例 9–2**：在“销售业绩评定表”工作簿中引用“销售业绩总额”工作簿中的数据。

**步骤 1**：打开“销售业绩评定表”工作簿和“销售业绩总额”工作簿，选择“销售业绩评定表”工作簿的“Sheet1”工作表的 D8 单元格，输入“=”，切换到“销售业绩总额”工作簿，选择 B3 单元格，如图 9-6 所示。

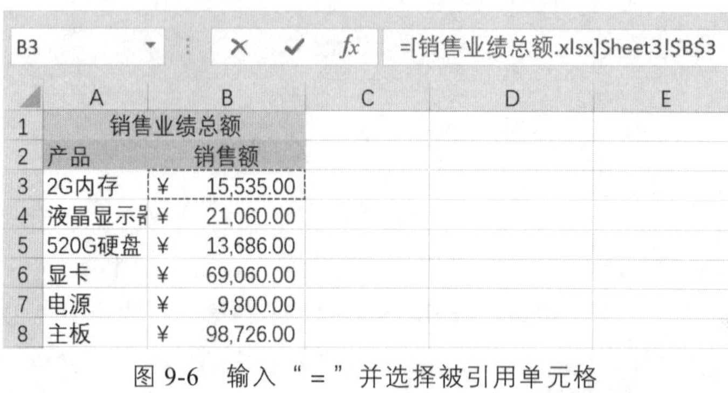


图 9-6 输入“=”并选择被引用单元格

**步骤 2：** 此时，在编辑框中可查看当前引用公式，按“Ctrl + Enter”组合键确认引用，返回“销售业绩评定表”工作簿，即可查看 D8 单元格中已成功引用“销售业绩总额”工作簿中 B3 单元格的数据，如图 9-7 所示。

**步骤 3：** 按照相同的操作方法，计算 D15、D16 单元格中的数据。

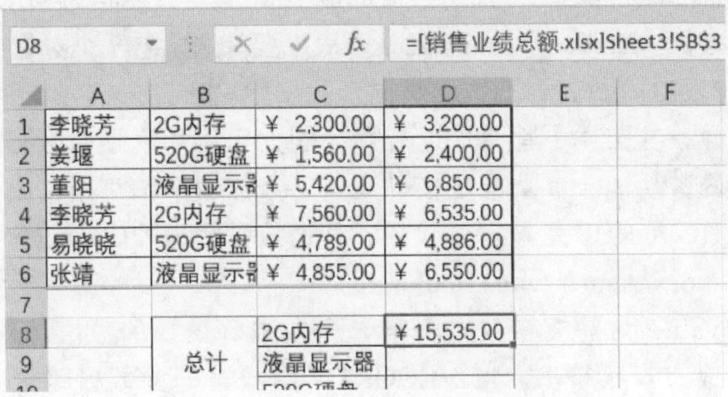


图 9-7 查看引用效果

## 9.1.4 函数的使用

函数相当于预设好的公式，通过这些函数可以简化公式的输入过程，提高计算效率。Excel 中的函数主要包括财务、统计、逻辑、文本、日期和时间、查找和引用、数学和三角函数、工程、多维数据集和信息 10 种。函数一般包括等号、函数名称和函数参数 3 个部分，其中函数名称表示函数的功能，每个函数都具有唯一的函数名称。函数参数指函数运算对象，可以是数字、文本、逻辑值、表达式、引用或其他函数等。

1. Excel 中的常用函数

Excel 2016 中提供了多种函数，每个函数的功能、语法结构及其参数的含义各不相同，下面对一些常用函数进行介绍。

- SUM 函数：对选择的单元格或单元格区域进行求和计算的一种函数，语法结构为 SUM（number1，number2，…），number1，number2，…表示若干个需要求和的参数。填写参数时，可以填写单元格地址（如 E6，E7，E8），或单元格区域（如 E6：E8），甚至混合输入（如 E6，E7：E8）。
- AVERAGE 函数：用于求平均值，计算方法是将选择的单元格或单元格区域中的数据先相加再除以单元格个数，语法结构为 AVERAGE（number1，number2，…），其中，number1，number2，…表示需要计算的若干个参数的平均值。
- IF 函数：一种常用的条件函数，它能执行真假值判断，并根据逻辑计算的真假值返回不同结果，语法结构为 IF（logical_ test，value_if_ true，value _if_ false）。其中，logical_test 表示计算结果为 true 或 false 的任意值或表达式；value_if true 表示 logical test 为 true 时要返回的值，可以是任意数据；value_if_false 表示 logical test 为 false 时要返回的值，也可以是任意数据。
- COUNT 函数：用于返回包含数字及包含参数列表中的数字的单元格的个数，通常利用它来计算单元格区域或数字数组中数字字段的输入项个数，其语法结构为COUNT（value1，value2，…），value1，value2，…为包含或引用各种类型数据的参数（1~30个），但只有数字类型的数据才被计算。

● MAX/MIN函数：MAX函数用于返回所选单元格区域中所有数值的最大值，MIN函数则用来返回所选单元格区域中所有数值的最小值。其语法结构为MAX/MIN(number1，number2，…)，其中，number1，number2，…表示要筛选的若干个数值或引用。

● VLOOKUP函数：Excel中的一个纵向查找函数，它与LOOKUP函数和HLOOKUP函数属于同类函数，在工作中都有广泛应用，例如可以用来核对数据、多个表格之间快速导入数据等函数功能。其功能是按列查找，最终返回该列所需查询序列所对应的值；与之对应的HLOOKUP是按行查找的。其语法结构为VLOOKUP（lookup_value，table_array，col_index_num，range_lookup）。

① Lookup_value为需要在数据表第一列中进行查找的数值。Lookup_value可以为数值、引用或文本字符串。当VLOOKUP函数第一参数省略查找值时，表示用0查找。

② Table_array为需要在其中查找数据的数据表，使用对区域或区域名称的引用。

③ col_index_num为table_array中查找数据的数据列序号。col_index_num为1时，返回table_array第一列的数值，col_index_num为2时，返回table_array第二列的数值，以此类推。如果col_index_num小于1，函数VLOOKUP返回错误值“#VALUE!”；如果col_index_num大于table_array的列数，函数VLOOKUP返回错误值“#REF!”。

④ Range_lookup为一逻辑值，指明函数VLOOKUP查找时是精确匹配，还是近似匹配。如果为FALSE或0，则返回精确匹配，如果找不到，则返回错误值“#N/A”。如果range_lookup为“TRUE”或1，函数VLOOKUP将查找近似匹配值，也就是说，如果找不到精确匹配值，则返回小于lookup_value的最大数值。应注意VLOOKUP函数在进行近似匹配时的查找规则是从第一个数据开始匹配，没有匹配到一样的值就继续与下一个值进行匹配，直到遇到大于查找值的值，此时返回上一个数据（近似匹配时应对查找值所在的列进行升序排列）。如果range_lookup省略，则默认为1。

● RANK函数：最常用的是求某一个数值在某一区域内的排名。即返回一个数字在数字列表中的排位。数字的排位是其大小与列表中其他值的比值，如果列表已排过序，则数字的排位就是它当前的位置。其语法结构为RANK（number，ref，[order]）。其中，number表示需要找到排位的数字；ref表示数字列表数组或对数字列表的引用；order表示排序的规则，指明数字排位的方式。如果order为0（零）或省略，Microsoft Excel对数字的排位是基于ref按照降序排列的列表。如果order不为零，Microsoft Excel对数字的排位是基于ref按照升序排列的列表。

● COUNTIF函数：对指定区域中符合指定条件的单元格计数的一个函数，其语法结构为countif（range，criteria），其中，range代表要计算其中非空单元格数目的区域，criteria代表以数字、表达式或文本形式定义的条件。

● SUMIF函数：对数据范围中符合指定条件的值求和或求平均值。Excel中sumif函数的用法是根据指定条件对若干单元格、区域或引用求和。其语法结构为SUMIF（range，criteria，sum_range）。其中，range为条件区域，用于条件判断的单元格区域；

criteria 是求和条件，由数字、逻辑表达式等组成的判定条件；sum_range 为实际求和区域，需要求和的单元格、区域或引用。当省略第三个参数时，则条件区域就是实际求和区域。

● AVERAGEIF 函数：返回某个区域内满足给定条件的所有单元格的平均值（算术平均值）。如果条件中的单元格为空单元格，AVERAGEIF 就会将其视为 0 值。其语法结构为 AVERAGEIF（range，criteria，[average_range]），其中，range 必需，要计算平均值的一个或多个单元格，其中包含数字或包含数字的名称、数组或引用；criteria 必需，形式为数字、表达式、单元格引用或文本的条件，用来定义将计算平均值的单元格。例如，条件可以表示为 32、“32”“>32”“苹果”或“B4”。Average_range 可选，用来计算平均值的实际单元格组。如果省略，则使用 range 范围。

2. 函数嵌套

函数嵌套是 Excel 应用中的一门技巧，它是指一个函数可以作为另一个函数的参数使用。例如函数：ROUND（AVERAGE（A2：C2），0），其中，ROUND 作为一级函数，AVERAGE 作为二级函数。先执行 AVERAGE 函数，再执行 ROUND 函数。一定要注意，二级函数的返回值必须与一级函数参数类型相同。

**例 9–3：**以 IF 函数为例，计算如图 9-8 所示学生成绩表中备注列：如果“数学”“语文”“英语”的成绩均大于等于 100，在“备注”列内给出“优秀”信息，否则内容为“/”。

**步骤 1：**用鼠标选中 E3 单元格。

**步骤 2：**在“公式”/“函数库”组中选择“插入函数”fx按钮，打开“插入函数”对话框，在“选择函数”列表里选择“IF”函数，打开“函数参数”对话框。

**步骤 3：**在 IF 函数的三个参数里依次填写条件。或者在 Excel 窗口的编辑栏里直接手动输入公式“= IF（B6> = 100，IF（C6> = 100，IF（D6> = 100，“优秀”，“/”），“/”），“/”）”，结果如图 9-8 所示。

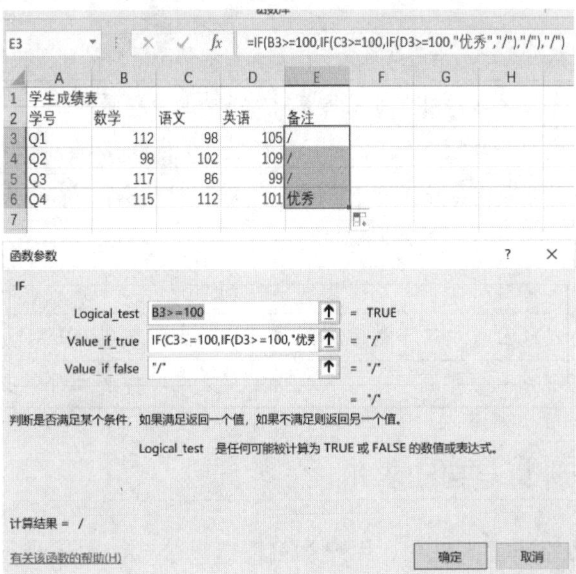


图 9-8　函数嵌套

在某些情况下，可能需要将某函数作为另一函数的参数使用，这就是嵌套函数。将函数作为参数使用时，它返回的数值类型必须与参数使用的数值类型相同。如果参数为整数值，那么嵌套函数也必须返回整数值，否则 Excel 将显示#VALUE！错误值。如果嵌套函数“=IF（AVERAGE（F2：F5）>50，SUM（G2：G5），0），”表示只有 F2：F5 单元格区域的平均值大于 50 时，才会对 G2：G5 单元格区域的数值求和，否则返回 0。

3. 插入函数

在 Excel 中可以通过以下 3 种方式来插入函数。

- 选择要插入函数的单元格后，单击编辑栏中的“插入函数”按 *fx*，在打开的“插入函数”对话框中选择函数类型后，单击“确定”按钮即可插入。
- 选择要插入函数的单元格后，在“公式”/“函数库”组中单击“插入函数”按钮，在打开的“插入函数”对话框中选择函数类型后，单击“确定”按钮即可插入。
- 选择要插入函数的单元格后，按“Shift+F3”组合键，打开“插入函数”对话框，在其中选择所需函数类型后，单击“确定”按钮即可插入。

通过“插入函数”对话框在单元格中插入函数后，将打开“函数参数”对话框，在其中对参数值进行准确设置后，单击“确定”按钮，即可在所选单元格中显示计算结果。

4. 常见错误信息

如果公式有错误，或公式所引用的单元格可能有错误，Excel 将显示一个错误值，以提醒用户注意，如表 9-1 所示。

表 9-1　常见错误一览表

| 错误值 | 错误解释 |
|---|---|
| ####### | 单元格公式所产生的结果太长，单元格容纳不下或对日期和时间做减法时产生了负值 |
| #VALUE! | 使用了错误的函数参数或运算对象的类型有错误 |
| #DIV 选项卡 0! | 当公式中分母为 0（零）时，会产生错误值#DIV 选项卡 0! |
| #NAME? | 在公式中使用 Excel 不能识别的文本时将产生错误值#NAME? |
| #N 选项卡 A | 当在函数或公式中没有可用数值时，将产生错误值#N 选项卡 A |
| #REF! | 当单元格引用无效时产生错误值#REF! |
| #NUM! | 当公式或函数中某个数字有问题时将产生错误值#NUM! |
| #NULL! | 当试图为两个并不相交的区域指定交叉点时将产生错误值#NULL! |

### 9.1.5　快速计算与自动求和

Excel 的计算功能非常人性化，用户既可以选择公式函数来进行计算，也可直接选择某个单元格区域查看其求和、求平均值等结果。

1. 快速计算

选择需要计算单元格之和或单元格平均值的区域，在 Excel 操作界面的状态栏中将可以直接查看计算结果，包括平均值、单元格个数、总和等，如图 9-9 所示。

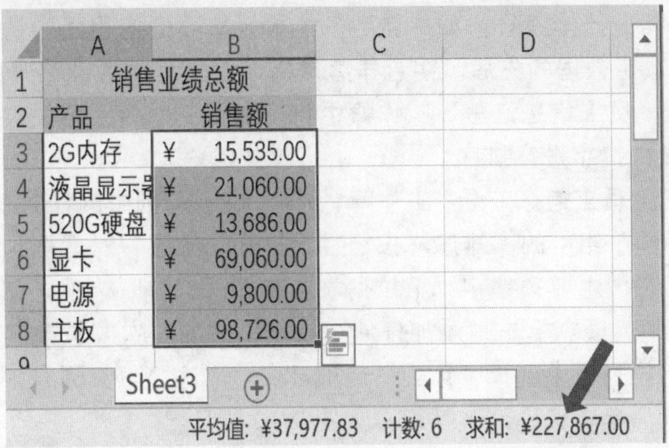


图 9-9 快速计算

2. 自动求和

求和函数主要用于计算某一单元格区域中所有数值之和。用户选择需要求和的单元格，在“公式”/“函数库”组中单击“自动求和”按钮Σ，即可在当前单元格中插入求和函数“SUM”，同时 Excel 将自动识别函数参数，单击编辑栏中的“输入”按钮✓或按“Enter”键，完成求和计算。

单击“自动求和”按钮Σ下方的下拉按钮，在打开的下拉列表中还可以选择“平均值”“最大值”“最小值”等选项，计算所选区域的平均值、最大值和最小值等。

## 9.2 Excel 2016 的数据管理

数据统计功能是 Excel 中常用的功能之一，在完成数据的计算后，如果需要更清楚直观地分析数据，可对数据进行排序、筛选、分类汇总和合并计算等操作。

### 9.2.1 数据排序

数据排序是统计工作中的一项重要内容，在日常办公中，经常会遇到对表格进行排序的情况，比如按最高销量、学生成绩最高分等进行排序，此时可使用 Excel 2016 中的数据排序功能来实现。对数据进行排序有助于快速直观地显示数据并更好地理解数据、组织并查找所需数据。一般情况下，数据排序分为以下 3 种情况。

1. 快速排序

如果只对某一列进行简单排序，可以使用快速排序法来完成。选择待排序列中的任意单元格，单击“数据”/“排序和筛选”组中的“升序”按钮或“降序”按钮，即可实现数据的升序或降序操作。

2. 组合排序

在对某列数据进行排序时，如果遇到多个单元格数据值相同的情况，可以使用组合排序的方式来决定数据的先后。组合排序是指设置主、次关键字升序排序。

**例 9–4**：在“员工信息汇总”工作簿中将“工资”作为主要关键字降序排列，将“年龄”作为次要关键字进行排序。

**步骤 1**：打开“员工信息汇总”工作簿，选择“工资”列中的任意单元格，单击“数据”/“排序和筛选”组中的“排序”按钮，打开“排序”对话框。

**步骤 2**：① 在“主要关键字”下拉列表中选择“工资”选项，在“次序”下拉列表中选择“降序”选项。单击“添加条件”按钮，添加“次要关键字”条件，然后在“次要关键字”下拉列表中选择“年龄”选项，在“次序”下拉列表中选择“升序”选项。② 设置完成后单击“确定”按钮，如图 9-10 所示。

**步骤 3**：返回工作簿编辑区，即可看到单元格已完成排序。优先以“工资”进行降序排列，“工资”相同时，再以“年龄”成绩进行升序排序。

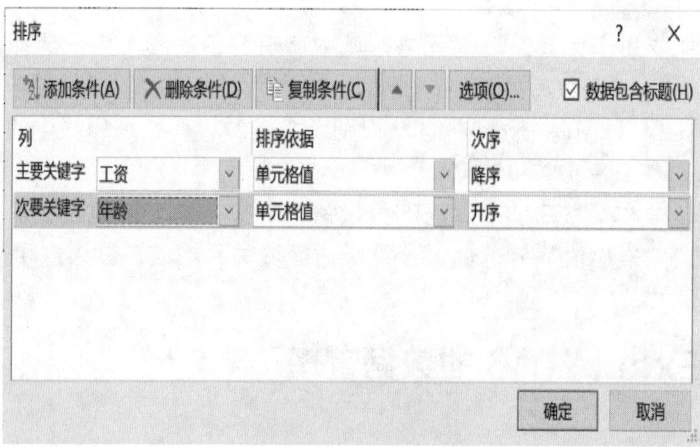


图 9-10　组合排序

3. 自定义排序

自定义排序可以通过设置多个关键字对数据进行排序，并可以通过其他关键字对相同排序的数据进行排序。Excel 提供了内置的日期和年月自定义列表，用户也可根据实际需求自己设置。

**例 9–5**：在“某 IT 公司某年人力资源情况表”工作簿中将“工资”作为主要关键字进行降序排列，再将“部门”按“开发部、工程部、培训部、销售部”的方式进行排序。

**步骤 1**：打开“某 IT 公司某年人力资源情况表”工作簿，打开“排序”对话框，在“主要关键字”下拉列表中选择“工资”选项，在“次序”下拉列表中选择“降序”选项。

**步骤 2**：在“次要关键字”下拉列表中选择“部门”选项，在“次序”下拉列表中选择“自定义序列”选项。

**步骤 3**：打开“自定义序列”对话框，在“输入序列”文本框中输入排列顺序，如图 9-11 所示，然后单击“确定”按钮。

**步骤 4**：返回“排序”对话框，单击“确定”按钮确认设置，此时工作表中“工资”相同的单元格会按照“部门”自定义条件进行排序，如图 9-12 所示。

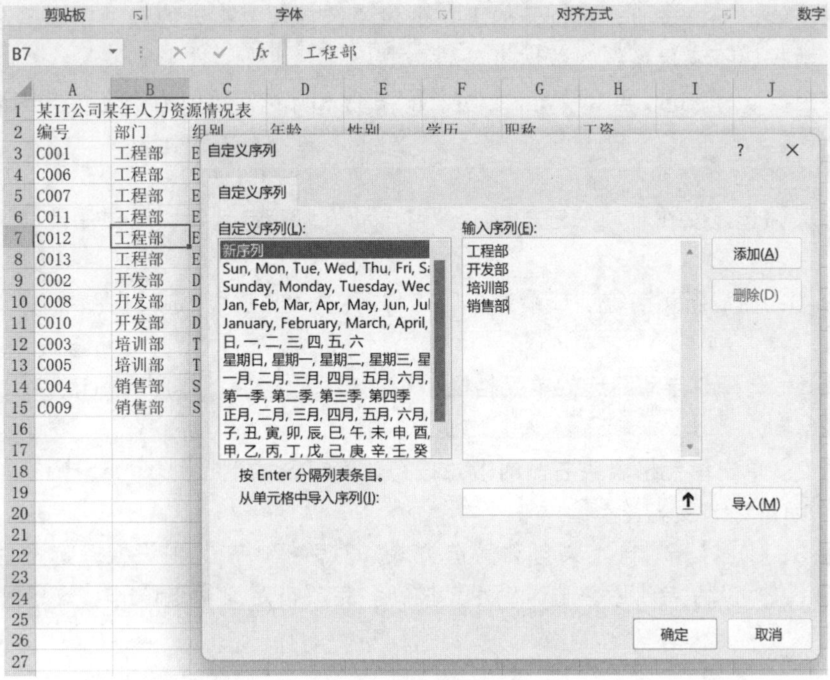


图 9-11　添加自定义条件

| | A | B | C | D | E | F | G | H |
|---|---|---|---|---|---|---|---|---|
| 1 | 某IT公司某年人力资源情况表 | | | | | | | |
| 2 | 编号 | 部门 | 组别 | 年龄 | 性别 | 学历 | 职称 | 工资 |
| 3 | C009 | 销售部 | S2 | 37 | 女 | 本科 | 高工 | 5500 |
| 4 | C011 | 工程部 | E3 | 41 | 男 | 本科 | 高工 | 5000 |
| 5 | C012 | 工程部 | E2 | 35 | 女 | 硕士 | 高工 | 5000 |
| 6 | C008 | 开发部 | D2 | 31 | 男 | 博士 | 工程师 | 4500 |
| 7 | C003 | 培训部 | T1 | 35 | 女 | 本科 | 高工 | 4500 |
| 8 | C002 | 开发部 | D1 | 26 | 女 | 硕士 | 工程师 | 3500 |
| 9 | C010 | 开发部 | D3 | 36 | 男 | 硕士 | 工程师 | 3500 |
| 10 | C007 | 工程部 | E2 | 26 | 男 | 本科 | 工程师 | 3500 |
| 11 | C013 | 工程部 | E3 | 33 | 男 | 本科 | 工程师 | 3500 |
| 12 | C005 | 培训部 | T2 | 33 | 男 | 本科 | 工程师 | 3500 |
| 13 | C004 | 销售部 | S1 | 32 | 男 | 硕士 | 工程师 | 3500 |
| 14 | C006 | 工程部 | E1 | 23 | 男 | 本科 | 助工 | 2500 |
| 15 | C001 | 工程部 | E1 | 28 | 男 | 硕士 | 工程师 | 4000 |

图 9-12　查看自定义排序效果

### 9.2.2　数据筛选

在日常办公中，常常需要在大量数据中查看满足某一个或某几个条件的数据，可以通过 Excel 2016 中的数据筛选功能来完成这项工作。数据筛选主要分为自动筛选、自定义筛选和高级筛选 3 种方式。

1. 自动筛选

自动筛选数据即根据用户设定的筛选条件，自动显示符合条件的数据，隐藏其他数据。自动筛选的操作很简单，在工作簿中选择需要进行自动筛选的单元格区域，单击“数据”/“排序和筛选”组中的“筛选”按钮，此时各列表头右侧将出现一个下拉按钮，单击下拉按钮，在打开的下拉列表中选择需要筛选的选项或取消选择不需要显示的数据，不满足条件的数据将自动隐藏。

如果想要取消筛选，再次单击“数据”/“排序和筛选”组中的“筛选”按钮即可。

2. 自定义筛选

自定义筛选建立在自动筛选基础上，可自动设置筛选选项，更灵活地筛选出所需数据。

**例 9-6**：在“新员工培训成绩汇总”工作簿中，自定义筛选“电脑操作”大于 85 的结果。

**步骤 1**：选择要自动筛选的单元格区域，单击“数据”/“排序和筛选”组中的“筛选”按钮。

**步骤 2**：单击单元格表头右侧的下拉按钮，在打开的下拉列表中选择“数字筛选”/“自定义筛选”选项。

**步骤 3**：① 打开“自定义自动筛选方式”对话框，在其中设置筛选条件，如图 9-13 所示；② 设置完成后单击“确定”按钮，完成自定义筛选操作，效果如图 9-14 所示。

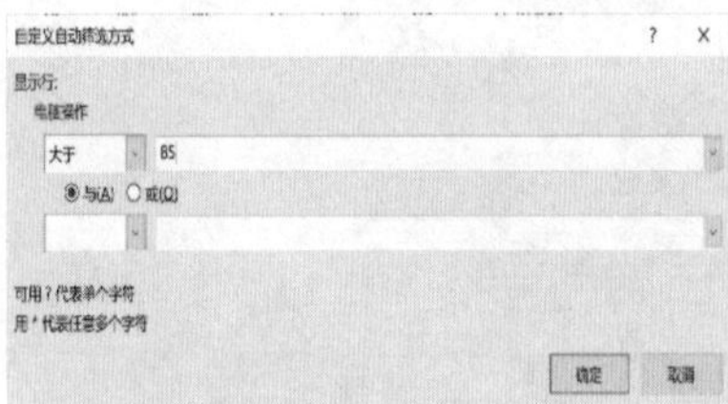


图 9-13 设置自定义自动筛选条件

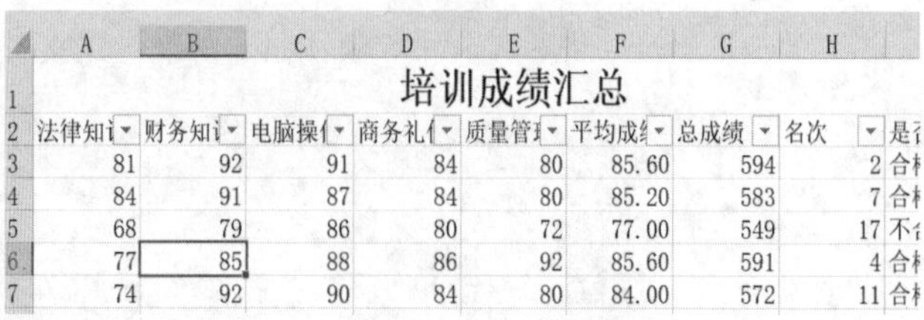


图 9-14 查看筛选结果

“自定义自动筛选方式”对话框中包括两组判断条件，上面一组为必选项，下面一组为可选项。上下两组条件通过“与”单选项和“或”单选项两种运算进行关联，其中“与”单选项表示筛选上下两组条件都满足的数据，“或”单选项表示筛选两组条件中任意一组满足条件的数据。

3. 高级筛选

如果想要根据自己设置的筛选条件来筛选数据，则需要使用高级筛选功能。高级筛选功能可以筛选出同时满足两个或两个以上约束条件的数据。

**例 9-7**：在“新员工培训成绩汇总”工作簿中筛选“财务知识”和“质量管理”大于等于 85 的人员。

**步骤 1**：打开“新员工培训成绩汇总”工作簿，复制“财务知识”和“质量管理”到新的单元格中，这里选择 S2 和 T2 单元格。

**步骤 2：** 分别在其下的单元格中输入“>=85”，表示筛选条件为“财务知识”和“质量管理”大于等于“85”，如图 9-15 所示。

**步骤 3：** 选择筛选区域中的任意单元格或者选择筛选区域，单击“数据”/“排序和筛选”组中“高级”按钮，打开“高级筛选”对话框。

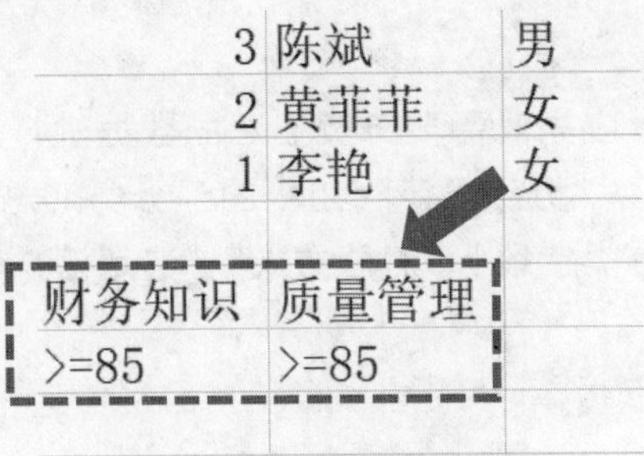


图 9-15　输入筛选条件

**步骤 4：** ① 单击选中“将筛选结果复制到其他位置”单选项，并选择需要进行筛选的列表区域和条件区域；② 这里将列表区域设置为整个表格区域，即 A2：Q20 单元格区域，条件区域则选择之前条件所在的单元格，即 S2∶T3 单元格区域，在“复制到”条件框中选择筛选结果存放的位置，这里设置为 A22 单元格，如图 9-16 所示；③ 单击“确定”按钮完成筛选，筛选结果如图 9-17 所示。

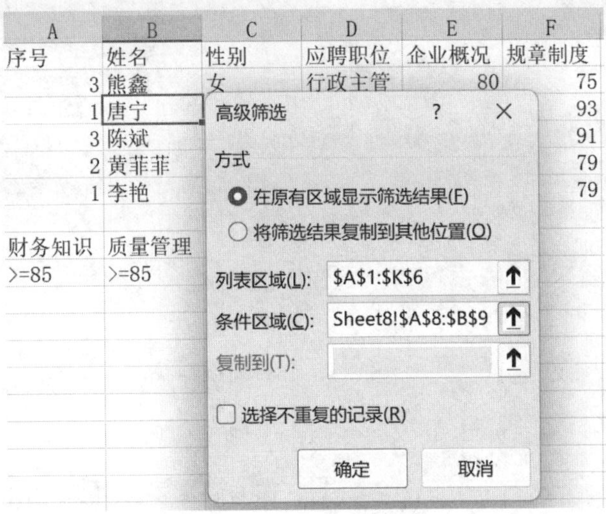


图 9-16　设置筛选条件

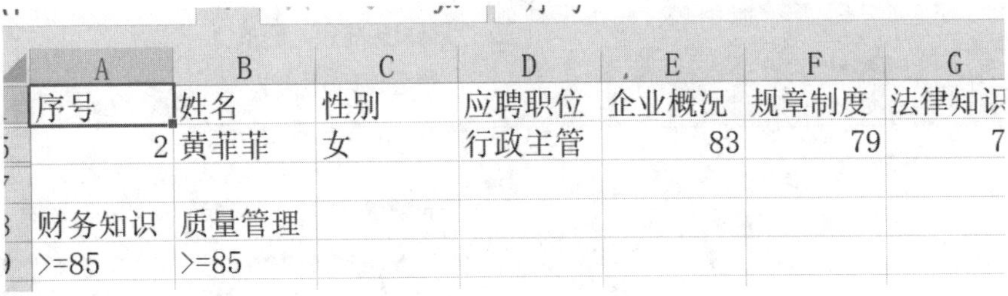


图 9-17　查看筛选结果

### 9.2.3 分类汇总

分类汇总指将表格中同一类别的数据放在一起进行统计，使数据变得更加清晰直观。Excel 中的分类汇总主要包括单项分类汇总和嵌套分类汇总。

1. 单项分类汇总

在创建分类汇总之前，应先对需要分类汇总的数据进行排序，然后选择排序后的任意单元格，单击“数据”/“分级显示”组中的“分类汇总”按钮，打开“分类汇总”对话框，在其中对“分类字段”“汇总方式”“选定汇总项”等进行设置，设置完成后单击“确定”按钮。

2. 嵌套分类汇总

对已分类汇总的数据再次进行分类汇总，即嵌套分类汇总。

在完成基础分类汇总后，单击“数据”/“分级显示”组中的“分类汇总”按钮，打开“分类汇总”对话框，在“分类字段”下拉列表框中选择一个新的分类选项，再对汇总方式、汇总项进行设置，撤销选中“替换当前分类汇总”复选框，单击“确定”按钮，即可完成嵌套分类汇总的设置。图 9-18 为在“年龄”的基础上对“性别”嵌套分类汇总的效果。

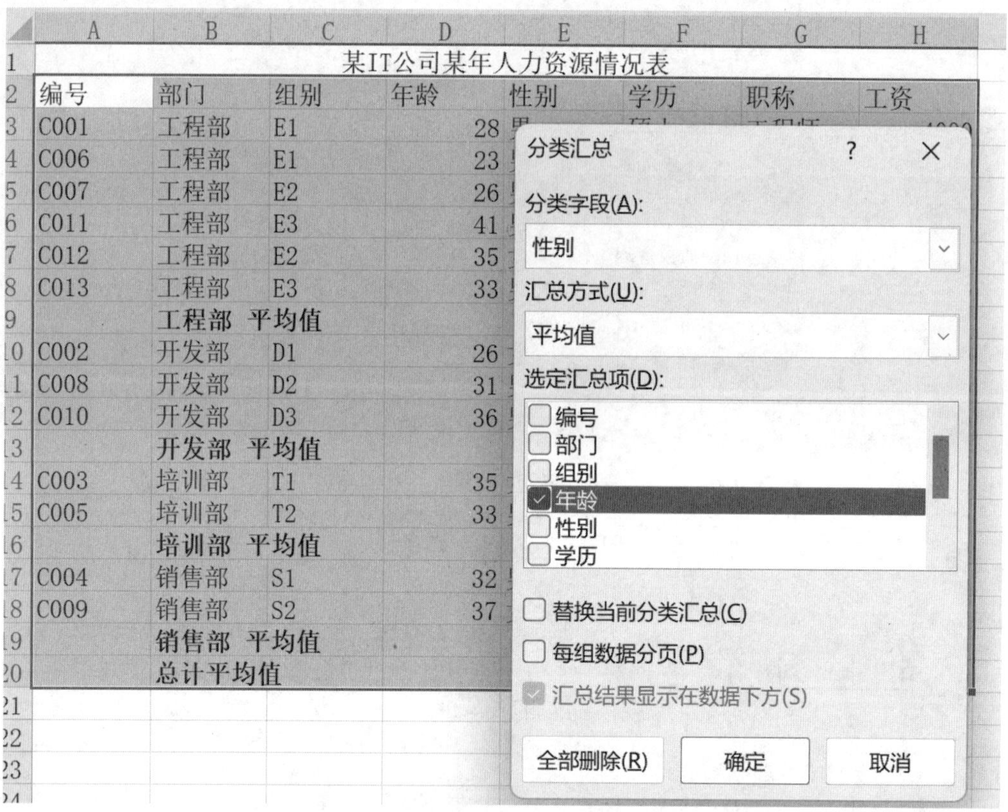

| | A | B | C | D | E | F | G | H |
|---|---|---|---|---|---|---|---|---|
| 1 | 某IT公司某年人力资源情况表 | | | | | | | |
| 2 | 编号 | 部门 | 组别 | 年龄 | 性别 | 学历 | 职称 | 工资 |
| 3 | C001 | 工程部 | E1 | 28 | 男 | 硕士 | 工程师 | 4000 |
| 4 | C006 | 工程部 | E1 | 23 | 男 | 本科 | 助工 | 2500 |
| 5 | C007 | 工程部 | E2 | 26 | 男 | 本科 | 工程师 | 3500 |
| 6 | C011 | 工程部 | E3 | 41 | 男 | 本科 | 高工 | 5000 |
| 7 | | | | 29.5 | **男 平均值** | | | |
| 8 | C012 | 工程部 | E2 | 35 | 女 | 硕士 | 高工 | 5000 |
| 9 | | | | 35 | **女 平均值** | | | |
| 10 | C013 | 工程部 | E3 | 33 | 男 | 本科 | 工程师 | 3500 |
| 11 | | | | 33 | **男 平均值** | | | |
| 12 | | **工程部 平均值** | | | | | | 3916.667 |
| 13 | C002 | 开发部 | D1 | 26 | 女 | 硕士 | 工程师 | 3500 |
| 14 | | | | 26 | **女 平均值** | | | |
| 15 | C008 | 开发部 | D2 | 31 | 男 | 博士 | 工程师 | 4500 |
| 16 | C010 | 开发部 | D3 | 36 | 男 | 硕士 | 工程师 | 3500 |
| 17 | | | | 33.5 | **男 平均值** | | | |
| 18 | | **开发部 平均值** | | | | | | 3833.333 |
| 19 | C003 | 培训部 | T1 | 35 | 女 | 本科 | 高工 | 4500 |
| 20 | | | | 35 | **女 平均值** | | | |
| 21 | C005 | 培训部 | T2 | 33 | 男 | 本科 | 工程师 | 3500 |
| 22 | | | | 33 | **男 平均值** | | | |
| 23 | | **培训部 平均值** | | | | | | 4000 |
| 24 | C004 | 销售部 | S1 | 32 | 男 | 硕士 | 工程师 | 3500 |
| 25 | | | | 32 | **男 平均值** | | | |
| 26 | C009 | 销售部 | S2 | 37 | 女 | 本科 | 高工 | 5500 |
| 27 | | | | 37 | **女 平均值** | | | |
| 28 | | **销售部 平均值** | | | | | | 4500 |
| 29 | | | | 32 | **总计平均值** | | | |
| 30 | | **总计平均值** | | | | | | 4000 |

图 9-18　嵌套分类汇总

## 9.2.4　合并计算

如果需要将几张工作表中的数据合并到一张工作表中，可以使用 Excel 的合并计算功能。

**例 9-8：**使用合并计算求出“分店销量统计”工作簿的“总销售额”工作表中 B3 单元格的数据。

**步骤 1：**打开“分店销量统计”工作簿，在“总销售额”工作表中选择显示合并计算结果的目标单元格，这里选择 B3 单元格，在“数据”/“数据工具”组中单击“合并计算”按钮，打开“合并计算”对话框。

**步骤 2：**① 在“函数”下拉列表中选择“求和”选项；② 在“引用位置”参数框中输入或选择第 1 个被引用单元格；③ 单击“添加”按钮将其添加到“所有引用位置”列表框中。

**步骤 3：**继续选择第 2 个被引用单元格，将其添加到列表框中，选择完成后单击“确定”按钮即可，效果如图 9-19 所示。

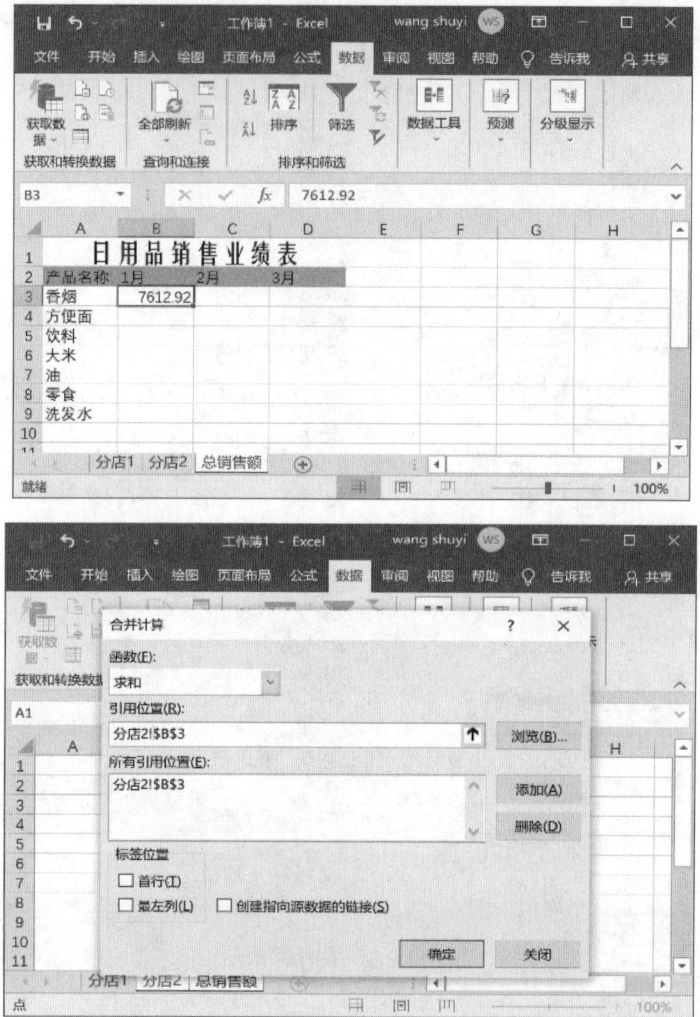


图 9-19　合并计算

## 9.2.5　数据透视表与数据透视图

1. 数据透视表

数据透视表从工作表的数据清单中提取信息，可以将数据的排序、筛选和分类汇总三个过程结合在一起，可以转换行和列的位置，用来查看源数据的不同汇总结果，可以显示不同页面以筛选数据，还可以根据需要显示所选区域中的明细数据，非常便于用户在一个清单中重新组织和统计数据。

1）创建数据透视表

**例 9–9：** 如图 9-20 所示，根据工作表中的数据清单建立数据透视表，显示各分店各型号产品销售量和、总销售额及汇总信息，操作步骤如下：

**步骤 1：** 选中数据清单中的任一单元格，然后单击“插入”/“表格”分组中的“数据透视表”按钮，打开“创建数据透视表”对话框。

| | A | B | C | D | E | F |
|---|---|---|---|---|---|---|
| 1 | 某图书销售集团销售情况表 | | | | | |
| 2 | 经销部门 | 图书名称 | 季度 | 数量 | 单价 | 销售额(元) |
| 3 | 第3分店 | 计算机导论 | 3 | 111 | ￥32.80 | ￥3,640.80 |
| 4 | 第3分店 | 计算机导论 | 2 | 119 | ￥32.80 | ￥3,903.20 |
| 5 | 第1分店 | 程序设计基础 | 2 | 123 | ￥26.90 | ￥3,308.70 |
| 6 | 第2分店 | 计算机应用基础 | 2 | 145 | ￥23.50 | ￥3,407.50 |
| 7 | 第2分店 | 计算机应用基础 | 1 | 167 | ￥23.50 | ￥3,924.50 |
| 8 | 第3分店 | 程序设计基础 | 4 | 168 | ￥26.90 | ￥4,519.20 |
| 9 | 第1分店 | 程序设计基础 | 4 | 178 | ￥26.90 | ￥4,788.20 |
| 10 | 第3分店 | 计算机应用基础 | 4 | 180 | ￥23.50 | ￥4,230.00 |
| 11 | 第2分店 | 计算机应用基础 | 4 | 189 | ￥23.50 | ￥4,441.50 |
| 12 | 第2分店 | 程序设计基础 | 1 | 190 | ￥26.90 | ￥5,111.00 |
| 13 | 第2分店 | 程序设计基础 | 4 | 196 | ￥26.90 | ￥5,272.40 |
| 14 | 第2分店 | 程序设计基础 | 3 | 205 | ￥26.90 | ￥5,514.50 |

图 9-20　欲建立数据透视表的数据清单

**步骤 2**：在打开的“创建数据透视表”对话框里（见图 9-21），“请选择要分析的数据”/“选择一个表或区域”/“表/区域”中已经自动选定工作表的（整个）数据区域。如果没有自动设置好，或是设置有误，还可以进行修改。单击右侧的“单元格拾取”按钮（这时“创建数据透视表”对话框会折叠起来），在工作表中用鼠标选定表选项卡区域，按回车键确认，返回“创建数据透视表”对话框。

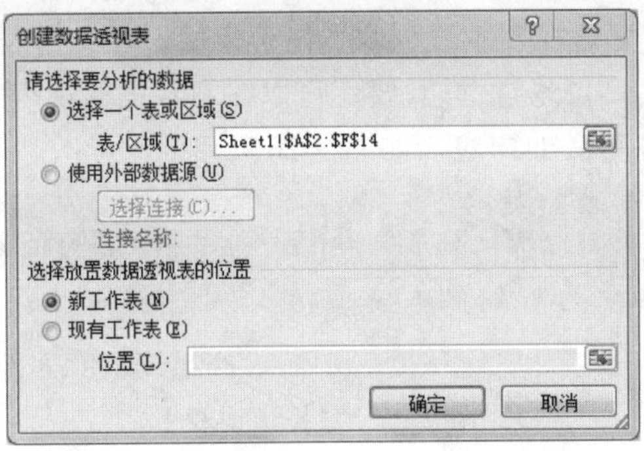


图 9-21　“创建数据透视表”对话框 1

**步骤 3**：在“选择放置数据透视表的位置”中选择“现有工作表”，在“位置”中输入“$H$2”，单击“确定”按钮，如图 9-22 所示。

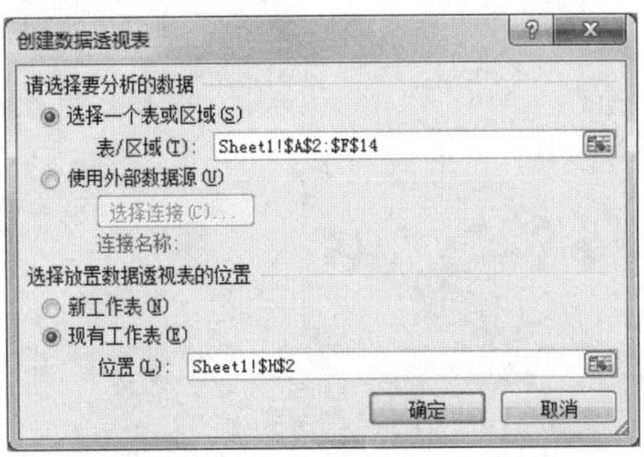


图 9-22　“创建数据透视表”对话框 2

**步骤 4**：弹出“数据透视表字段列表”任务窗格，如图 9-23 所示。

**步骤 5**：在窗口右侧弹出“数据透视表字段列表”任务窗格，拖动“经销部门”到“行标签”区域，拖动“图书名称”到“列标签”区域，拖动“数量”到“数值”区域，如图 9-24 所示。

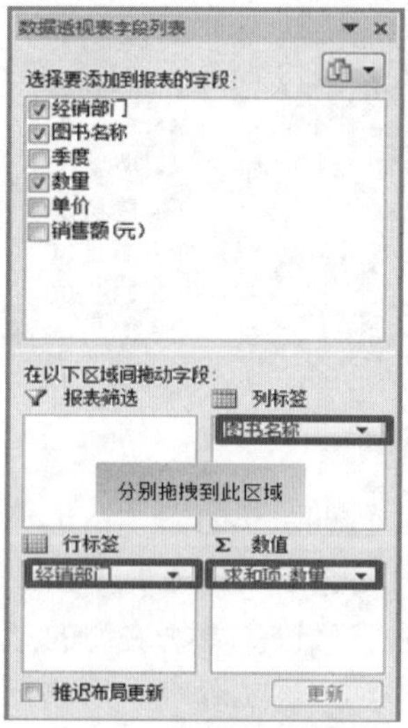


图 9-23 “数据透视表字段列表”任务窗格 1

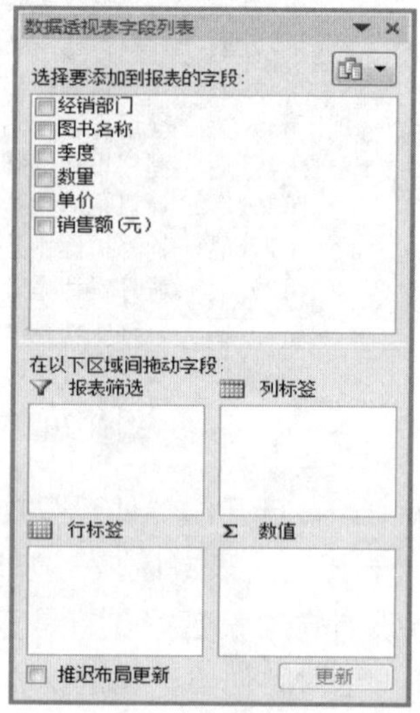


图 9-24 “数据透视表字段列表”任务窗格 2

**步骤 6**：关闭“数据透视表字段列表”任务窗格，在工作表中以 H2 为顶点的数据透视表已经建立，如图 9-25。根据需要还可以在“数据透视表字段列表”中给数据透视表添加报表筛选条件等其他内容，如图 9-26 所示。

| 求和项:数量 | 列标签 | | | |
|---|---|---|---|---|
| 行标签 | 程序设计基础 | 计算机导论 | 计算机应用基础 | 总计 |
| 第1分店 | 301 | | | 301 |
| 第2分店 | 591 | | 501 | 1092 |
| 第3分店 | 168 | 230 | 180 | 578 |
| **总计** | **1060** | **230** | **681** | **1971** |

图 9-25 数据透视表 1

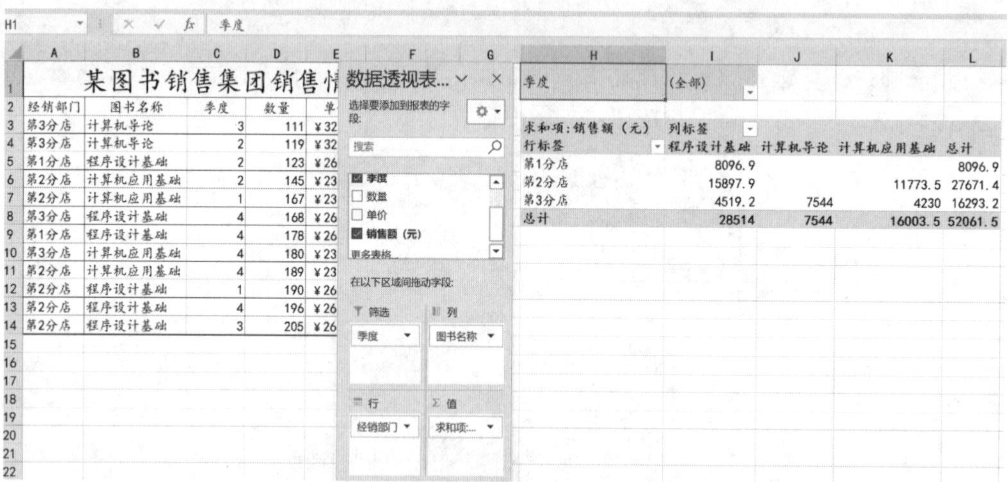


图 9-26 数据透视表 2

从图 9-26 中可以看到，数据透视表主要由报表筛选、行标签、列标签以及数值组成，其中：

- 报表筛选：数据透视表中用于对整个数据透视表进行筛选的字段。
- 行标签：在数据透视表中被指定为行方向的源数据库或表格中的字段。
- 列标签：在数据透视表中被指定为列方向的源数据库或表格中的字段。
- 数值：数据透视表中的各个数据。

“数据透视表字段列表”窗口中，数据源中的字段被向导模板制成了按钮，可以分别用鼠标将各字段按钮，如“图书名称”“经销部门”“销售额”按钮按照需求拖至“在以下区域间拖动字段”下的各标签区域里完成数据透视表的制作。

数据透视表中的数据是升序进行排序的，如果想改变排列顺序，则在创建数据透视表之前，先对要进行创建数据透视表的字段中的数据进行排序。

2）编辑数据透视表

数据透视表创建后，可以重新设置字段，也可以对其进行筛选和更新、重新设置字段。每一个创建好的数据透视表的页字段、行字段和列字段都有一个下拉列表，用来反映字段的所有项目。如图 9-27 所示，单击“列标签”字段右侧的按钮，在弹出的下拉列表中取消“全选”项的勾选，然后选择“计算机导论”选项前的复选钩，单击“确定”按钮，则筛选后数据透视表如图 9-28 所示。

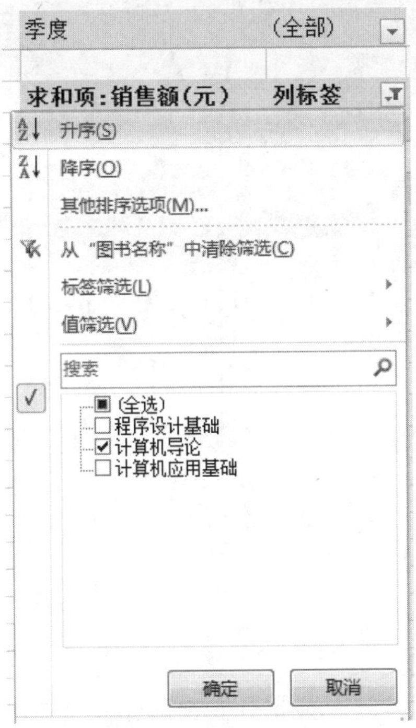


图 9-27　“字段”下拉列表

| 季度 | (全部) | |
|---|---|---|
| | | |
| 求和项:销售额(元) | 列标签 | |
| 行标签 | 计算机导论 | 总计 |
| 第3分店 | 7544 | 7544 |
| **总计** | **7544** | **7544** |

图 9-28　筛选后数据透视表示例

3）添加和删除字段

在数据透视表中添加和删除字段的方法非常简单。

（1）如果需要删除某行或列标签，操作如下：

方法一：

① 只需要在“数据透视表字段列表”对话框下的“在以下区域拖动字段”项里选中需要删除的标签。

② 用鼠标拖住标签至数据透视表外，则光标中将显示一个黑色的小叉。

③ 释放鼠标，则字段被删除。

方法二：直接取消“数据透视表字段列表”对话框中“选择要添加到报表的字段”项中字段名前的复选框中的对钩即可。

删除该项后，与之相关联的数据将从数据透视表中删除。

（2）添加行列标签的方法如新建数据透视表时一样，只需要将需要的字段拖拽到相应字段区域即可。

对于创建的数据透视表，其中的数据只能用于筛选和更新，不能用于修改。要更新数据透视表中的数据，选择“数据透视表工具”/“选项”下的“数据”分组中的“刷新”按钮即可。

4）设置字段的汇总方式

在数据透视表中，汇总方式有多种，默认的汇总方式是“求和”方式，如果要更改数据透视表的汇总方式，可做如下操作：

①在数据项任一单元格处右击鼠标，在弹出的右键菜单中选择“值字段设置”按钮或者单击“数据透视表工具”/“分析”/“活动字段”分组中的“字段设置”按钮，将弹出数据透视表字段对话框，如图 9-29 所示。

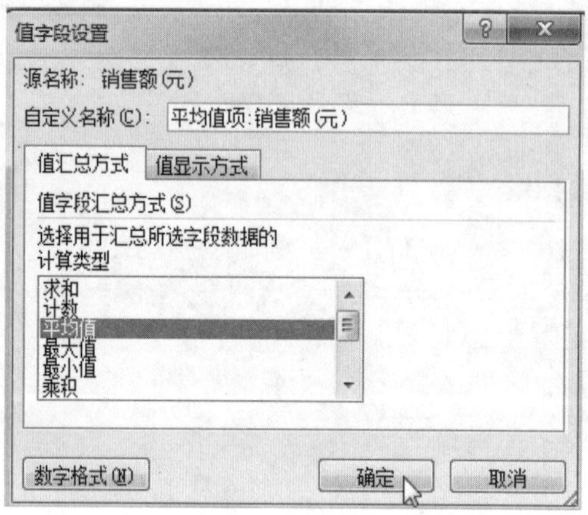


图 9-29 “值字段设置”对话框

② 在“汇总方式”列表中选择“平均值”选项。

③ 单击“确定”按钮，则会显示选取平均值汇总方式后的数据透视表。

调整数据透视表的汇总方式还可以在数据项任一单元格处右击鼠标，在弹出的快捷菜单里直接选择“值汇总方式”下级菜单里的汇总方式。

5）设置数据透视表格式

数据透视表在创建时自动设置格式，如列宽和表格的大小等基本格式，会根据使用数据透视表选项不同而自动变化。Excel 为数据透视表提供了自动套用格式功能，用户可根据自己选择数据透视表的格式。具体操作如下：

① 单据数据透视表中的任一单元格。

② 找到“数据透视表工具”/“设计”/“数据透视表样式”分组，在下拉列表里选中需要的格式样式或“新建透视表样式”或“清除”数据表格式样式。

2. 创建数据透视图

如果在创建数据透视表时没有创建数据透视图，可通过单击“插入”/“图表”分组中的“数据透视图”按钮，在下拉列表里选择“数据透视图”来建立，创建数据透视图的具体操作步骤如下。

① 选择“插入”/“图表”分组中的“数据透视图”按钮，在下拉列表里选择“数据透视图”，弹出“插入图表”对话框，如图 9-30 所示。

② 在“插入图表”对话框里选择需要建立的图表类型或自己保存过的模板类型。

③ 单击“确定”按钮完成创建，如图 9-31 所示。

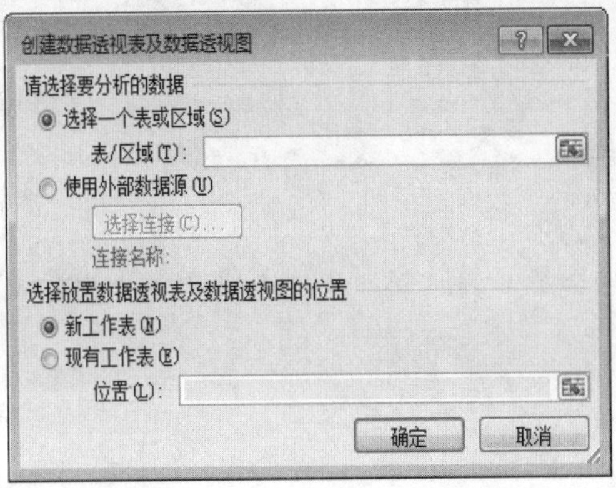


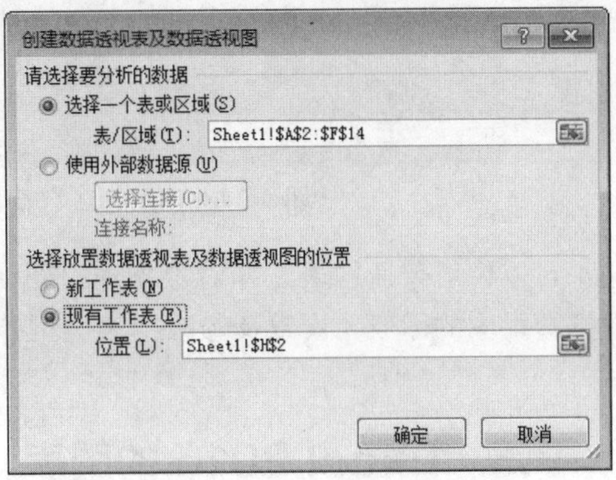


图 9-30 “插入图表”对话框　　图 9-31 “创建数据透视表及数据透视图”对话框

④ 以插入现有工作表为例，“确定”后会在当前工作表中弹出“数据透视图字段”，如图 9-32 所示。这与数据透视表建立时相同，只要将需要的字段拖拽到相应的“筛选器”“图例（系列）”“轴（类别）”和“值”中就可以了，完成后的数据透视图如图 9-33 所示。

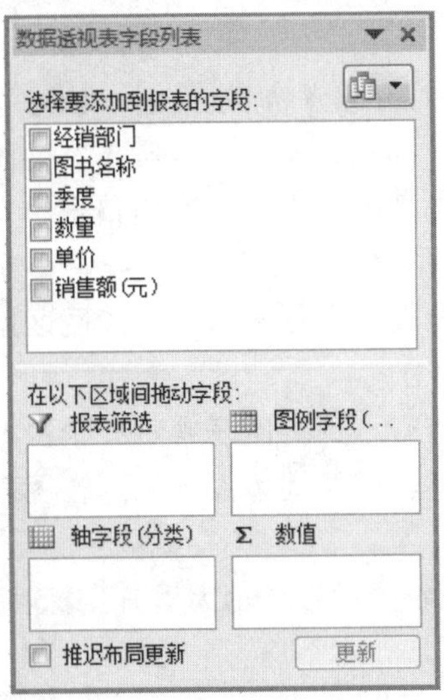


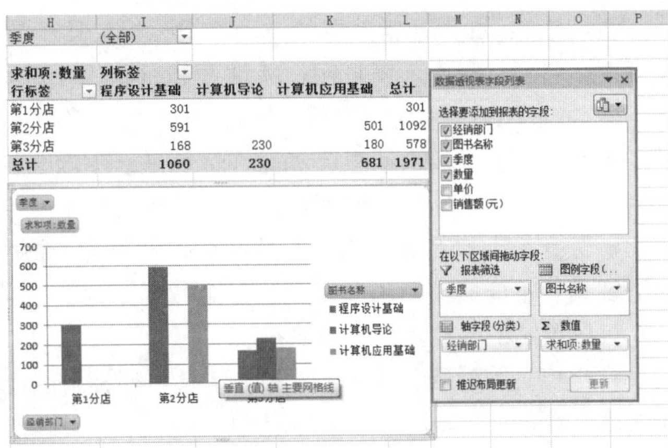


图 9-32 “数据透视图字段”　　图 9-33 数据透视图

数据透视表和基于它的数据透视图显示相同的数据，而且数据透视图具有和数据透视表相同的带有字段列表的可移动字段按钮，如图 9-34 所示。

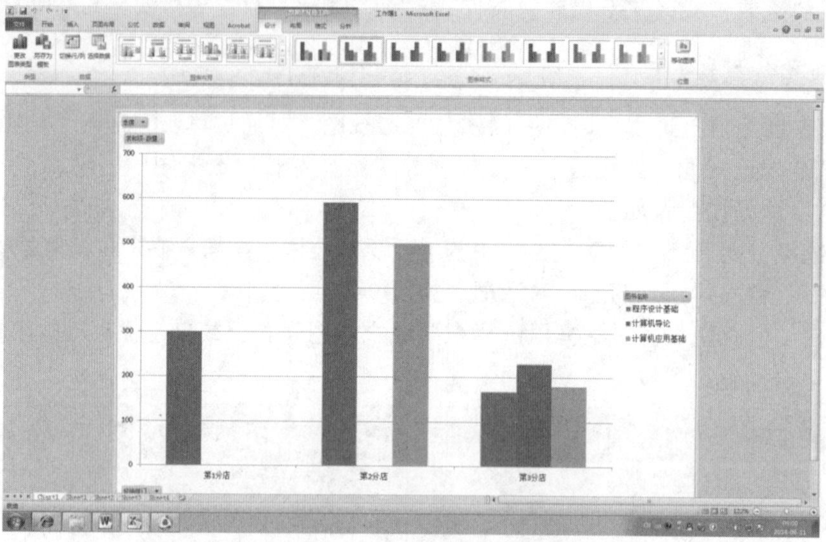


图 9-34　作为新工作表插入的“数据透视图”

可以像对普通图表一样对数据透视图使用图表工具，也可以像其他图表一样选择数据透视图的图表元素以及修改图表类型等。

## 9.3　Excel 2016 的图表

Excel 中的图表是对数据的一种直观展示，根据表格中的数据生成图表，可以更清楚地查看数据情况，使重要信息突出显示，让图表更具阅读性。

### 9.3.1　图表的概念

图表是 Excel 中非常重要的一种数据分析工具，Excel 为用户提供了种类丰富的图表类型，包括柱形图、条形图、折线图和饼图等，不同类型的图表，其适用情况也有所不同。

一般来说，图表由图表区和绘图区构成。图表区指图表整个背景区域，绘图区则包括数据系列、坐标轴、图表标题、数据标签和图例等部分。

● 数据系列：图表中的相关数据点，代表着表格中的行、列。图表中每一个数据系列都具有不同的颜色和图案，且各个数据系列的含义将通过图例体现出来。在图表中，可以绘制一个或多个数据系列。

● 坐标轴：度量参考线。X 轴为水平坐标轴，通常表示分类；Y 轴为垂直坐标轴，通常表示数据。

● 图表标题：图表名称，一般自动与坐标轴或图表顶部居中对齐。

- 数据标签：为数据标记附加信息的标签，通常代表表格中某单元格的数据点或值。
- 图例：表示图表的数据系列，通常有多少数据系列，就有多少图例色块，其颜色或图案与数据系列相对应。

## 9.3.2 图表的建立与设置

为了使表格中的数据看起来更直观，可以用图表的方式来展现数据。在 Excel 中，图表能清楚展示各个数据的大小和变化情况、数据的差异和走势，从而帮助用户更好地分析数据。

### 1. 创建图表

图表是根据 Excel 表格数据生成的，因此在插入图表前，需要先编辑 Excel 表格中的数据。然后选择数据区域，在“插入”/“图表”组中单击“推荐的图表”按钮，打开“插入图表”对话框，如图 9-35 所示，在“推荐的图表”选项卡中提供了适合当前数据的图表类型，在“所有图表”选项卡中显示的是可以使用的所有图表，选择所需的图表类型后，单击“确定”按钮，即可在工作表中创建图表。

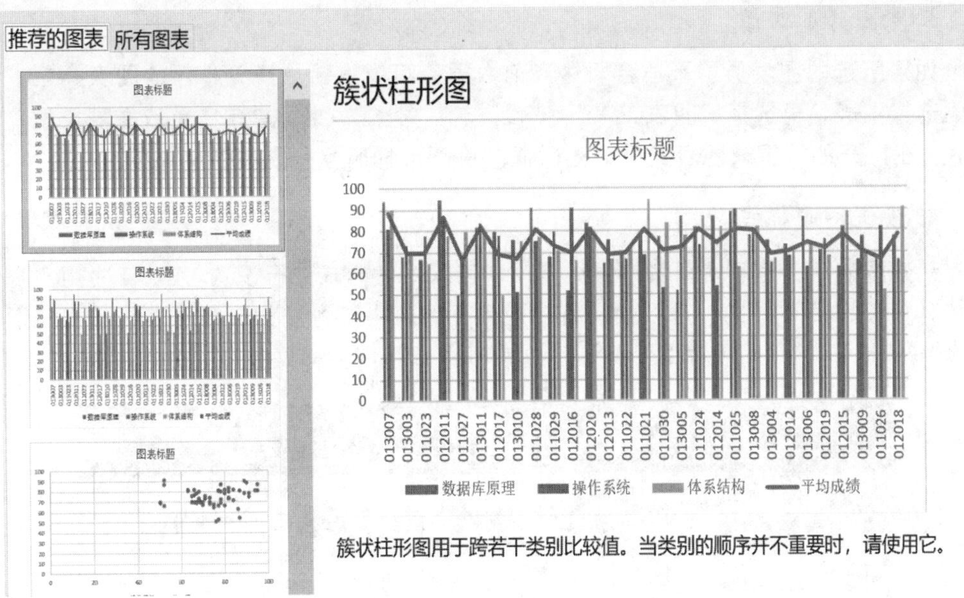


图 9-35 “插入图表”对话框

### 2. 设置图表

在默认情况下，图表将被插入编辑区中心位置，需要对图表位置和大小进行调整。选择图表，将鼠标指针移动到图表中，按住鼠标左键不放可拖动调整其位置；将鼠标指针移动到图表 4 个角上，按住鼠标左键不放可拖动调整图表的大小。

选择不同的图表类型，图表中的组成部分也会不同，对于不需要的部分，可将其删除。方法为选择不需要的图表部分，按“Backspace”键或“Delete”键。

### 9.3.3 图表的编辑

在完成图表的插入后，如果图表不够美观或数据有误，也可对其进行重新编辑，例如编辑图表数据、设置图表位置、更改图表类型、设置图表样式以及设置图表布局等。

1. 编辑图表数据

如果表格中的数据发生了变化，例如增加或修改了数据时，Excel 会自动更新图表。如果图表所选的数据区域有误，则需要用户手动进行更改。在“图表工具”/“设计”/“数据”组中单击“选择数据”按钮，打开“选择数据源”对话框，在其中可重新选择和设置数据。

2. 设置图表位置

在创建图表时，图表默认创建在当前工作表中，用户也可根据需要将其移动到新的工作表中。方法为选择“图表工具”/“设计”/“位置”组，单击“移动图表”按钮，打开“移动图表”对话框，单击选中“新工作表”单选项，即可将图表移动到新工作表中。

3. 更改图表类型

如果所选的图表类型不适合表达当前数据，可以重新更换一种新的图表类型。方法为选择图表，再选择“图表工具”/“设计”/“类型”组，单击“更改图表类型”按钮，在打开的“更改图表类型”对话框中重新选择所需图表类型。

4. 设置图表样式

创建图表后，为了使图表效果更美观，可以对其样式进行设置。Excel 为用户提供了多种预设布局和样式，可以快速将其应用于图表中。方法为选择图表，选择“图表工具”/“设计”/“图表样式”组，在列表框中选择所需样式即可，如图 9-36 所示。

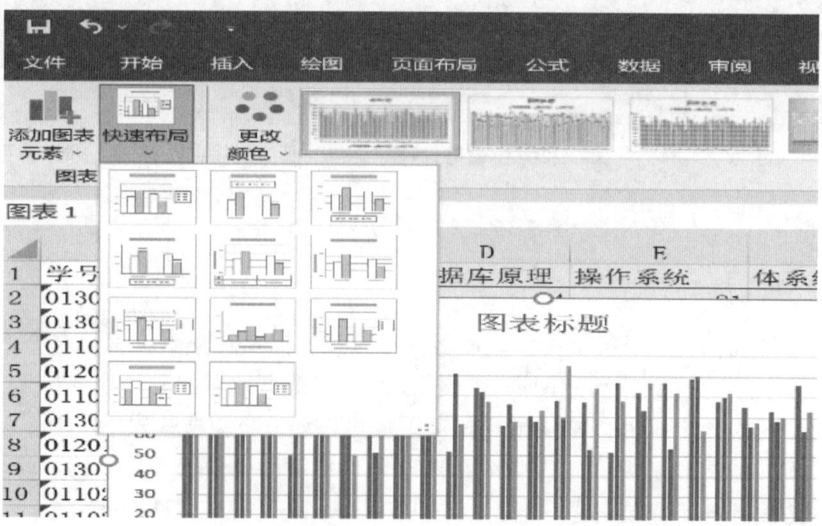


图 9-36　快速应用样式

5. 设置图表布局

除了可以为图表应用样式外，还可以根据需要更改图表的布局。方法为选择要更改布局的图表，在“图表工具”/“设计”/“图表布局”组中选择合适的图表布局即可，如图 9-37 所示。

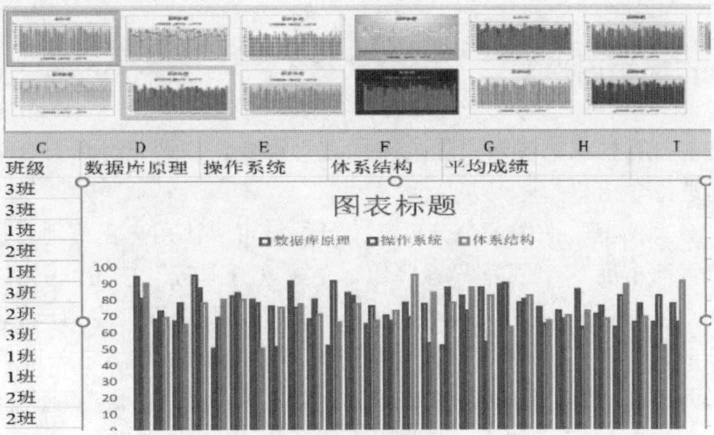


图 9-37　快速布局

6. 编辑图表元素

在选择图表类型或应用图表布局后，图表中各元素的样式都会随之改变，如果对图表标题、坐标轴标题和图例等元素的位置、显示方式等不满意，可进行调整。方法为选择“图表工具”/“设计”/“图表布局”组，单击“添加图表元素”按钮，在打开的下拉列表中选择需要调整的图表元素，并在子列表中选择相应的选项即可。

## 9.3.4　快速突显数据的迷你图

迷你图是工作表单元格中的一个微型图表，使用迷你图可以显示一系列数值的变化趋势。插入迷你图的方法：① 选择需要插入的一个或多个迷你图的空白单元格或一组空白单元格，在“插入”/“迷你图”组中选择要创建的迷你图类型，在打开的“创建迷你图”对话框的“数据范围”数值框中输入或选择迷你图所基于的数据区域；② 在“位置范围”数值框中选择迷你图放置的位置；③ 单击“确定”按钮，即可创建迷你图，如图 9-38 所示。

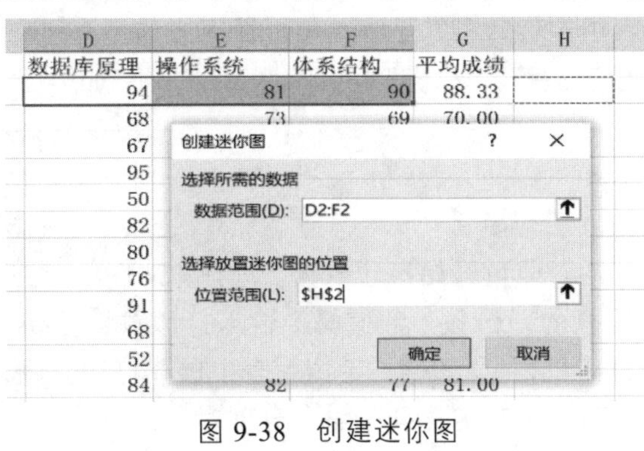


图 9-38　创建迷你图

## 9.4 打 印

在实际办公过程中，通常需要对存档的电子表格进行打印。Excel 的打印功能不仅可以打印表格，还可以对电子表格的打印效果进行预览和设置。

### 9.4.1 页面布局设置

在打印之前，可根据需要对页面的布局进行设置，如调整分页符、调整页面布局等，下面分别进行介绍。

- 通过“分页预览”视图调整分页符：分页符可以让用户更好地对打印区域进行规划，选择“页面布局”/“页面设置”组，单击“分隔符”按钮，可以对分页符进行添加、删除和移动操作。在 Excel 中，手动插入的分页符为实线显示，自动插入的分页符以虚线显示。设置了分页效果后，在进行打印预览时，将显示分页后的效果。
- 通过“页面布局”视图调整打印效果：选择“页面布局”/“页面设置”组，如图 9-39 所示，在其中可以对页面布局、纸张大小、纸张方向、打印区域、背景和打印标题等进行设置，如果需要设置纸张大小，可单击“纸张大小”按钮，在打开的下拉列表中选择所需选项即可。在“页面布局”/“工作表选项”组中，还可以对网格线和标题进行设置。

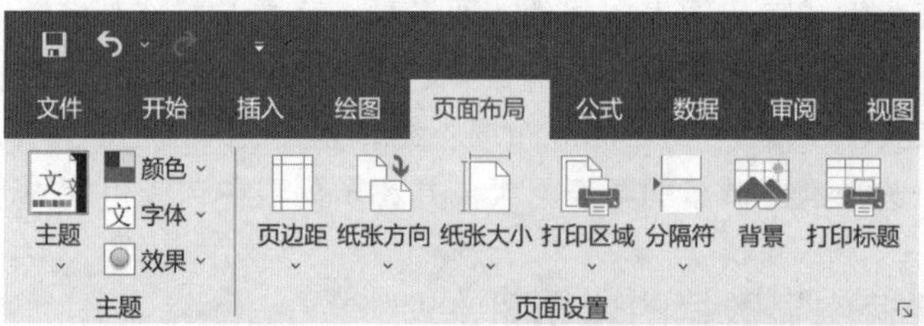


图 9-39 “页面布局”选项卡

### 9.4.2 打印预览

打印预览有助于及时避免打印过程中的错误，提高打印质量。在打印前预览工作表的方法：选择“文件”/“打印”命令，打开“打印”页面，在该页面右侧即可预览打印效果。如果工作表中内容较多，可以单击页面下方的按钮或按钮，切换到下一页或上一页。单击“显示边距”按钮可以显示页边距，拖动边距线可以调整页边距。

### 9.4.3 打印设置

确认打印效果无误后，即可开始打印表格。选择“文件”/“打印”命令，打开“打印”页面，在“打印”栏的“份数”数值框中输入打印数量，在“打印机”下拉列表中选择当前可使用的打印机，在“设置”下拉列表中选择打印范围，在“单面打印”“调整”“纵向”“自定义页面大小”下拉列表中可分别对打印方式、打印方向等进行设置，设置完成后单击“打印”按钮即可。

# 9.5 任务清单

## 9.5.1 任务清单-1

| 姓名 | | 学号 | |
|---|---|---|---|
| 班级 | | 打分 | |
| 任务工单 | Excel 中公式和函数的使用练习 | | |

任务实施要求：

本任务单要求结合本章所学知识，录入一个“某单位人员学历情况表”，如图 9-40 所示，并利用学习过的函数和公式完成需要项的计算。

| | A | B | C | D | E | F | G | H | I | J |
|---|---|---|---|---|---|---|---|---|---|---|
| 1 | 某单位人员学历情况表 | | | | | | | | | |
| 2 | 职工号 | 性别 | 学历 | 年龄 | 年龄排名 | 备注 | | | | |
| 3 | HR001 | 女 | 本科 | 45 | | | | | | |
| 4 | HR002 | 男 | 博士 | 34 | | | 总人数 | | | |
| 5 | HR003 | 男 | 硕士 | 29 | | | 学历 | 人数 | | 最大年龄 |
| 6 | HR004 | 男 | 博士 | 41 | | | 本科 | | | 最小年龄 |
| 7 | HR005 | 男 | 博士 | 55 | | | 硕士 | | | |
| 8 | HR006 | 女 | 硕士 | 31 | | | 博士 | | | |
| 9 | HR007 | 男 | 本科 | 36 | | | | | | |
| 10 | HR008 | 女 | 博士 | 28 | | | 本科平均年龄 | | | |
| 11 | HR009 | 女 | 本科 | 48 | | | 硕士平均年龄 | | | |
| 12 | HR010 | 男 | 硕士 | 40 | | | 博士平均年龄 | | | |
| 13 | | | 平均年龄 | | | | | | | |

图 9-40　某单位人员学历情况表

案例分析：

录入图 9-40 所示的“某单位人员学历情况表”，利用常用函数对其进行编辑计算。

（1）利用“AVERAGE”函数或者自行设计公式计算单位职工平均年龄。

（2）利用“RANK”函数给单位职工年龄排名。

（3）利用“IF”函数给年龄大于等于 25 周岁并小于 40 周岁的职工在备注栏里添加文字“中青年”。

（4）利用“COUNT”或“COUNTA”函数计算单位职工总人数。

（5）利用“COUNTIF”函数分别计算“本科”“硕士”“博士”的职工人数。

（6）利用“SUMIF”或“AVERAGEIF”函数分别计算“本科”“硕士”“博士”职工的平均年龄。

利用“MAX”和“MIN”函数计算单位职工年龄中的最大值和最小值。

完成效果如图 9-41 所示。

| | A | B | C | D | E | F | G | H | I | J |
|---|---|---|---|---|---|---|---|---|---|---|
| 1 | 某单位人员学历情况表 | | | | | | | | | |
| 2 | 职工号 | 性别 | 学历 | 年龄 | 年龄排名 | 备注 | | | | |
| 3 | HR001 | 女 | 本科 | 45 | 3 | | | | | |
| 4 | HR002 | 男 | 博士 | 34 | 7 | 中青年 | 总人数 | 10 | | |
| 5 | HR003 | 男 | 硕士 | 29 | 9 | 中青年 | 学历 | 人数 | 最大年龄 | 55 |
| 6 | HR004 | 男 | 博士 | 41 | 4 | | 本科 | 3 | 最小年龄 | 28 |
| 7 | HR005 | 男 | 博士 | 55 | 1 | | 硕士 | 3 | | |
| 8 | HR006 | 女 | 硕士 | 31 | 8 | 中青年 | 博士 | 4 | | |
| 9 | HR007 | 男 | 本科 | 36 | 6 | 中青年 | | | | |
| 10 | HR008 | 女 | 博士 | 28 | 10 | 中青年 | 本科平均年龄 | 43 | | |
| 11 | HR009 | 女 | 本科 | 48 | 2 | | 硕士平均年龄 | 33.33 | | |
| 12 | HR010 | 男 | 硕士 | 40 | 5 | | 博士平均年龄 | 39.5 | | |
| 13 | | | 平均年龄 | 38.70 | | | | | | |

图 9-41　某单位人员学历情况表最终效果图

操作要点：

| 教师评语 | |
|---|---|

电子版作业请从电子教室传输端提交

## 9.5.2　任务清单-2

| 姓名 | | 学号 | |
|---|---|---|---|
| 班级 | | 打分 | |
| 任务工单 | Excel 数据库管理操作练习一 | | |

任务实施要求：

本任务单要求对如图 9-42 所示的“某图书销售集团销售情况表”进行数据管理。

（1）按各分店销售额总计进行分类汇总。

（2）按行为“季度”，列为“图书名称”，数据为“销售额（元）”，对其建立数据透视表，将值汇总方式设置为求和，并置于现工作表的 I5：M10 单元格区域。

| | A | B | C | D | E | F |
|---|---|---|---|---|---|---|
| 1 | 某图书销售集团销售情况表 | | | | | |
| 2 | 经销部门 | 图书名称 | 季度 | 数量 | 单价 | 销售额(元) |
| 3 | 第3分店 | 计算机导论 | 3 | 111 | ￥32.80 | ￥3,640.80 |
| 4 | 第3分店 | 计算机导论 | 2 | 119 | ￥32.80 | ￥3,903.20 |
| 5 | 第1分店 | 程序设计基础 | 2 | 123 | ￥26.90 | ￥3,308.70 |
| 6 | 第2分店 | 计算机应用基础 | 2 | 145 | ￥23.50 | ￥3,407.50 |
| 7 | 第2分店 | 计算机应用基础 | 1 | 167 | ￥23.50 | ￥3,924.50 |
| 8 | 第3分店 | 程序设计基础 | 4 | 168 | ￥26.90 | ￥4,519.20 |
| 9 | 第1分店 | 程序设计基础 | 4 | 178 | ￥26.90 | ￥4,788.20 |
| 10 | 第3分店 | 计算机应用基础 | 4 | 180 | ￥23.50 | ￥4,230.00 |
| 11 | 第2分店 | 计算机应用基础 | 4 | 189 | ￥23.50 | ￥4,441.50 |
| 12 | 第2分店 | 程序设计基础 | 1 | 190 | ￥26.90 | ￥5,111.00 |
| 13 | 第2分店 | 程序设计基础 | 4 | 196 | ￥26.90 | ￥5,272.40 |
| 14 | 第2分店 | 程序设计基础 | 3 | 205 | ￥26.90 | ￥5,514.50 |
| 15 | 第2分店 | 计算机应用基础 | 1 | 206 | ￥23.50 | ￥4,841.00 |
| 16 | 第2分店 | 程序设计基础 | 2 | 211 | ￥26.90 | ￥5,675.90 |
| 17 | 第3分店 | 程序设计基础 | 3 | 218 | ￥26.90 | ￥5,864.20 |
| 18 | 第2分店 | 计算机导论 | 1 | 221 | ￥32.80 | ￥7,248.80 |
| 19 | 第3分店 | 计算机导论 | 4 | 230 | ￥32.80 | ￥7,544.00 |
| 20 | 第1分店 | 程序设计基础 | 3 | 232 | ￥26.90 | ￥6,240.80 |
| 21 | 第1分店 | 计算机应用基础 | 3 | 234 | ￥23.50 | ￥5,499.00 |
| 22 | 第1分店 | 计算机导论 | 4 | 236 | ￥32.80 | ￥7,740.80 |
| 23 | 第3分店 | 程序设计基础 | 2 | 242 | ￥26.90 | ￥6,509.80 |
| 24 | 第3分店 | 计算机应用基础 | 3 | 278 | ￥23.50 | ￥6,533.00 |

图 9-42　某图书销售集团销售情况表

案例分析：

（1）分类汇总的实施一定要对数据按照题目要求的“销售部门”先进行简单排序（升序、降序均可），才可以正确汇总。

（2）数据透视表是先建立，然后将需要的数据字段按题目要求添加到行、列和数据区域完成的动态表。

完成效果如图 9-43、图 9-44 所示。

| | A | B | C | D | E | F |
|---|---|---|---|---|---|---|
| 1 | 某图书销售集团销售情况表 | | | | | |
| 2 | 经销部门 | 图书名称 | 季度 | 数量 | 单价 | 销售额(元) |
| 3 | **总计** | | | | | ￥280,752.70 |
| 4 | **第1分店** | **汇总** | | | | ￥123,613.70 |
| 5 | 第1分店 | 程序设计基础 | 2 | 123 | ￥26.90 | ￥3,308.70 |
| 6 | 第1分店 | 程序设计基础 | 4 | 178 | ￥26.90 | ￥4,788.20 |
| 7 | 第1分店 | 程序设计基础 | 3 | 232 | ￥26.90 | ￥6,240.80 |
| 8 | 第1分店 | 计算机应用基础 | 3 | 234 | ￥23.50 | ￥5,499.00 |
| 9 | 第1分店 | 计算机导论 | 4 | 236 | ￥32.80 | ￥7,740.80 |
| 10 | 第1分店 | 计算机应用基础 | 4 | 278 | ￥23.50 | ￥6,533.00 |
| 11 | 第1分店 | 计算机应用基础 | 1 | 345 | ￥23.50 | ￥8,107.50 |
| 12 | 第1分店 | 计算机导论 | 3 | 345 | ￥32.80 | ￥11,316.00 |
| 13 | 第1分店 | 计算机应用基础 | 2 | 412 | ￥23.50 | ￥9,682.00 |
| 14 | 第1分店 | 计算机导论 | 1 | 569 | ￥32.80 | ￥18,663.20 |
| 15 | 第1分店 | 计算机导论 | 2 | 645 | ￥32.80 | ￥21,156.00 |
| 16 | 第1分店 | 程序设计基础 | 1 | 765 | ￥26.90 | ￥20,578.50 |
| 17 | **第2分店** | **汇总** | | | | ￥88,999.60 |
| 18 | 第2分店 | 计算机应用基础 | 2 | 145 | ￥23.50 | ￥3,407.50 |
| 19 | 第2分店 | 计算机应用基础 | 1 | 167 | ￥23.50 | ￥3,924.50 |
| 20 | 第2分店 | 计算机应用基础 | 4 | 189 | ￥23.50 | ￥4,441.50 |
| 21 | 第2分店 | 程序设计基础 | 1 | 190 | ￥26.90 | ￥5,111.00 |
| 22 | 第2分店 | 程序设计基础 | 4 | 196 | ￥26.90 | ￥5,272.40 |
| 23 | 第2分店 | 程序设计基础 | 3 | 205 | ￥26.90 | ￥5,514.50 |
| 24 | 第2分店 | 计算机应用基础 | 1 | 206 | ￥23.50 | ￥4,841.00 |
| 25 | 第2分店 | 程序设计基础 | 2 | 211 | ￥26.90 | ￥5,675.90 |
| 26 | 第2分店 | 计算机导论 | 1 | 221 | ￥32.80 | ￥7,248.80 |
| 27 | 第2分店 | 计算机导论 | 3 | 281 | ￥32.80 | ￥9,216.80 |
| 28 | 第2分店 | 计算机导论 | 2 | 312 | ￥32.80 | ￥10,233.60 |
| 29 | 第2分店 | 计算机导论 | 4 | 412 | ￥32.80 | ￥13,513.60 |
| 30 | 第2分店 | 计算机应用基础 | 3 | 451 | ￥23.50 | ￥10,598.50 |
| 31 | **第3分店** | **汇总** | | | | ￥68,139.40 |
| 32 | 第3分店 | 计算机导论 | 3 | 111 | ￥32.80 | ￥3,640.80 |
| 33 | 第3分店 | 计算机导论 | 2 | 119 | ￥32.80 | ￥3,903.20 |
| 34 | 第3分店 | 程序设计基础 | 4 | 168 | ￥26.90 | ￥4,519.20 |
| 35 | 第3分店 | 计算机应用基础 | 4 | 180 | ￥23.50 | ￥4,230.00 |

图 9-43　分类汇总效果图

| 求和项:销售额(元) | 列标签 | | | |
|---|---|---|---|---|
| 行标签 | 程序设计基础 | 计算机导论 | 计算机应用基础 | 总计 |
| 1 | 33786.4 | 35948.8 | 16873 | 86608.2 |
| 2 | 15494.4 | 35292.8 | 20351 | 71138.2 |
| 3 | 17619.5 | 24173.6 | 22630.5 | 64423.6 |
| 4 | 14579.8 | 28798.4 | 15204.5 | 58582.7 |
| **总计** | **81480.1** | **124213.6** | **75059** | **280752.7** |

图 9-44　数据透视表效果图

操作要点：

| 教师评语 | |
|---|---|

电子版作业请从电子教室传输端提交

### 9.5.3 任务清单-3

| 姓名 | | 学号 | |
|---|---|---|---|
| 班级 | | 打分 | |
| 任务工单 | Excel 数据库管理操作练习二 | | |

任务实施要求：

本任务单要求对如图 9-45 所示的“产品销售情况表”的工作表进行数据管理。

（1）按主要关键字“季度”的升序次序和次要关键字“分公司”的降序次序进行排序。

（2）对排序后的数据进行高级筛选（在数据清单前插入三行，条件区域设在 A1：H2 单元格区域，将筛选条件写入条件区域的对应列上），条件是：产品名称为“电冰箱”且销售额排名在前十名，筛选结果显示在原有区域。

| | A | B | C | D | E | F | G |
|---|---|---|---|---|---|---|---|
| 1 | 季度 | 分公司 | 产品类别 | 产品名称 | 销售数量 | 销售额（万元） | 销售额排名 |
| 2 | 1 | 西部2 | K-1 | 空调 | 89 | 12.28 | 26 |
| 3 | 1 | 南部3 | D-2 | 电冰箱 | 89 | 20.83 | 9 |
| 4 | 1 | 北部2 | K-1 | 空调 | 89 | 12.28 | 26 |
| 5 | 1 | 东部3 | D-2 | 电冰箱 | 86 | 20.12 | 10 |
| 6 | 1 | 北部1 | D-1 | 电视 | 86 | 38.36 | 1 |
| 7 | 3 | 南部2 | K-1 | 空调 | 86 | 30.44 | 4 |
| 8 | 3 | 西部2 | K-1 | 空调 | 84 | 11.59 | 28 |
| 9 | 2 | 东部2 | K-1 | 空调 | 79 | 27.97 | 6 |
| 10 | 3 | 西部1 | D-1 | 电视 | 78 | 34.79 | 2 |
| 11 | 3 | 南部3 | D-2 | 电冰箱 | 75 | 17.55 | 18 |
| 12 | 2 | 北部1 | D-1 | 电视 | 73 | 32.56 | 3 |
| 13 | 2 | 西部3 | D-2 | 电冰箱 | 69 | 22.15 | 8 |
| 14 | 1 | 东部1 | D-1 | 电视 | 67 | 18.43 | 14 |
| 15 | 3 | 东部1 | D-1 | 电视 | 66 | 18.15 | 16 |
| 16 | 2 | 东部3 | D-2 | 电冰箱 | 65 | 15.21 | 23 |
| 17 | 1 | 南部1 | D-1 | 电视 | 64 | 17.60 | 17 |
| 18 | 3 | 北部1 | D-1 | 电视 | 64 | 28.54 | 5 |
| 19 | 2 | 南部2 | K-1 | 空调 | 63 | 22.30 | 7 |
| 20 | 1 | 西部3 | D-2 | 电冰箱 | 58 | 18.62 | 13 |
| 21 | 3 | 西部3 | D-2 | 电冰箱 | 57 | 18.30 | 15 |
| 22 | 2 | 东部1 | D-1 | 电视 | 56 | 15.40 | 22 |
| 23 | 2 | 西部2 | K-1 | 空调 | 56 | 7.73 | 33 |
| 24 | 1 | 南部2 | K-1 | 空调 | 54 | 19.12 | 11 |
| 25 | 3 | 北部3 | D-2 | 电冰箱 | 54 | 17.33 | 19 |
| 26 | 3 | 北部2 | K-1 | 空调 | 53 | 7.31 | 35 |
| 27 | 2 | 北部3 | D-2 | 电冰箱 | 48 | 15.41 | 21 |
| 28 | 3 | 南部1 | D-1 | 电视 | 46 | 12.65 | 25 |
| 29 | 2 | 南部3 | D-2 | 电冰箱 | 45 | 10.53 | 29 |
| 30 | 3 | 东部2 | K-1 | 空调 | 45 | 15.93 | 20 |

图 9-45　产品销售情况表

案例分析：

（1）凡是涉及多个关键字的排序，需要通过排序对话框来完成。

（2）高级筛选的筛选条件需要直接输入数据清单里，且必须和原有数据分隔开来。

完成效果如图 9-46、图 9-47 所示。

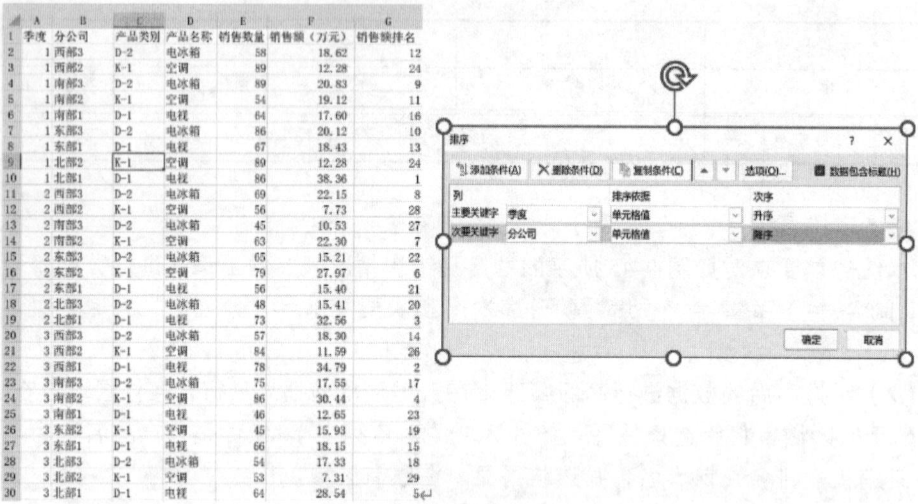


图 9-46　排序效果图

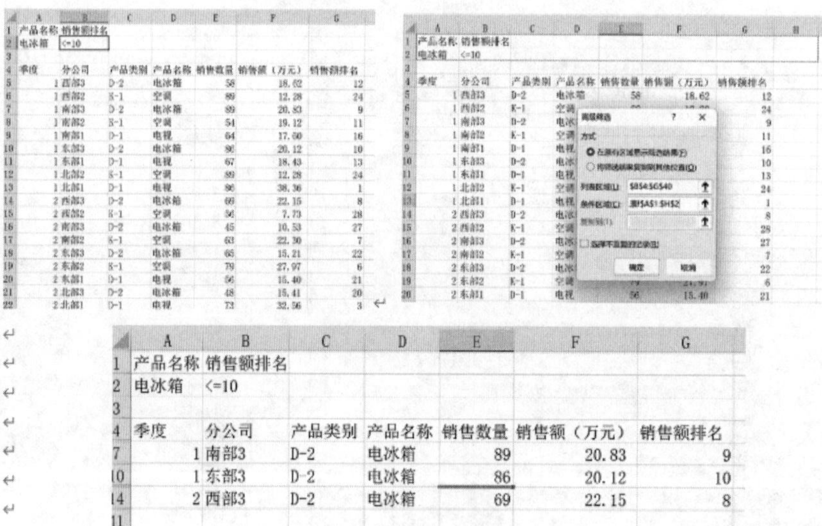


图 9-47　高级筛选效果图

操作要点：

| 教师评语 | |
|---|---|

电子版作业请从电子教室传输端提交

### 9.5.4 任务清单-4

| 姓名 | | 学号 | |
|---|---|---|---|
| 班级 | | 打分 | |
| 任务工单 | Excel 数据库管理操作练习三 | | |

任务实施要求：

本任务单要求对如图 9-48 所示的“产品销售情况统计表”的工作表建立相关统计图。

| | A | B | C | D | E |
|---|---|---|---|---|---|
| 1 | 产品销售情况统计表 | | | | |
| 2 | 产品型号 | 销售数量 | 单价（元） | 销售额(元) | 所占百分比 |
| 3 | P-1 | 123 | 654 | | |
| 4 | P-2 | 84 | 1652 | | |
| 5 | P-3 | 111 | 2098 | | |
| 6 | P-4 | 66 | 2341 | | |
| 7 | P-5 | 101 | 780 | | |
| 8 | P-6 | 79 | 394 | | |
| 9 | P-7 | 89 | 391 | | |
| 10 | P-8 | 68 | 189 | | |
| 11 | P-9 | 91 | 282 | | |
| 12 | P-10 | 156 | 196 | | |
| 13 | | | 总销售额 | | |

图 9-48　产品销售情况表

（1）利用函数完成“销售额”“所占百分比”和“总销售额”的计算。

（2）利用图表列 A2：A12 和 E2：E12 建立“三维气泡图”。

（3）设置图表标题为“销售情况统计图”，设置字体为“微软雅黑”，字号 20，红色，填充色为“图案填充”/“5%”。

（4）设置图表区格式为“预设渐变”下的“浅色渐变-个性色 4”，“类型”为“射线”的填充色。

（5）设置绘图区为“纹理”/“新闻纸”，“透明度”为“70%”的图片填充。

（6）为数据系列设置“依数据点着色”的填充。

（7）自由设置图例格式。

（8）为数值（X）轴设置“边界”/“最小值”为“0”，“最大值”为 11，“主要刻度”为“2”的坐标轴格式。

（9）为数值（Y）轴添加“所占百分比”的轴标题。

完成效果如图 9-49 所示。

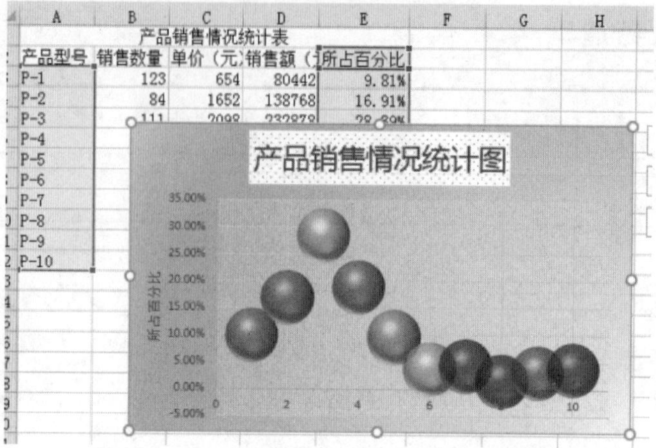


图 9-49 “产品销售情况统计图”效果图

操作要点：

| 教师评语 | |
|---|---|

电子版作业请从电子教室传输端提交

# 第 10 章 演示文稿软件 PowerPoint 2016

PowerPoint 2016 是 MS Office 2016 办公组件之一，主要用于创建形象生动、图文并茂的幻灯片，在制作和演示公司简介、会议报告、产品说明、培训计划和教学课件等文档时非常适用。本章主要介绍 PowerPoint 2016 入门、创建演示文稿、编辑和设置演示文稿、动画效果设置、幻灯片放映与打印等内容。

## 学习目标

（1）了解 PowerPoint 2016 的入门知识。
（2）掌握 PowerPoint 2016 演示文稿的编辑与设置方法。
（3）掌握 PowerPoint 2016 幻灯片动画效果的设置操作。
（4）熟悉 PowerPoint 2016 幻灯片的放映与打印方法。

## 技能掌握

（1）能够进行 PowerPoint 2016 演示文稿的编辑与设置。
（2）能够进行 PowerPoint 2016 幻灯片动画效果的设置操作。
（3）熟练掌握 PowerPoint 2016 幻灯片的放映与打印方法。

## 思政育人目标

（1）引领学生树立正确的审美观念和高尚的道德情操。
（2）激发学生的想象力和创新意识，拥有开阔的眼光和宽广的胸怀。

## 课堂案例展示

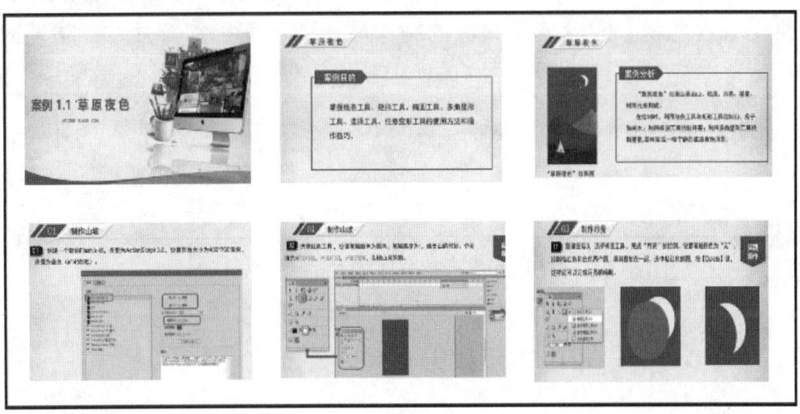


教学课件

旅游指南

# 10.1 PowerPoint 2016 入门

PowerPoint 是一款用于制作演示文稿的软件，在日常办公和教师教学中使用非常广泛。在 PowerPoint 中可以添加图片、动画、音频和视频等对象，制作出集文字、图形和多媒体于一体的演示文稿。

## 10.1.1 PowerPoint 2016 简介

PowerPoint 主要用于制作和演示文档，使用 PowerPoint 制作的演示文稿可以通过投影仪或计算机进行演示，在会议召开、产品展示和教学课件等领域中十分常用。演示文稿一般由若干张幻灯片组成，每张幻灯片中都可以放置文字、图片、多媒体、动画等内容，从而独立表达主题。完成演示文稿的制作后，即可使用幻灯片放映功能对其内容进行展示，并可自主控制演示过程，图 10-1 为使用 PowerPoint 制作的教学课件演示文稿。

图 10-1　教学课件演示文稿

## 10.1.2 PowerPoint 2016 的启动

启动 PowerPoint 的方法与启动其他 MS Office 组件类似。

● 选择“开始”/“所有程序”/“PowerPoint”命令。

● 在任务栏中单击 PowerPoint 2016 图标。

● 双击 PowerPoint 2016 创建的演示文稿，可启动 PowerPoint 2016 并打开该演示文稿。

### 10.1.3 PowerPoint 2016 的窗口组成

启动 PowerPoint 2016 后，在打开的界面中将显示最近使用的文档信息，并提示用户创建一个新的演示文稿，选择要创建的演示文稿类型后，进入 PowerPoint 2016 的操作界面，如图 10-2 所示。PowerPoint 操作界面与其他 MS Office 组件大致类似，不同之处主要体现在“幻灯片”窗格、状态栏和幻灯片编辑区等部分，下面主要对 PowerPoint 特有的组成部分进行介绍。

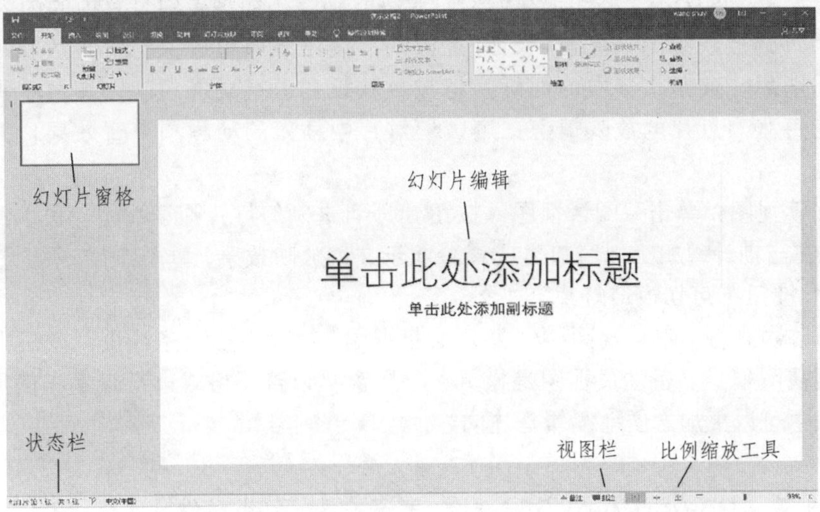


图 10-2 PowerPoint 2016 操作界面

● 幻灯片编辑区：位于演示文稿编辑区的中心，用于显示和编辑幻灯片的内容。在默认情况下，标题幻灯片中包含一个正标题占位符，一个副标题占位符，内容幻灯片中包含一个标题占位符和一个内容占位符。

●“幻灯片”窗格：位于幻灯片编辑区的左侧，主要显示当前演示文稿中所有幻灯片的缩略图，单击某张幻灯片缩略图，可跳转到该幻灯片并在右侧的幻灯片编辑区中显示该幻灯片的内容。

● 状态栏：位于操作界面的底端，用于显示当前幻灯片的页面信息，它主要由状态提示栏、“备注”按钮、“批注”按钮、视图切换按钮组、显示比例栏五部分组成。其中，单击“备注”按钮和“批注”按钮，可以为幻灯片添加备注和批注内容，对演示者的演示内容进行提醒说明；用鼠标拖动显示比例栏中的缩放比例滑块，可以调节幻灯片的显示比例。单击状态栏最右侧的按钮，可以使幻灯片显示比例自动适应当前窗口的大小。

### 10.1.4 PowerPoint 2016 的视图方式

PowerPoint 2016 为用户提供了普通视图、幻灯片浏览视图、幻灯片放映视图、阅读视图和备注页视图 5 种视图模式，在操作界面下方的状态栏中单击相应的视图切换按钮或在“视图”/“演示文稿视图”组中单击相应的视图切换按钮即可进入相应的视图。

- 普通视图：PowerPoint 2016 默认的视图模式，打开演示文稿即进入普通视图，单击“普通视图”按钮也可切换到普通视图。在普通视图模式下，可以对幻灯片的总体结构进行调整，也可以对单张幻灯片进行编辑。普通视图是编辑幻灯片最常用的视图模式。
- 幻灯片浏览视图：单击“幻灯片浏览”按钮即可进入幻灯片浏览视图。在该视图中可以浏览演示文稿中所有幻灯片的整体效果，并且可以对其整体结构进行调整，如调整演示文稿的背景、移动或复制幻灯片等，但是不能编辑幻灯片中的内容。
- 幻灯片放映视图：单击“幻灯片放映”按钮即可进入幻灯片放映视图。进入放映视图后，演示文稿中的幻灯片将按放映设置进行全屏放映，在放映视图中，可以浏览每张幻灯片的放映情况，测试幻灯片中插入的动画和声音效果，并可控制放映过程。
- 阅读视图：单击“阅读视图”按钮即可进入幻灯片阅读视图。进入阅读视图后，可以在当前计算机上以窗口方式查看演示文稿放映效果，单击“上一张”按钮和“下一张”按钮可切换幻灯片。
- 备注页视图：在“视图”/“演示文稿视图”组中单击“备注页”按钮，可进入备注页视图模式。备注页视图是将“备注”窗格以整页格式进行查看和使用，在备注页视图中可以更加方便地编辑备注内容。

### 10.1.5 PowerPoint 2016 的演示文稿及其操作

在编辑演示文稿时，首先需要新建一个演示文稿，在制作完成后，还需对演示文稿的内容进行保存。下面分别介绍新建、保存和打开演示文稿的方法。

1. 新建演示文稿

新建演示文稿的方法很多，如新建空白演示文稿、利用模板新建演示文稿、根据现有内容新建演示文稿等，用户可根据实际需求进行选择。

1）新建空白演示文稿

启动 PowerPoint 2016 后，在打开的界面中选择“空白演示文稿”选项，即可新建一个名为“演示文稿”的空白演示文稿。此外也可通过其他方法完成演示文稿的新建，主要有以下两种方法。

- 选择“文件”/“新建”命令，在打开的“新建”列表框中显示了多种演示文稿类型，此时选择“空白演示文稿”选项，即可新建一个空白演示文稿。
- 按“Ctrl + N”组合键。

2）利用模板新建演示文稿

PowerPoint 2016 提供了 20 多种模板，用户可在预设模板的基础上快速新建带有内容的演示文稿。方法为选择【文件】/【新建】命令，在打开的“新建”列表框中选择所需的模板选项，然后单击“新建”按钮，便可新建该模板样式的演示文稿。

3）根据现有内容新建演示文稿

如果需要新建的演示文稿与现有的某个演示文稿内容类似，可直接根据现有演示文稿内容进行新建，以减少工作量。方法为选择“文件”/“新建”命令，在打开的“新建”列表框中单击“个人”选项卡，如图 10-3 所示，在其中选择所需的演示文稿后，单击“新建”按钮即可新建一个与现有演示文稿内容相同的演示文稿。

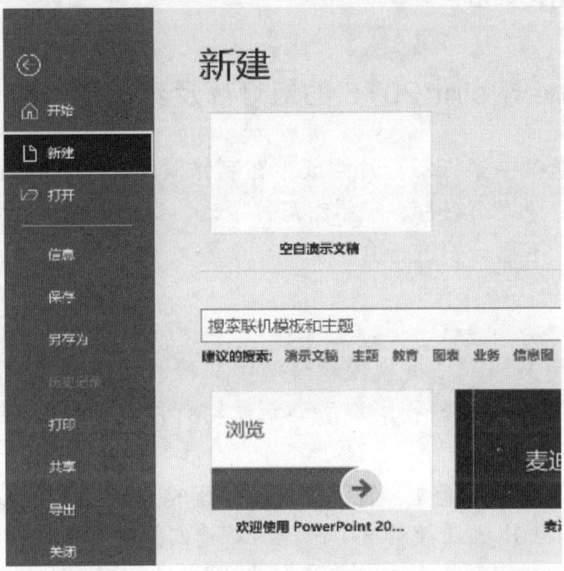


图 10-3　根据现有内容新建演示文稿

2. 保存演示文稿

保存演示文稿的方式与其他 MS Office 组件类似，方法为选择“文件”/“保存”命令或单击快速访问工具栏中的“保存”按钮，打开“另存为”界面，在其中选择所需的保存方式后，在打开的“另存为”对话框中重新指定新的文件名称或保存位置，单击“保存”按钮。

3. 打开演示文稿

当需要对演示文稿进行编辑、查看或放映操作时，首先应将其打开。打开演示文稿的方法主要包括以下 4 种。

- 打开演示文稿：启动 PowerPoint2016 后，选择“文件”/“打开”命令或按“Ctrl + O”组合键，打开“打开”界面，在其中选择打开方式后，打开“打开”对话框，在其中选择需要打开的演示文稿，单击“打开”按钮。
- 打开最近使用的演示文稿：PowerPoint 2016 提供了记录最近打开的演示文稿的功能，如果想打开最近打开过的演示文稿，可选择“文件”/“打开”命令，在“打开”界面的“最近”列表中查看最近打开的演示文稿名称，选择需打开的演示文稿即可将其打开。

● 以只读方式打开演示文稿：以只读方式打开的演示文稿只能进行浏览，不能进行编辑。方法为打开“打开”对话框，在其中选择需要打开的演示文稿，单击“打开”按钮右侧的下拉按钮▾，在打开的下拉列表中选择“以只读方式打开”选项。此时，打开的演示文稿标题栏中将显示“只读”字样，在以只读方式打开的演示文稿中进行编辑后，不能直接进行保存操作。

● 以副本方式打开演示文稿：将演示文稿作为副本打开，在副本中进行编辑后，不会影响源文件的内容。在打开的“打开”对话框中选择需打开的演示文稿后，单击“打开”按钮右侧的下拉按钮▾，在打开的下拉列表中选择“以副本方式打开”选项，此时演示文稿“标题”栏中将显示“副本”字样。

### 10.1.6 PowerPoint 2016 的幻灯片及其操作

一个演示文稿通常由多张幻灯片组成，在制作演示文稿的过程中往往需要对多张幻灯片进行操作，如新建幻灯片、应用幻灯片版式、选择幻灯片、移动和复制幻灯片，以及删除幻灯片等，下面分别进行介绍。

#### 1. 新建幻灯片

在新建空白演示文稿或根据模板新建演示文稿时，默认只有一张幻灯片，不能满足实际的编辑需要，因此需要用户手动新建幻灯片。新建幻灯片的方法主要有以下两种。

● 在“幻灯片”窗格中新建：在“幻灯片”窗格中的空白区域或是已有的幻灯片上单击鼠标右键，在弹出的快捷菜单中选择“新建幻灯片”命令。

● 通过“幻灯片”组新建：在普通视图或幻灯片浏览视图中选择一张幻灯片，在“开始”/“幻灯片”组中单击“新建幻灯片”按钮▾下方的下拉按钮，在打开的下拉列表中选择一种幻灯片版式即可。

#### 2. 应用幻灯片版式

如果对新建的幻灯片版式不满意，可进行更改。方法为在“开始”/“幻灯片”组中单击“版式”按钮右侧的下拉按钮▾，在打开的下拉列表中选择一种幻灯片版式，即可将其应用于当前幻灯片。

#### 3. 选择幻灯片

选择幻灯片是编辑幻灯片的前提，选择幻灯片主要有以下 3 种方法。

● 选择单张幻灯片：在“幻灯片”窗格中单击幻灯片缩略图即可选择当前幻灯片。

● 选择多张幻灯片：在幻灯片浏览视图或“幻灯片”窗格中按住“Shift”键并单击幻灯片可选择多张连续的幻灯片，按住“Ctrl”键并单击幻灯片可选择多张不连续的幻灯片。

● 选择全部幻灯片：在幻灯片浏览视图或“幻灯片”窗格中按“Ctrl + A”组合键。

4. 移动和复制幻灯片

当需要调整某张幻灯片的顺序时，就需要对其进行移动操作。当需要使用某张幻灯片中已有的版式或内容时，可直接复制该幻灯片进行更改，提高工作效率。移动和复制幻灯片的方法主要有以下 3 种。

● 通过拖动鼠标：选择需要移动的幻灯片，按住鼠标左键不放拖动到目标位置后释放鼠标完成移动操作；选择幻灯片，按住“Ctrl”键并拖动到目标位置，完成幻灯片的复制操作。

● 通过菜单命令：选择需要移动或复制的幻灯片，在其上单击鼠标右键，在弹出的快捷菜单中选择“剪切”或“复制”命令。定位到目标位置，单击鼠标右键，在弹出的快捷菜单中选择“粘贴”命令，完成幻灯片的移动或复制。

● 通过快捷键：选择需要移动或复制的幻灯片，按“Ctrl + X”组合键（移动）或“Ctrl + C”组合键（复制），然后在目标位置按“Ctrl + V”组合键进行粘贴，完成移动或复制操作。

5. 删除幻灯片

在“幻灯片”窗格或幻灯片浏览视图中均可删除幻灯片，方法介绍如下。

● 选择要删除的幻灯片，然后单击鼠标右键，在弹出的快捷菜单中选择“删除幻灯片”命令。

● 选择要删除的幻灯片，按“Delete”键。

### 10.1.7　PowerPoint 2016 的退出

当不再需要对演示文稿进行操作后，可将其关闭，关闭演示文稿的常用方法有以下 3 种。

● 通过单击按钮关闭：单击 PowerPoint 2016 操作界面标题栏右上角的“关闭”按钮，关闭演示文稿并退出 PowerPoint 程序。

● 通过快捷菜单关闭：在 PowerPoint 2016 操作界面标题栏上单击鼠标右键，在弹出的快捷菜单中选择“关闭”命令。

● 通过快捷键关闭：按“Alt + F4”组合键。

## 10.2　演示文稿的编辑与设置

演示文稿是一种用于展示和放映的文档，经常用于公司或产品宣传，为了使展示效果更良好，通常需要在幻灯片中添加很多对象，如文本、艺术字、图片、表格、图表、音频和视频等。此外，为了幻灯片的整体效果，还需对其母版、主题等进行设置。

### 10.2.1　编辑幻灯片

编辑幻灯片是制作演示文稿的第一步，下面主要对添加和编辑文本、添加和编辑艺术字、添加和编辑表格与图表、添加和编辑 SmartArt 图形、添加和编辑图片，以及添加和编辑多媒体文件等常用编辑操作进行介绍。

1. 插入文本

文本是幻灯片的重要组成部分，无论是演讲类、报告类，还是形象展示类的演讲文稿，都离不开文本的输入与编辑。

1）输入文本

在幻灯片中主要可以通过占位符和文本框两种方法输入文本。

● 在占位符中输入文本：新建演示文稿或插入新幻灯片后，幻灯片中会包含两个或多个虚线文本框，即占位符。占位符可分为文本占位符和项目占位符两种形式，如图 10-4 所示，其中文本占位符用于放置标题和正文等文本内容，单击占位符，即可输入文本内容。项目占位符中通常包含“插入表格”“插入图表”“插入 SmartArt 图形”等项目，单击相应的图标，可插入相应的对象。

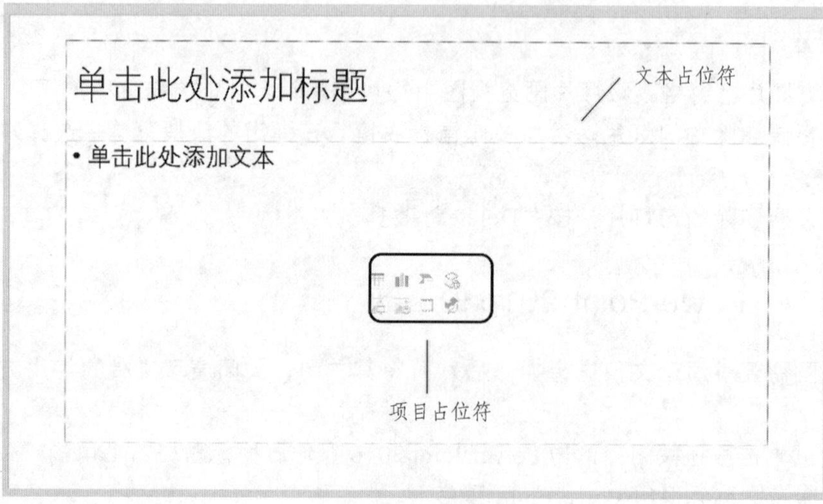


图 10-4　占位符

● 通过文本框输入文本：幻灯片中除了可在占位符中输入文本外，还可以在空白位置绘制文本框来添加文本。在“插入”/“文本”组单击“文本框”按钮下方的下拉按钮，在打开的下拉列表中选择“绘制横排文本框”选项或“竖排文本框”选项，当鼠标指针变为十字形状时，单击需要添加文本的空白位置就会出现一个文本框，在其中输入文本即可。

2）编辑文本格式

为了使幻灯片的文本效果更加美观，通常需要对字体、字号、颜色及特殊效果等进行设置。在 PowerPoint 中主要可以通过“字体”组和“字体”对话框设置文本格式。

● 选择文本或文本占位符，在“开始”/“字体”组可以对字体、字号、颜色等进行设置，还能单击“加粗” B、“倾斜” I、“下划线” U、“文字阴影” S 等按钮为文本添加相应的效果。

● 选择文本或文本占位符，在“开始”/“字体”组右下角单击“展开”按钮，在打开的“字体”对话框中也可对文本的字体、字号、颜色等效果进行设置。

2. 插入并编辑艺术字

艺术字是一种具有美化效果的文本，在幻灯片中主要起到醒目、美观的作用。为了使演示文稿能达到良好的放映和宣传效果，一般只需在重点标题文本中应用艺术字效果。

1）插入艺术字

在“插入”/“文本”组中单击“艺术字”按钮，在打开的下拉列表中选择所需的艺术字样式选项，然后在显示的提示文本框中输入艺术字文本即可。

2）编辑艺术字

在幻灯片中插入艺术字文本后，将自动激活“绘图工具”/“格式”选项卡，如图 10-5 所示，在其中可以通过不同的组对插入的艺术字进行编辑。比如，若要修改艺术字的样式，便可在“艺术字样式”组中进行设置；若想为艺术字添加边框效果，则需在“形状样式”组中设置。

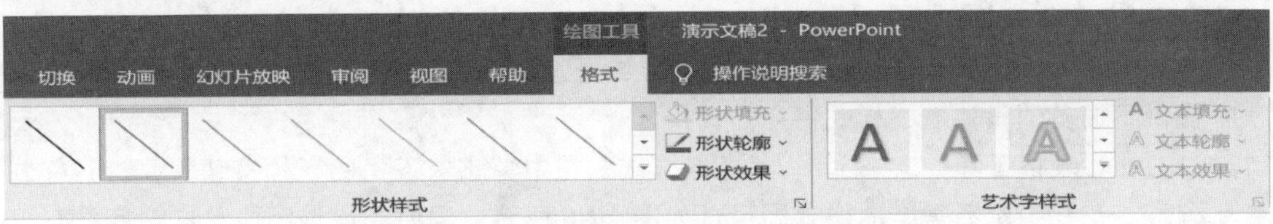


图 10-5 “绘图工具”/“格式”选项卡

3. 插入表格

表格可直观形象地表达数据情况，在 PowerPoint 中不仅可以在幻灯片中插入表格，还能根据幻灯片的主题风格对表格进行编辑和美化。

1）插入表格

在幻灯片中插入表格主要有以下两种方法。

- 自动插入表格：选择要插入表格的幻灯片，在“插入”/“表格”组中单击“表格”按钮，在打开的下拉列表中拖动鼠标指针选择表格行列数，到合适位置后单击鼠标即可插入表格。
- 通过“插入表格”对话框插入：选择要插入表格的幻灯片，在“插入”/“表格”组中单击“表格”按钮，在打开的下拉列表中选择“插入表格”选项，打开“插入表格”对话框，在其中输入表格所需的行数和列数，单击“确定”按钮完成插入。

2）输入表格内容并编辑表格

插入表格后即可在其中输入文本和数据，并可根据需要对表格和单元格进行编辑操作。

- 调整表格大小：选择表格，此时表格四周将出现 8 个控制点，将鼠标指针移到表格边框上的控制点上，当鼠标指针变为↘、↗、⇔、↕形状时，按住鼠标左键不放并拖动鼠标，可调整表格大小。
- 调整表格位置：将鼠标指针移动到表格上，当鼠标指针变为✥形状时，按住鼠标左键不放进行拖动，移至合适位置后释放鼠标，可调整表格位置。
- 输入文本和数据：将文本插入点定位到单元格中即可输入文本和数据。

● 选择行/列：将鼠标指针移至表格左侧，当鼠标指针变为➡形状时，单击鼠标左键可选择该行。将鼠标指针移至表格上方，当鼠标指针变为⬇形状时，单击鼠标左键可选择该列。

● 插入行/列：将鼠标指针定位到表格的任意单元格中，通过“表格工具”/“布局”/“行和列”组，可以在表格所选单元格的上方、下方、左侧或右侧插入行或列。

● 删除行/列：选择多余的行，在“表格工具”/“布局”/“行和列”组中单击“删除”按钮，在打开的下拉列表中选择相应选项即可。

● 合并单元格：选择要合并的单元格，在“表格工具”/“布局”/“合并”组中单击“合并单元格”按钮。

将鼠标指针移到表格中需要调整列宽或行高的单元格分隔线上，当鼠标指针变为形状时，按住鼠标左键不放，向左右或上下拖动，移至合适位置时释放鼠标，即可完成列宽或行高的调整。如果想精确调整表格行高或列宽的值，可在“表格工具”/“布局”/“单元格大小”组中的“高度”和“宽度”数值框中输入具体的数值。

3）美化表格

为了使表格样式与幻灯片整体风格更搭配，可以为表格添加样式，PowerPoint 2016 提供了很多预设的表格样式供用户使用。

在“表格工具”/“设计”/“表格样式”组中单击右下角的下拉按钮▼，打开样式列表，在其中选择需要的样式即可，如图 10-6 所示。同时，在该组中单击“底纹”下拉按钮、“边框”下拉按钮、“效果”下拉按钮，在打开的下拉列表中标可为表格设置底纹、边框和三维立体效果。

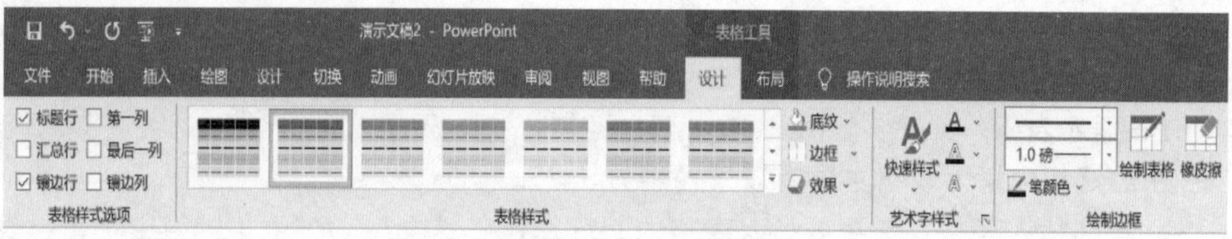


图 10-6　美化表格

为了幻灯片的美观，表格的样式应该与幻灯片的整体风格相适应，例如颜色最好与演示文稿主体颜色保持相似或一致，此外艺术字、图表等对象都需遵循这个原则。

4. 插入图表

演示文稿作为一种元素十分多样化的文档，通常不需要添加太多的文本，而主要通过图片、图表等形式来展示内容。图表可以直接将数据的说明和对比清晰直观地表现出来，增强幻灯片的说服力。

1）创建图表

在“插入”/“插图”组中单击“图表”按钮或在项目占位符中单击“插入图表”按钮，打开“插入图表”对话框，在对话框左侧选择图表类型，如选择“柱状图”选项，在对话框右侧的列表框中选择柱状图类型下的图表样式，然后单击“确定”按钮，此时将打开“Microsoft PowerPoint 中的图表”电子表格，如图 10-7 所示，在其中输入表格数据，然后关闭电子表格，即可完成图表的插入。

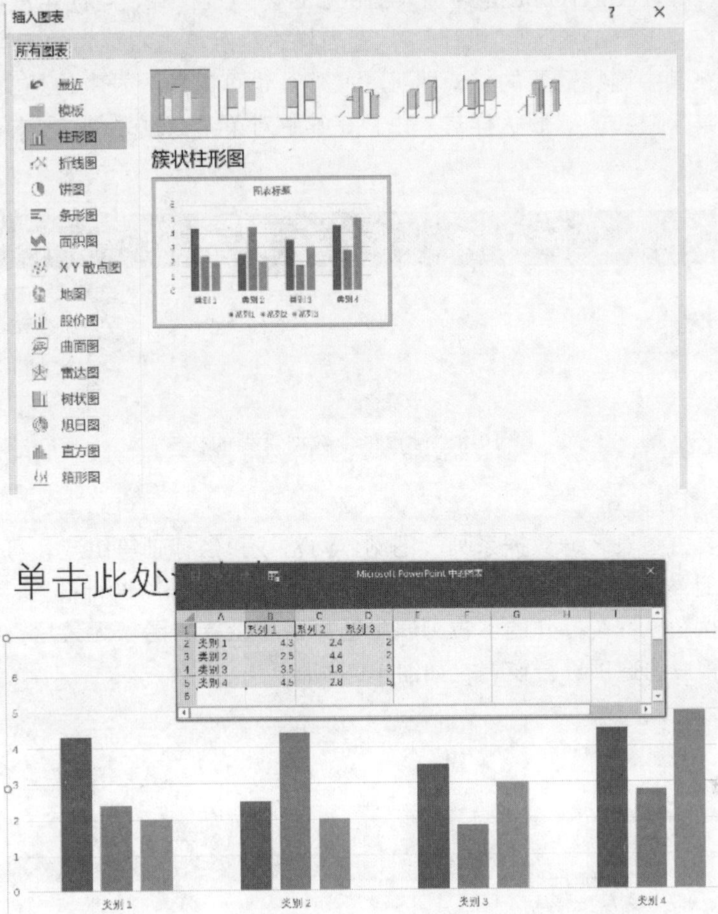


图 10-7　在幻灯片中插入图表

2）编辑图表

在 PowerPoint 中直接插入的图表，其大小、样式、位置等都是默认的，用户可根据需要进行调整和更改。

- 调整图表大小：选择图表，将鼠标指针移到图表边框上，当鼠标指针变为双箭头形状时，按住鼠标左键不放并拖动鼠标，可调整图表大小。
- 调整图表位置：将鼠标指针移动到图表上，当鼠标指针变为十字形状时，按住鼠标左键不放进行拖动，移至合适位置后释放鼠标，可调整图表位置。
- 修改图表数据：在“图表工具”/“设计”/“数据”组中单击“编辑数据”按钮，打开“Microsoft PowerPoint 中的图表”窗口，修改单元格中的数据，修改完成后关闭窗口即可。
- 更改图表类型：在“图表工具”/“设计”/“类型”组中单击“更改图表类型”按钮，在打开的“更改图表类型”对话框中进行选择，单击“确定”按钮关闭对话框。

3）美化图表

与表格一样，PowerPoint 也为图表提供了很多预设样式，帮助用户快速美化图表。选择图表，在“图表工具”/“设计”/“图表样式”组单击右下角的下拉按钮▾，打开样式列表，在其中选择需要的样式即可。此外，也可选择图表中的某个数据系列，选择“图表工具”“格式”“形状样式”组，在其中对单个数据系列的样式进行设置，如图 10-8 所示。

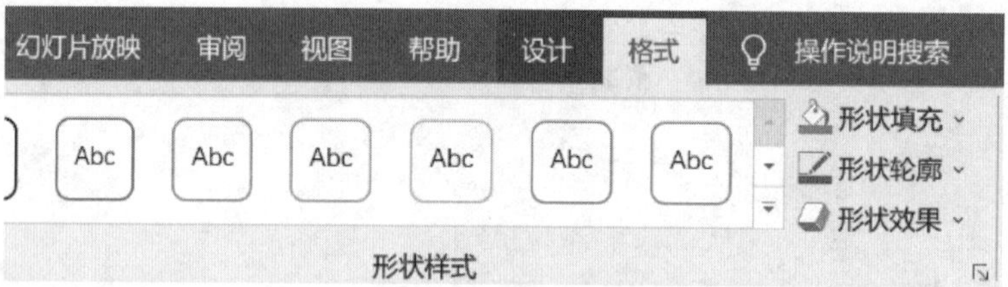


图 10-8　设置单个数据系列的样式

4）设置图表格式

图表主要由图表区、数据系列、图例、网格线和坐标轴等组成，可以通过“图表工具”/“设计”/“图表布局”组中“添加图表元素”按钮进行设置，即单击“添加图表元素”按钮，在打开的下拉列表中选择需要设置的图表元素后，再在打开的子列表中选择相应的选项进行设置，如图 10-9 所示。

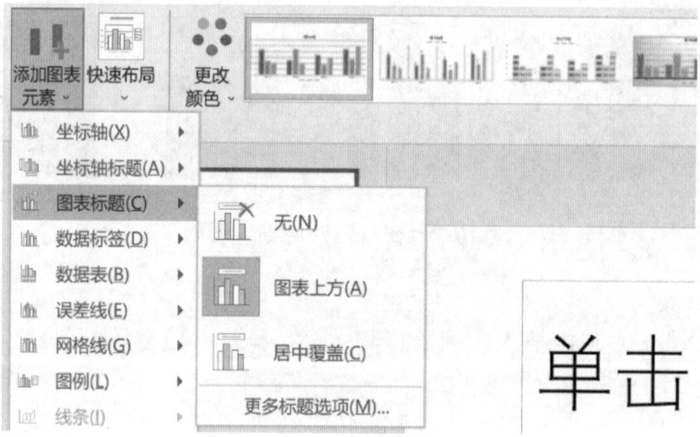


图 10-9　设置图表元素的格式

5. 插入 SmartArt 图形

PowerPoint 2016 中的 SmartArt 图形可以直观地说明图形内各个部分的关系，包括列表、流程、循环、层次结构、关系和矩阵等类型，不同的类型分别适用于不同的场合。

1）插入 SmartArt 图形

在“插入”/“插图”组中单击“SmartArt”按钮，打开“选择 SmartArt 图形”对话框。在对话框左侧单击选择 SmartArt 图形的类型，在对话框右侧的列表框中选择所需的样式，然后单击“确定”按钮。返回幻灯片，即可查看插入的 SmartArt 图形，最后在 SmartArt 图形的形状中分别输入相应的文本并设置文本格式即可。

2）编辑 SmartArt 图形

插入 SmartArt 图形后，在“SmartArt 工具”/“设计”选项卡中可以对 SmartArt 的样式进行设置。

- “创建图形”组：该组主要用于编辑 SmartArt 图形中的形状，如果默认的 SmartArt 图形中的形状不够，可单击“添加形状”按钮右侧的下拉按钮，在打开的下拉列表中选择相应选项添加形状。如果形状的等级有误，可单击“升级”按钮、“降级”按钮，对形状的级别进行调整，也可单击“上移”按钮、“下移”按钮调整形状的顺序。
- “版式”组：主要用于更换 SmartArt 图形的布局，在该组列表框中可选择要更换的布局。
- “SmartArt 样式”组：该组主要用于设置 SmartArt 图形的样式，在列表框中选择所需样式即可。单击“更改颜色”按钮，在打开的下拉列表中还可以设置 SmartArt 图形的颜色。

6. 插入图片

图片是 PowerPoint 中非常重要的一种元素，不仅可以提高幻灯片的美观度，还可以更好地衬托文字，达到图文并茂的效果。在幻灯片中可以插入计算机中保存的图片，也可以插入 PowerPoint 自带的剪贴画。

1）插入图片

选择需要插入图片的幻灯片，选择“插入”/“图像”组，单击“图片”按钮，在打开的“插入图片”对话框中选择所需图片的保存位置，然后选择需要插入的图片，单击“插入”按钮。

在“图像”组中单击“联机图片”按钮打开“插入图片”对话框，通过其中的搜索框可以插入在线图片，但需注意图片的版权问题。

2）编辑图片

选择图片后，在“图片工具”/“格式”选项卡的“调整”组、“图片样式”组、“排列”组和“大小”组中，可以对图片样式进行设置，如图 10-10 所示。

图 10-10　编辑图片

3）插入并编辑相册

PowerPoint 2016 为用户提供了批量插入图片和制作相册的功能，通过该功能可以在幻灯片中创建电子相册并对其进行设置。

**例 10-1**：在演示文稿中插入图片，并应用“Facet”主题。

**步骤 1**：在“插入”/“图像”组中单击“相册”按钮。

**步骤 2**：在打开的“相册”对话框中单击“相册内容”栏下的“文件/磁盘”按钮，打开“插入新图片”对话框，选择要插入的多张图片，单击“插入”按钮。

**步骤 3：** ① 返回“相册”对话框，在“相册版式”栏下的“图片版式”下拉列表中可以设置每页幻灯片的版式；② 在“相框形状”下拉列表中选择相框样式，如图 10-11 所示。

**步骤 4：** 单击“相册版式”栏下“主题”文本框后的“浏览”按钮，在打开的对话框中选择“Facet”主题，如图 10-12 所示，单击“选择”按钮。返回“相册”对话框，单击“创建”按钮，系统自动创建一个应用所选择主题的相册演示文稿。

图 10-11　选择图片版式和相框形状

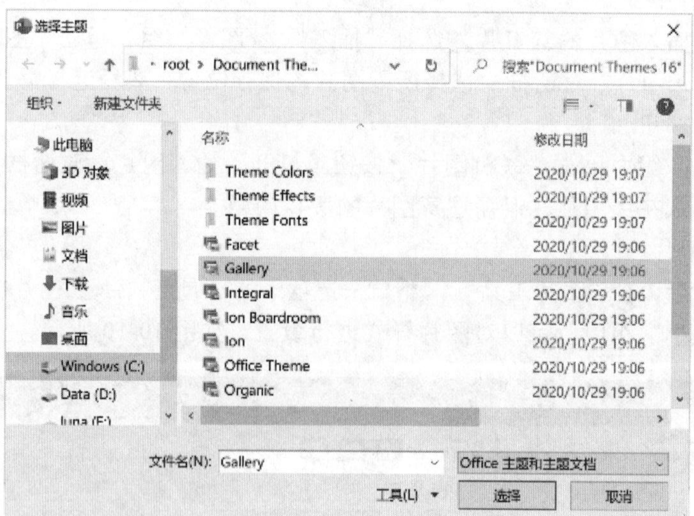


图 10-12　选择相册主题

7. 插入媒体文件

媒体文件是演示文稿中比较常用的一种多媒体元素，在很多演讲场合都需要通过插入音频或视频来烘托气氛或辅助讲解。在 PowerPoint 中可以插入计算机中的音频和视频文件。

1）插入音频文件

选择幻灯片，在“插入”/“媒体”组中单击“音频”按钮🔊，在打开的下拉列表中提供了“PC 上的音频”和“录制音频”两种插入方式，用户可根据需要进行选择。若选择“PC 上的音频”选项，将打开“插入音频”对话框，在其中选择需要插入幻灯片中的音频文件，单击“插入”按钮，即可将该音频文件插入幻灯片中。

在幻灯片中插入音频文件后，将自动激活“音频工具”/“格式”选项卡和“音频工具”/“播放”选项卡，通过这两个选项卡，可以对音频文件的外观样式和播放方式进行设置，如图 10-13 所示。

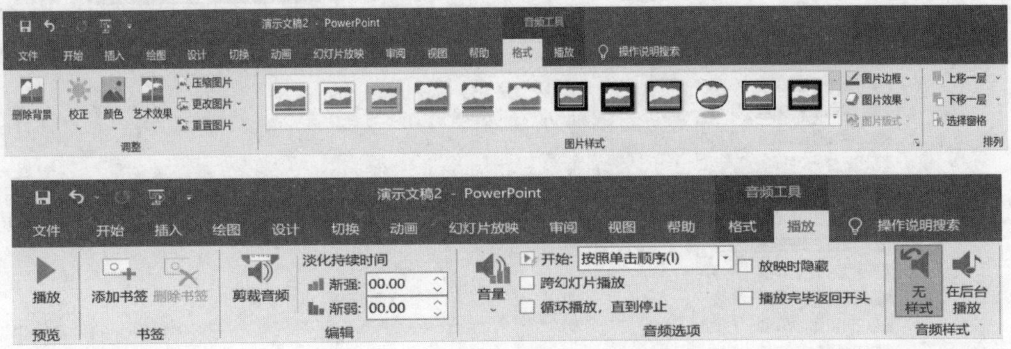


图 10-13　编辑音频文件选项卡

2）插入视频文件

跟音频文件一样，视频也是演示文稿中非常常见的一种多媒体元素，常用于宣传类演示文稿中。在 PowerPoint 中主要可以插入文件中的视频和来自网站的视频。

选择幻灯片，在“插入”/“媒体”组中单击“视频”按钮，在打开的下拉列表中选择“PC 上的视频”选项，在打开的“插入视频文件”对话框中选择要插入的视频文件，单击“插入”按钮即可。

### 10.2.2　应用幻灯片主题

幻灯片版式中的各个元素并不是独立存在的，而是由背景、文本、图形、表格和图片等元素组合搭配而成的。为了使演示文稿的整体效果更加美观，通常需要对其主题和版式进行设置。PowerPoint 为用户提供了很多预设了颜色、字体、背景、效果样式的主题样式，用户在选择主题样式后，还可自定义幻灯片的颜色方案和字体方案等。

1. 应用幻灯片主题

PowerPoint 2016 的主题样式已经对颜色、字体和效果等进行了合理的搭配，用户只需选择一种固定的主题效果，就可以为演示文稿中各幻灯片的内容应用相同的效果，从而达到统一幻灯片风格的目的。在“设计”/“主题”组中单击右下角的下拉按钮，在打开的下拉列表中选择一种主题选项即可。

2. 更改主题颜色方案

PowerPoint 2016 为预设的主题样式提供了多种主题的颜色方案，用户可以直接选择所需的颜色方案，对幻灯片主题的颜色搭配效果进行调整。

在“设计”/“变体”组中单击右下角的下拉按钮 ▾ 在打开的下拉列表中选择“颜色”选项，再在打开的子列表中选择一种主题颜色，如图 10-14 所示，即可将颜色方案应用于所有幻灯片。在打开的下拉列表中选择“自定义颜色”选项，在打开的对话框中可对幻灯片主题颜色的搭配进行自定义设置，如图 10-15 所示。

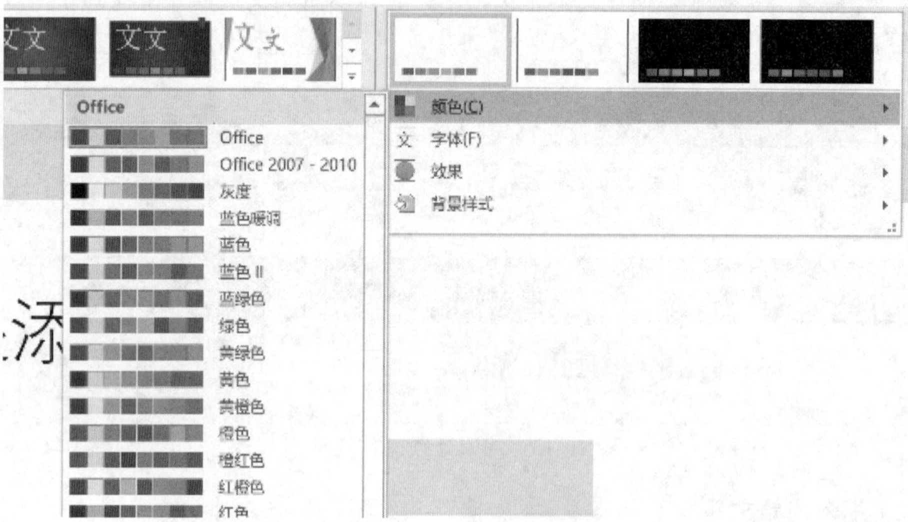


图 10-14　更改主题颜色

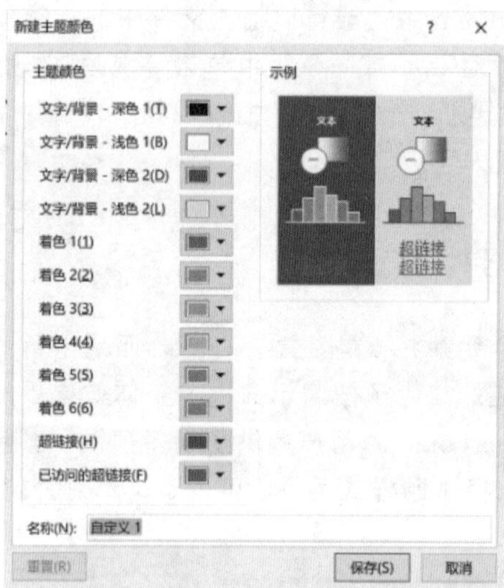


图 10-15　自定义主题颜色

3. 更改字体方案

PowerPoint 2016 为不同的主题样式提供了多种字体搭配方案。在“设计”/“变体”组中单击右下角的下拉按钮 ▾，在打开的下拉列表中选择“字体”选项，再在打开的子列表中选择一种选项，即可将字体方案应用于所有幻灯片。在打开的下拉列表中选择“自定义字体”选项，在打开的“新建主题字体”对话框中可对幻灯片中的标题和正文字体进行自定义设置。

4. 更改效果方案

在“设计”/“变体”组中单击右下角的下拉按钮▾，在打开的下拉列表中选择“效果”选项，在打开的下拉列表中选择一种效果，可以快速更改图表、SmartArt 图形、形状、图片、表格和艺术字等幻灯片对象的外观，如图 10-16 所示。

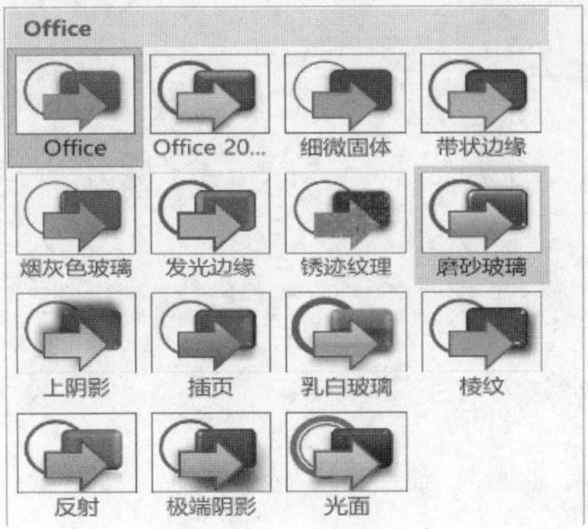


图 10-16　效果列表

## 10.2.3　应用幻灯片母版

PowerPoint 中预设的主题可以统一幻灯片的风格，此外通过对母版进行自定义，也可以设置和统一幻灯片的风格。幻灯片母版可以统一和存储幻灯片的模板信息，在完成母版的编辑后，即可对母版样式进行快速应用，减少重复输入，提高工作效率。通常情况下，如果想为幻灯片应用统一的背景、标志、标题文本及主要文本格式，就需要使用 PowerPoint 2016 的幻灯片母版功能。

1. 认识母版的类型

PowerPoint 2016 中的母版包括幻灯片母版、讲义母版和备注母版 3 种类型，其作用和视图模式各不相同，下面分别进行介绍。

- 幻灯片母版：在“视图”/“母版视图”组中单击“幻灯片母版”按钮，即可进入幻灯片母版视图，如图 10-17 所示。幻灯片母版视图是编辑幻灯片母版样式的主要场所，在幻灯片母版视图中，左侧为“幻灯片版式选择”窗格，右侧为“幻灯片母版编辑”窗口。选择相应的幻灯片版式后，便可在右侧对幻灯片的标题、文本样式、背景效果、页面效果等进行设置，在母版中更改和设置的内容将应用于同一演示文稿中所有应用了该版式的幻灯片。
- 讲义母版：在“视图”/“母版视图”组中单击“讲义母版”按钮，即可进入讲义母版视图，如图 10-18 所示。在讲义母版视图中可查看页面上显示的多张幻灯片，也可设置页眉和页脚的内容，以及改变幻灯片的放置方向等。进入讲义母版视图后，通过“讲义母版”/“页面设置”组，可以设置讲义的方向，以及幻灯片的大小和方向等；通过“占位符”组可设置是否在讲义中显示页眉、页脚、页码和日期；通过“编辑主题”组，可以修改讲义幻灯片的主题和颜色等；通过“背景”组可设置讲义背景。

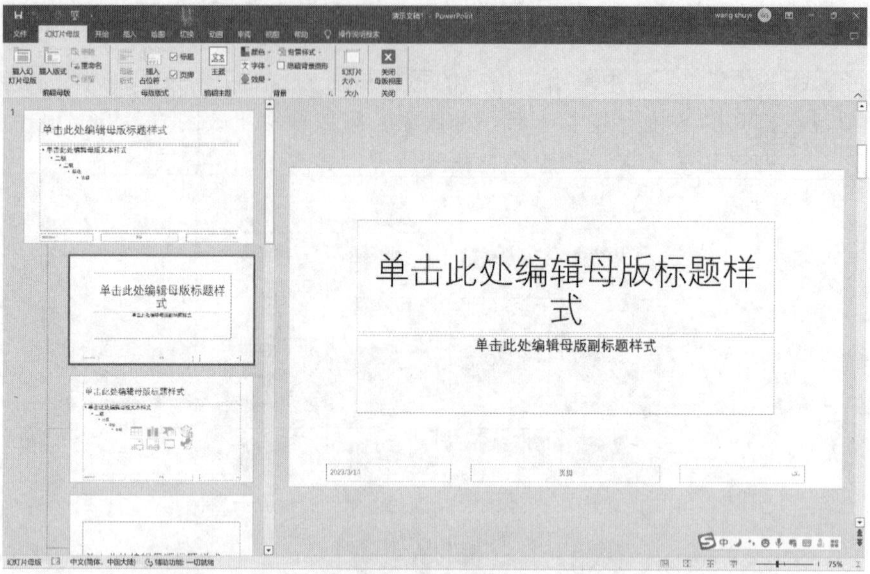

图 10-17　幻灯片母版

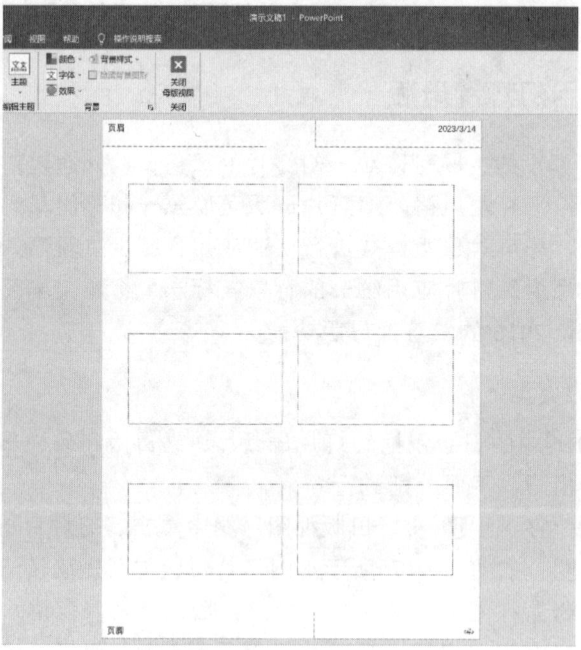

图 10-18　讲义母版

● 备注母版：在“视图”/“母版视图”组中单击“备注母版”按钮，即可进入备注母版视图。备注母版主要用于对幻灯片备注窗格中的内容格式进行设置，选择各级标题文本后即可对其字体格式等进行设置。

2. 编辑幻灯片母版

编辑幻灯片母版与编辑幻灯片的方法非常类似，幻灯片母版中也可以添加图片、声音、文本等对象，但通常只添加通用对象，即只添加在大部分幻灯片中都需要使用的对象。完成母版样式的编辑后单击“关闭母版视图”按钮☒即可退出母版。

**例 10-2**：新建演示文稿，并设置幻灯片母版的主题、文本格式、形状样式、页脚以及图片等内容。

**步骤 1**：新建一个空白演示文稿，并以“母版幻灯片”为名进行保存，然后单击“视图”/“母版视图”组中的“幻灯片母版”按钮▭，进入幻灯片母版视图。

**步骤 2**：在“幻灯片母版”/“编辑主题”组中单击“主题”按钮，在打开的下拉列表中选择“环保”选项，如图 10-19 所示。

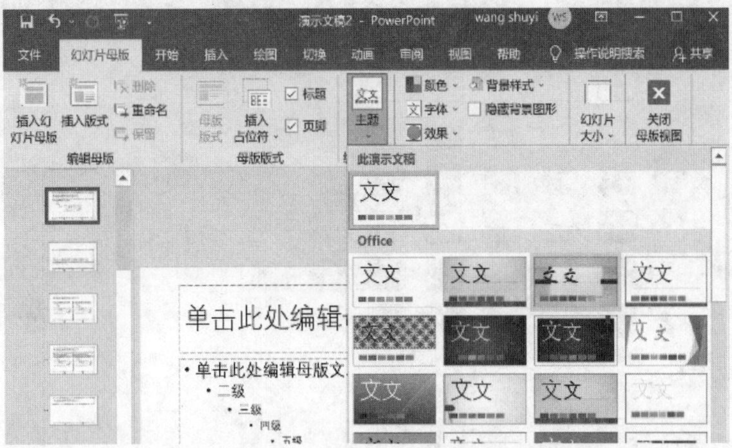


图 10-19　应用母版主题

**步骤 3**：在幻灯片母版视图左侧的“幻灯片版式选择”窗格中选择第 1 张幻灯片版式，然后选择“单击此处编辑母版标题样式”占位符，在“开始”/“字体”组中设置占位符的文本格式为“方正姚体、44”。继续选择正文占位符，并设置占位符的文本格式为“黑体”，如图 10-20 所示。

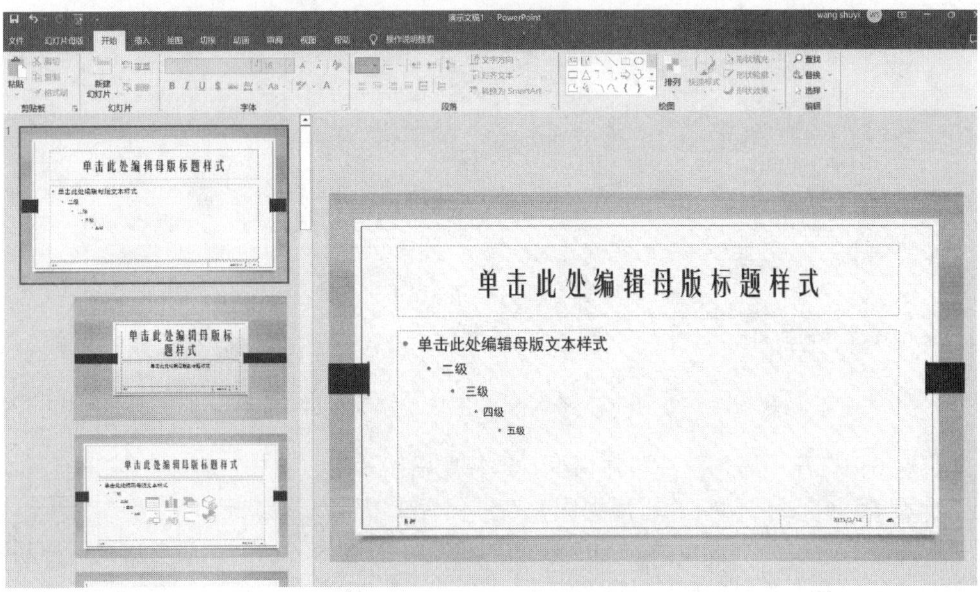


图 10-20　设置文本格式

**步骤 4**：① 选择幻灯片中的绿色边框；② 在“绘图工具”/“格式”/“形状样式”组中选择“彩色轮廓-橙色，强调颜色 5”选项，如图 10-21 所示。

**步骤 5**：① 在“插入”/“文本”组中单击“页眉和页脚”按钮，打开“页眉和页脚”对话框，在“幻灯片”选项卡中单击选中“页脚”复选框；② 在复选框下的文本框中输入“企业资源分析”文本；③ 然后单击选中“标题幻灯片中不显示”复选框；④ 单击“全部应用”按钮，如图 10-22 所示。

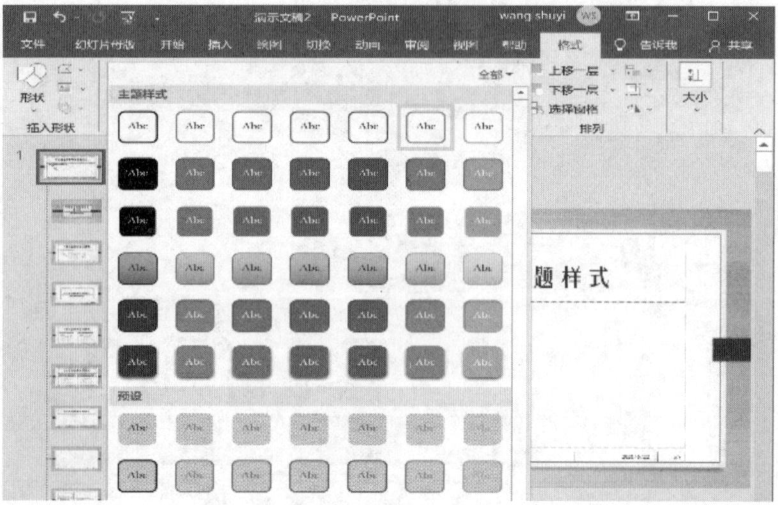


图 10-21　更改形状样式

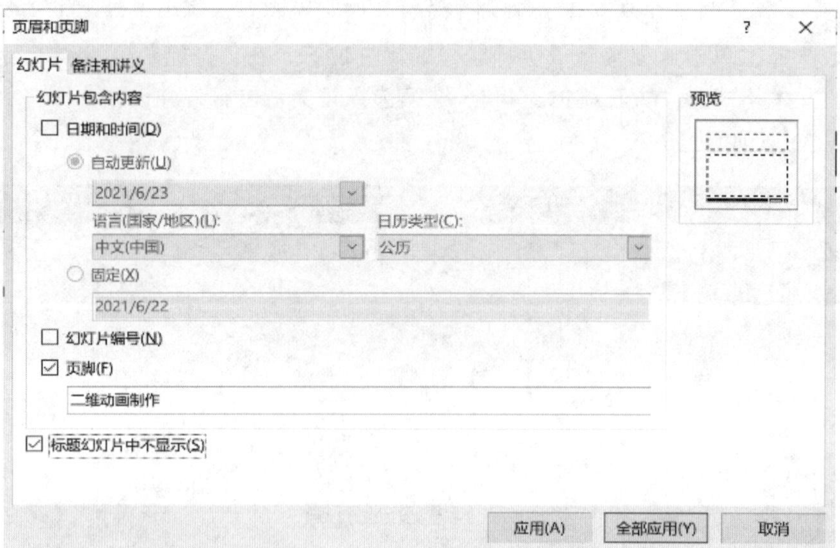


图 10-22　在幻灯片中统一添加页脚

**步骤 6**：打开“插入图片”对话框，选择所需图片后，单击“插入”按钮。

**步骤 7**：① 返回幻灯片母版视图，在“图片工具”/“格式”/“大小”组中，将图片的高度和宽度分别设置为“1.05 厘米”和“1.33 厘米”；② 然后利用鼠标拖动图片至幻灯片的左上角，如图 10-23 所示。

**步骤 8**：按“Ctrl + C”和“Ctrl + V”组合键，复制一个图片，并将其拖动至幻灯片的右上角，效果如图 10-24 所示。

**步骤 9**：单击“关闭母版视图”按钮切换至普通视图，标题幻灯片中显示了更新设置后的版式，如图 10-25 所示。

图 10-23　插入并编辑图片

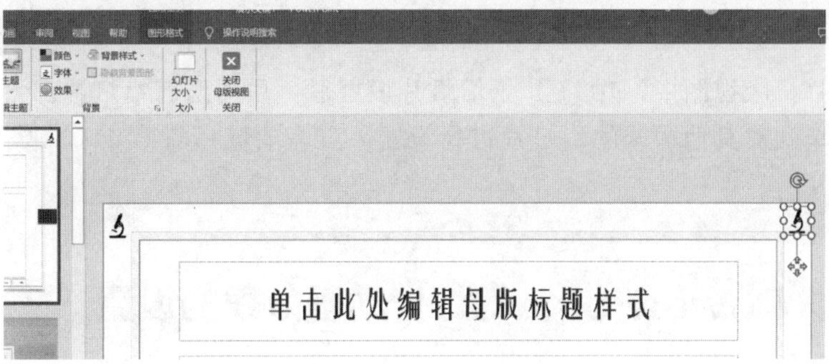


图 10-24　复制和移动图片

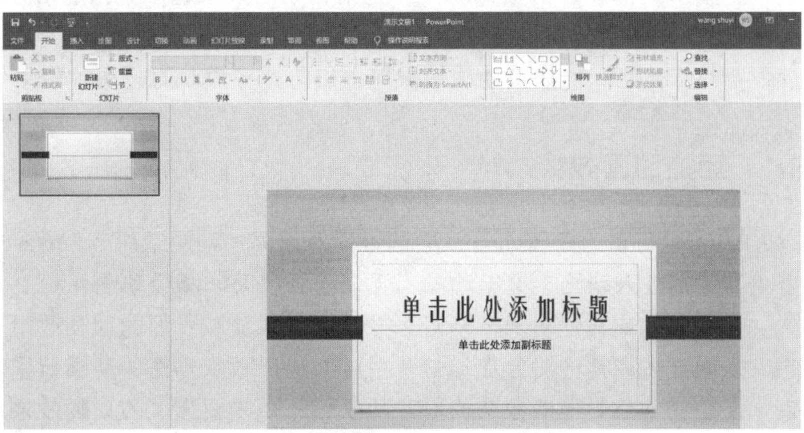


图 10-25　设置后的标题幻灯片

**步骤 10**：在“幻灯片”窗格的空白区域单击鼠标右键，在弹出的快捷菜单中选择“新建幻灯片”命令，在新建的幻灯片中便显示了插入的图片和页脚，如图 10-26 所示。

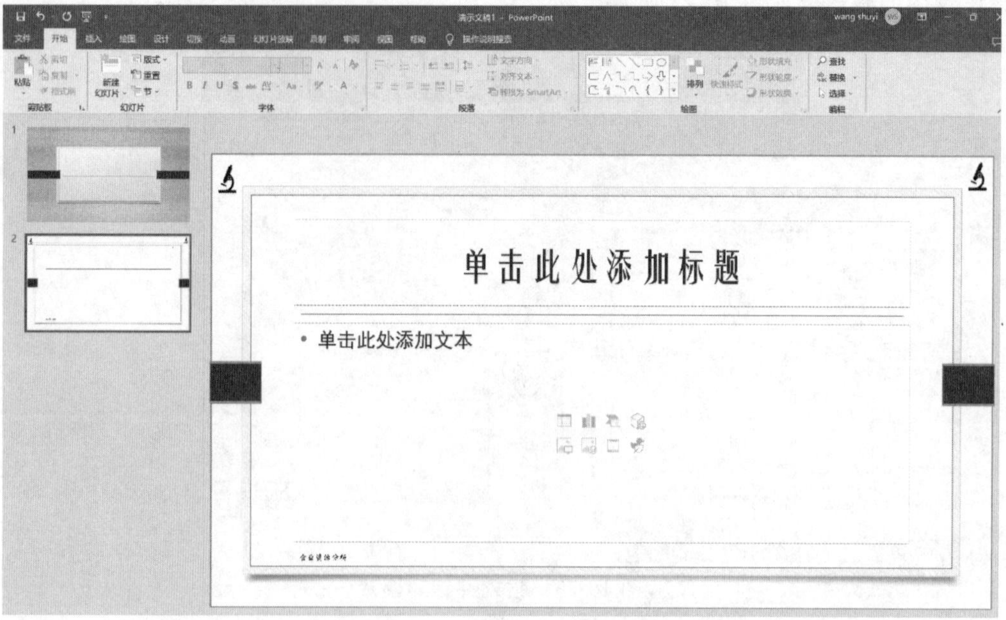


图 10-26　设置后的标题和内容幻灯片

在幻灯片母版视图中，对第 1 张幻灯片设置后，后面所有幻灯片都会应用相同的样式，若想单独对其他版式的幻灯片进行设置，就需要选择除第 1 张幻灯片外的其他幻灯片。

## 10.3　PowerPoint 幻灯片动画效果的设置

动画效果是演示文稿中非常独特的一种元素，动画效果直接关系着演示文稿的放映效果。在演示文稿的制作过程中，可以为幻灯片中的文本、图片等对象设置动画效果，还可以设置幻灯片之间的切换动画效果等，幻灯片在放映时将更加生动。

### 10.3.1　添加动画效果

在 PowerPoint 中可以为每张幻灯片中的不同对象添加动画效果，PowerPoint 动画效果的类型主要包括进入动画、退出动画、强调动画和动作路径动画 4 种。

- 进入：反映文本或其他对象在幻灯片放映时进入放映界面的动画效果
- 退出：反映文本或其他对象在幻灯片放映时退出放映界面的动画效果。
- 强调：反映文本或其他对象在幻灯片放映过程中需要强调的动画效果
- 动作路径：指定某个对象在幻灯片放映过程中的运动轨迹。

1. 添加单一动画

为对象添加单一动画效果是指为某个对象或多个对象快速添加进入、退出、强调或动作路径动画。

在幻灯片编辑区中选择要设置动画的对象，然后在“动画”/“动画”组中单击右下角的下拉按钮▾，在打开的下拉列表框中选择某一类型动画下的动画选项即可。为幻灯片对象添加动画效果后，系统将自动在幻灯片编辑窗口中对设置了动画效果的对象进行预览放映，且该对象旁会出现数字标识，数字顺序代表播放动画的顺序。

2. 添加组合动画

组合动画是指为同一个对象同时添加进入、退出、强调和动作路径动画 4 种类型中的任意动画组合，例如同时添加进入和退出动画等。选择需要添加组合动画效果的幻灯片对象，然后在“动画”/“高级动画”组中单击“添加动画”按钮★，在打开的下拉列表中选择某一类型的动画后，再次单击“添加动画”按钮★，继续选择其他类型的动画效果即可。添加组合动画后，该对象的左侧将同时出现多个数字标识，如图 10-27 所示。

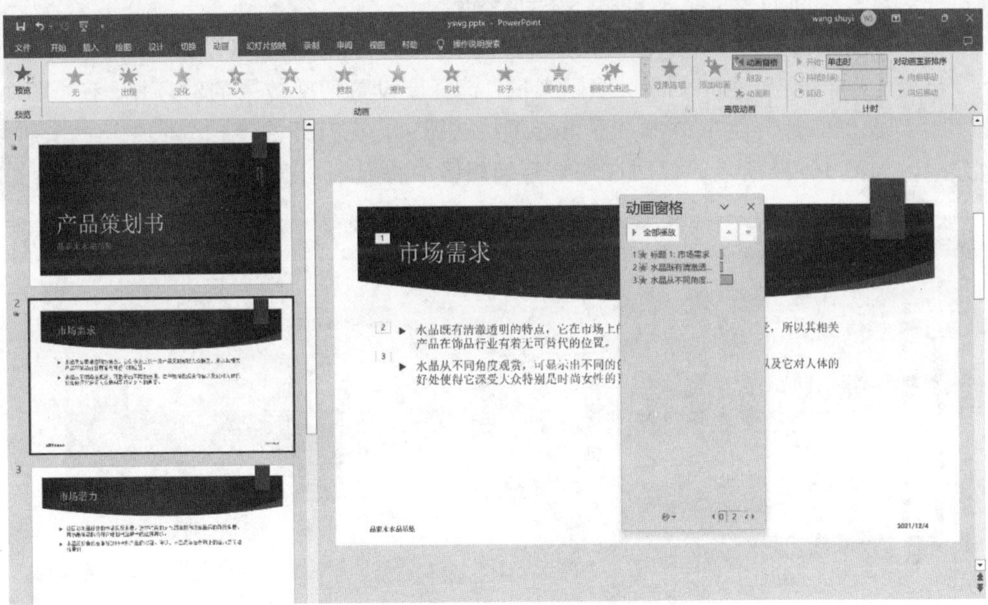


图 10-27　添加多个动画效果

## 10.3.2　设置动画效果

为幻灯片中的对象添加动画效果后，还可以通过“动画”选项卡中的“动画”/“高级动画”/“计时”组，对添加的动画效果进行设置，如图 10-28 所示，这些动画效果在播放时更具条理性，例如设置动画播放参数、调整动画的播放顺序和删除动画等。

图 10-28 “动画”选项卡

- “动画”组：主要设置动画的效果选项，包括“序列”“方向”“形状”等，也可以在动画列表中重新选择动画效果。
- “高级动画”组：主要对同一对象的多个动画进行设置，包括多个动画的添加、触发动画的设置等。此外，单击“动画窗格”按钮，在打开的窗格中还可以对动画的播放顺序和播放效果进行预览。
- “计时”组：在该组中，可以对添加动画的播放时间、播放速度和播放顺序进行设置。

### 10.3.3 设置幻灯片切换动画效果

设置幻灯片切换动画即设置当前幻灯片与下一张幻灯片的过渡动画效果，切换动画可使幻灯片之间的衔接更加自然、生动。

**例 10-3：**打开“产品策划书”演示文稿，为幻灯片设置切换动画。

**步骤 1：**打开“产品策划书”演示文稿，选择要设置切换效果的幻灯片，在“切换”/“切换到此幻灯片”组中单击右下角的下拉按钮▾，在打开的下拉列表中选择一种切换效果，如图 10-29 所示，此时在幻灯片编辑区中将显示切换动画效果。

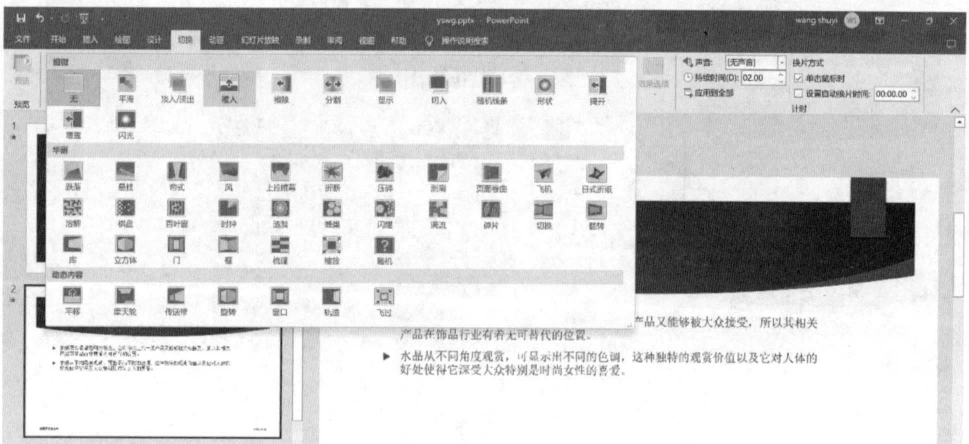

图 10-29 选择切换效果

**步骤 2：**用同样的方法为其他幻灯片设置各种切换效果，如果需要为整个演示文稿设置统一的切换效果，在“切换”/“计时”组中单击“应用到全部”按钮即可。

**步骤 3：**在“切换”/“计时”组中单击“声音”下拉列表右侧的下拉按钮▾，在打开的下拉列表中可以设置幻灯片切换时的音效，在“持续时间”数值框中输入切换动画的持续时间。

**步骤 4：**在“换片方式”栏中单击选中“单击鼠标时”复选框，如图 10-30 所示，表示单击鼠标时播放切换动画；若单击选中“设置自动换片时间”复选框并设置时间，则可在放映幻灯片时根据所设置的间隔时间自动播放切换动画并切换幻灯片。

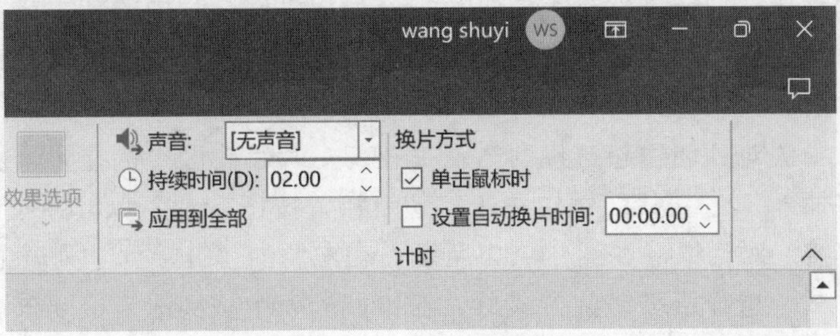


图 10-30　设置切换方式

## 10.3.4　添加动作按钮

动作按钮的功能与超链接比较类似，在幻灯片中创建动作按钮后，可将其设置为单击或经过该动作按钮时，快速切换到上一张幻灯片、下一张幻灯片或第一张幻灯片。

在幻灯片中添加动作按钮的方法：选择要添加动作按钮的幻灯片，在“插入”/“插图”组中单击“形状”按钮，在打开的下拉列表中的“动作按钮”栏中选择要绘制的动作按钮，此时鼠标指针将变为十字形状，将其移至幻灯片右下角，按住鼠标左键不放并向右下角拖动绘制一个动作按钮，此时将自动打开“操作设置”对话框，如图 10-31 所示。根据需要单击“单击鼠标”或“鼠标悬停”选项卡，在其中可以设置单击鼠标或悬停鼠标时要执行的操作，如链接到其他幻灯片或演示文稿、运行程序等。

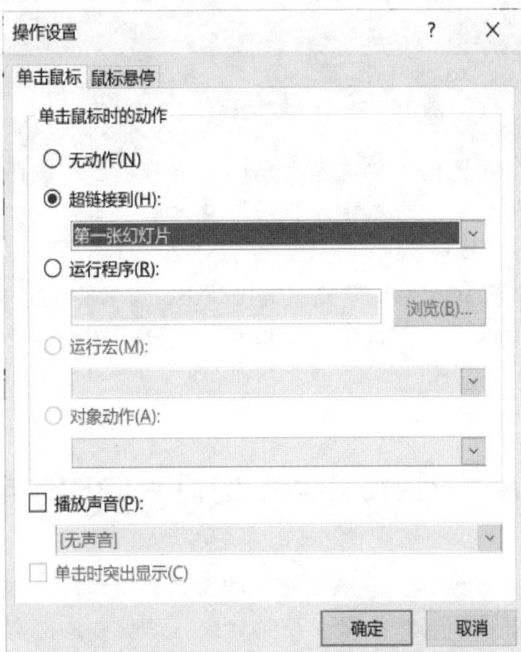


图 10-31　“操作设置”对话框

### 10.3.5 创建超链接

除了使用动作按钮链接到指定幻灯片，还可以为幻灯片中的文本或者图片等对象创建超链接，创建链接后在放映幻灯片时便可单击该对象将页面跳转到链接所指向的幻灯片进行播放。

为幻灯片中的对象创建超链接的方法：在幻灯片编辑区中选择要添加超链接的对象，然后在“插入”/“链接”组中单击“超链接”按钮或按“Ctrl + K”组合键，打开“插入超链接”对话框，如图 10-32 所示。在左侧的“链接到”列表中提供了 4 种不同的链接方式，选择所需链接方式后，在中间列表中按实际链接要求进行设置，完成后单击“确定”按钮，即可为选择的对象添加超链接效果。在放映幻灯片时，单击添加链接的对象，即可快速跳转至所链接的页面或程序。

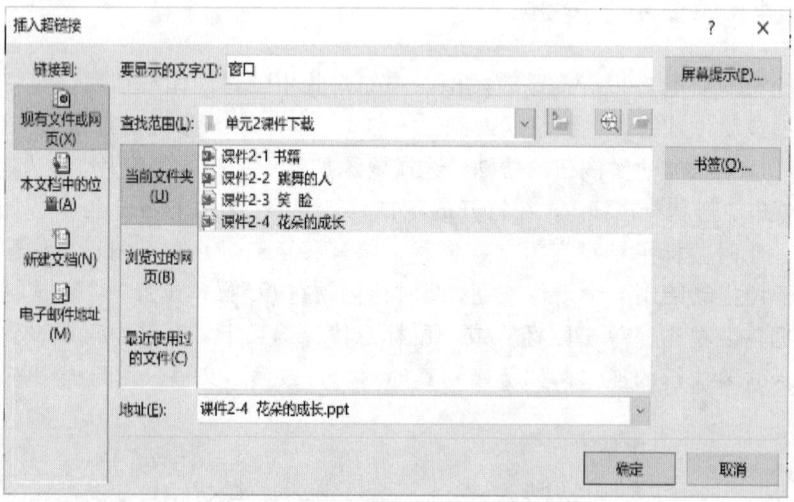


图 10-32 “插入超链接”对话框

在“插入超链接”对话框中单击右上角的“屏幕提示”按钮，在打开的“设置超链接屏幕提示”对话框中的“屏幕提示文字”文本框中可输入鼠标指向链接对象时的提示文字。

此外，如果直接选择文本为其设置超链接效果，设置完成后文本颜色将发生改变，且文本下方将添加下划线；如果选择文本框为其设置超链接效果，则不会改变文本的效果。

## 10.4 PowerPoint 2016 幻灯片的放映与打印

使用 PowerPoint 制作演示文稿的最终目的就是要将幻灯片效果展示给观众，即放映幻灯片。同时，幻灯片的音频效果、视频效果、动画效果都需要通过放映功能进行展示。除了可以放映之外，PowerPoint 2016 也提供了打印功能，用户可对幻灯片进行打印并留档保存。

### 10.4.1 放映设置

在 PowerPoint 中，放映幻灯片时可以设置不同的放映方式，例如演讲者控制放映、观众自行浏览或演示文稿自动循环放映，还可以隐藏不需要放映的幻灯片和录制旁白等，从而满足不同场合的放映需求。

1. 设置放映方式

设置幻灯片的放映方式主要包括设置放映类型、放映幻灯片的数量和换片方式等，在“幻灯片放映”/“设置”组中单击“设置幻灯片放映”按钮，打开“设置放映方式”对话框，其中各主要设置功能介绍如下。

- 设置放映类型：在“放映类型”栏中单击选中相应的单选项，即可为幻灯片设置相应的放映类型。其中，“演讲者放映”方式是 PowerPoint 默认的放映类型，放映时幻灯片全屏显示，在放映过程中，演讲者具有完全的控制权；“观众自行浏览”方式是一种让观众自行观看幻灯片的交互式放映类型，观众可以通过快捷菜单翻页、打印和浏览，但不能单击鼠标进行放映；“在展台浏览”方式同样以全屏显示幻灯片，与“演讲者放映”方式不同的是除了保留鼠标指针用于选择屏幕对象进行放映外，不能进行其他放映控制，要终止放映只能按“ESC”键。
- 设置放映选项：在“放映选项”栏中单击选中 4 个复选框可分别设置循环放映、不添加旁白、不播放动画效果和禁用图形加速效果，还可设置绘图笔和激光笔的颜色等，在“绘图笔颜色”和“激光笔颜色”下拉列表框中可以选择一种颜色，在放映幻灯片时，可使用该颜色的绘图笔在幻灯片上写字或做标记。
- 设置放映幻灯片的数量：在“放映幻灯片”栏中可设置需要进行放映的幻灯片数量，可以选择放映演示文稿中所有的幻灯片，或手动输入放映开始和结束的幻灯片页数。
- 设置换片方式：在“推进幻灯片”栏中可设置幻灯片的切换方式，单击选中“手动”单选项，表示在演示过程中将手动切换幻灯片及演示动画效果；单击选中“如果出现计时，则使用它”单选项，表示演示文稿将按照幻灯片的排练时间自动切换幻灯片和动画，但是如果没有已保存的排练计时，即使单击选中该单选项，放映时还是以手动方式进行控制。

2. 自定义幻灯片放映

自定义幻灯片放映是指选择性地放映部分幻灯片，它可以将需要放映的幻灯片另存为一个放映组合并命名，再进行放映，这类放映主要适用于内容较多的演示文稿。

**例 10-4**：打开“企业资源分析 1”演示文稿，在其中新建自定义放映方案。

**步骤 1**：打开“企业资源分析 1”演示文稿，在“幻灯片放映”/“开始放映幻灯片”组中单击“自定义幻灯片放映”按钮，在打开的下拉列表中选择“自定义放映”选项，打开“自定义放映”对话框，单击“新建”按钮。

**步骤 2**：① 在打开的“自定义放映”对话框的“幻灯片放映名称”文本框中输入本次放映名称；② 然后在“在演示文稿中的幻灯片”列表中单击选中要放映的幻灯片

前的复选框；③ 单击“添加”按钮，如图 10-33 所示。

**步骤 3：**添加后单击右侧的或按钮，可以调整播放顺序，单击“确定”按钮，返回“自定义放映”对话框，单击“放映”按钮即可进入幻灯片放映状态进行观看，如图 10-34 所示。

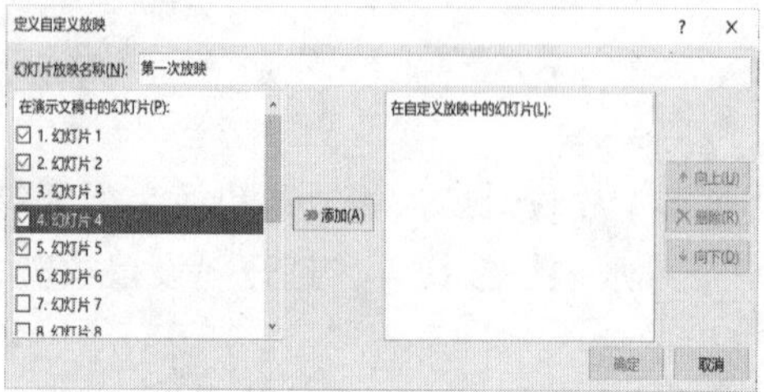


图 10-33　选择需放映的幻灯片

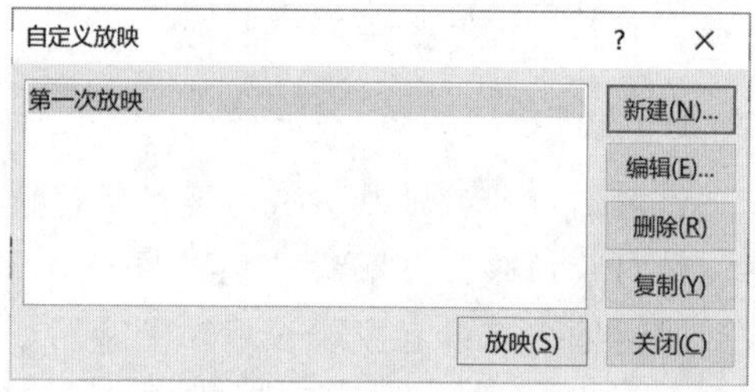


图 10-34　放映幻灯片

3. 隐藏幻灯片

放映幻灯片时，如果只需要放映其中的几张幻灯片，除了可以通过自定义放映来选择幻灯片之外，还可将不需要放映的幻灯片隐藏起来，需要放映时再将其重新显示。

在“幻灯片”窗格中选择需要隐藏的幻灯片，在“幻灯片放映”/“设置”组中单击“隐藏幻灯片”按钮，即可隐藏幻灯片，再次单击该按钮便可将其重新显示。被隐藏的幻灯片上将出现标志。

4. 录制旁白

在没有解说员或演讲者的情况下，可事先为演示文稿录制好旁白。在“幻灯片放映”/“设置”组中单击“录制幻灯片演示”按钮，打开“录制幻灯片演示”对话框，在其中选择要录制的内容后单击“开始录制”按钮，此时幻灯片开始放映并开始计时录音。只要安装了音频输入设备就可直接录制旁白。放映结束的同时将完成旁白的录制，并返回幻灯片浏览视图，每张幻灯片右下角会出现一个喇叭图标，表示已添加旁白。

5. 设置排练计时

在正式放映幻灯片之前，可预先统计出放映整个演示文稿和放映每张幻灯片所需的大致时间。通过排练计时可以使演示文稿自动按照设置好的时间和顺序进行播放，放映过程不需要人工操作。

在“幻灯片放映”/“设置”组中单击“排练计时”按钮，进入放映排练状态，并在放映左上角打开“录制”工具栏。开始放映幻灯片，幻灯片在人工控制下不断进行切换，同时在“录制”工具栏中进行计时，完成后弹出提示框确认是否保留排练计时，单击“是”按钮完成排练计时操作。

### 10.4.2　放映幻灯片

对幻灯片进行放映设置后，即可开始放映幻灯片，在放映过程中演讲者可以进行标记和定位等控制操作。

### 1. 放映幻灯片

幻灯片的放映包含开始放映和切换放映操作，下面分别进行介绍。

1）开始放映

开始放映幻灯片的方法有以下 3 种。

- 在“幻灯片放映”/“开始放映幻灯片”组中单击“从头开始”按钮或按“F5”键，将从第 1 张幻灯片开始放映。
- 在“幻灯片放映”/“开始放映幻灯片”组中单击“从当前幻灯片开始”按钮或按“Shift + F5”组合键，将从当前选择的幻灯片开始放映。
- 单击状态栏上的“幻灯片放映”按钮，将从当前幻灯片开始放映。

2）切换放映

在放映需要讲解和介绍的演示文稿时，如课件类、会议类演示文稿，经常需要切换到上一张或切换到下一张幻灯片，此时就需要使用幻灯片放映的切换功能。

- 切换到上一张幻灯片：按“Page Up”键、“←”键或按“Backspace”键。
- 切换到下一张幻灯片：单击鼠标左键、按空格键、按“Enter”键或按“→”键。

### 2. 放映过程中的控制

在幻灯片的放映过程中有时需要对某一幻灯片进行更多的说明和讲解，此时可以暂停该幻灯片的放映，暂停放映可以直接按“s”键或“+”键，也可在需要暂停的幻灯片中单击鼠标右键，在弹出的快捷菜单中选择“暂停”命令。此外，在右键快捷菜单中还可以选择“指针选项”命令，在其子菜单中选择“笔”或“荧光笔”命令，对幻灯片中的重要内容做标记。

在放映演示文稿时，无论当前放映的是哪一张幻灯片，都可以通过幻灯片的快速定位功能快速定位到指定的幻灯片进行放映。方法为：在放映的幻灯片中单击鼠标右键，在弹出的快捷菜单中选择“定位至幻灯片”命令，在弹出的子菜单中选择切换至的目标幻灯片即可。

## 10.4.3 演示文稿的打包与发送

为了避免编辑的 PowerPoint 幻灯片在其他计算机上无法演示的尴尬，在制作好演示文稿后可以对其进行打包操作。所谓打包，指的是将独立的已综合起来共同使用的单个或多个文件，集合在一起，生成一种独立于运行环境的文件。下面将分别介绍打包和发送演示文稿的方法。

### 1. 打包演示文稿

将演示文稿打包能解决运行环境的限制和文件损坏或无法调用等不可预料的问题，比如打包文件能在没有安装 PowerPoint 软件的计算机上进行播放。对演示文稿进行打包的方法：选择“文件”/“导出”命令，打开“导出”界面，选择“将演示文稿打包成 CD”选项，在打开的列表中单击“打包成 CD”按钮，打开如图 10-35 所示的对话框，在其中可以选择添加多个演示文稿进行打包，同时还可以选择打包文件的存放方式，如文件夹或 CD；若单击“复制到文件夹”按钮，在打开的对话框中设置好文件夹名称和存放的位置后，单击“确定”按钮即可进行打包操作。

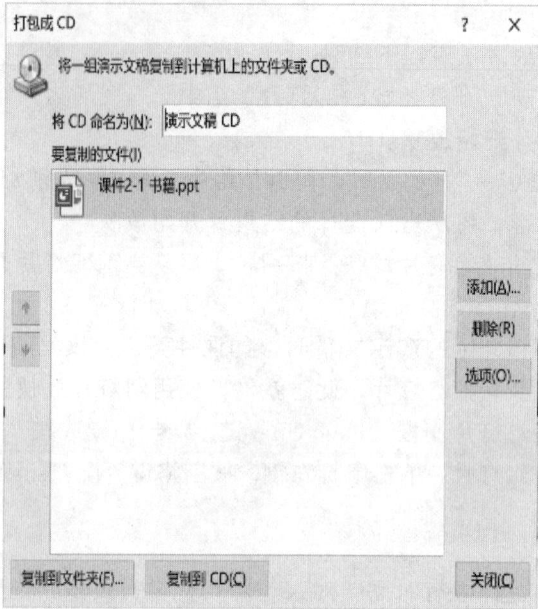


图 10-35 “打包成 CD”对话框

2. 发送演示文稿

在 PowerPoint 2016 中，用户可以将演示文稿作为附件的形式发送给他人查阅。方法：选择“文件”/“共享”命令，在打开的“共享”界面中选择“电子邮件”选项，然后在打开的列表中单击“作为附件发送”按钮，在打开的提示对话框中成功添加 Outlook 邮件后，便可进行邮件的编辑与发送操作。

通过邮件方式发送演示文稿时，有的演示文稿过大会导致传送慢或失败的情况，此时用户可利用压缩工具 WINRAR 对演示文稿进行压缩，缩小文件后再发送。

## 10.5 任务清单

### 10.5.1 任务清单-1

| 姓名 | | 学号 | |
| --- | --- | --- | --- |
| 班级 | | 打分 | |
| 任务工单 | 幻灯片制作练习一 | | |

任务实施要求：

本任务单要求对名为“地球报告”的演示文稿进行格式设置。

新建一个空白演示文稿，将其以“地球报告”为名进行保存，并按下列要求完成对文稿的修饰。

（1）将第一张幻灯片版式设置为“标题幻灯片”，主标题输入“地球报告”，副标题输入“雨林在呻吟”。主标题设置为：加粗、红色、字号 60。

（2）插入第二张幻灯片，版式为“两栏内容”。标题输入“什么是雨林”，左侧栏输入文字：“雨林是雨量甚多的生物区系。雨林依位置的不同分热带雨林和温带雨林。雨林大多数靠近赤道，在赤道经过的非洲、亚洲和南美洲都有大片的雨林。”右侧栏插入符合主题的图片。

（3）插入第三张幻灯片，版式为“标题和竖排文字”。标题输入“雨林的呻吟”，竖排文字内容为：“位于非洲中部的刚果盆地，处在横跨赤道之上的非洲热带雨林的中心地带。这里的气候常年潮湿，异常闷热，一小时降雨量就能达到 7 英寸，形成了一个几乎与外世隔绝的高效率的生态系统。从 20 世纪 60 年代开始，现代文明扰乱了他们悠久的生活传统，伐戳森林的电锯不时传来刺耳的轰鸣……”。

（4）插入第四张幻灯片，版式为“标题和内容”。标题为“雨林——高效率的生态系统”，内容区插入 5 行 2 列表格，表格样式为“浅色样式 3”，第一列的 5 行分别输入“位置”“面积”“植被”“气候”和“降雨量”，第二列的 5 行分别输入“位于非洲中部的刚果盆地，是非洲热带雨林的中心地带”“与墨西哥国土面积相当”“覆盖着广阔、葱绿的原始森林”“气候常年潮湿，异常闷热”“一小时降雨量就能达到 7 英寸”。

（5）为整个演示文稿应用“丝状”主题，将全部幻灯片的切换方案设置为“覆盖”，效果选项为“自顶部”。放映方式为“在展台浏览”。完成效果如图 10-36 所示。

地球报告
雨林在呻吟

什么是雨林
雨林是雨量甚多的生物区系。雨林依位置的不同分热带雨林和温带雨。林雨林大多数靠近赤道，在赤道经过的非洲、亚洲和南美洲都有大片的雨林。

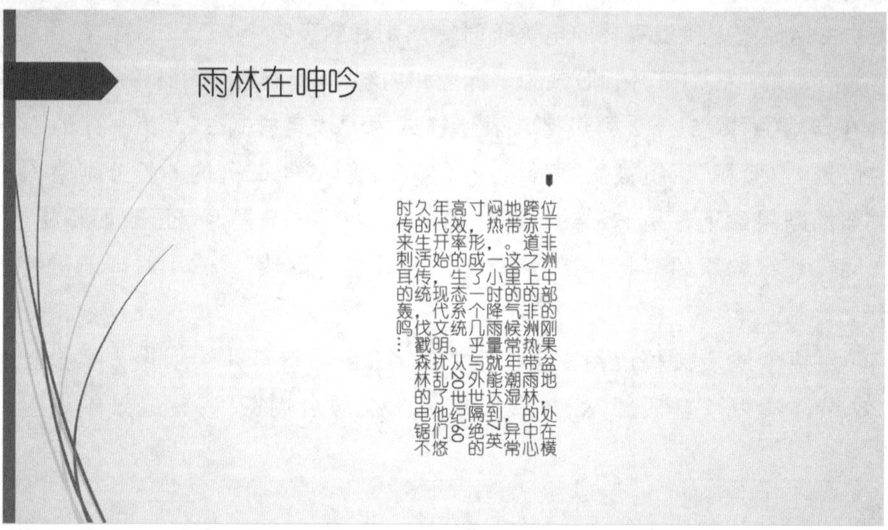
雨林在呻吟
位于非洲中部的刚果盆地，处在横跨赤道之上的非洲热带雨林的中心地带。这里的气候常年潮湿，异常闷热，一小时降雨量就能达到7英寸，形成了一个几乎与外世隔绝的高效率的生态系统。从20世纪60年代开始，现代文明扰乱了他们悠久的生活传统，伐戳森林的电锯不时传来刺耳的轰鸣……

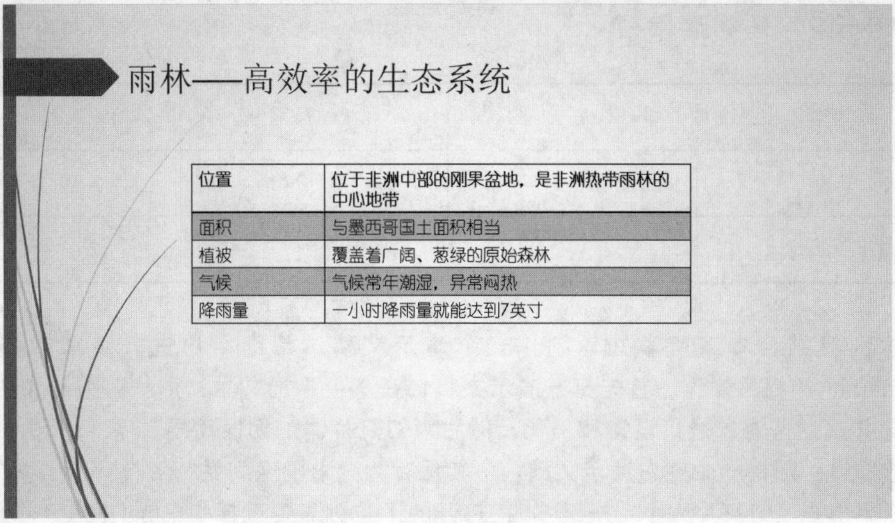


图 10-36 “地球报告”演示文稿

操作要点：

| 教师评语 | |
|---|---|

电子版作业请从电子教室传输端提交

## 10.5.2 任务清单-2

| 姓名 | | 学号 | |
|---|---|---|---|
| 班级 | | 打分 | |
| 任务工单 | 幻灯片制作练习二 | | |

本例将结合本章所学知识制作一个演示文稿，帮助用户进一步掌握和巩固PowerPoint 的相关操作。首先打开演示文稿，在其中添加文本、形状、图片和图表等对象，并对这些对象进行设置和美化，然后为幻灯片添加切换动画。

**步骤 1：**新建一个空白演示文稿，将其保存为“中国空间站”，在“设计”/“自定义”组中单击“幻灯片大小”按钮，在打开的下拉列表中选择“宽屏(16∶9)”选项。

**步骤 2：**在“视图”/“母版视图”组中单击“幻灯片母版”按钮，进入幻灯片母版视图，删除从第四张开始不需要的幻灯片版式，选择第三张幻灯片，在“插入”/“插图”组中单击“形状”按钮，在幻灯片中绘制大小不等的两个矩形形状，然后通过“绘图工具”/“格式”/“形状样式”组中将形状轮廓设置为“无轮廓”，形状颜色设置为“深红”。

**步骤 3：**按住“Ctrl”键的同时选择标题和文本占位符，向右拖动占位符左侧边框上的控制点缩小占位符的宽度。然后选择标题占位符，在“字体”组中的“字体”下拉列表中选择“华文琥珀”选项，如图 10-37 所示。

**步骤 4：**①退出幻灯片母版视图，单击“设计”/“自定义”组中的“设置背景格式”按钮，打开“设置背景格式”窗格，单击选中“图片或纹理填充”单选项；②然后单击“文件”按钮，如图 10-38 所示，设置透明度为 55%、偏移量均为 0%。

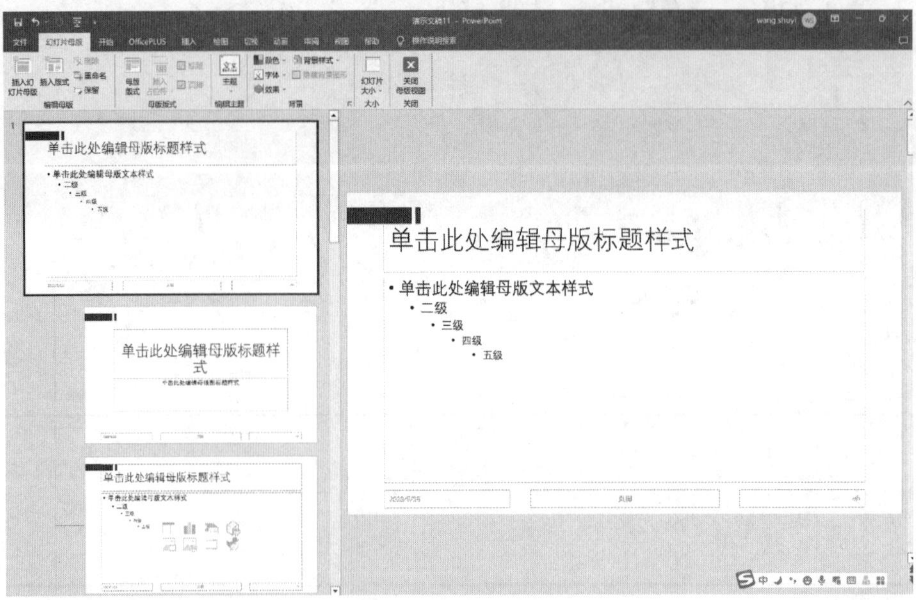


图 10-37 编辑母版幻灯片

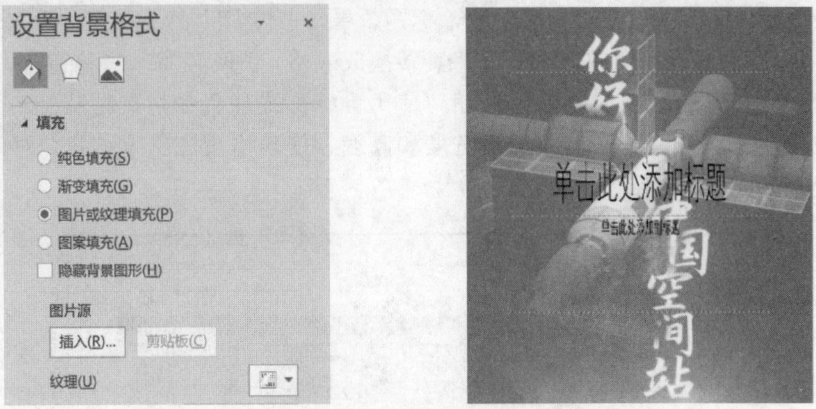


图 10-38　设置背景格式

**步骤 5:** 打开“插入图片”对话框，在其中选择“背景”选项，单击“插入”按钮。返回第一张幻灯片，在其中输入文本，并设置文本格式，效果如图 10-39 所示。

图 10-39　编辑第一张幻灯片

**步骤 6:** 在“幻灯片”窗格的空白区域单击鼠标右键，在弹出的快捷菜单中选择“新建幻灯片”命令，在新建幻灯片中输入标题“目录”，然后单击占位符中的“图片”按钮，在打开的“插入图片”对话框中选择图片，单击“插入”按钮。

**步骤 7:** 绘制直线和文本框，并输入和设置文本格式，效果如图 10-40 所示。

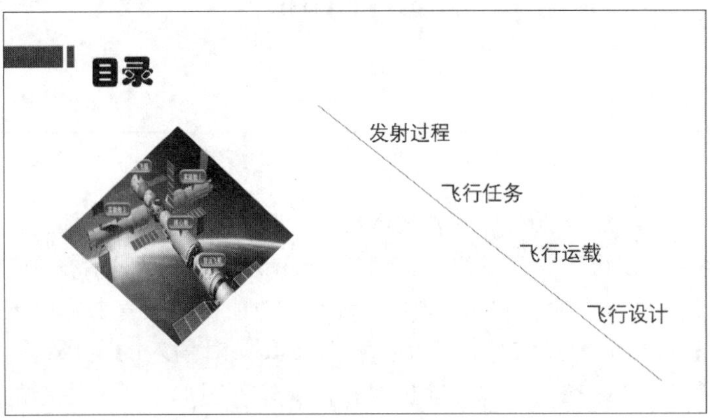


图 10-40　编辑第二张幻灯片

**步骤 8**：继续新建一张幻灯片，输入标题，单击占位符中的▦按钮，插入一个 8 行 2 列的表格。复制整理好的文字素材，将其转换成表格，切换至演示文稿窗口，选择“开始”选项卡“剪贴板”组“粘贴”按钮“使用目标样式”命令将其粘贴至幻灯片的表格中。设置字号“20”磅，调整表格宽度和高度，使表格适应文字内容，移动表格至恰当位置，如图 10-41 所示。

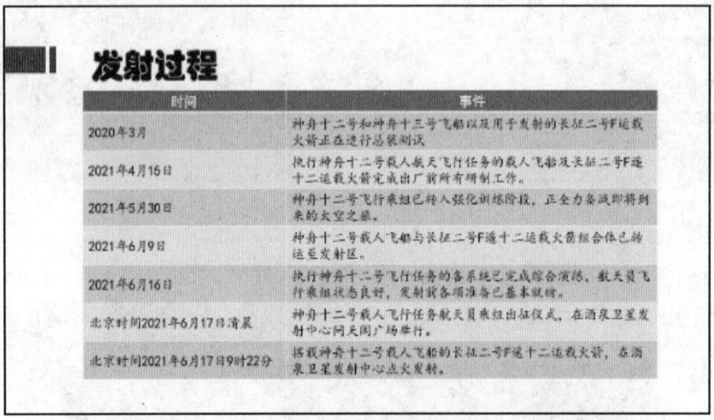


图 10-41　编辑第三张幻灯片

**步骤 9**：继续添加一张幻灯片，输入标题“飞行任务”。① 单击占位符，参考图 10-42 录入与“飞行任务”有关的介绍文字；② 单击“段落”组中的“项目符号”按钮➤，为文字各段落添加☰型的项目符号。

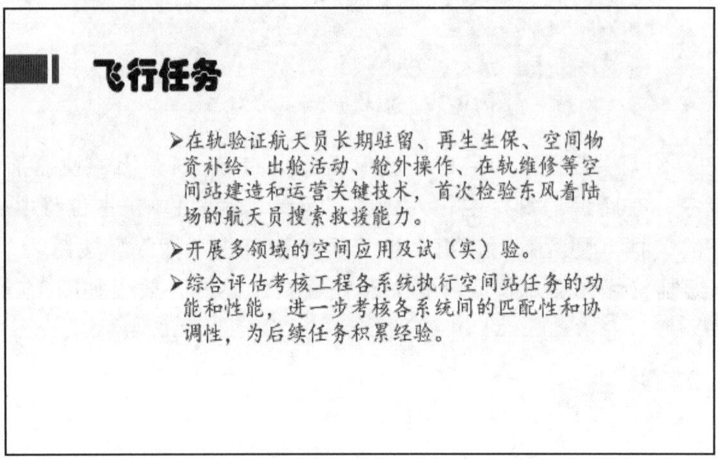


图 10-42　编辑第四张幻灯片

**步骤 10**：继续添加一张幻灯片，输入标题“飞行运载”。① 单击占位符里的“插入 Smart Art 图形”按钮▀，在弹出的“选择 SmartArt 图形”对话框中选择“列表”命令中的“垂直曲形列表”命令；② 利用复制粘贴功能在“垂直曲形列表”流程图的圆形区域内粘贴航天员的图片信息，应用“图片工具”对插入的图片素材进行处理，如裁剪、删除背景等；③ 在“文本”窗格中，依次输入图形中需要显示的航天员人物介绍内容，在“Smart 工具”/“设计”/“创建图形”功能组中可以选择“升级”和“降级”命令来设置从属关系，选择“上移”和“下移”命令来设置前后顺序，参考结果如图 10-43 所示。

图 10-43　编辑第五张幻灯片

**步骤 11**：继续添加一张幻灯片，输入标题“飞行设计”。① 在占位符中添加文字和图片内容；② 选中标题“飞行设计”，在“插入”/“链接”组中单击“链接”按钮，打开“插入超链接”对话框，按图 10-44 所示的内容进行设置，然后单击“确定”按钮。

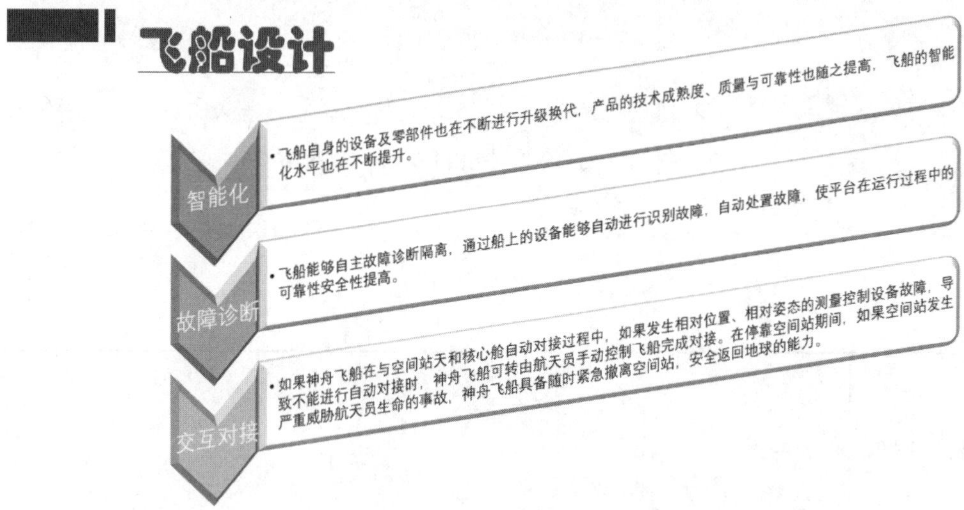


图 10-44　编辑第六张幻灯片

**步骤 12：**给幻灯片添加合适的切换效果，给文字和图片内容添加适当的动画效果，完成演示文稿的制作。

操作要点：

| 教师评语 | |
|---|---|

电子版作业请从电子教室传输端提交

# 第 11 章 新一代信息技术及其应用

随着计算机网络的发展，信息技术也在不断变化和创新，这些技术不仅给 IT 界带来重大影响，更对社会的发展起到积极的促进作用。新一代信息技术产业是随着人们日趋重视信息在经济领域的应用以及信息技术的突破，在以往微电子产业、通信产业、计算机网络技术和软件产业的基础上发展而来的，一方面具有传统信息产业应有的特征，另一方面又具有时代赋予的新的特点。本章主要介绍云计算、大数据、人工智能、物联网和移动互联网等计算机新技术和应用的相关内容。

**学习目标**

（1）了解云计算的相关知识。

（2）熟悉大数据的主要结构与应用。

（3）了解什么是人工智能。

（4）了解物联网的相关知识。

（5）了解移动互联网的发展。

**思政育人目标**

（1）增强学生的创新意识，使学生认识到信息技术对社会的发展所起的积极的促进作用。

（2）引导学生树立正确的科学发展观。

## 11.1 云计算

云计算技术是硬件技术和网络技术发展到一定阶段而出现的新的技术模型，是对实现云计算模式所需要的所有技术的总称。分布式计算技术、虚拟化技术、网络技术、服务器技术、数据中心技术、云计算平台技术、分布式存储技术等都属于云计算技术的范畴，同时云计算也包括新出现的 Hadoop、HPCC、Storm、Spark 等技术。一般来说，为了达到资源整合输出目的的技术都可以称为云计算技术。云计算技术意味着计算能力也可作为一种产品通过互联网进行流通。

云计算技术中主要包括 3 种角色，分别为资源的整合运营者、资源的使用者和终端客户。资源的整合运营者负责资源的整合输出，资源的使用者负责将资源转变为满足客户需求的应用，而终端客户则是资源的最终消费者。

云计算技术作为一项应用范围广、对产业影响深的技术，正逐步向信息产业等各种产业进行渗透，产业的结构模式、技术模式和产品销售模式等都会随着云计算技术发生深刻改变，进而影响人们的工作和生活。

### 11.1.1 云计算的定义

云计算模式如同单台发电模式向集中供电模式的转变，它将计算任务分布在由大量计算机构成的资源池上，使用户能够按需获取计算力、存储空间和信息服务。与传统的资源提供方向相比，云计算主要具有以下特点。

- 超大规模：“云”具有超大的规模，谷歌云计算已经拥有100多万台服务器，亚马逊、IBM、微软等的“云”均拥有几十万台服务器。“云”能赋予用户前所未有的计算能力。
- 高可扩展性：云计算是从一种资源低效的分散使用过渡到资源高效的集约化使用。分散在不同计算机上的资源，其利用率非常低，通常会造成资源的极大浪费，而将资源集中起来后，资源的利用效率会大大地提升。资源的集中化和资源需求的不断提高，也对资源池的可扩张性提出了要求，因此云计算系统必须具备优秀的资源扩张能力，才能方便新资源的加入，有效地应对不断增长的资源需求。
- 按需服务：对于用户而言，云计算系统最大的好处是可以适应自身对资源不断变化的需求，云计算系统按需向用户提供资源，用户只需为自己实际消费的资源量进行付费，而不必自己购买和维护大量固定的硬件资源。这不仅为用户节约了成本，还可促使应用软件的开发者创造出更多有趣和实用的应用。同时，按需服务让用户在服务选择上具有更大的空间，通过缴纳不同的费用来获取不同层次的服务。
- 虚拟化：云计算技术是利用软件来实现硬件资源的虚拟化管理、调度及应用，支持用户在任意位置、使用各种终端获取应用服务。通过“云”这个庞大的资源池，用户可以方便地使用网络资源、计算资源、数据库资源、硬件资源、存储资源等，大大降低了维护成本，提高了资源的利用率。
- 通用性：云计算不针对特定的应用，在“云”的支撑下可以构造出千变万化的应用，同一个“云”可以同时支撑不同的应用运行。
- 高可靠性：在云计算技术中，用户数据存储在服务器端，应用程序在服务器端运行，计算由服务器端处理，数据被复制到多个服务器节点上，当某一个节点任务失败时，即可在该节点进行终止，再启动另一个程序或节点，保证应用和计算的正常进行。
- 极其廉价：“云”的自动化集中式管理使大量企业无须负担日益高昂的数据中心管理成本，“云”的通用性使资源的利用率较之传统系统大幅提升，因此用户可以充分享受“云”的低成本优势。
- 潜在的危险性：云计算服务除了提供计算服务外，还会提供存储服务。那么，对于选择云计算服务的政府机构、商业机构而言，就存在数据（信息）被泄露的危险，因此政府机构、商业机构（特别是像银行这样持有敏感数据的商业机构）在选择云计算服务时一定要保持足够的警惕。

### 11.1.2 云计算的发展

21世纪10年代，云计算作为一个新的技术趋势已经得到了快速发展。云计算的崛起无疑将改变IT产业，也将深刻改变人们工作和公司经营的方式，它将允许数字技术渗透到经济和社会的每一个角落。“云计算”的发展基本可以分为 4 个阶段。

1. 理论完善阶段

1984 年，Sun 公司的联合创始人 John Gage 提出“网络就是计算机”的名言，用于描述分布式计算技术带来的新世界，今天的“云计算”正在将这一理念变成现实；1997 年，南加州大学教授 Ramnath K Chellappa 提出“云计算”的第一个学术定义；1999 年，Mare Andreessen 创建 Loud Cloud，是第一个商业化的 IaaS 平台；1999 年 3 月，Salesforce 成立，成为最早出现的云服务；2005 年，亚马逊发布 Amazon WebServices“云计算”平台。

2. 准备阶段

IT 企业、电信运营商、互联网企业等纷纷推出云服务，云服务形成。2008 年 10 月，微软发布其公共“云计算”平台——Windows Azure Platform，由此拉开了微软的“云计算”大幕。2008 年 12 月，Gartner 披露十大数据中心突破性技术，虚拟化和“云计算”上榜。

3. 成长阶段

云服务功能日趋完善，种类日趋多样，传统企业也开始通过自身能力扩展、收购等模式，投入云服务之中。2009 年 4 月，VMware 推出业界首款云操作系统 VMwarev Sphere4。2009 年 7 月，中国首个企业“云计算”平台诞生。2009 年 11 月，中国移动“云计算”平台“大云”计划启动。2010 年 1 月，微软正式发布 Microsoft Azure 云平台服务。

4. 高速发展阶段

通过深度竞争，云服务逐渐形成主流的平台产品和标准，产品功能比较健全、市场格局相对稳定，云服务进入成熟阶段。2014 年，阿里云启动云合计划；2015 年，华为在北京正式宣布“企业云”战略；2016 年，腾讯云战略升级，并宣布“云出海”计划等。

### 11.1.3 云计算的主要技术与应用

随着云计算技术产品、解决方案的不断成熟，云计算技术的应用领域不断扩展，衍生出了云制造、教育云、环保云、物流云、云安全等各种功能，对医药医疗领域、制造领域、金融与能源领域、电子政务领域、教育科研领域的影响巨大，在电子邮箱、数据存储、虚拟办公等方面也提供了非常大的便利。

云计算里有 5 个关键技术，分别是虚拟化技术、编程模型、数据存储技术、数据管理技术、云计算平台管理技术。下面介绍几种常用的技术。

1. 云安全

云安全是云计算技术的重要分支，在反病毒领域获得了广泛应用。云安全技术可以通过网状的大量客户端对网络中软件的异常行为进行监测，获取互联网中木马和恶意程序的最新信息，自动分析和处理信息，并将解决方案发送到每一个客户端。

云安全融合了并行处理、网格计算、未知病毒行为判断等新兴技术和概念，理论上可以把病毒的传播范围控制在一定区域内，且整个云安全网络对病毒的上报和查杀速度非常快，在反病毒领域中意义重大，但所涉及的安全问题也非常广泛。从最终用户的角度而言，云安全技术在用户身份安全、共享业务安全和用户数据安全等方面需要格外关注。

“云安全”系统的建立并非轻而易举，要想保证系统的正常运行，不仅需要海量的客户端、专业的反病毒技术和经验、大量的资金和技术投入，还必须提供开放的系统，让大量合作伙伴加入。

2. 云存储

云存储是一种新兴的网络存储技术，可将资源放到云上供用户存取。云存储通过集群应用、网络技术或分布式文件系统等功能将网络中大量不同类型的存储设备集合起来协同工作，共同对外提供数据存储和业务访问功能。通过云存储，用户可以在任何时间、任何地方，以任何可联网的装置连接到云上存取数据。

在使用云存储功能时，用户只需要为实际使用的存储容量付费，不用额外安装物理存储设备，减少了 IT 和托管成本。同时，存储维护工作转移至服务提供商，在人力、物力上也降低了成本。但云存储也反映了一些可能的问题，如果用户在云存储中保存重要数据，则数据安全可能存在潜在隐患，其可靠性和可用性取决于广域网的可用性和服务提供商的预防措施等级，而对于一些具有特定记录保留需求的用户，在采用云存储的过程中还需对云存储进行进一步的了解和掌握。

3. 云游戏

云游戏是一种以云计算技术为基础的在线游戏技术，云游戏模式中的所有游戏都在服务器端运行，同时通过网络将渲染后的游戏画面进行压缩并传送给用户。

云游戏技术主要包括云端完成游戏运行与画面渲染的云计算技术，以及玩家终端与云端间的流媒体传输技术。对于游戏运营商而言，只需花费服务器升级的成本，而不需要不断投入巨额的新主机研发费用；对于游戏用户而言，无须用户的游戏终端拥有强大的图形运算与数据处理能力、高端处理器和显卡等，只需具备基本的视频解压能力即可。

## 11.2 大数据

数据是指存储在某种介质上包含信息的物理符号，进入电子时代后，人们生产数据的能力和数量得到飞速提升，而这些数据的增加促使了大数据技术的产生。

### 11.2.1 大数据的定义

大数据是指无法在一定时间范围内用常规软件工具（IT 技术和软硬件工具）进行

捕捉、管理、处理的数据集合。对大数据进行分析不仅需要采用集群的方法获取强大的数据分析能力，还需研究面向大数据的新数据分析算法。

大数据技术是指为了传送、存储、分析和应用大数据而采用的软件和硬件技术，也可将其看作面向数据的高性能计算系统。从技术层面来看，大数据与云计算的关系密不可分，大数据必须采用分布式架构对海量数据进行分布式数据挖掘，这使它必须依托云计算的分布式处理、分布式数据库、云存储和虚拟化技术。

### 11.2.2 大数据的发展

在大数据行业火热的发展下，大数据几乎涉及所有行业的发展，相继出台的一系列政策更是加快了大数据产业的落地。大数据发展大致经历了 4 个时期。

1.“大数据”出现阶段

1980 年，阿尔文·托夫勒著的《第三次浪潮》一书将“大数据”称为“第三次浪潮的华彩乐章”。1997 年，美国研究员迈克尔·考克斯和大卫·埃尔斯沃斯首次使用“大数据”这一术语来描述 20 世纪 90 年代的挑战。

“大数据”在云计算出现之后才凸显其真正的价值，谷歌在 2006 年首先提出云计算的概念。2007—2008 年随着社交网络的激增，专业人士为“大数据”概念注入新的生机。2008 年 9 月，《自然》杂志推出了名为“大数据”的封面专栏。

2.“大数据”热门阶段

2009 年，欧洲一些领先的研究型图书馆和科技信息研究机构建立了伙伴关系，致力于改善在互联网上获取科学数据的简易性。2010 年，肯尼斯库克尔发表大数据专题报告《数据，无所不在的数据》。2011 年 6 月，麦肯锡发布了关于“大数据”的报告，正式定义了大数据的概念，后逐渐受到了各行各业关注。2011 年 12 月，信息处理技术作为 4 项关键技术创新工程之一被提出来，其中包括了海量数据存储、图像视频智能分析、数据挖掘，这些是大数据的重要组成部分。

3.“大数据”时代特征阶段

2012 年，维克托·迈尔·舍恩伯格和肯尼斯·库克耶合著的《大数据时代》一书，把大数据的影响分为 3 个不同的层面来分析，分别是思维变革、商业变革和管理变革。“大数据”这一概念乘着互联网的浪潮在各行各业中占据着举足轻重的地位。

4.“大数据”爆发期阶段

2017 年，在政策、法规、技术、应用等多重因素的推动下，基本形成了跨部门数据共享共用的格局。我国多省、市相继出台了大数据研究与发展行动计划，整合数据资源，实现区域数据中心资源汇集与集中建设。全国多所本科学校获批“数据科学与大数据技术”专业，多所专科院校开设“大数据技术与应用”专业。

### 11.2.3 大数据的主要结构与应用

大数据包括结构化、半结构化和非结构化数据 3 种，其中非结构化数据逐渐成为大数据的主要部分。IDC 的调查报告显示：企业中 80%的数据都是非结构化数据，这些数据每年都按指数增长 60%。

在以云计算为代表的技术创新背景下，收集和处理数据变得更加简便。大数据的应用主要体现在以下几个方面。

- 高能物理：一个与大数据联系十分紧密的学科，高能物理科学家往往需要从大量的数据中去发现一些小概率的粒子事件，如比较典型的离线处理方式，由探测器组负责在实验时获取数据，而最新的 LHC 实验每年采集的数据高达 15 PB。高能物理中的数据不仅十分海量，且没有关联性，要从海量数据中提取有用的事件，可以使用并行计算技术对各个数据文件进行较为独立的分析处理。
- 推荐系统：可以通过电子商务网站向用户提供产品信息和建议，如产品推荐、新闻推荐、视频推荐等，而实现推荐过程则需要依赖大数据。用户在访问网站时，网站会记录和分析用户的行为并建立模型，将该模型与数据库中的产品进行匹配后，才能完成推荐过程。为了实现这个推荐过程，需要存储海量的客户访问信息，并基于大量数据进行分析，推荐出符合用户行为的内容。
- 搜索引擎系统：非常常见的大数据系统，为了有效地完成互联网上数量巨大的信息的收集、分类和处理工作，搜索引擎系统大多基于集群架构。搜索引擎的发展历程为大数据研究积累了宝贵的经验。

### 11.2.4 大数据处理的流程

大数据处理的数据源类型多种多样，在不同的场合通常需要使用不同的处理方法。在处理大数据的过程中，通常需要经过采集、导入、预处理、统计分析、数据挖掘和数据展现等步骤。在适合工具的辅助下，对广泛异构的数据源进行抽取和集成，按照一定的标准统一存储数据，并通过合适的数据分析技术对其进行分析，最后提取信息，选择合适的方式将结果展示给终端用户。

- 数据抽取与集成：大数据处理的第一步，从抽取数据中提取出关系和实体，经过关联和聚合等操作，按照统一定义的格式对数据进行存储。如基于物化或数据仓库技术的引擎、基于联邦数据库或中间件方法的引擎和基于数据流方法的引擎均是现在主流的数据抽取和集成方式。
- 数据分析：大数据处理的核心步骤，在决策支持、商业智能、推荐系统、预测系统中应用广泛。在从异构的数据源中获取了原始数据后，将数据导入一个集中的大型分布式数据库或分布式存储集群，进行一些基本的预处理工作，然后根据需求对原始数据进行分析，如数据挖掘、机器学习、数据统计等。
- 数据解释和展现：在完成数据的分析后，应该使用合适的、便于理解的展示方式将正确的数据处理结果展示给终端用户。可视化和人机交互是数据解释的主要技术。

## 11.3 人工智能

人工智能是计算机科学的一个分支，它试图了解智能的实质，并生产出一种新的能以人类智能相似的方式做出反应的智能机器。人工智能研究的领域比较广泛，包括机器人、语言识别、图像识别和自然语言处理等。

### 11.3.1 人工智能的定义

人工智能（Artificial Intelligence，AI）是指由人工制造的计算系统所表现出来的智能，可以概括为研究智能程序的一门科学。其主要目标在于研究用机器来模仿和执行人脑的某些智力功能，探究相关理论、研发相应技术，如判断、推理、识别、感知、理解、思考、规划、学习等思维活动。

人工智能技术已经渗透到人们日常生活的各个方面，涉及的行业也很多，包括游戏、新闻媒体、金融，并运用于各种领先的研究领域，如量子科学。

### 11.3.2 人工智能的发展

1956 年夏季，以麦卡赛、明斯基、罗切斯特和申农等为首的一批年轻科学家一起聚会，共同研究和探讨用机器模拟智能的一系列有关问题，并首次提出了“人工智能”这一术语，它标志着“人工智能”这门新兴学科的正式诞生。

从 1956 年正式提出人工智能学科算起，60 多年来人工智能取得长足的发展，成为一门广泛的交叉和前沿学科。总的说来，人工智能的目的就是让计算机这台机器能够像人一样去思考。当计算机出现后，人类才开始真正有了一个可以模拟人类思维的工具。

如今，全世界几乎所有大学的计算机专业都在研究“人工智能”这门学科。大家或许不会注意到，在很多领域，计算机能帮助人完成原本只属于人类的工作，计算机以它的高速和准确为人类发挥着作用。人工智能始终是计算机科学的前沿学科，计算机的编程语言和其他计算机软件都因为有了人工智能的发展而得以存在。

### 11.3.3 人工智能的实际运用

人工智能可以分为弱人工智能、强人工智能、超人工智能 3 个级别。其中，弱人工智能的应用非常广泛，比如手机的自动拦截骚扰电话、邮箱的自动过滤等都属于弱人工智能。强人工智能和弱人工智能的区别在于，强人工智能有自己的思考方式，能够进行推理然后制订并执行计划，同时拥有一定的学习能力，能够在实践中不断进步。人工智能曾经只在一些科幻影片中出现过，但伴随着科学的不断发展，人工智能已经得到不同程度的应用，电影中的技术也正在被慢慢实现，如自动驾驶、智慧生活、智慧医疗等，如图 11-1 所示。

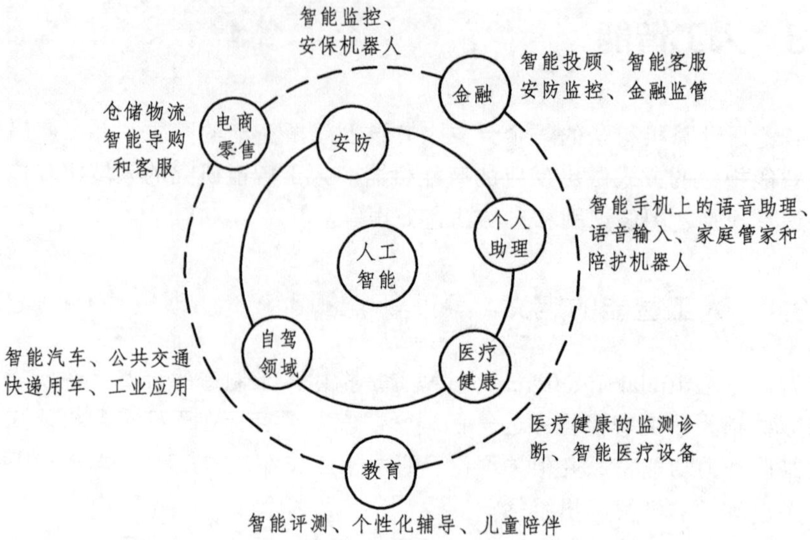

图 11-1　人工智能的实际运用

1. 在线客服

在线客服是一种以网站为媒介进行即时沟通的通信技术。聊天机器人必须擅于理解自然语言，当然，与人沟通的方式和与计算机沟通的方式是截然不同的，因此这项技术十分依赖自然语言处理技术，一旦这些机器人能够理解不同的语言表达方式所包含的实际目的，那么很大程度上就可以用于代替人工服务了。

2. 自动驾驶

自动驾驶是现在逐渐发展成熟的一项智能应用。自动驾驶一旦实现，将会有如下改变。

- 汽车本身的形态会发生变化：一辆不需要方向盘、不需要司机的汽车，可以被设计成前所未有的样子。
- 未来的道路将发生改变：未来道路也会按照自动驾驶汽车的要求来重新进行设计，专用于自动驾驶的车道可以变得更窄，交通信号可以更容易被自动驾驶汽车识别。
- 完全意义上的共享汽车将成为现实：大多数的汽车可以用共享经济的模式，随叫随到。因为不需要司机，这些车辆可以保证 24 小时随时待命，可以在任何时间、任何地点提供高质量的租用服务。

3. 智慧生活

目前的机器翻译水平，已经可以做到基本表达原文语意，不影响理解与沟通。但假以时日，不断提高翻译准确度的人工智能系统，很有可能像下围棋的“Alpha Go”那样悄然越过业余译员和职业译员之间的技术鸿沟，一跃成为翻译大师。到那时，不只是手机会和人进行智能对话，家庭里的每一件家用电器，都会拥有足够强大的对话功能，为人们提供更加方便的服务。

4. 智慧医疗

智慧医疗通过打造健康档案区域医疗信息平台，利用先进的物联网技术，实现患者与医务人员、医疗机构、医疗设备之间的互动。

大数据和基于大数据的人工智能，为医生辅助诊断疾病提供了很好的支持。将来医疗行业将融入更多的人工智能、传感技术等高科技，使医疗服务走向真正意义的智能化。在人工智能的帮助下，我们看到的不会是医生失业，而是同样数量的医生可以服务几倍、数十倍甚至更多的人群。

## 11.4 物联网

物联网（Internet of Things）可将现实世界数字化，应用范围十分广泛。下面将从物联网的定义、技术和应用 3 个方面来介绍物联网的相关知识。

### 11.4.1 物联网的定义

物联网是可以让所有具备独立功能的普通物体实现互联互通的网络。简单地说，物联网就是把所有能行使独立功能的物品，通过信息传感设备与互联网连接起来，进行信息交换，以实现智能化识别和管理。

在物联网上，每个人都可以应用电子标签连接真实的物体。通过物联网可以用中心计算机对机器、设备、人员进行集中管理和控制，也可以对家庭设备、汽车进行遥控，以及搜索位置、防止物品被盗等，通过收集这些数据，最后聚集成大数据，从而实现物和物的相联。

### 11.4.2 物联网的关键技术

物联网目前的发展情况非常好，特别是在智慧城市、工业、交通以及安防等领域，都取得了不错的成就。要推动物联网产业更好地发展，必须从低功耗、高效率、安全性等方面出发，以下几项关键技术的应用就变得更加重要。

1. RFID 技术

RFID 技术是一种短程通信技术，它可以通过无线电信号识别特定目标并读写相关数据。它相当于物联网的“嘴巴”，负责让物体说话。

RFID 技术主要的表现形式是 RFID 标签，具有抗干扰性强、数据容量大、安全性高、识别速度快等优点，主要工作频率有低频、高频和超高频。目前，FRID 技术已应用于许多方面，如仓库物资/物流信息的追踪、医疗信息追踪等。

RFID 技术的难点是，如何选择最佳工作频率和机密性的保护等，特别是超高频频段的技术不够成熟，相关产品价格昂贵、稳定性不高。

#### 2. 传感器技术

传感器技术能感受规定的被测量，如电压、电流等，并按照一定的规律转换成可用的输出信号。它相当于物联网的“耳朵”，负责接收物体“说话”的内容，例如应用于生活中空调制冷剂液位的精确控制等。

传感器技术的难点在于恶劣环境的考验，当受到自然环境中温度等因素的影响时，会引起传感器零点漂移和灵敏度的变化。

#### 3. 云计算技术

物联网与云计算技术类似于应用与平台的关系，物联网系统需要大量的存储资源来保存数据，同时也需要计算资源来处理和分析数据。物联网的智能处理需要依靠先进的信息处理技术，如云计算、模式识别等，而云计算是实现物联网的核心，促进了物联网和互联网的智能融合。云计算与物联网的结合，将给物联网带来深刻的变革，云计算可以解决物联网服务器节点的不可靠性，最大限度地降低服务器的出错率，可以以低成本的投入换来高收益，可以让物联网从局域网走向城域网甚至是广域网，对信息进行多区域定位、分析、存储和更新，在更大的范围内实现信息资源共享，可以增强物联网的数据处理能力等。随着物联网和云计算技术的日趋成熟，云计算技术在物联网中的广泛应用指日可待。

#### 4. 无线网络技术

当物体与物体“交流”的时候，就需要能支持高速数据传输的无线网络，无线网络的速度决定了设备连接的速度和稳定性。

目前，大部分网络都在使用 4G，4G 给通信市场带来的变革是巨大的，但是随着 5G 时代的来临，5G 技术将把移动市场推到一个全新的高度，而物联网的发展也将因此得到更大的突破。

#### 5. 人工智能技术

人工智能技术是研究，开发用于模拟、延伸和扩展人的智能的理论、方法、技术及应用系统的一门新的技术。人工智能与物联网密不可分，物联网负责将物体连接起来，而人工智能负责让连接起来的物体进行学习，进而实现智能化。

### 11.4.3 物联网的应用

物联网蓝图逐步变成了现实，在很多场合都有物联网的影子。下面将对物联网的应用领域进行简单介绍，包括物流、交通、安防、医疗、建筑、能源环保、家居、零售等，如图 11-2 所示。

#### 1. 智慧物流

智慧物流指的是以物联网、人工智能、大数据等信息技术为支撑，在物流的运输、仓储、配送等各个环节实现系统感知、全面分析和处理等功能。它在物联网领域的应用主要体现在 3 个方面，包括仓储、运输监测和快递终端，通过物联网技术实现对货物的监测以及运输车辆的监测，包括货物车辆位置、状态以及货物温湿度、油耗和车速等。

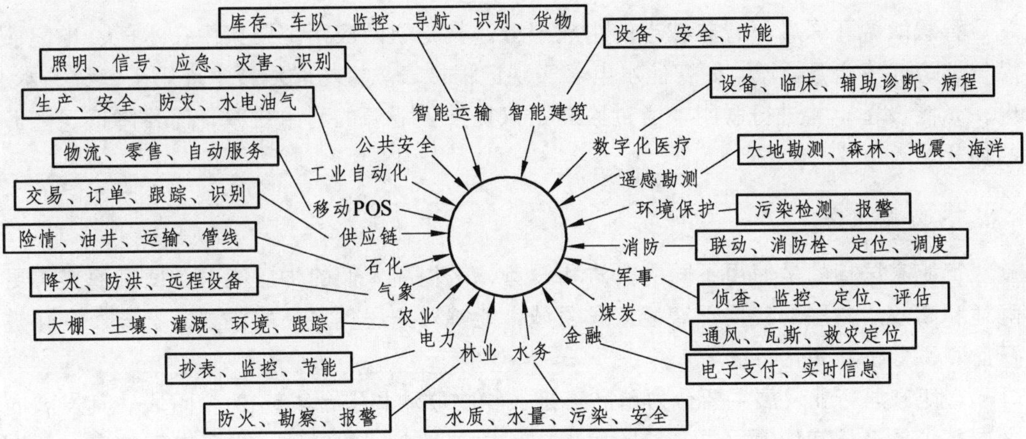


图 11-2　物联网的实际运用

2. 智能交通

智能交通是物联网的一种重要体现形式，它利用信息技术将人、车和路紧密结合起来，以改善交通运输环境、保障交通安全，并提高资源利用率。智能交通在物联网技术中的应用，包括智能公交车、智慧停车、共享单车、车联网、充电桩监测以及智能红绿灯等领域。

3. 智能安防

传统安防对人员的依赖性比较大，非常耗费人力，而智能安防能够通过设备实现智能判断。目前，智能安防最核心的部分是智能安防系统，该系统是对拍摄的图像进行传输与存储，并对其进行分析与处理。

一个完整的智能安防系统主要包括门禁、报警和监控三大部分，在行业应用中主要以视频监控为主。

4. 智能医疗

在智能医疗领域，新技术的应用必须以人为中心。物联网技术是数据获取的主要途径，能有效地帮助医院实现对人和物的智能化管理。

- 对人的智能化管理指的是通过传感器对人的生理状态（如心跳频率、血压高低等）进行监测，将获取的数据记录到电子健康文件中，方便个人或医生查阅。
- 通过 RFID 技术能对医疗设备、物品进行监控与管理，实现医疗设备、用品可视化，主要表现为数字化医院。

5. 智慧建筑

建筑是城市的基石，技术的进步促进了建筑的智能化发展，以物联网等新技术为基础的智慧建筑也越来越受到人们的关注。当前的智慧建筑主要体现在节能方面，与此同时设备之间的感知和信息传输可帮助人类实现远程监控，在节约能源的同时还减少了楼宇人员的维护工作。

6. 智慧能源环保

智慧能源环保属于智慧城市的组成部分，其物联网应用主要集中在水能、电能、燃气、路灯等能源领域，如智能水电表实现远程抄表。将物联网技术应用于传统的水、电、光能设备，并进行联网，通过监测不仅提升了能源的利用效率，而且降低了能源的损耗。

7. 智能家居

智能家居指的是使用不同的方法和设备，来提高人们的生活能力，使家庭变得更舒适和高效。物联网应用于智能家居领域，能够对家居类产品的位置、状态、变化进行监测，分析其变化特征。

智能家居行业发展主要分为单品连接、物物联动和平台集成 3 个阶段。其发展的方向首先是连接智能家居单品，随后走向不同单品之间的联动，最后向智能家居系统平台发展。当前，各个智能家居类企业正处于从单品向物物联动的过渡阶段。

8. 智能零售

行业内将零售按照距离，分为远场零售、中场零售、近场零售 3 种，分别以电商、超市和自动售货机为代表。物联网技术可以用于近场和中场零售，且主要应用于近场零售，即无人便利店和自动（无人）售货机。

智能零售通过将传统的售货机和便利店进行数字化升级和改造，打造成无人零售模式。通过数据分析，智能零售系统可充分运用门店内的客流和活动数据，为用户提供更好的服务。

## 11.5 移动互联网

移动互联网是互联网与移动通信在各自独立发展的基础上相互融合的新兴领域，涉及无线蜂窝通信、无线局域网以及互联网、物联网、云计算等诸多领域，能广泛应用于个人即时通信、现代物流、智慧城市等多个场景。

### 11.5.1 移动互联网的定义

移动互联网（Mobile Internet，MI）是一种通过智能移动终端，采用移动无线通信方式获取业务和服务的新兴业务，包含终端、软件和应用 3 个层面。

- 终端层包括智能手机、平板计算机、电子书等。
- 软件层包括操作系统、数据库和安全软件等。
- 应用层包括休闲娱乐类、工具媒体类、商务财经类等不同应用与服务。

移动互联网具备以下几个特点。

1. 便携性

移动互联网的基础网络是一张立体的网络，GPRS、3G、4G、5G、WLAN 或 Wi-Fi 构成的无缝覆盖，使得移动终端具有通过上述任何形式方便联通网络的特性，这些移动终端不限于智能手机、平板计算机，还有可能是智能眼镜、手表等随身物品，它们都可以随时随地被使用。

2. 即时性

由于有了便捷性，人们可以充分利用生活、工作中的碎片化时间，接收和处理互联网的各类信息，不用担心错过任何重要信息、时效信息。

3. 感触性和定向性

感触性和定向性不仅体现在移动终端屏幕的感触层面，还体现在拍照、二维码扫描，以及移动感应、温度和湿度感应等方面。基于位置的服务不仅能够定位移动终端所在的位置，还可以根据移动终端的趋向性，确定下一步可能前往的位置。

4. 隐私性

移动设备用户的隐私性远高于计算机端用户的要求。高隐私性决定了移动互联网终端应用的特点，数据共享时既要保障认证客户的有效性，又要保证信息的安全性。

### 11.5.2 移动互联网的发展

作为互联网的重要组成部分，移动互联网还处在发展阶段，但根据传统互联网的发展经验，其快速发展的临界点已经出现。在互联网基础设施不断完善和移动寻址技术日趋成熟等条件的推动下，移动互联网将迎来发展高潮。

- 移动互联网超越传统互联网，引领发展新潮流。计算机只是互联网的终端之一，智能手机、平板计算机已成为重要终端，电视机、车载设备正在成为网络应用的终端。
- 移动互联网和传统行业融合，催生新的应用模式。在移动互联网、云计算、物联网等新技术的推动下，传统行业与互联网的融合呈现出新的特点，平台和模式都发生了改变。
- 终端的支持是业务推广的生命线，随着移动互联网业务逐渐升温，移动终端解决方案也不断增多。
- 移动互联网业务的新特点为商业模式创新提供了空间。随着移动互联网发展进入快车道，移动互联网也已经融入主流生活与商业社会，如移动游戏、移动广告、移动电子商务等业务模式流量变现能力快速提升。
- 目前的移动互联网领域，仍然是以位置的精准营销为主，但随着大数据相关技术的发展和人们对数据挖掘的不断深入，针对用户个性化定制的应用服务和营销方式将成为发展的趋势，这将会是移动互联网的另一片蓝海。

在移动互联网时代，传统的信息产业运作模式正在被打破，新的运作模式正在形成。对于手机厂商、互联网公司、消费电子公司以及网络运营商来说，这既是机遇，也是挑战。

### 11.5.3 移动互联网的 5G 时代

移动互联网的演进历程是移动通信和互联网等技术汇聚、融合的过程，其中不断演进的移动通信技术是移动互联网持续且快速发展的主要推手。目前，移动通信技术经历了从 1G 时代发展到 5G 万物互联的时代。

- 1G：1986 年，第一代移动通信系统采用模拟信号传输，即将电磁波进行频率调制后，将语音信号转换到载波电磁波上，载有信息的电磁波成功发布到空间后，由接收设备接收，并从载波电磁波上还原语音信息，完成一次通话。
- 2G：采用的是数字调制技术。随着系统容量的增加，2G 时代的手机可以上网了，虽然数据传输的速度很慢，但文字信息的传输由此开始。
- 3G：依然采用数字数据传输，但通过开辟新的电磁波频谱、制定新的通信标准，3G 的传输速度可达 384 kb/s。由于采用更宽的频带，传输的稳定性也大大提高。
- 4G：4G 是在 3G 的基础上发展起来的，采用更加先进的通信协议。4G 网络作为新一代通信技术，在传输速度上有非常大的提升，理论上网速度是 3G 的 50 倍，因此在 4G 网络中，观看高清电影、数据传输等速度都非常快。
- 5G：随着移动通信系统带宽和能力的增加，移动网络的速率也从 2G 时代的 10 kb/s，发展到 4G 时代的 1 Gb/s。而 5G 将不同于传统的几代移动通信系统，它不仅是拥有更高速率、更大带宽、更强能力的技术，而且是一个多业务、多技术融合的网络，更是面向业务应用和用户体验的智能网络，最终打造以用户为中心的信息生态系统。

## 11.6 其他技术

下面将介绍 3D 打印技术和虚拟现实技术。

### 11.6.1 3D 打印

3D 打印是一种快速成型技术，以数字模型文件为基础，运用特殊蜡材、粉末状金属或塑料等可黏合材料，通过逐层打印的方式来构造三维物体。

3D 打印需借助 3D 打印机来实现，3D 打印机的工作原理是把数据和原料放进 3D 打印机中，机器按照程序把产品一层层地打印出来。可用于 3D 打印的介质种类非常多，如塑料、金属、陶瓷、橡胶类物质等，还能结合不同介质，打印出不同质感和硬度的物品。

3D 打印技术作为一种新兴的技术，在模具制造、工业设计等领域应用广泛，在产品制造的过程中人们可以直接使用 3D 打印技术打印出零部件。同时，3D 打印技术在珠宝、鞋类、工业设计、建筑、工程施工、汽车、航空航天、医疗、教育、地理信息系统、土木工程等领域都有所应用。

### 11.6.2 虚拟现实技术

虚拟现实技术是一种结合了仿真技术、计算机图形学、人机接口技术、图像处理、模式识别、多传感技术、人工智能等多项技术的交叉技术。虚拟现实技术的研究和开发萌生于20世纪60年代，进一步完善和应用于20世纪90年代到21世纪初。

1. VR

虚拟现实（Virtual Reality，VR）技术可以创建和体验虚拟世界，运用计算机生成一种模拟环境，通过多源信息融合的交互式三维动态视景和实体行为的系统仿真，带给用户身临其境的体验。

虚拟现实技术主要包括模拟环境、感知、自然技能和传感设备等方面，其中模拟环境是指由计算机生成的实时动态的三维图像；感知是指一切人所具有的感知，包括视觉、听觉、触觉、力觉、运动感知，甚至嗅觉和味觉等；自然技能是指计算机对人体行为动作数据进行处理，并对用户输入做出实时响应；传感设备是指三维交互设备。

通过虚拟现实技术，人们可以全角度观看电影、比赛、风景、新闻等，VR游戏技术甚至可以追踪用户的工作行为，对用户的移动、步态等进行追踪和交互。

2. AR

增强现实技术（Augmented Reality，AR）可以实时计算摄影机影像位置及角度，并赋予其相应图像、视频、3D模型。VR技术是百分之百的虚拟世界，而AR技术则是以现实世界的实体为主体，借助数字技术让用户可以探索现实世界并与之交互。用户通过VR技术看到的场景、人物都是虚拟的，而通过AR技术看到的场景、人物半真半假，现实场景和虚拟场景的结合需借助摄像头进行拍摄，在拍摄画面的基础上结合虚拟画面进行展示和互动。

AR技术包含了多媒体、三维建模、实时视频显示及控制、多传感器融合、实时跟踪及注册、场景融合等多项新技术。AR技术与VR技术的应用领域类似，如尖端武器、飞行器的研制与开发等，但AR技术对真实环境进行增强显示输出的特性，使其在医疗、军事、古迹复原、网络视频通信、电视转播、旅游展览、建设规划等领域的表现更加出色。

3. MR

混合现实（Mediated Reality，MR）技术可以看作VR技术和AR技术的集合。VR技术是纯虚拟数字画面，AR技术在虚拟数字画面上增加了裸眼现实，MR则是数字化现实加上虚拟数字画面，它结合了VR与AR的优势。利用MR技术，用户不仅可以看到真实世界，还可以看到虚拟物体，将虚拟物体置于真实世界中，用户可以与虚拟物体进行互动。

4. CP

影像现实（Cinematic Reality，CR）技术是谷歌投资的 Magice Leap 提出的概念，通过光波传导棱镜设计，从多角度将四面直接投射于用户的视网膜，直接与视网膜交互，产生真实的影像和效果。CR 技术与 MR 技术的理念类似，都是物理世界与虚拟世界的集合，所完成的任务、应用的场景、提供的内容，都与 MR 相似。与 MR 技术的投射显示技术相比，CR 技术虽然投射方式不同，但本质上仍是 MR 技术的不同实现方式。

## 11.7 任务清单

| 姓名 | | 学号 | |
|---|---|---|---|
| 班级 | | 打分 | |
| 任务工单 | 新一代信息技术知识练习 | | |

（1）下列不属于云计算特点的是（　　）。

A. 高可扩展性　　B. 按需服务　　C. 高可靠性　　D. 非网络化

（2）（　　）是指无法在一定时间范围内用常规软件工具（IT 技术和软硬件工具）进行捕捉、管理、处理的数据集合。

A. 云计算　　B. 大数据　　C. 移动互联网　　D. 人工智能

（3）下列不属于移动互联网特点的是（　　）。

A. 便携性　　B. 即时性　　C. 高可靠性　　D. 定向性

（4）数据库技术在信息系统中主要用于（　　）。

A. 信息采集　　B. 信息存储　　C. 信息传输　　D. 信息检索

（5）以下哪一个技术与可能引发下一次的计算机技术革命无关（　　）。

A. 生物技术　　B. 纳米技术　　C. 量子技术　　D. 电工技术

（6）云计算是指 IT 基础设备的（　　）模式。

A. 传输和分派　　B. 交换和共享　　C. 交托和使用　　D. 整合和优化

（7）大数据的发展，使信息技术变革的重点从关注技术转向关注（　　）。

A. 数字　　B. 信息　　C. 文字　　D. 方位

| 教师评语 | |
|---|---|

电子版作业请从电子教室传输端提交

# 附 录

## 附录 1 全国计算机等级考试一级计算机基础及 MS Office 应用考试大纲（2022 年版）

### 基本要求

（1）掌握算法的基本概念。

（2）具有微型计算机的基础知识（包括计算机病毒的防治常识）。

（3）了解微型计算机系统的组成和各部分的功能。

（4）了解操作系统的基本功能和作用，掌握 Windows 7 的基本操作和应用。

（5）了解计算机网络的基本概念和因特网（Internet）的初步知识，掌握 IE 浏览器软件和 Outlook 软件的基本操作和使用。

（6）了解文字处理的基本知识，熟练掌握文字处理软件 Word 2016 的基本操作和应用，熟练掌握一种汉字（键盘）输入方法。

（7）了解电子表格软件的基本知识，掌握电子表格软件 Excel 2016 的基本操作和应用。

（8）了解多媒体演示软件的基本知识，掌握演示文稿制作软件 PowerPoint 2016 的基本操作和应用。

### 考试内容

#### 一、计算机基础知识

（1）计算机的发展、类型及其应用领域。

（2）计算机中数据的表示与存储。

（3）多媒体技术的概念与应用。

（4）计算机病毒的概念、特征、分类与防治。

（5）计算机网络的概念、组成和分类；计算机与网络信息安全的概念和防控。

#### 二、操作系统的功能和使用

（1）计算机软、硬件系统的组成及主要技术指标。

（2）操作系统的基本概念、功能、组成及分类。

（3）Windows 7 操作系统的基本概念和常用术语，以及文件、文件夹、库等。

（4）Windows 7 操作系统的基本操作和应用：

① 桌面外观的设置，基本的网络配置。

② 熟练掌握资源管理器的操作与应用。

③ 掌握文件、磁盘、显示属性的查看、设置等操作。

④ 中文输入法的安装、删除和选用。

⑤ 掌握对文件、文件夹和关键字的搜索。

⑥ 了解软、硬件的基本系统工具。

（5）了解计算机网络的基本概念和因特网的基础知识，主要包括网络硬件和软件，TCP/IP 协议的工作原理，以及网络应用中常见的概念，如域名、IP 地址、DNS 服务等。

（6）能够熟练掌握浏览器、电子邮件的使用和操作。

## 三、文字处理软件的功能和使用

（1）Word 2016 的基本概念，Word 2016 的基本功能、运行环境、启动和退出。

（2）文档的创建、打开、输入、保存、关闭等基本操作。

（3）文本的选定、插入与删除、复制与移动、查找与替换等基本编辑技术；多窗口和多文档的编辑。

（4）字体格式设置、文本效果修饰、段落格式设置、文档页面设置、文档背景设置和文档分栏等基本排版技术。

（5）表格的创建、修改；表格的修饰；表格中数据的输入与编辑；数据的排序和计算。

（6）图形和图片的插入；图形的建立和编辑；文本框、艺术字的使用和编辑。

（7）文档的保护和打印。

## 四、电子表格软件的功能和使用

（1）电子表格的基本概念和基本功能，Excel 2016 的基本功能、运行环境、启动和退出。

（2）工作簿和工作表的基本概念和基本操作，工作簿和工作表的建立、保存和退出；数据输入和编辑；工作表和单元格的选定、插入、删除、复制、移动；工作表的重命名和工作表窗口的拆分和冻结。

（3）工作表的格式化，包括设置单元格格式、设置列宽和行高、设置条件格式、使用样式、自动套用模式和使用模板等。

（4）单元格绝对地址和相对地址的概念，工作表中公式的输入和复制，常用函数的使用。

（5）图表的建立、编辑、修改和修饰。

（6）数据清单的概念，数据清单的建立，数据清单内容的排序、筛选、分类汇总、数据合并、数据透视表的建立。

（7）工作表的页面设置、打印预览和打印，工作表中链接的建立。

（8）保护、隐藏工作簿和工作表。

## 五、PowerPoint 的功能和使用

（1）PowerPoint 2016 的基本功能、运行环境、启动和退出。

（2）演示文稿的创建、打开、关闭和保存。

（3）演示文稿视图的使用，幻灯片的基本操作（编辑版式、插入、移动、复制和删除）。

（4）幻灯片的基本制作方法（文本、图片、艺术字、形状、表格等的插入及格式化）。

（5）演示文稿主题选用与幻灯片背景设置。

（6）演示文稿放映设计（动画设计、放映方式设计、切换效果设计）。

（7）演示文稿的打包和打印。

## 考试方式

上机考试，考试时长 90 分钟，满分 100 分。

### 一、题型及分值

单项选择题（计算机基础知识和网络的基本知识）20 分

Windows 7 操作系统的使用　10 分

Word 2016 操作　25 分

Excel 2016 操作　20 分

PowerPoint 2016 操作　15 分

浏览器（IE）的简单使用和电子邮件收发　10 分

### 二、考试环境

操作系统：Windows 7

考试环境：Microsoft Office 2016

# 附录 2　全国计算机等级考试一级计算机基础及 MS Office 应用模拟题（一）

一、选择题

1. 下列叙述中，正确的是（　　）。

A. CPU 能直接读取硬盘上的数据　　B. CPU 能直接存取内存储器

C. CPU 由存储器、运算器和控制器组成　　D. CPU 主要用来存储程序和数据

2. 1946 年首台电子数字计算机 ENIAC 问世后，冯・诺依曼（Von Neumann）在研制 EDVAC 计算机时，提出两个重要的改进，它们是（　　）。

A. 引入 CPU 和内存储器的概念　　B. 采用机器语言和十六进制

C. 采用二进制和存储程序控制的概念　　D. 采用 ASCII 编码系统

3. 汇编语言是一种（　　）。

A. 依赖于计算机的低级程序设计语言　　B. 计算机能直接执行的程序设计语言

C. 独立于计算机的高级程序设计语言　　D. 面向问题的程序设计语言

4. 假设某台式计算机的内存储器容量为 128 MB，硬盘容量为 10 GB。硬盘的容量是内存容量的（　　）。

A. 40 倍　　B. 60 倍　　C. 80 倍　　D. 100 倍

5. 计算机的硬件主要包括：中央处理器（CPU）、存储器、输出设备和（　　）。

A. 键盘　　B. 鼠标　　C. 输入设备　　D. 显示器

6. 20 GB 的硬盘表示容量约为（　　）。

A. 20 亿个字节　　B. 20 亿个二进制位

C. 200 亿个字节　　D. 200 亿个二进制位

7. 在一个非零无符号二进制整数之后添加一个 0，则此数的值为原数的（　　）。

A. 4 倍　　B. 2 倍　　C. 1/2 倍　　D. 1/4 倍

8. Pentium（奔腾）微机的字长是（　　）。

A. 8 位　　B. 16 位　　C. 32 位　　D. 64 位

9. 下列关于 ASCII 编码的叙述中，正确的是（　　）。

A. 一个字符的标准 ASCII 码占一个字节，其最高二进制位总为 1

B. 所有大写英文字母的 ASCII 码值都小于小写英文字母“a”的 ASCII 码值

C. 所有大写英文字母的 ASCII 码值都大于小写英文字母“a”的 ASCII 码值

D. 标准 ASCII 码表有 256 个不同的字符编码

10. 在 CD 光盘上标记有“CD-RW”字样，“RW”标记表明该光盘是（　　）。

A. 只能写入一次，可以反复读出的一次性写入光盘

B. 可多次擦除型光盘

C. 只能读出，不能写入的只读光盘

D. 其驱动器单倍速为 1 350 KB/s 的高密度可读写光盘

11. 下列各类计算机程序语言中，不属于高级程序设计语言的是（　　）。

A. FORTRAN 语言　　B. Visual Basic　　C. 汇编语言　　D. Pascal 语言

12. 在下列字符中，其 ASCII 码值最大的一个是（　　）。

A. 9　　B. Z　　C. d　　D. X

13. 下列关于计算机病毒的叙述中，正确的是（　　）。

A. 反病毒软件可以查杀任何种类的病毒

B. 计算机病毒是一种被破坏了的程序

C. 反病毒软件必须随着新病毒的出现而升级，提高查、杀病毒的功能

D. 感染过计算机病毒的计算机具有对该病毒的免疫性

14. 下列各项中，属于非法的 Internet 的 IP 地址是（　　）。

A. 202.96.12.14　　B. 202.196.72.140

C. 201.124.38.79　　D. 112.256.23.8

15. 计算机的主频指的是（　　）。

A. 软盘读写速度，用 Hz 表示　　B. 显示器输出速度，用 MHz 表示

C. 时钟频率，用 MHz 表示　　D. 硬盘读写速度

16. 计算机网络分为局域网、城域网和广域网，下列属于局域网的是（　　）。

A. Novell 网　　B. ChinaDDN 网

C. Internet　　D. Chinanet 网

17. 下列描述中，正确的是（　　）。

A. 光盘驱动器属于主机，而光盘属于外设

B. 摄像头属于输入设备，而投影仪属于输出设备

C. U 盘既可以用作外存，也可以用作内存

D. 硬盘是辅助存储器，不属于外设

18. 按操作系统的分类，UNIX 操作系统是（　　）。

A. 批处理操作系统　　B. 实时操作系统

C. 分时操作系统　　D. 单用户操作系统

19. 把内存中数据传送到计算机的硬盘上去的操作称为（　　）。

A. 显示　　B. 写盘　　C. 输入　　D. 读盘

20. 用高级程序设计语言编写的程序（　　）。

A. 计算机能直接执行　　B. 具有良好的可读性和可移植性

C. 执行效率高但可读性差　　D. 依赖于具体机器，可移植性差

## 二、Windows 基本操作题，不限制操作的方式

1. 将考生文件夹下 TIUIN 文件夹中的文件 ZHUCE.BAS 删除。

2. 将考生文件夹下 VOTUNA 文件夹中的文件 BOYABLE.DOC 复制到同一文件夹下，并命名为 SYAD.DOC。

3. 在考生文件夹下 SHEART 文件夹中新建一个文件夹 RESTICK。

4. 将考生文件夹下 BENA 文件夹中的文件 PRODUCT.WRI 的设置为只读属性，并撤销该文档的存档属性。

5. 将考生文件夹下 HWAST 文件夹中的文件 XIAN.FPT 重命名为 YANG.FPT。

三、在考生文件夹下，打开文档 WORD.DOCX，按照要求完成下列操作并以该文件名（WORD.DOCX）保存文档

1. 将文中所有错词“鹰洋”替换为加着重号的“营养”；将标题段文字（“果品中的营养成分”）设置为三号、黑体、居中，并设置其文本效果为内置样式“填充-白色，轮廓-着色 2，清晰阴影-着色 2”，映像效果为“映像变体/全映像，接触”；将标题段文字间距加宽 5 磅；为标题段文字添加蓝色（标准色）“粗线”型下划线。

2. 设置正文各段落（“果品……身体健康。”）1.25 倍行距、段前间距 0.5 行，并将正文各段中的文字和符号修改为“全角”状态；设置正文第一段（“果品……坚果类。”）首字下沉 2 行、距正文 0.2 厘米，正文其余段落（“水果……身体健康。”）首行缩进 2 字符；为正文第三段至第六段（“糖类：含磷较多。”）添加“1）、2）、3）、……”样式的编号，为正文第八段至第十一段（“糖尿病患者：较多的水果”）添加“◆”项目符号。

3. 设置页面上、下页边距均为 3 厘米，装订线位于左侧 0.5 厘米处；在页面底端插入“滚动”样式页码，并设置页码编号格式为“i、ii、iii、……”、起始页码为“iii”；删除页眉处的横线；为文档添加文字水印，水印内容为“水果与健康”、水印颜色为“蓝色（标准色）”、水印字体为“黑体”；为表题（“部分水果每 100 克食品中可食部分营养成分含量一览表”）添加超链接“http：//www.baidu.com.cn”。

4. 将文中最后 12 行文字转换为 12 行 6 列的表格；用内置样式“网格表 5 深色-着色 6”修饰表格，设置表格样式选项为“标题行”“第一列”“镶边列”；设置表格居中、表格中第一行和第一列的内容水平居中、其余内容中部右对齐；设置表格列宽为 2 厘米、行高为 0.6 厘米；设置表格单元格的左边距为 0.1 厘米、右边距为 0.4 厘米。

5. 用表格第一行设置表格“重复标题行”；按主要关键字“糖类（克）”列、依据“数字”类型升序，次要关键字“VC（毫克）”列、依据“数字”类型降序排列表格内容。

**文档开始**

**果品中的“鹰洋”成分**

果品有鲜果和干果之分。鲜果即水果，它有着鲜艳的色泽，浓郁的果香，甜美的味道。干果即常说的硬果、坚果类。

水果的“鹰洋”成分和“鹰洋”价值与蔬菜相似，是人体维生素和无机盐的重要来源之一。各种水果普遍含有较多的糖类和维生素，而且还含有多种具有生物活性的特殊物质，因而具有较高的“鹰洋”价值和保健功能，其所含成分主要有：

1. 糖类：水果中普遍含有葡萄糖、蔗糖、果糖，如苹果、梨等含果糖较多；柑橘、桃、李、杏等含蔗糖较多；葡萄含葡萄糖较多。各种水果的含糖量在 10%至 20%之间，超过 20%含糖量的有枣、椰子、香蕉、大山楂等鲜果。含糖量低的有草莓、柠檬、杨梅、桃等。

2. 维生素：水果中的维生素含量为 0.5%至 2%，若过多，则肉质粗糙，皮厚多筋，食用质量低。

3. 色素：水果的色泽是随着生长条件的改变或成熟度的变化而变化的。一般来说，深黄色的水果含胡萝卜素较多。水果的芳香能刺激食欲，有助于人体对其他食物的吸收，芳香油还有杀菌的作用。

4. 无机盐：水果中含无机盐较为丰富，橄榄、山楂、柑橘中含钙较多，葡萄、杏、草莓等含铁较多，香蕉含磷较多。

吃水果虽然有益于健康，但也必须科学食用，食用不当也会影响人体健康。比如：

糖尿病患者：适宜吃菠萝、杨梅、樱桃等水果。这些水果能改善胰岛素的分泌，有降糖的作用。

冠心病患者：应多吃桃、李、杏、草莓和鲜枣等。这些水果含丰富的尼克酸和 VC（维生素 C），有降血脂和降胆固醇的作用。

心肌梗塞患者：应多吃香蕉、橘子。

心力衰竭或水肿患者：不能食用含水量较多的水果。

水果可以为人体提供丰富的“鹰洋”物质，《黄帝内经》中就有“五谷为养，五果为助，五畜为益，五菜为充”的记载，所以，要尽可能地吃一些水果，这样才能有利于身体健康。

部分水果每 100 克食品中可食部分“鹰洋”成分含量一览表

| 名称 | 糖类（克） | VC（毫克） | 钙（毫克） | 铁（毫克） | 磷（毫克） |
|---|---|---|---|---|---|
| 苹果 | 12.5 | 5 | 11 | 0.3 | 9 |
| 梨 | 11.3 | 3 | 5 | 0.2 | 6 |
| 桃 | 7.9 | 6 | 8 | 0.1 | 20 |
| 西瓜 | 5.5 | 3 | 6 | 0.2 | 10 |
| 橘子 | 11.7 | 30 | 26 | 0.2 | 15 |
| 香蕉 | 20.8 | 8 | 7 | 0.4 | 28 |
| 草莓 | 5.7 | 47 | 18 | 1.8 | 27 |
| 葡萄 | 9.9 | 25 | 5 | 0.4 | 13 |
| 菠萝 | 9.5 | 18 | 12 | 0.6 | 9 |
| 樱桃 | 9.9 | 10 | 11 | 0.4 | 27 |
| 猕猴桃 | 11.9 | 62 | 27 | 1.2 | 26 |

**文档结束**

## 四、打开考生文件夹下的电子表格 Excel.xlsx，按照下列要求完成对此电子表格的操作并保存

1. 选取 Sheet1 工作表，将 A1：F1 单元格合并为一个单元格，文字居中对齐；利用 VLOOKUP 函数，依据本工作簿中“学生班级信息表”工作表中信息填写 Sheet1 工作表中“班级”列的内容；利用 IF 函数给出“成绩等级”列的内容，成绩等级对照请依据 G4：H8 单元格区域信息；利用 COUNTIFS 函数分别计算每门课程（以课程号标

识）一班、二班、三班的选课人数，分别置于 H14：H17、I14：17、J14：J17 单元格区域；利用 AVERAGEIF 函数计算各门课程（以课程号标识）平均成绩置 K14：K17 单元格区域（数值型，保留小数点后 1 位）。利用条件格式修饰“成绩等级”列，将成绩等级为“A”的单元格设置颜色为“水绿色、个性色 5、淡色 40%”、样式为“25% 灰色”的图案填充，将 G13：K17 单元格区域设置为“表样式浅色 2”的套用表格格式。学生选修课成绩表如图 F2-1 所示。

学生选修课成绩表

| 学号 | 班级 | 课程号 | 成绩 | 成绩等级 |
|---|---|---|---|---|
| S1901 | | C012 | 91 | |
| S1901 | | C020 | 87 | |
| S1901 | | C026 | 85 | |
| S1902 | | C012 | 95 | |
| S1902 | | C020 | 89 | |
| S1902 | | C026 | 91 | |
| S1903 | | C012 | 89 | |
| S1903 | | C020 | 91 | |
| S1903 | | C026 | 89 | |
| S1904 | | C016 | 83 | |
| S1904 | | C020 | 89 | |
| S1904 | | C026 | 83 | |
| S1905 | | C012 | 93 | |
| S1905 | | C020 | 91 | |
| S1905 | | C026 | 76 | |
| S1906 | | C016 | 85 | |
| S1906 | | C020 | 85 | |
| S1906 | | C026 | 65 | |
| S1907 | | C012 | 84 | |
| S1907 | | C020 | 72 | |
| S1907 | | C026 | 78 | |
| S1908 | | C012 | 87 | |
| S1908 | | C020 | 82 | |
| S1908 | | C026 | 85 | |
| S1909 | | C016 | 76 | |
| S1909 | | C020 | 85 | |
| S1909 | | C026 | 92 | |
| S1910 | | C012 | 77 | |
| S1910 | | C020 | 76 | |
| S1910 | | C026 | 95 | |
| S1911 | | C016 | 82 | |
| S1911 | | C020 | 78 | |
| S1911 | | C026 | 74 | |
| S1912 | | C012 | 81 | |
| S1912 | | C020 | 86 | |
| S1912 | | C026 | 89 | |
| S1913 | | C012 | 67 | |
| S1913 | | C020 | 65 | |
| S1913 | | C026 | 67 | |
| S1914 | | C012 | 83 | |
| S1914 | | C020 | 87 | |
| S1914 | | C026 | 54 | |
| S1915 | | C016 | 87 | |
| S1915 | | C020 | 74 | |
| S1916 | | C012 | 78 | |
| S1916 | | C020 | 74 | |
| S1916 | | C026 | 89 | |
| S1917 | | C012 | 84 | |
| S1917 | | C020 | 72 | |
| S1917 | | C026 | 75 | |
| S1918 | | C016 | 86 | |
| S1918 | | C020 | 95 | |
| S1918 | | C026 | 91 | |
| S1919 | | C012 | 87 | |
| S1919 | | C020 | 91 | |
| S1919 | | C026 | 87 | |
| S1920 | | C012 | 56 | |
| S1921 | | C016 | 85 | |
| S1921 | | C020 | 91 | |
| S1921 | | C026 | 85 | |
| S1922 | | C016 | 92 | |
| S1922 | | C020 | 67 | |
| S1922 | | C026 | 83 | |
| S1923 | | C016 | 92 | |

成绩等级对照表

| 等级 | 成绩 |
|---|---|
| A | >=85 |
| B | >=75且<85 |
| C | >=60且<75 |
| F | <60 |

统计表

| 课程号 | 一班选课人数 | 二班选课人数 | 三班选课人数 | 平均成绩 |
|---|---|---|---|---|
| C012 | | | | |
| C016 | | | | |
| C020 | | | | |
| C026 | | | | |

| | | | | |
|---|---|---|---|---|
| 67 | S1923 | | C026 | 79 |
| 68 | S1924 | | C012 | 83 |
| 69 | S1924 | | C020 | 83 |
| 70 | S1924 | | C026 | 85 |
| 71 | S1925 | | C016 | 90 |
| 72 | S1925 | | C020 | 89 |
| 73 | S1925 | | C026 | 56 |
| 74 | S1926 | | C012 | 85 |
| 75 | S1926 | | C026 | 85 |
| 76 | S1927 | | C012 | 51 |
| 77 | S1927 | | C026 | 86 |
| 78 | S1928 | | C016 | 95 |
| 79 | S1928 | | C026 | 82 |
| 80 | S1929 | | C016 | 85 |
| 81 | S1929 | | C020 | 71 |
| 82 | S1929 | | C026 | 85 |
| 83 | S1930 | | C016 | 75 |
| 84 | S1930 | | C020 | 76 |
| 85 | S1930 | | C026 | 51 |
| 86 | S1931 | | C016 | 79 |
| 87 | S1931 | | C020 | 55 |
| 88 | S1931 | | C026 | 76 |
| 89 | S1932 | | C012 | 76 |
| 90 | S1932 | | C026 | 74 |
| 91 | S1933 | | C020 | 82 |
| 92 | S1933 | | C026 | 81 |
| 93 | S1934 | | C020 | 85 |
| 94 | S1934 | | C020 | 93 |
| 95 | S1934 | | C026 | 95 |
| 96 | S1935 | | C012 | 93 |
| 97 | S1935 | | C020 | 87 |
| 98 | S1935 | | C026 | 93 |
| 99 | S1936 | | C012 | 95 |
| 100 | S1936 | | C026 | 76 |
| 101 | S1937 | | C012 | 74 |
| 102 | S1937 | | C020 | 95 |
| 103 | S1937 | | C026 | 74 |
| 104 | S1938 | | C012 | 89 |
| 105 | S1938 | | C026 | 91 |
| 106 | S1939 | | C020 | 86 |
| 107 | S1939 | | C026 | 68 |
| 108 | S1940 | | C020 | 74 |
| 109 | S1940 | | C020 | 74 |
| 110 | S1940 | | C026 | 45 |

图 F2-1　学生选修课成绩表

2. 选取 Sheet1 工作表内“统计表”下的“课程号”列、“一班选课人数”列、“二班选课人数”列、“三班选课人数”列数据区域的内容建立“簇状柱图”，图例为四门课程的课程号，图表标题为“各班选课人数统计图”，利用图表样式“样式 7”修饰图表，将图插入当前工作表的 G19：K34 单元格区域，将工作表命名为“选修课程统计表”。学生班级信息表如图 F2-2 所示。

3. 选取“产品销售情况表”，对工作表内数据清单的内容建立数据透视表，按行为“分公司”，列为“季度”，数据为“销售额（万元）”求和布局，利用“数据透视表样式浅色 9”修饰图表，添加“镶边行” 和“镶边列”，将数据透视表置于现有工作表的 I2 单元格，保存 EXCEL.XLS 工作簿。产品销售情况表如图 F2-3 所示。

## 五、打开考生文件夹下的演示文稿 yswg.pptx，按照下列要求完成对比文稿的修饰并保存

1. 设置幻灯片的大小为“全屏显示（16：9）”；为整个演示文稿应用“平面”主题，背景样式为“样式 6”。

2. 在第一张幻灯片前面插入一张新幻灯片，版式为“空白”，设置第 1 张幻灯片的背景为“顶部聚光灯-个性色 3”的预设渐变；插入样式为“填充-白色，轮廓-着色 1，阴影”的艺术字，文字为“湖南湘莲”，文字大小为 66 磅，并设置为“水平居中”和“垂直居中”。

| | A | B |
|---|---|---|
| 1 | 学号 | 班级 |
| 2 | S1901 | 一班 |
| 3 | S1902 | 一班 |
| 4 | S1903 | 一班 |
| 5 | S1904 | 一班 |
| 6 | S1905 | 一班 |
| 7 | S1906 | 一班 |
| 8 | S1907 | 一班 |
| 9 | S1908 | 一班 |
| 10 | S1909 | 一班 |
| 11 | S1910 | 一班 |
| 12 | S1911 | 一班 |
| 13 | S1912 | 二班 |
| 14 | S1913 | 二班 |
| 15 | S1914 | 二班 |
| 16 | S1915 | 二班 |
| 17 | S1916 | 二班 |
| 18 | S1917 | 二班 |
| 19 | S1918 | 二班 |
| 20 | S1919 | 二班 |
| 21 | S1920 | 二班 |
| 22 | S1921 | 二班 |
| 23 | S1922 | 二班 |
| 24 | S1923 | 二班 |
| 25 | S1924 | 三班 |
| 26 | S1925 | 三班 |
| 27 | S1926 | 三班 |
| 28 | S1927 | 三班 |
| 29 | S1928 | 三班 |
| 30 | S1929 | 三班 |
| 31 | S1930 | 三班 |
| 32 | S1931 | 三班 |
| 33 | S1932 | 三班 |
| 34 | S1933 | 三班 |
| 35 | S1934 | 三班 |
| 36 | S1935 | 三班 |
| 37 | S1936 | 三班 |
| 38 | S1937 | 三班 |
| 39 | S1938 | 三班 |
| 40 | S1939 | 三班 |
| 41 | S1940 | 三班 |

Sheet1 | 学生班级信息表 | 产品销售情况表

图 F2-2 学生班级信息表

| | A | B | C | D | E | F | G |
|---|---|---|---|---|---|---|---|
| 1 | 季度 | 分公司 | 产品类别 | 产品名称 | 销售数量 | 销售额（万元） | 销售额排名 |
| 2 | 2 | 东部1 | B-1 | 笔记本 | 112 | 67.2 | 14 |
| 3 | 1 | 南部1 | B-1 | 笔记本 | 236 | 141.6 | 1 |
| 4 | 1 | 北部1 | B-1 | 笔记本 | 172 | 103.2 | 2 |
| 5 | 3 | 西部1 | B-1 | 笔记本 | 156 | 93.6 | 3 |
| 6 | 2 | 北部1 | B-1 | 笔记本 | 146 | 87.6 | 4 |
| 7 | 1 | 东部1 | B-1 | 笔记本 | 134 | 80.4 | 6 |
| 8 | 3 | 东部1 | B-1 | 笔记本 | 132 | 79.2 | 7 |
| 9 | 3 | 北部1 | B-1 | 笔记本 | 128 | 76.8 | 8 |
| 10 | 3 | 南部1 | B-1 | 笔记本 | 92 | 55.2 | 22 |
| 11 | 2 | 西部1 | B-1 | 笔记本 | 84 | 50.4 | 28 |
| 12 | 2 | 南部1 | B-1 | 笔记本 | 58 | 34.8 | 45 |

| | | | | | | | | | |
|---|---|---|---|---|---|---|---|---|---|
| 13 | 1 | 西部1 | B-1 | 笔记本 | 42 | 25.2 | 60 | | |
| 14 | 3 | 北部1 | D-1 | 电视机 | 134 | 67 | 15 | | |
| 15 | 1 | 南部1 | D-1 | 电视机 | 124 | 62 | 18 | | |
| 16 | 3 | 东部1 | D-1 | 电视机 | 167 | 83.5 | 5 | | |
| 17 | 2 | 东部1 | D-1 | 电视机 | 112 | 56 | 21 | | |
| 18 | 1 | 北部1 | D-1 | 电视机 | 96 | 48 | 31 | | |
| 19 | 2 | 西部1 | D-1 | 电视机 | 84 | 42 | 39 | | |
| 20 | 2 | 北部1 | D-1 | 电视机 | 73 | 36.5 | 43 | | |
| 21 | 3 | 南部1 | D-1 | 电视机 | 92 | 46 | 34 | | |
| 22 | 3 | 西部1 | D-1 | 电视机 | 89 | 44.5 | 37 | | |
| 23 | 1 | 东部1 | D-1 | 电视机 | 56 | 28 | 54 | | |
| 24 | 2 | 南部1 | D-1 | 电视机 | 54 | 27 | 56 | | |
| 25 | 1 | 西部1 | D-1 | 电视机 | 42 | 21 | 67 | | |
| 26 | 2 | 西部3 | D-2 | 电冰箱 | 96 | 31.68 | 48 | | |
| 27 | 3 | 东部3 | D-2 | 电冰箱 | 89 | 29.37 | 50 | | |
| 28 | 1 | 南部3 | D-2 | 电冰箱 | 88 | 29.04 | 51 | | |
| 29 | 2 | 北部3 | D-2 | 电冰箱 | 84 | 27.72 | 55 | | |
| 30 | 3 | 西部3 | D-2 | 电冰箱 | 75 | 24.75 | 61 | | |
| 31 | 2 | 东部3 | D-2 | 电冰箱 | 65 | 21.45 | 66 | | |
| 32 | 3 | 南部3 | D-2 | 电冰箱 | 45 | 14.85 | 79 | | |
| 33 | 3 | 北部3 | D-2 | 电冰箱 | 32 | 10.56 | 88 | | |
| 34 | 2 | 南部3 | D-2 | 电冰箱 | 53 | 17.49 | 72 | | |
| 35 | 1 | 东部3 | D-2 | 电冰箱 | 61 | 20.13 | 68 | | |
| 36 | 1 | 北部3 | D-2 | 电冰箱 | 56 | 18.48 | 70 | | |
| 37 | 1 | 西部3 | D-2 | 电冰箱 | 34 | 11.22 | 85 | | |
| 38 | 3 | 南部4 | J-1 | 加湿器 | 167 | 15.0133 | 78 | | |
| 39 | 2 | 东部3 | J-1 | 加湿器 | 123 | 11.0577 | 86 | | |
| 40 | 3 | 东部4 | J-1 | 加湿器 | 121 | 10.8779 | 87 | | |
| 41 | 2 | 南部4 | J-1 | 加湿器 | 97 | 8.7203 | 89 | | |
| 42 | 1 | 北部4 | J-1 | 加湿器 | 91 | 8.1809 | 90 | | |
| 43 | 2 | 北部4 | J-1 | 加湿器 | 67 | 6.0233 | 94 | | |
| 44 | 1 | 西部4 | J-1 | 加湿器 | 89 | 8.0011 | 91 | | |
| 45 | 3 | 西部4 | J-1 | 加湿器 | 78 | 7.0122 | 92 | | |
| 46 | 3 | 北部4 | J-1 | 加湿器 | 69 | 6.2031 | 93 | | |
| 47 | 1 | 东部4 | J-1 | 加湿器 | 56 | 5.0344 | 95 | | |
| 48 | 1 | 南部4 | J-1 | 加湿器 | 41 | 3.6859 | 96 | | |
| 49 | 2 | 西部4 | J-1 | 加湿器 | 131 | 11.7769 | 84 | | |
| 50 | 3 | 西部2 | K-1 | 空调 | 176 | 58.08 | 19 | | |
| 51 | 2 | 东部2 | K-1 | 空调 | 156 | 51.48 | 26 | | |
| 52 | 2 | 南部2 | K-1 | 空调 | 123 | 40.59 | 40 | | |
| 53 | 2 | 西部2 | K-1 | 空调 | 112 | 36.96 | 42 | | |
| 54 | 3 | 北部2 | K-1 | 空调 | 106 | 34.98 | 44 | | |
| 55 | 3 | 东部2 | K-1 | 空调 | 90 | 29.7 | 49 | | |
| 56 | 3 | 南部2 | K-1 | 空调 | 86 | 28.38 | 53 | | |
| 57 | 2 | 北部2 | K-1 | 空调 | 81 | 26.73 | 57 | | |
| 58 | 1 | 东部2 | K-1 | 空调 | 78 | 25.74 | 59 | | |
| 59 | 1 | 北部2 | K-1 | 空调 | 46 | 15.18 | 77 | | |
| 60 | 1 | 南部2 | K-1 | 空调 | 45 | 14.85 | 79 | | |
| 61 | 1 | 西部2 | K-1 | 空调 | 67 | 22.11 | 63 | | |
| 62 | 2 | 南部2 | P-1 | 数码相机 | 124 | 74.4 | 11 | | |
| 63 | 2 | 西部2 | P-1 | 数码相机 | 123 | 73.8 | 12 | | |
| 64 | 3 | 东部2 | P-1 | 数码相机 | 90 | 54 | 23 | | |
| 65 | 2 | 东部2 | P-1 | 数码相机 | 89 | 53.4 | 24 | | |
| 66 | 3 | 南部2 | P-1 | 数码相机 | 82 | 49.2 | 30 | | |
| 67 | 1 | 南部2 | P-1 | 数码相机 | 79 | 47.4 | 32 | | |
| 68 | 3 | 西部2 | P-1 | 数码相机 | 78 | 46.8 | 33 | | |
| 69 | 3 | 北部2 | P-1 | 数码相机 | 56 | 33.6 | 46 | | |
| 70 | 2 | 北部2 | P-1 | 数码相机 | 86 | 51.6 | 25 | | |
| 71 | 1 | 西部2 | P-1 | 数码相机 | 76 | 45.6 | 35 | | |
| 72 | 1 | 北部2 | P-1 | 数码相机 | 73 | 43.8 | 38 | | |

| | | | | | | | | |
|---|---|---|---|---|---|---|---|---|
| 73 | 1 | 东部2 | P-1 | 数码相机 | 48 | 28.8 | 52 | | |
| 74 | 2 | 东部3 | S-1 | 手机 | 121 | 69.938 | 13 | | |
| 75 | 1 | 北部4 | S-1 | 手机 | 112 | 64.736 | 16 | | |
| 76 | 1 | 西部4 | S-1 | 手机 | 111 | 64.158 | 17 | | |
| 77 | 2 | 南部4 | S-1 | 手机 | 97 | 56.066 | 20 | | |
| 78 | 1 | 南部4 | S-1 | 手机 | 132 | 76.296 | 9 | | |
| 79 | 2 | 西部4 | S-1 | 手机 | 131 | 75.718 | 10 | | |
| 80 | 1 | 东部4 | S-1 | 手机 | 89 | 51.442 | 27 | | |
| 81 | 3 | 南部4 | S-1 | 手机 | 56 | 32.368 | 47 | | |
| 82 | 3 | 东部4 | S-1 | 手机 | 66 | 38.148 | 41 | | |
| 83 | 3 | 北部4 | S-1 | 手机 | 87 | 50.286 | 29 | | |
| 84 | 3 | 西部4 | S-1 | 手机 | 78 | 45.084 | 36 | | |
| 85 | 2 | 北部4 | S-1 | 手机 | 45 | 26.01 | 58 | | |
| 86 | 3 | 北部3 | W-1 | 微波炉 | 94 | 23.5 | 62 | | |
| 87 | 1 | 南部3 | W-1 | 微波炉 | 72 | 18 | 71 | | |
| 88 | 2 | 南部3 | W-1 | 微波炉 | 65 | 16.25 | 73 | | |
| 89 | 1 | 北部3 | W-1 | 微波炉 | 63 | 15.75 | 74 | | |
| 90 | 1 | 西部3 | W-1 | 微波炉 | 62 | 15.5 | 75 | | |
| 91 | 2 | 西部3 | W-1 | 微波炉 | 61 | 15.25 | 76 | | |
| 92 | 2 | 北部3 | W-1 | 微波炉 | 88 | 22 | 64 | | |
| 93 | 1 | 东部3 | W-1 | 微波炉 | 86 | 21.5 | 65 | | |
| 94 | 3 | 南部3 | W-1 | 微波炉 | 77 | 19.25 | 69 | | |
| 95 | 3 | 西部3 | W-1 | 微波炉 | 57 | 14.25 | 81 | | |
| 96 | 2 | 东部3 | W-1 | 微波炉 | 56 | 14 | 82 | | |
| 97 | 3 | 东部3 | W-1 | 微波炉 | 49 | 12.25 | 83 | | |

图 F2-3　产品销售情况表

3. 将第 2 张幻灯片的版式改为“标题和内容”，将考生文件夹下的图片文件 ppt1.jpg 插入下侧栏中，图片样式为“图形对角，白色”，图片效果为“发光/橙色，11PT 发光，个性色 4”，图片动画设置为“进入/淡出”。

4. 将第 5 张幻灯片左侧文本框中的文字字体设置为“仿宋”，动画设置为“进入/飞入”，将考生文件夹下的图片文件 ppt2.jpg 插入右侧栏中，图片样式为“圆形对角，白色”，图片效果为“阴影/外部/居中偏移”，图片动画设置为“进入/淡出”。

5. 在幻灯片的最后，插入一张版式为“标题和内容”的幻灯片，在标题处输入文字“生态种植”。在下侧栏中插入一个 SmartArt 图形，结构如图 F2-4 所示，图中的所有文字从考生文件夹下的文件“素材.DOCX”中获取。

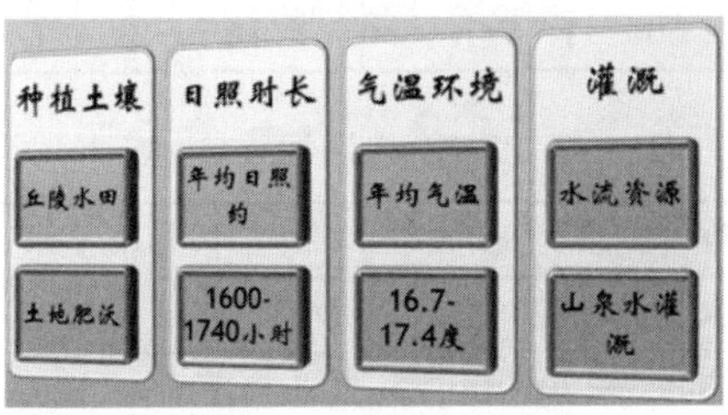


图 F2-4　SmartArt 图形

6. 在幻灯片的最后，插入一张版式为“标题和内容”的幻灯片，在标题处输入文字“专注健康食材”。在下侧栏中插入一个 4 行 6 列的表格，表格内的所有文字从考生文件夹下的文件“素材.DOCX”中获取，表格样式为“中度样式 1-强调 3”。

7. 设置全体幻灯片切换方式为“随机线条”，并且每张幻灯片的切换时间是 5 秒；放映方式设置为“观众自行浏览（窗口）”。演示文稿 yswg.pptx 如图 F2-5 所示。所需图片文件如图 F2-6、图 F2-7 所示。

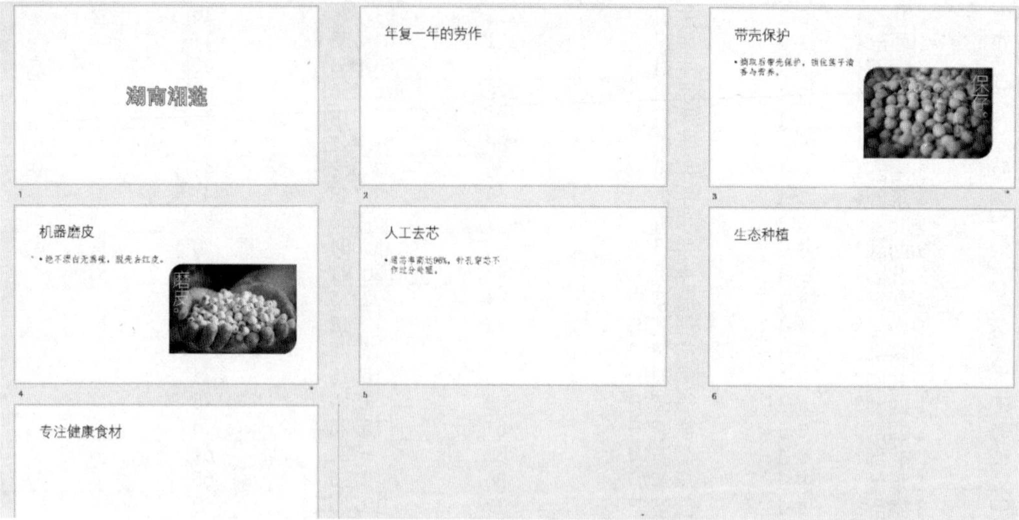


图 F2-5　演示文稿 yswg.pptx

图 F2-6　图片（1）

图 F2-7　图片（2）

所需素材.DOCX 如表 F2-1、表 F2-2 所示。

表 F2-1　生态种植

| 种植土壤 | 日照时长 | 气温环境 | 灌溉 |
|---|---|---|---|
| 丘陵水田 | 年均日照 | 年均气温 | 水流资源 |
| 土地肥沃 | 1 600～1 740 h | 16.7～17.4 °C | 山泉水灌溉 |

表 F2-2　专注健康食材

| 检测项目 | 检测方法 | 结果 | 标准要求 | 单位 | 单项判定 |
|---|---|---|---|---|---|
| 二氧化硫残留量 | GB/T 5009.34—2003 | 未检出 | 不得残留 | g/kg | 通过√ |
| 干度 | GB 5009.3—2010 | 11.6 | ≤13.5 | % | 通过√ |
| 铅 | GB 5009.12—2010 | 0.12 | ≤0.2 | mg/kg | 通过√ |

## 六、上网题

接收并阅读由 wangna@cuc.edu.cn 发来的邮件，应立即回复，回复内容为“您需要的材料已经寄出，请注意查收！”。

# 附录 3　全国计算机等级考试一级计算机基础及 MS Office 应用模拟题（二）

一、选择题

1. 十进制整数 127 转换为二进制整数等于（　　）。

A. 1010000　　B. 0001000　　C. 1011000　　D. 1111111

2. 用 8 位二进制数能表示的最大无符号整数等于十进制整数（　　）。

A. 255　　B. 256　　C. 128　　D. 127

3. 计算机内存中用于存储信息的部件是（　　）。

A. 只读存储器　　B. U 盘　　C. 硬盘　　D. RAM

4. 下列叙述中，错误的是（　　）。

A. 把数据从内存传输到硬盘的操作称为写盘

B. Windows 属于应用软件

C. 把高级语言编写的程序转换为机器语言的目标程序的过程叫作编译

D. 计算机内部对数据的传输、存储和处理都使用二进制

5. 摄像头属于（　　）。

A. 控制设备　　B. 存储设备　　C. 输出设备　　D. 输入设备

6. 在微机中，西文字符所采用的编码是（　　）。

A. 国标码　　B. BCD 码　　C. EBCDIC 码　　D. ASCII 码

7. 显示器的分辨率为 1 024×768，若能同时显示 256 种颜色，则显示存储器的容量至少为（　　）。

A. 384 KB　　B. 768 KB　　C. 1 536 KB　　D. 192 KB

8. 以.jpg 为扩展名的文件通常是（　　）。

A. 文本文件　　B. 音频信号文件

C. 图像文件　　D. 视频信号文件

9. 计算机病毒的危害表现为（　　）。

A. 能造成计算机芯片的永久性失效

B. 使磁盘霉变

C. 切断计算机系统电源

D. 影响程序运行，破坏计算机系统的数据与程序

10. 下列叙述中，正确的是（　　）。

A. CPU 能直接读取硬盘上的数据

B. CPU 能直接存取内存储器中的数据

C. CPU 由存储器和控制器组成

D. CPU 主要用来存储程序和数据

11. 把硬盘上的数据传送到计算机内存中去的操作称为（　　）。

A. 读盘　　B. 写盘　　C. 输出　　D. 存盘

12. 关于世界上第一台电子计算机ENIAC的叙述中，错误的是（　　）。

A. ENIAC是1946年于美国诞生的

B. 它主要采用电子管和继电器

C. 它是首次采用存储程序和程序控制自动工作的电子计算机

D. 研制它的主要目的是用来弹性计算

13. 下列各组软件中，全部属于应用软件的一组是（　　）。

A. Windows 2000，WPS Office 2003，Word 2000

B. Unix，Visual FoxPro，Auto CAD

C. MS-DOS，用友财务软件，学籍管理系统

D. Word 2000，Excel 2000，金山词霸

14. 操作系统是计算机的软件系统中（　　）。

A. 最常用的应用软件　　B. 最核心的系统软件

C. 最通用的专用软件　　D. 最流行的通用软件

15. 下列度量单位中，用来度量计算机网络数据传输速率（比特率）的是（　　）。

A. MB/s　　B. MTPS　　C. GHz　　D. Mb/s

16. 下列各存储器中，存取速度最快的一种是（　　）。

A. Cache　　B. 动态RAM[DRAM]

C. CD-ROM　　D. 硬盘

17. 操作系统中的文件管理系统为用户提供的功能是（　　）。

A. 按文件作者存取文件　　B. 按文件名管理文件

C. 按文件创建日期存取文件　　D. 按文件大小存取文件

18. 十进制整数101转换成无符号二进制整数是（　　）。

A. 00110101　　B. 01101011

C. 01100101　　D. 00101011

19. 在计算机内部用来传送、存储、加工处理的数据或指令所采用的形式是(　　)。

A. 十进制码　　B. 二进制码

C. 八进制码　　D. 十六进制码

20. 计算机的存储器中，组成一个字节（Byte）的二进制位（bit）个数是（　　）。

A. 4　　B. 8　　C. 16　　D. 32

## 二、Windows基本操作题，不限制操作的方式

1. 将考生文件夹下TURO文件夹中的文件POWER.DOC删除。

2. 在考生文件夹下KIU文件夹中新建一个名为MING的文件夹。

3. 将考生文件夹下INDE文件夹中的文件GONG.TXT设置为只读和隐藏属性。

4. 将考生文件夹下SOUP\HYR文件夹中的文件ASER.FOR复制到考生文件夹下PEAG文件夹中。

5. 搜索考生文件夹中的文件READ.EXE，为其建立一个名为READ的快捷方式，放在考生文件夹下。

## 三、在考生文件夹下，打开文档 WORD.DOCX，按照要求完成下列操作并以该文件名（WORD.DOCX）保存文档

1. 将标题段文字（“样本的选取和统计性描述”）设置为二号，“深蓝、文字 2，深色 50%”、楷体、加粗、居中，文本效果设为“映像-映像变体-全映像：8 磅（pt）偏移量”，透明度 80%，模糊 90 磅；为标题段文字加红色（标准色）波浪式下划线，设置其文字间距紧缩 1.6 磅。

2. 设置正文一至四段（“本文以 2012 年修订的……描述了输入数据的统计性描述：”）字体为小四、新宋体、首行缩进 2 字符、1.4 倍行距；将正文第三段（“在全部的 154 家软件和……wind 数据库以及国泰安数据库。”）的缩进格式修改为“无”，并设置该段为首字下沉 2 行、距正文 0.5 厘米：在第一段[“本文以 2012 年修订的……上市的 88 家（见下图）。”]下面插入位于考生文件夹下的图片“分布图 JPG”，图居中，并将该图片的艺术效果设置为“纹理化”，缩放比例为 50。

3. 设置页面上、下、左、右页边距分别为 2.3 厘米、2.3 厘米、3.2 厘米和 2.8 厘米，装订线位于靠左 0.5 厘米处；插入分页符使第四段（“本文选取 145 家……描述了输入数据的统计性描述：”）及其后面的文本置于第二页，并在页面底端插入“X/Y 型，加粗显示的数字 1”页码；在文件菜单下进行文档信息高级属性编辑，在摘要选项卡的标题栏键入“学位论文”，主题为“软件和信息服务业研究”，添加两个关键词“软件；信息服务业”。插入“边线型”封面，选取日期为“2020-06-15”；设置页面颜色为“水绿色，个性色 5，淡色 80%”。

4. 将文中最后 5 行文字依制表符转换为 5 行 7 列的表格，表格文字设为小五、方正姚体；设置表格第二至七列列宽为 1.5 厘米；设置表格居中，除第一列外，表格中的所有单元格内容居中；设置表标题（“表 3.2 输入数据的统计性描述”）为小四，黑体。

5. 为表格的第一行和第一列添加“茶色，背景 2，深色 25%”底纹；其余单元格添加“白色，背景 1，深色 15%”底纹。在表格后插入一行文字：“数据来源：国泰安数据库，Eview6.0 软件计算”，字体为小 5，段落对齐方式为“左对齐”。

## 四、打开考生文件夹下的电子表格 Excel.xlsx，按照下列要求完成对此电子表格的操作并保存

1. 选择 Sheet1 工作表，在“年龄”列（D 列）前插入 3 列，在 D1 到 F1 单元格分别输入文字“出生年”“出生月”“出生日”，D、E、F 三列的数字格式为“数值型，小数位数 0 位”，根据“生日”列的内容，得到该会员的出生年、月、日并将相应数字填充到 D、E、F 三列；将 sheet1 工作表命名为“会员信息表”；利用公式计算“平均购买金额”列（Q2：Q108）的内容（货币型，保留小数点后 2 位）（平均购买金额 = 购买总金额/购买总次数）；在 R1 单元格输入文字“客户等级”，利用 IF 函数给出此列（R2：R108）的内容：如果平均购买金额大于 1 500，在相应单元格内填入“A”，如果平均购买金额大于 800，在相应单元格内填入“B”，如果平均购买金额大于 300，在相应单元格内填入“C”，否则在相应单元格内填入“D”；设置（A1：R108）所有单元格文字居中对齐，添加所有框线；在 A：R 列中设置除 I 列之外的所有列的列宽为 12，I 列列

宽设置为 18；删除数据区域（A1：R108）中的数据重复项。电子表格 Excel.xlsx 如图 F3-1 所示。

|  | A | B | C | D | E | F | G | H | I | J | K | L | M | N |
|---|---|---|---|---|---|---|---|---|---|---|---|---|---|---|
| 1 | 会员编号 | 性别 | 生日 | 年龄 | 婚姻状态 | 职业 | 省份 | 城市 | 入会管道 | 会员入会日 | VIP建立日 | 购买总金额 | 购买总次数 | 平均购买金额 |
| 2 | DM081036 | F | 1956/4/21 | 63 | 2 | 技术性人员 | 河北省 | 石家庄 | 信用卡 | 2015/2/6 | 2016/1/22 | 1761.4 | 24 |  |
| 3 | DM081037 | M | 1995/5/9 | 24 | 2 | 服务工作人员 | 河南省 | 郑州 | 自愿 | 2014/9/30 | 2016/5/15 | 11160.2335 | 23 |  |
| 4 | DM081038 | F | 1949/4/30 | 70 | 2 | 监督及佐理人员 | 广东省 | 汕头 | 广告 | 2015/6/8 | 2016/1/21 | 21140.56 | 45 |  |
| 5 | DM081039 | F | 1963/10/10 | 56 | 2 | 行政及主管人员 | 内蒙古 | 呼和浩特 | DM | 2015/1/1 | 2015/8/16 | 288.56 | 30 |  |
| 6 | DM081040 | M | 1992/5/7 | 27 | 2 | 服务工作人员 | 内蒙古 | 呼和浩特 | 广告 | 2015/2/26 | 2015/10/11 | 1892.848 | 14 |  |
| 7 | DM081041 | F | 1964/7/26 | 55 | 2 | 服务工作人员 | 辽宁省 | 沈阳 | DM | 2015/7/27 | 2015/11/11 | 2484.7455 | 46 |  |
| 8 | DM081042 | F | 1979/9/28 | 40 | 2 | 行政及主管人员 | 吉林省 | 长春 | 广告 | 2014/3/15 | 2016/3/8 | 3812.73 | 32 |  |
| 9 | DM081043 | M | 1955/4/8 | 64 | 2 | 家政管理 | 湖北省 | 武汉 | 自愿 | 2013/11/25 | 2014/11/3 | 984108.15 | 141 |  |
| 10 | DM081044 | F | 1996/2/21 | 23 | 2 | 其他 | 河南省 | 郑州 | DM | 2015/4/12 | 2016/3/28 | 1186.06 | 42 |  |
| 11 | DM081045 | M | 1962/3/12 | 57 | 2 | 服务工作人员 | 广西省 | 南宁 | 自愿 | 2013/10/1 | 2014/9/8 | 4651.53 | 28 |  |
| 12 | DM081046 | F | 1976/1/9 | 43 | 2 | 行政及主管人员 | 北京市 | 北京 | DM | 2015/4/14 | 2015/11/27 | 4590.05 | 48 |  |
| 13 | DM081047 | F | 1942/1/14 | 77 | 2 | 技术性人员 | 甘肃省 | 兰州 | 自愿 | 2015/2/11 | 2015/11/26 | 804.53 | 26 |  |
| 14 | DM081048 | F | 1982/6/1 | 37 | 2 | 服务工作人员 | 广东省 | 汕头 | DM | 2013/11/5 | 2015/10/4 | 34158.35 | 35 |  |
| 15 | DM081049 | F | 1993/6/11 | 26 | 2 | 服务工作人员 | 广东省 | 汕头 | 自愿 | 2013/8/8 | 2014/11/7 | 3475.57 | 26 |  |
| 16 | DM081050 | F | 1979/10/25 | 39 | 2 | 行政及主管人员 | 北京市 | 北京 | 自愿 | 2013/6/18 | 2015/7/19 | 3432.72 | 45 |  |
| 17 | DM081051 | M | 1995/4/5 | 24 | 2 | 服务工作人员 | 北京市 | 北京 | DM | 2013/4/6 | 2014/7/6 | 461.89 | 33 |  |
| 18 | DM081052 | F | 1980/5/11 | 39 | 1 | 行政及主管人员 | 四川省 | 成都 | 自愿 | 2013/5/11 | 2014/8/11 | 575.11 | 29 |  |
| 19 | DM081053 | F | 1944/4/30 | 75 | 1 | 行政及主管人员 | 广西省 | 南宁 | DM | 2013/6/15 | 2014/9/16 | 236.46 | 23 |  |
| 20 | DM081054 | F | 1981/6/9 | 38 | 2 | 服务工作人员 | 海南省 | 海口 | 自愿 | 2013/9/3 | 2016/10/3 | 34192.84 | 27 |  |
| 21 | DM081055 | M | 1989/2/12 | 30 | 3 | 服务工作人员 | 福建省 | 福州 | 自愿 | 2013/11/19 | 2015/2/17 | 43411.65 | 81 |  |
| 22 | DM081056 | M | 1988/9/27 | 31 | 2 | 服务工作人员 | 天津市 | 天津 | DM | 2013/10/3 | 2015/1/2 | 1132.6 | 11 |  |
| 23 | DM081057 | M | 1944/11/15 | 74 | 2 | 运输设备操作工 | 新疆 | 乌鲁木齐 | 广告 | 2014/2/27 | 2015/5/29 | 11125.85 | 25 |  |
| 24 | DM081058 | M | 1992/10/27 | 26 | 3 | 监督及佐理人员 | 新疆 | 乌鲁木齐 | DM | 2014/1/28 | 2015/4/28 | 567.936 | 10 |  |
| 25 | DM081059 | M | 1970/7/11 | 49 | 3 | 监督及佐理人员 | 河南省 | 郑州 | DM | 2013/10/27 | 2015/1/25 | 54174.89 | 74 |  |
| 26 | DM081060 | M | 1972/3/11 | 47 | 2 | 服务工作人员 | 广东省 | 汕头 | DM | 2013/7/9 | 2014/10/9 | 329.03 | 49 |  |
| 27 | DM081061 | F | 1993/7/23 | 26 | 1 | 行政及主管人员 | 广东省 | 汕头 | DM | 2013/7/9 | 2014/10/9 | 34620.19 | 86 |  |
| 28 | DM081062 | F | 1973/12/15 | 45 | 2 | 其他 | 广东省 | 汕头 | DM | 2014/3/20 | 2016/4/19 | 1315.74 | 34 |  |
| 29 | DM081063 | F | 1959/3/10 | 60 | 2 | 技术性人员 | 山西省 | 太原 | 广告 | 2013/9/21 | 2014/12/23 | 310.52 | 23 |  |
| 30 | DM081064 | F | 1996/1/2 | 23 | 2 | 行政及主管人员 | 辽宁省 | 沈阳 | 广告 | 2014/3/13 | 2015/6/12 | 34184.86 | 25 |  |
| 31 | DM081065 | F | 1982/7/8 | 37 | 2 | 服务工作人员 | 广西省 | 南宁 | 信用卡 | 2014/2/1 | 2015/5/5 | 267.85 | 44 |  |
| 32 | DM081066 | F | 1954/6/25 | 65 | 2 | 服务工作人员 | 海南省 | 海口 | 广告 | 2013/8/20 | 2014/11/21 | 528.5 | 33 |  |
| 33 | DM081067 | F | 1990/4/14 | 29 | 2 | 家政管理 | 海南省 | 海口 | DM | 2014/2/13 | 2015/5/15 | 56126.58 | 104 |  |
| 34 | DM081068 | M | 1959/7/22 | 60 | 2 | 行政及主管人员 | 北京市 | 北京 | DM | 2014/2/22 | 2015/5/23 | 45523.7 | 101 |  |
| 35 | DM081069 | M | 1967/11/11 | 51 | 3 | 服务工作人员 | 北京市 | 北京 | DM | 2013/8/17 | 2015/8/6 | 586.11 | 43 |  |
| 36 | DM081070 | F | 1953/11/22 | 65 | 3 | 行政及主管人员 | 上海市 | 上海 | DM | 2013/11/22 | 2016/4/26 | 599.1 | 24 |  |
| 37 | DM081071 | F | 1950/11/10 | 68 | 2 | 技术性人员 | 浙江省 | 杭州 | DM | 2013/12/2 | 2015/3/4 | 2029.75 | 47 |  |
| 38 | DM081072 | F | 1996/4/3 | 23 | 2 | 技术性人员 | 安徽省 | 合肥 | 自愿 | 2014/3/26 | 2015/6/28 | 1118.396 | 11 |  |
| 39 | DM081073 | F | 1967/2/8 | 52 | 2 | 行政及主管人员 | 江西省 | 南昌 | DM | 2014/1/18 | 2017/2/16 | 689.74 | 2 |  |
| 40 | DM081074 | F | 1962/6/21 | 57 | 2 | 其他 | 安徽省 | 合肥 | 广告 | 2013/11/4 | 2016/7/5 | 67154.35 | 90 |  |
| 41 | DM081075 | F | 1955/9/30 | 64 | 2 | 家政管理 | 广东省 | 汕头 | 自愿 | 2013/9/6 | 2014/12/6 | 201.36 | 7 |  |
| 42 | DM081076 | F | 1966/7/15 | 53 | 2 | 行政及主管人员 | 广东省 | 汕头 | 广告 | 2013/4/28 | 2014/7/29 | 216.77 | 33 |  |
| 43 | DM081077 | F | 1966/5/6 | 53 | 2 | 技术性人员 | 广东省 | 汕头 | DM | 2013/7/20 | 2014/10/20 | 677.609 | 84 |  |
| 44 | DM081078 | F | 1969/12/30 | 49 | 2 | 技术性人员 | 北京市 | 北京 | 自愿 | 2013/12/19 | 2015/3/19 | 136.77 | 25 |  |
| 45 | DM081079 | M | 1980/11/2 | 38 | 2 | 行政及主管人员 | 辽宁省 | 沈阳 | 广告 | 2013/11/24 | 2016/4/28 | 188.73 | 24 |  |
| 46 | DM081080 | F | 1944/2/5 | 75 | 2 | 行政及主管人员 | 辽宁省 | 沈阳 | 信用卡 | 2013/8/29 | 2014/11/30 | 412.62 | 43 |  |
| 47 | DM081081 | M | 1971/7/30 | 48 | 2 | 行政及主管人员 | 辽宁省 | 沈阳 | DM | 2013/11/26 | 2015/2/24 | 123.02 | 2 |  |
| 48 | DM081082 | M | 1941/12/7 | 77 | 2 | 行政及主管人员 | 辽宁省 | 沈阳 | DM | 2013/7/18 | 2014/10/19 | 244.57 | 27 |  |
| 49 | DM081083 | F | 1946/2/12 | 73 | 2 | 生产及有关工人 | 辽宁省 | 沈阳 | 自愿 | 2013/8/1 | 2015/12/31 | 375.28 | 5 |  |
| 50 | DM081084 | F | 1971/11/3 | 47 | 2 | 服务工作人员 | 广西省 | 南宁 | 信用卡 | 2014/3/9 | 2016/1/12 | 2634.8555 | 20 |  |
| 51 | DM081085 | F | 1975/11/18 | 43 | 2 | 服务工作人员 | 河南省 | 郑州 | DM | 2013/8/3 | 2016/3/6 | 281 | 46 |  |
| 52 | DM081086 | F | 1988/9/23 | 31 | 2 | 技术性人员 | 陕西省 | 西安 | DM | 2014/3/19 | 2015/6/21 | 108.09 | 20 |  |
| 53 | DM081087 | F | 1962/10/9 | 57 | 2 | 监督及佐理人员 | 湖北省 | 武汉 | DM | 2013/11/26 | 2015/2/26 | 55.34 | 2 |  |
| 54 | DM081088 | F | 1994/4/2 | 25 | 1 | 行政及主管人员 | 广东省 | 汕头 | 自愿 | 2013/8/31 | 2014/12/30 | 3872.634 | 25 |  |
| 55 | DM081089 | F | 1985/4/16 | 34 | 1 | 生产及有关工人 | 广东省 | 汕头 | DM | 2013/4/26 | 2014/7/28 | 884.1275 | 79 |  |
| 56 | DM081090 | M | 1955/3/16 | 64 | 2 | 服务工作人员 | 内蒙古 | 呼和浩特 | DM | 2013/4/2 | 2014/7/1 | 218.27 | 34 |  |
| 57 | DM081091 | M | 1965/2/28 | 54 | 2 | 其他 | 安徽省 | 合肥 | DM | 2013/9/6 | 2015/3/7 | 100.95 | 17 |  |
| 58 | DM081092 | M | 1947/11/21 | 71 | 3 | 技术性人员 | 甘肃省 | 兰州 | 自愿 | 2013/8/29 | 2016/8/31 | 46.94 | 21 |  |
| 59 | DM081093 | M | 1952/2/27 | 67 | 2 | 服务工作人员 | 内蒙古 | 呼和浩特 | DM | 2013/8/4 | 2014/11/2 | 1239.6315 | 16 |  |
| 60 | DM081094 | M | 1939/4/13 | 80 | 2 | 技术性人员 | 内蒙古 | 呼和浩特 | 自愿 | 2013/7/25 | 2014/10/26 | 1640.9 | 33 |  |
| 61 | DM081095 | F | 1980/11/21 | 38 | 2 | 服务工作人员 | 山西省 | 太原 | 信用卡 | 2014/3/29 | 2016/9/30 | 1235.87 | 33 |  |
| 62 | DM081096 | F | 1977/11/20 | 41 | 3 | 技术性人员 | 吉林省 | 长春 | 自愿 | 2013/11/7 | 2015/2/7 | 3659.66 | 30 |  |
| 63 | DM081097 | F | 1976/10/1 | 43 | 2 | 农林渔牧工作人员 | 黑龙江 | 哈尔滨 | DM | 2013/11/7 | 2015/2/6 | 7666.04 | 50 |  |
| 64 | DM081098 | F | 1965/7/27 | 54 | 2 | 行政及主管人员 | 河南省 | 郑州 | DM | 2013/10/29 | 2015/1/29 | 34214.96 | 64 |  |
| 65 | DM081099 | F | 1953/12/22 | 65 | 2 | 服务工作人员 | 广西省 | 南宁 | 信用卡 | 2013/6/21 | 2014/9/21 | 15.69 | 4 |  |
| 66 | DM081100 | F | 1972/7/2 | 47 | 2 | 监督及佐理人员 | 河南省 | 郑州 | DM | 2013/5/14 | 2014/8/15 | 517.93 | 46 |  |
| 67 | DM081101 | F | 1988/12/11 | 30 | 3 | 生产及有关工人 | 广西省 | 南宁 | 广告 | 2013/8/7 | 2014/11/5 | 1156.6715 | 20 |  |
| 68 | DM081102 | F | 1979/11/12 | 39 | 2 | 服务工作人员 | 广西省 | 南宁 | 信用卡 | 2013/6/30 | 2014/9/29 | 15260.78 | 39 |  |
| 69 | DM081103 | F | 1948/9/3 | 71 | 3 | 服务工作人员 | 甘肃省 | 兰州 | 广告 | 2013/3/30 | 2015/11/1 | 540.41 | 3 |  |
| 70 | DM081104 | F | 1986/12/22 | 32 | 2 | 监督及佐理人员 | 陕西省 | 西安 | DM | 2014/2/20 | 2016/9/22 | 64343.29 | 86 |  |
| 71 | DM081105 | F | 1945/5/20 | 74 | 2 | 技术性人员 | 浙江省 | 杭州 | 广告 | 2014/2/6 | 2015/5/10 | 45441.7 | 67 |  |
| 72 | DM081106 | F | 1948/11/15 | 70 | 1 | 服务工作人员 | 浙江省 | 杭州 | 广告 | 2013/11/12 | 2015/2/12 | 1162.4005 | 22 |  |
| 73 | DM081107 | F | 1939/9/19 | 80 | 2 | 监督及佐理人员 | 上海市 | 上海 | DM | 2014/2/21 | 2015/5/22 | 356.7 | 45 |  |
| 74 | DM081108 | M | 1943/11/27 | 75 | 2 | 服务工作人员 | 安徽省 | 合肥 | DM | 2013/7/15 | 2014/10/16 | 1000.78 | 29 |  |
| 75 | DM081109 | F | 1942/11/5 | 76 | 2 | 技术性人员 | 湖南省 | 长沙 | 信用卡 | 2014/2/1 | 2015/5/4 | 543.72 | 35 |  |
| 76 | DM081110 | M | 1982/7/22 | 37 | 2 | 服务工作人员 | 广东省 | 汕头 | 自愿 | 2014/1/7 | 2015/12/6 | 234.2 | 42 |  |
| 77 | DM081111 | F | 1954/7/12 | 65 | 2 | 家政管理 | 湖北省 | 武汉 | 广告 | 2013/8/6 | 2014/11/6 | 4509.3775 | 44 |  |
| 78 | DM081112 | F | 1954/2/25 | 65 | 3 | 监督及佐理人员 | 广西省 | 南宁 | DM | 2013/12/19 | 2015/3/19 | 4965.7595 | 30 |  |
| 79 | DM081113 | M | 1988/12/23 | 30 | 2 | 服务工作人员 | 广西省 | 南宁 | 信用卡 | 2014/3/9 | 2015/6/10 | 210.4 | 19 |  |
| 80 | DM081114 | F | 1940/12/6 | 78 | 2 | 服务工作人员 | 海南省 | 海口 | 自愿 | 2014/3/7 | 2015/6/6 | 1309.53 | 6 |  |

| | | | | | | | | | | | | | |
|---|---|---|---|---|---|---|---|---|---|---|---|---|---|
| 81 | DM081115 | M | 1976/2/13 | 43 | 3 | 技术性人员 | 内蒙古 | 呼和浩特 | DM | 2014/3/11 | 2015/6/10 | 806.37 | 48 |
| 82 | DM081116 | F | 1963/6/20 | 56 | 2 | 技术性人员 | 浙江省 | 杭州 | 广告 | 2013/5/4 | 2014/8/5 | 5437.92 | 33 |
| 83 | DM081117 | F | 1951/9/11 | 68 | 2 | 生产及有关工人 | 山西省 | 太原 | DM | 2013/8/8 | 2016/2/6 | 394.27 | 19 |
| 84 | DM081118 | F | 1941/3/28 | 78 | 2 | 行政及主管人员 | 山西省 | 太原 | DM | 2013/6/9 | 2015/8/10 | 65146.69 | 21 |
| 85 | DM081119 | F | 1957/5/7 | 62 | 2 | 服务工作人员 | 内蒙古 | 呼和浩特 | DM | 2014/1/17 | 2017/1/18 | 54129.49 | 41 |
| 86 | DM081120 | F | 1985/6/7 | 34 | 3 | 其他 | 山西省 | 太原 | DM | 2013/11/8 | 2016/4/12 | 202.95 | 29 |
| 87 | DM081121 | F | 1966/10/7 | 53 | 2 | 技术性人员 | 西藏 | 拉萨 | 广告 | 2014/2/7 | 2015/7/9 | 2753.1925 | 26 |
| 88 | DM081119 | F | 1957/5/7 | 62 | 2 | 服务工作人员 | 内蒙古 | 呼和浩特 | DM | 2014/1/17 | 2017/1/18 | 54129.49 | 41 |
| 89 | DM081120 | F | 1985/6/7 | 34 | 3 | 其他 | 山西省 | 太原 | DM | 2013/11/8 | 2016/4/12 | 202.95 | 29 |
| 90 | DM081121 | F | 1966/10/7 | 53 | 2 | 技术性人员 | 西藏 | 拉萨 | 广告 | 2014/2/7 | 2015/7/9 | 2753.1925 | 26 |
| 91 | DM081122 | F | 1974/11/29 | 44 | 2 | 技术性人员 | 广西省 | 南宁 | DM | 2013/10/5 | 2015/1/4 | 70.24 | 13 |
| 92 | DM081123 | F | 1943/8/18 | 76 | 2 | 行政及主管人员 | 北京市 | 北京 | 广告 | 2013/7/9 | 2014/10/10 | 40.75 | 5 |
| 93 | DM081124 | F | 1948/10/5 | 71 | 2 | 行政及主管人员 | 上海市 | 上海 | 自愿 | 2013/5/19 | 2016/5/20 | 1150.88 | 30 |
| 94 | DM081125 | F | 1993/12/18 | 25 | 2 | 技术性人员 | 河南省 | 郑州 | 自愿 | 2013/12/15 | 2015/5/17 | 283.65 | 38 |
| 95 | DM081126 | F | 1978/11/27 | 40 | 1 | 服务工作人员 | 天津市 | 天津 | DM | 2014/3/10 | 2016/4/12 | 840.04 | 47 |
| 96 | DM081127 | F | 1978/5/13 | 41 | 2 | 监督及佐理人员 | 山西省 | 太原 | DM | 2013/12/15 | 2015/3/16 | 262.87 | 50 |
| 97 | DM081128 | M | 1976/5/23 | 43 | 2 | 监督及佐理人员 | 广东省 | 汕头 | 广告 | 2014/1/18 | 2015/4/18 | 2531.0875 | 43 |
| 98 | DM081129 | M | 1961/10/31 | 57 | 2 | 行政及主管人员 | 山西省 | 太原 | 广告 | 2013/5/17 | 2014/8/15 | 93.54 | 12 |
| 99 | DM081130 | F | 1994/8/20 | 25 | 2 | 家政管理 | 吉林省 | 长春 | 自愿 | 2013/6/10 | 2015/5/30 | 905.08 | 22 |
| 100 | DM081131 | F | 1983/3/27 | 36 | 2 | 家政管理 | 河北省 | 石家庄 | 自愿 | 2013/8/21 | 2014/11/20 | 628.22 | 41 |
| 101 | DM081132 | F | 1953/3/7 | 66 | 3 | 监督及佐理人员 | 黑龙江 | 哈尔滨 | 自愿 | 2013/12/12 | 2016/2/11 | 3366.1 | 24 |
| 102 | DM081133 | F | 1988/8/14 | 31 | 2 | 生产及有关工人 | 黑龙江 | 哈尔滨 | 广告 | 2013/10/24 | 2015/1/22 | 4913.69 | 39 |
| 103 | DM081134 | M | 1973/4/21 | 46 | 2 | 其他 | 吉林省 | 长春 | DM | 2014/1/12 | 2015/4/12 | 464.77 | 24 |
| 104 | DM081135 | F | 1972/5/8 | 47 | 2 | 生产及有关工人 | 黑龙江 | 哈尔滨 | 广告 | 2013/10/5 | 2015/1/3 | 2781.82 | 21 |
| 105 | DM081136 | F | 1993/11/5 | 25 | 3 | 生产及有关工人 | 天津市 | 天津 | 自愿 | 2013/12/25 | 2015/3/27 | 1679.58 | 15 |
| 106 | DM081137 | F | 1992/9/28 | 27 | 2 | 行政及主管人员 | 天津市 | 天津 | DM | 2013/4/17 | 2014/7/18 | 557.85 | 42 |
| 107 | DM081138 | M | 1946/8/2 | 73 | 2 | 行政及主管人员 | 宁夏 | 银川 | DM | 2013/8/11 | 2014/11/12 | 161.77 | 42 |
| 108 | DM081139 | F | 1957/3/13 | 62 | 2 | 监督及佐理人员 | 甘肃省 | 兰州 | 自愿 | 2014/1/9 | 2016/1/1 | 447.09 | 11 |

图 F3-1 电子表格 Excel.xlsx

2. 选取“Sheet2”工作表，将 Sheet2 工作表命名为“按月统计”；利用“按月统计”工作表中“月份”“B 级人数”和“C 级人数列”数据区域的内容建立“折线图”（“月份”作为横坐标）；图表布局为“样式 4”，图表标题为“人数统计图”，纵坐标标题为“人数”；删除网格线，设置绘图区填充效果为“羊皮纸”的纹理填充；将图表插入到“按月统计”工作表的“I2：S16”单元格区域内。电子表格 Excel.xlsx 如图 F3-2 所示。

| | A | B | C | D | E | F | G | H |
|---|---|---|---|---|---|---|---|---|
| 1 | | | | | | | | |
| 2 | | | 月份 | A级人数 | B级人数 | C级人数 | D级人数 | |
| 3 | | | 1 | 3 | 2 | 2 | 32 | |
| 4 | | | 2 | 1 | 1 | 5 | 40 | |
| 5 | | | 3 | 1 | 0 | 5 | 48 | |
| 6 | | | 4 | 1 | 0 | 5 | 36 | |
| 7 | | | 5 | 0 | 2 | 7 | 45 | |
| 8 | | | 6 | 1 | 4 | 5 | 43 | |
| 9 | | | 7 | 1 | 2 | 6 | 48 | |
| 10 | | | 8 | 1 | 2 | 1 | 41 | |
| 11 | | | 9 | 0 | 3 | 3 | 37 | |
| 12 | | | 10 | 0 | 0 | 1 | 49 | |
| 13 | | | 11 | 0 | 0 | 5 | 52 | |
| 14 | | | 12 | 1 | 0 | 4 | 41 | |
| 15 | | | | | | | | |

图 F3-2 电子表格 Excel.xlsx

3. 选择“销售清单”工作表，对工作表内数据清单的内容按主要关键字“类别”的降序和次要关键字“销售额”的升序进行排序；对排序后的数据进行筛选，条件为：A4 和 A6 销售员销售出去的彩电和空调，保存 EXCEL.XLS 工作簿。销售清单如图 F3-3 所示。

|  | A | B | C | D | E | F | G | H | I | J |
|---|---|---|---|---|---|---|---|---|---|---|
| 1 | 日期 | 类别 | 商品型号 | 市场定价 | 促销方式 | 成交单价 | 降价幅度 | 数量 | 销售额 | 销售员 |
| 2 | 2006/5/1 | 冰箱 | 海尔T1017 | ¥2,088.00 | 降价 | ¥1,888.00 | 9.58% | 3 | ¥5,664.00 | A1 |
| 3 | 2006/5/3 | 冰箱 | 海尔T1017 | ¥2,088.00 | 降价 | ¥1,888.00 | 9.58% | 10 | ¥18,880.00 | A1 |
| 4 | 2006/5/4 | 冰箱 | 海尔T1017 | ¥2,088.00 | 降价 | ¥1,888.00 | 9.58% | 6 | ¥11,328.00 | A1 |
| 5 | 2006/5/5 | 冰箱 | 海尔T1017 | ¥2,088.00 | 降价 | ¥1,888.00 | 9.58% | 4 | ¥7,552.00 | A1 |
| 6 | 2006/5/6 | 冰箱 | 海尔T1017 | ¥2,088.00 | 降价 | ¥1,888.00 | 9.58% | 2 | ¥3,776.00 | A1 |
| 7 | 2006/5/7 | 冰箱 | 海尔T1017 | ¥2,088.00 | 降价 | ¥1,888.00 | 9.58% | 2 | ¥3,776.00 | A1 |
| 8 | 2006/5/1 | 冰箱 | 西门子610 | ¥1,988.00 | 降价 | ¥1,788.00 | 10.06% | 2 | ¥3,576.00 | A2 |
| 9 | 2006/5/2 | 冰箱 | 西门子610 | ¥1,988.00 | 降价 | ¥1,788.00 | 10.06% | 5 | ¥8,940.00 | A2 |
| 10 | 2006/5/3 | 冰箱 | 西门子610 | ¥1,988.00 | 降价 | ¥1,788.00 | 10.06% | 9 | ¥16,092.00 | A2 |
| 11 | 2006/5/4 | 冰箱 | 西门子610 | ¥1,988.00 | 降价 | ¥1,788.00 | 10.06% | 2 | ¥3,576.00 | A2 |
| 12 | 2006/5/5 | 冰箱 | 西门子610 | ¥1,988.00 | 降价 | ¥1,788.00 | 10.06% | 1 | ¥1,788.00 | A2 |
| 13 | 2006/5/6 | 冰箱 | 西门子610 | ¥1,988.00 | 降价 | ¥1,788.00 | 10.06% | 0 | ¥0.00 | A2 |
| 14 | 2006/5/7 | 冰箱 | 西门子610 | ¥1,988.00 | 降价 | ¥1,788.00 | 10.06% | 1 | ¥1,788.00 | A2 |
| 15 | 2006/5/2 | 冰箱 | 海尔T1017 | ¥2,088.00 | 降价 | ¥1,888.00 | 9.58% | 3 | ¥5,664.00 | A4 |
| 16 | 2006/5/2 | 彩电 | 三星液晶169 | ¥4,688.00 | 降价 | ¥4,088.00 | 12.80% | 12 | ¥49,056.00 | A1 |
| 17 | 2006/5/1 | 彩电 | 三星A108 | ¥2,688.00 | 降价 | ¥2,388.00 | 11.16% | 3 | ¥7,164.00 | A3 |
| 18 | 2006/5/2 | 彩电 | 三星A108 | ¥2,688.00 | 降价 | ¥2,388.00 | 11.16% | 8 | ¥19,104.00 | A3 |
| 19 | 2006/5/3 | 彩电 | 三星A108 | ¥2,688.00 | 降价 | ¥2,388.00 | 11.16% | 8 | ¥19,104.00 | A3 |
| 20 | 2006/5/4 | 彩电 | 三星A108 | ¥2,688.00 | 降价 | ¥2,388.00 | 11.16% | 9 | ¥21,492.00 | A3 |
| 21 | 2006/5/5 | 彩电 | 三星A108 | ¥2,688.00 | 降价 | ¥2,388.00 | 11.16% | 5 | ¥11,940.00 | A3 |
| 22 | 2006/5/6 | 彩电 | 三星A108 | ¥2,688.00 | 降价 | ¥2,388.00 | 11.16% | 2 | ¥4,776.00 | A3 |
| 23 | 2006/5/7 | 彩电 | 三星A108 | ¥2,688.00 | 降价 | ¥2,388.00 | 11.16% | 1 | ¥2,388.00 | A3 |
| 24 | 2006/5/1 | 彩电 | 长虹GDP60 | ¥1,988.00 | 送大礼包 | ¥1,988.00 | 0.00% | 2 | ¥3,976.00 | A4 |
| 25 | 2006/5/3 | 彩电 | 长虹GDP60 | ¥1,988.00 | 送大礼包 | ¥1,988.00 | 0.00% | 7 | ¥13,916.00 | A4 |
| 26 | 2006/5/4 | 彩电 | 长虹GDP60 | ¥1,988.00 | 送大礼包 | ¥1,988.00 | 0.00% | 3 | ¥5,964.00 | A4 |
| 27 | 2006/5/5 | 彩电 | 长虹GDP60 | ¥1,988.00 | 送大礼包 | ¥1,988.00 | 0.00% | 1 | ¥1,988.00 | A4 |
| 28 | 2006/5/6 | 彩电 | 长虹GDP60 | ¥1,988.00 | 送大礼包 | ¥1,988.00 | 0.00% | 0 | ¥0.00 | A4 |
| 29 | 2006/5/7 | 彩电 | 长虹GDP60 | ¥1,988.00 | 送大礼包 | ¥1,988.00 | 0.00% | 1 | ¥1,988.00 | A4 |
| 30 | 2006/5/1 | 彩电 | 三星液晶169 | ¥4,688.00 | 降价 | ¥4,088.00 | 12.80% | 1 | ¥4,088.00 | A5 |
| 31 | 2006/5/2 | 彩电 | 三星液晶169 | ¥4,688.00 | 降价 | ¥4,088.00 | 12.80% | 8 | ¥32,704.00 | A5 |
| 32 | 2006/5/3 | 彩电 | 三星液晶169 | ¥4,688.00 | 降价 | ¥4,088.00 | 12.80% | 10 | ¥40,880.00 | A5 |
| 33 | 2006/5/4 | 彩电 | 三星液晶169 | ¥4,688.00 | 降价 | ¥4,088.00 | 12.80% | 12 | ¥49,056.00 | A5 |
| 34 | 2006/5/5 | 彩电 | 三星液晶169 | ¥4,688.00 | 降价 | ¥4,088.00 | 12.80% | 6 | ¥24,528.00 | A5 |
| 35 | 2006/5/6 | 彩电 | 三星液晶169 | ¥4,688.00 | 降价 | ¥4,088.00 | 12.80% | 4 | ¥16,352.00 | A5 |
| 36 | 2006/5/7 | 彩电 | 三星液晶169 | ¥4,688.00 | 降价 | ¥4,088.00 | 12.80% | 3 | ¥12,264.00 | A5 |
| 37 | 2006/5/2 | 彩电 | 长虹GDP60 | ¥1,988.00 | 送大礼包 | ¥1,988.00 | 0.00% | 6 | ¥11,928.00 | A6 |
| 38 | 2006/5/2 | 空调 | 美的3110 | ¥3,188.00 | 降价 | ¥2,888.00 | 9.41% | 6 | ¥17,328.00 | A1 |
| 39 | 2006/5/2 | 空调 | 格力7650 | ¥2,988.00 | 送大礼包 | ¥2,988.00 | 0.00% | 3 | ¥8,964.00 | A3 |
| 40 | 2006/5/1 | 空调 | 格力7650 | ¥2,988.00 | 送大礼包 | ¥2,988.00 | 0.00% | 2 | ¥5,976.00 | A6 |
| 41 | 2006/5/2 | 空调 | 海尔KTP20P | ¥3,688.00 | 降价 | ¥2,988.00 | 18.98% | 10 | ¥29,880.00 | A6 |
| 42 | 2006/5/3 | 空调 | 格力7650 | ¥2,988.00 | 送大礼包 | ¥2,988.00 | 0.00% | 6 | ¥17,928.00 | A6 |
| 43 | 2006/5/4 | 空调 | 格力7650 | ¥2,988.00 | 送大礼包 | ¥2,988.00 | 0.00% | 3 | ¥8,964.00 | A6 |
| 44 | 2006/5/5 | 空调 | 格力7650 | ¥2,988.00 | 送大礼包 | ¥2,988.00 | 0.00% | 0 | ¥0.00 | A6 |
| 45 | 2006/5/6 | 空调 | 格力7650 | ¥2,988.00 | 送大礼包 | ¥2,988.00 | 0.00% | 2 | ¥5,976.00 | A6 |
| 46 | 2006/5/7 | 空调 | 格力7650 | ¥2,988.00 | 送大礼包 | ¥2,988.00 | 0.00% | 0 | ¥0.00 | A6 |
| 47 | 2006/5/1 | 空调 | 海尔KTP20P | ¥3,688.00 | 降价 | ¥2,988.00 | 18.98% | 4 | ¥11,952.00 | A7 |
| 48 | 2006/5/3 | 空调 | 海尔KTP20P | ¥3,688.00 | 降价 | ¥2,988.00 | 18.98% | 15 | ¥44,820.00 | A7 |
| 49 | 2006/5/4 | 空调 | 海尔KTP20P | ¥3,688.00 | 降价 | ¥2,988.00 | 18.98% | 10 | ¥29,880.00 | A7 |
| 50 | 2006/5/5 | 空调 | 海尔KTP20P | ¥3,688.00 | 降价 | ¥2,988.00 | 18.98% | 6 | ¥17,928.00 | A7 |
| 51 | 2006/5/6 | 空调 | 海尔KTP20P | ¥3,688.00 | 降价 | ¥2,988.00 | 18.98% | 2 | ¥5,976.00 | A7 |
| 52 | 2006/5/7 | 空调 | 海尔KTP20P | ¥3,688.00 | 降价 | ¥2,988.00 | 18.98% | 0 | ¥0.00 | A7 |
| 53 | 2006/5/1 | 空调 | 美的3110 | ¥3,188.00 | 降价 | ¥2,888.00 | 9.41% | 3 | ¥8,664.00 | A8 |
| 54 | 2006/5/3 | 空调 | 美的3110 | ¥3,188.00 | 降价 | ¥2,888.00 | 9.41% | 12 | ¥34,656.00 | A8 |
| 55 | 2006/5/4 | 空调 | 美的3110 | ¥3,188.00 | 降价 | ¥2,888.00 | 9.41% | 8 | ¥23,104.00 | A8 |
| 56 | 2006/5/5 | 空调 | 美的3110 | ¥3,188.00 | 降价 | ¥2,888.00 | 9.41% | 5 | ¥14,440.00 | A8 |
| 57 | 2006/5/6 | 空调 | 美的3110 | ¥3,188.00 | 降价 | ¥2,888.00 | 9.41% | 3 | ¥8,664.00 | A8 |
| 58 | 2006/5/7 | 空调 | 美的3110 | ¥3,188.00 | 降价 | ¥2,888.00 | 9.41% | 4 | ¥11,552.00 | A8 |

图 F3-3　销售清单

五、打开考生文件夹下的演示文稿 yswg.pptx，按照下列要求完成对此文稿的修饰并保存

1. 在第一张幻灯片前插入一张新幻灯片，在最后一张幻灯片后插入一张新幻灯片；

为整个演示文稿应用“平面”主题，放映方式为“观众自行浏览（窗口）”；设置幻灯片大小为“全屏显示（16∶9）”；除标题幻灯片外的幻灯片都插入幻灯片编号。

2. 设置第一张幻灯片版式为“标题幻灯片”，主标题为“微课（Micro-Lecture）”，副标题为“培训教程”；副标题设置为微软雅黑、48 磅字、蓝色（标准色）。

3. 设置第二张幻灯片的版式为“标题和内容”，标题为“微课定义”；将文本区内容转换为 SmartArt 图形，布局为“梯形列表”，SmartArt 样式为“卡通”，更改颜色为“彩色填充-个性色 2”；SmartArt 图形动画设置为“进入-翻转式由远及近”，效果选项为“序列-逐个”，SmartArt 图形动画“持续时间 1.5 秒”“延迟 0.5 秒”；标题动画为“进入-空翻”，动画开始为“上一动画之后”“延迟 1 秒”；动画顺序是先标题后图形。

4. 设置第三张幻灯片版式为“两栏内容”，主标题为“The One Minute Professor”；将考生文件夹下的图片文件 PPT1.jpg 插入右侧的内容区，图片的大小为“高度 10 cm”“锁定纵横比”，图片在幻灯片上的水平位置为“12 cm”“从左上角”，垂直位置为“3 cm”“从左上角”，图片样式为 “金属椭圆”，图片效果为“棱台-斜面”，艺术效果为“马赛克气泡”；图片动画设置为“进入-弹跳”，图片动画开始为“上一动画之后”“持续时间 1.5 秒”“延迟 1 秒”；内容文本设置动画“强调-加粗显示”，效果选项为“按段落”；动画顺序是先文本后图片。

5. 设置第四张幻灯片版式为“空白”，并在位置（水平位置：4 cm，从：左上角，垂直位置：1.5 cm，从：左上角）插入样式为“填充-金色，着色 3，锋利棱台”的艺术字“微课内容组成”，文字大小设置 66 磅字，艺术字宽度为 15.5 cm、高为 3.5 cm，艺术字形状填充为预设渐变“顶部聚光灯-个性色 1”、类型“线性”，文本效果为“转换-弯曲-双波浪形 2”，艺术字动画设置为“进入-缩放”，效果选项为“消失点-幻灯片中心”，动画开始为“与上一动画同时”；将考生文件夹下的图片文件 PPT2.jpg 插入此幻灯片中，图片的大小为高度“8 cm”“锁定纵横比”，图片在幻灯片上的垂直位置为“6 cm”“从左上角”，图片按“水平居中”对齐排列，图片样式为“透视阴影，白色”，图片效果发光为“绿色，11 pt 发光，个性色 1”；图片动画设置为“进入-玩具风车”；动画顺序是先图片后艺术字；当前幻灯片的背景格式设置为“蓝色面巾纸”纹理填充、“隐藏背景图形”。

6. 设置第 1、3 张幻灯片切换方式为“切换”，效果选项为“向左”，并且幻灯片自动换片时间是 5 秒；第 2、4 张幻灯片切换方式为“棋盘”，效果选项为“自顶部”，并且幻灯片的自动换片时间是 6 秒。演示文稿 yswg.pptx 如图 F3-4 所示。所需图片文件如图 F3-5、图 F3-6 所示。

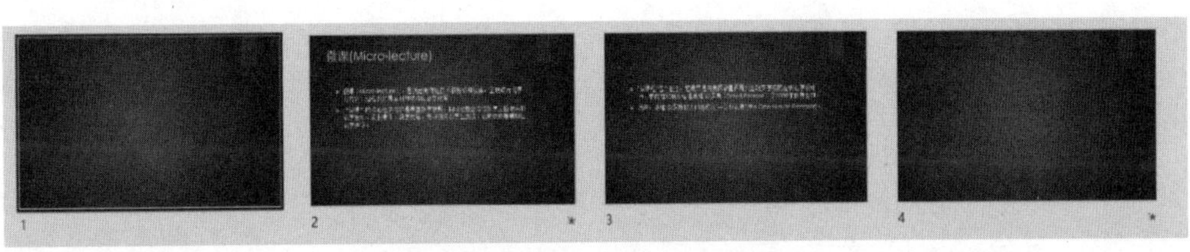

图 F3-4　演示文稿 yswg.pptx

图 F3-5　图片（1）

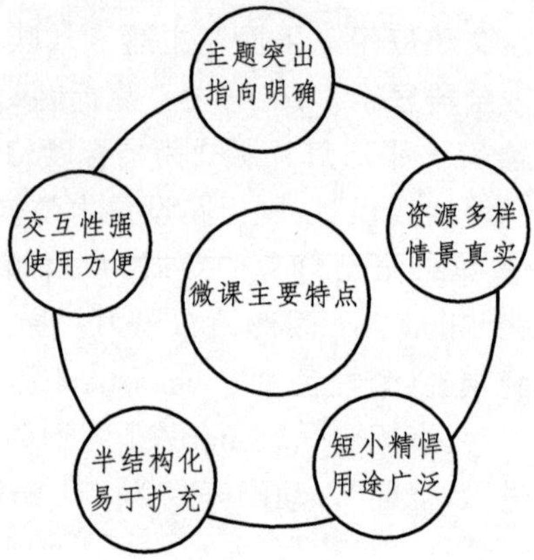


图 F3-6　图片（2）

六、上网题

1. 用 IE 浏览器打开如下地址：HTTP：//LOCALHOST：65531/ExamWeb/Index.htm，浏览有关“Linux 下的主要的 C 语言编译器”的网页，将该页内容以文本文件的格式保存到考生目录下，文件名“Testle.txt”。

2. 用 Outlook 编辑电子邮件：

收信地址：mai14test@163.com

抄送至：rock@cuc.edu.cn

主题：Linux 下的主要的 C 语言编译器

将 Testle.txt 作为附件粘贴到信件中。

信件正文如下：

您好！

我们讨论关于 Linux 下编程的主要的 C 语言编译器，附件是对这个问题的介绍，请参考，收到请回信。

此致

敬礼！

# 附录 4　各任务清单选择题答案

1.4.1　任务清单-1

1. C　2. A　3. C　4. A　5. A　6. D

1.4.2　任务清单-2

1. D　2. D　3. C　4. D　5. B　6. A　7. B　8. B　9. D　10. B　11. B　12. A

2.4.1　任务清单-1

1. A　2. A　3. A　4. A　5. D　6. C　7. C　8. B

2.4.2　任务清单-2

1. D　2. B　3. D　4. C　5. D　6. B　7. A

3.4.1　任务清单-1

1. C　2. A　3. C　4. C　5. C　6. B　7. C

3.4.2　任务清单-2

1. A　2. C　3. D　4. D　5. A　6. C　7. D

4.5.1　任务清单-1

1. C　2. A　3. D　4. A　5. D　6. B　7. A　8. A　9. A　10. B

4.5.2　任务清单-2

1. D　2. C　3. A　4. A　5. B　6. D　7. C　8. C　9. C　10. D

5.7.1　任务清单-1

1. B　2. C　3. C　4. D　5. C

11.7　任务清单

1. A　2. B　3. C　4. A　5. C　6. C　7. B

# 参考文献

[1] 李宏，罗在文. 计算机应用基础[M]. 上海：上海交通大学出版社，2020.
[2] 林艳金，张志云，何冬梅. 计算机应用基础[M]. 北京：北京邮电大学出版社，2021.
[3] 梁娟. 计算机应用基础项目化教程[M]. 上海：同济大学出版社，2020.
[4] 熊燕，杨宁. 大学计算机基础 Windows 10 + Office 2016[M]. 北京：人民邮电出版社，2019.
[5] 曾辉，熊燕. 大学计算机基础实践教程 Windows 10 + Office 2016[M]. 北京：人民邮电出版社，2019.